Horst Meier (Hrsg.)

Dienstleistungsorientierte Geschäftsmodelle im Maschinen- und Anlagenbau

Springer-Verlag Berlin Heidelberg GmbH

Horst Meier (Hrsg.)

Dienstleistungsorientierte Geschäftsmodelle im Maschinen- und Anlagenbau

Vom Basisangebot bis zum Betreibermodell

Unter Mitarbeit von Jürgen J. Schramm

Mit 97 Abbildungen

Springer

Prof. Dr.-Ing. Horst Meier
Ruhr-Universität Bochum
Fakultät für Maschinenbau
Institut für Automatisierungstechnik
Geb. IB 2/28
Universitätsstraße 150
44801 Bochum
meier@lps.ruhr-uni-bochum.de

ISBN 978-3-642-62172-7 ISBN 978-3-642-18578-6 (eBook)
DOI 10.1007/978-3-642-18578-6

Bibliografische Information der Deutschen Bibliothek.
Die Deutsche Bibliothek verzeichnet diese Publikation in der Deutschen Nationalbibliografie; detaillierte bibliografische Daten sind im Internet über http://dnb.ddb.de abrufbar.

springer.de

Ursprünglich erschienen bei Springer-Verlag Berlin Heidelberg New York 2004
Softcover reprint of the hardcover 1st edition 2004

Einbandgestaltung: Struve & Partner, Heidelberg
Satz: Reproduktionsfertige Daten der Herausgeber
68/3020/M - 5 4 3 2 1 0

Vorwort

Die abnehmenden sachleistungsorientierten Wettbewerbsdifferenzierungen führen im Maschinen- und Anlagenbau zum verstärkten Ausbau produktbezogener Dienstleistungen. Zum einen werden die Sachgüter durch deren steigende Komplexität immer dienstleistungsintensiver, zum anderen werden Dienstleistungen nicht länger als add-on zum Sachgut betrachtet, sondern erobern zunehmend die führende Rolle im Systemgeschäft. Es gilt somit, die Primärprodukte des Maschinenbaus durch vor- und nachgelagerte Dienstleistungen abzusichern. Dabei taucht immer häufiger die Forderung nach sogenannten Full-Service Angeboten auf, die neben Planung, Finanzierung, Inbetriebnahme und Rücknahme auch Verfügbarkeitsgarantien durch die Übernahme der Instandhaltung und Wartung sowie den Anlagenbetrieb umfassen können. Diese kundenseitigen Forderungen erklären sich aus der wirtschaftlichen Notwendigkeit, nicht wertschöpfungsrelevante Prozesse auszulagern bzw. sich auf Kernkompetenzen zu fokussieren. Darüber hinaus eröffnet die Nutzung multimedialer Internet-Techniken die globale Erschließung dieser Dienstleistungspotentiale.

Zukünftig wird man dem Kundenwunsch entsprechen müssen, pro produzierter Einheit oder pro Produktionsstunde der Maschine abzurechnen. Dabei definiert der Kunde nur noch die Kosten, Stückzahlen und die Qualitätsstandards der auf der Anlage zu produzierenden Güter. Die technologische Maschinenauslegung verbleibt vollständig in der Hand des Maschinenlieferanten ohne kundenseitige Auflagen. Dieses Geschäftsmodell kann bis zu einer dynamischen Aktualisierung der Produktionseinrichtungen zur kontinuierlichen Produktivitätssteigerung reichen.

Der deutsche Maschinen- und Anlagenbau wird sich dieser Herausforderung stellen müssen, um mittel- bis langfristig international wettbewerbsfähig zu bleiben. Vor diesem Hintergrund ist die Entwicklung industrieller Service-Prozesse notwendig, die durch Standardisierung, Rationalisierung, Automatisierung und Kooperation gekennzeichnet sind. Die globale Erbringung dieser Service-Prozesse erfordert insbesondere bei dem mittelständisch strukturierten Maschinen- und Anlagenbau aufgabenbezogene Kooperationsnetze. Diese Kooperationen führen zu erhöhten Anforderungen an die Kooperationskompetenz der Anbieter, die sich auch im Design der Dienstleistungen niederschlagen muss. Dazu sind Konzepte für die innerbetriebliche als auch für die zwischenbetriebliche Vernetzung von Dienstleistungs-Geber, Dienstleistungs-Nehmer und Dritten zu entwickeln und durch geeignete Informationstechnologien zu unterstützten.

Die oben skizzierten Herausforderungen waren Gegenstand des vom Bundesministerium für Bildung und Forschung innerhalb des Rahmenkonzeptes „Forschung für die Produktion von morgen" geförderten und vom Projektträger für Produktion und Fertigungstechnologien, Forschungszentrum Karlsruhe betreuten Verbundprojekts INVEST-S. Das Ziel der Projektpartner von INVEST-S war es, Vorgehensweisen, Methoden und Werkzeuge zur Identifikation, Entwicklung und

Erbringung von Dienstleistungs-Basisprodukten bis hin zu Betreibermodellen zu erarbeiten und in der Praxis zu validieren. Das interdisziplinäre Konsortium setzte sich aus zwei Netzwerken zusammen, die sich jeweils um einen Kunden des Anlagen- bzw. Maschinenbaus gruppierten. Begleitet wurde das Projekt durch zwei Hochschulinstitute, einem IT-Systemhaus und einem Finanzdienstleister. Die Verbundprojektkoordination lag beim Lehrstuhl für Produktionssysteme der Ruhr-Universität Bochum.

Zum Erfolg des Verbundprojektes hat die kreative und vertrauensvolle Zusammenarbeit zwischen den Industrieunternehmen und den Forschungsinstituten maßgeblich beigetragen. Dem Bundesministerium für Bildung und Forschung danke ich im Namen aller Verbundpartner für die Förderung und dem Projektträger für Produktion und Fertigungstechnologien, namentlich Frau Dipl.-Ing. Mesow, für die umfassende Unterstützung und Betreuung des Projektes. Herr Dr.-Ing. Kreimeier, Herrn Dr.-Ing. Monjé und Herrn Dr.-Ing. Zuther danke ich dafür, das Projekt auf seinen Weg gebracht zu haben. Besonderer Dank gebührt Herrn Dipl.-Ing. Schramm und Herrn Dipl.-Ing. Werding für die überaus erfolgreiche Koordination des Verbundvorhabens.

Die Ergebnisse von INVEST-S sollen mit diesem Buch einer breiten Öffentlichkeit zugänglich gemacht werden. Das Projekt wurde stetig durch die Mitarbeit assoziierter Partner bereichert, sodass zur Abrundung des Themenfeldes von Herrn Dipl.-Ing. Kaiser, Herrn Dipl.-Ing. Martens, Herrn Dipl.-Ing. Mast, Herrn Dipl.-Ing. Riedel und Herrn Dipl.-Ing. Seinschedt Beträge geleistet wurden, die auch die Sicht über den Rand von INVEST-S hinaus eröffnen. Ich danke allen Autoren dafür, durch ihr Engagement das Erscheinen dieses Buches ermöglicht zu haben. Für die umfassende Betreuung aller Manuskripte danke ich insbesondere Herrn Dipl.-Ing. Schramm.

Ich hoffe, dass Ihnen das Buch neue Ideen und Handlungsanregungen zur Gestaltung innovativer Dienstleistungsprodukte liefert und wünschen Ihnen viel Freude beim Lesen.

Bochum, im September 2003

Horst Meier

Inhaltsverzeichnis

Infrastruktur

Praxiserfahrungen

Anhang

Anforderungen

Service im globalen Umfeld
Innovative Ansätze einer zukunftsorientierten Dienstleistungsgestaltung

Horst Meier

Inhalt

1 Einleitung

Kunden der Investitionsgüterindustrie erwarten zunehmend Problemlösungen in Form von einfach in ihre Wertschöpfungsketten integrierbaren und austauschbaren Prozesselementen ohne starre Bindungen und langfristige Verpflichtungen. Die ausschließliche Konzentration auf die Wirtschaftlichkeit, Produktivität und Qualität der Sachleistung ist in diesem Zusammenhang ohne kompetente Dienstleistungsangebote nicht mehr ausreichend. Durch die zunehmende Integration in die Kundenprozesse werden darüber hinaus wichtige Erkenntnisse über die wahren Kundenbedürfnisse deutlich, die weitere Innovationsschübe auslösen. Dies bedeutet auf keinen Fall, dass die Innovationen im Sachleistungsbereich an Bedeutung verlieren sondern, dass zusätzliche Innovationen im Dienstleistungsbereich unerlässlich werden. Letztendlich müssen Dienstleistung und Sachleistung als ein hybrides Produkt integriert geplant, entwickelt, hergestellt und vermarktet werden. Nur so lässt sich ein maximaler Kundennutzen realisieren. Damit wird die Beherrschung der integrierten Entwicklung, Erbringung und Vermarktung von Sach- und Dienstleistungsbündeln zur wettbewerbsentscheidenden Schlüsselkompetenz.

Gelingt die Erschließung des Dienstleistungsmarktes, kann der derzeitige Dienstleistungsumsatz des deutschen Maschinen- und Anlagenbaus um ein Vielfaches gesteigert werden. So beträgt z.B. der durchschnittliche jährliche Instandhaltungsaufwand laut VDMA 4,7% des Wiederbeschaffungswertes der Maschinen und Anlagen. Über eine Nutzungsdauer von ca. 20 Jahren ergibt sich somit ein Instandhaltungsaufkommen in der Höhe der Neuinvestition. Dienstleistungsangebote zur optimalen Planung, Nutzung und Finanzierung der Betriebsmittel erhöhen dieses Umsatzpotential. Voraussetzung eines marktfähigen Dienstleistungsangebots ist die Erfüllung der klassischen Kundenerwartungen bezüglich Reaktionszeit, Qualität und Preis.

Voraussetzung einer erfolgreichen Dienstleistungsstrategie stellt die Entwicklung eines modularen Dienstleistungsbaukastens auf der Basis standardisierter Dienstleistungskomponenten dar. Damit lassen sich industrielle Dienstleistungsprozesse entwickeln, die durch Rationalisierung und Automatisierung zu wettbewerbsfähigen Angeboten gegenüber der kundeninternen Leistungserbringung führen. Für den weltweit agierenden Maschinen- und Anlagenbau ist die Exportfähigkeit der Dienstleistungsprodukte durch deren orts- und zeitunabhängige Verfügbarkeit eine der zentralen Herausforderungen.

Standardisierte Dienstleistungsprozesse erlauben deren Fremdvergabe und unterstützen so die Bildung von Kooperationsnetzwerken zur globalen Leistungserbringung. Moderne Informations- und Kommunikationstechniken fördern solche Netzwerke durch die ortsunabhängige Verfügbarkeit von Expertenwissen. Automatisierbare Dienstleistungsprozesse sind jederzeit verfügbar und erlauben so die zeitunabhängige Erbringung und weltweite Vermarktung innovativer Dienstleistungen.

2 Dienstleistungspotenziale im Maschinen- und Anlagenbau

Der optimale Betrieb hochproduktiver Maschinen und Anlagen verlangt zunehmend umfangreiches Spezialistenwissen, dass von den Betreibern nur mit hohem Aufwand verfügbar gehalten werden kann. Hochautomatisierte Produktionseinrichtungen erschweren aufgrund der komplexen Steuerungstechnik mit den notwendigen Software-Updates zur Funktionserweiterung und Fehlerbeseitigung den Know-how Aufbau beim Betreiber. Schulungsmaßnahmen für Arbeitsvorbereiter, Programmierer, Einrichter, Bediener und Instandhalter können mit der technologischen Weiterentwicklung kaum Schritt halten.

Leistungsfähige Kommunikations- und Informationstechnik ermöglicht es, Spezialistenwissen weltweit verfügbar zu machen. Damit sind die Hersteller erstmals in der Lage neue Dienstleistungen global anzubieten. Die bereits seit Jahren verfügbaren Tele-Service Lösungen führten allerdings nur in seltenen Fällen zu neuen Geschäftserfolgen, da der Nutzen aus Betreibersicht nicht immer nachvollziehbar war und zusätzliche Risiken durch externe Datenzugriffe beherrscht werden müssen.

Die Entwicklung eines erfolgreichen Dienstleistungsangebots muss in erster Linie den Kundennutzen in den Vordergrund stellen. Viele Kunden konzentrieren sich zunehmend auf Kernkompetenzen, um die Komplexität ihrer Betriebsabläufe zu verringern und gleichzeitig die Flexibilität zur Reaktion auf veränderte Marktbedingungen zu erhöhen. Vor diesem Hintergrund ergeben sich eine Fülle von Dienstleistungschancen. Die wesentlichen Treiber und Bremser zur Platzierung eines erfolgreichen Dienstleistungsangebots sind in der Abbildung 1 aufgelistet.

Treiber

Dienstleistungs-Anbieter
- Wettbewerbsdifferenzierung
- neue Wachstumspotentiale
- zusätzliche Deckungsbeiträge
- Erhöhung der Kundenbindung
- Erschließung von Anwendungswissen

Dienstleistungs-Nutzer
- Konzentration auf Kernkompetenzen
- Outsourcing
- kein Know-how Aufbau zum Betrieb komplexer Maschinen und Anlagen
- Erhöhung der Anlagenverfügbarkeit
- Steigerung der Produktivität

IT-Werkzeuge
- Internettechnik
- multimediale Kommunikation

Bremser

Dienstleistungs-Anbieter
- mangelndes Wissen über Kundenwünsche
- fehlende Geschäftsmodelle
- mangelnde Aufbau- und Ablauforganisation
- fehlendes Service-Engineering
- fehlende Kooperationsmodelle

Dienstleistungs-Nutzer
- Gefahr des Know-How Verlusts
- Abhängigkeit vom DL-Anbieter
- Auswirkungen auf die eigenen org. Strukturen (z.B. Instandhaltung)
- nicht transparente Wirtschaftlichkeit
- mangelndes Vertauen

IT-Werkzeuge
- mangelhafte IT-Sicherheit
- fehlende Standards

Abb. 1. Wesentliche Treiber und Bremser im Dienstleistungsmarkt

Dienstleistungspotentiale ergeben sich über den gesamten Lifecycle eines Investitionsguts (Abb.2). Die Zahlungsbereitschaft für Dienstleistungen ist dabei in den verschiedenen Phasen des Lifecycles sehr unterschiedlich ausgeprägt. Besonders schwer fällt es in der Entscheidungs- und Kaufphase Leistungen in Rechnung zu stellen. Erst bei der Planung sehr komplexer Produktionssysteme werden die Planungsleistung und die Lieferung der Maschinen und Anlagen getrennt vergeben und abgerechnet. Installation, Inbetriebnahme und Schulung werden bereits häufig als zusätzliche Leistung honoriert. Zum Ramp-up einer neuen Produktionseinrichtung und deren kontinuierlichen Produktivitätsverbesserung über die gesamte Nutzungsphase gibt es nur vereinzelt innovative Angebote der Ausrüster. Die üblichen Wartungs- und Service-Verträge zur Sicherstellung der Anlagenverfügbarkeit werden von vielen angeboten. Allerdings gelingt es den Anbietern noch nicht sich dominierende Umsatzanteile in der Betriebsphase durch Instandhaltung und Wartung zu erschließen. So werden z.B. aufgrund einer Marktbefragung (Meier et al. 2002) noch 73% des Instandhaltungsvolumens vom Betreiber direkt erbracht.

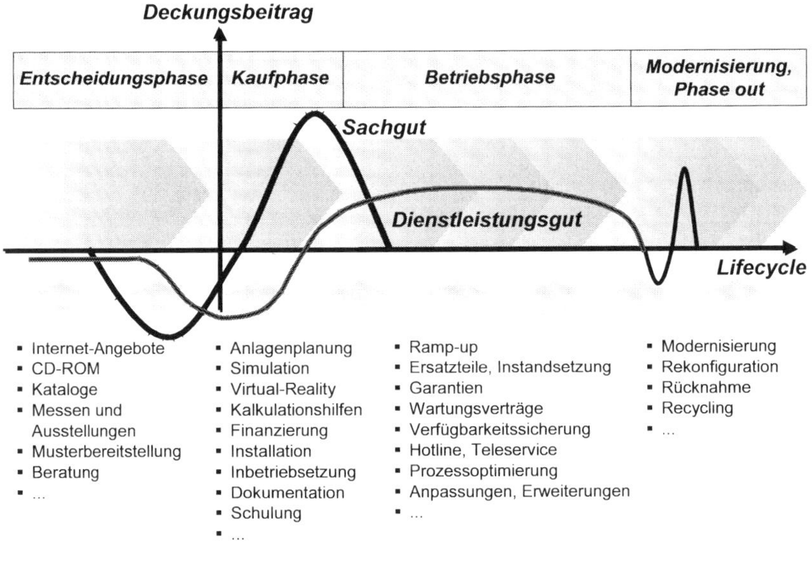

Abb. 2. Dienstleistungspotentiale im Lifecycle des Investitionsguts

Den verbleibenden Rest teilen sich der Erstausrüster und unabhängige Dienstleister zu etwa gleichen Anteilen. Vor dem Hintergrund, dass bei der Planung neuer Werke die Instandhaltung und Wartung häufig nicht mehr als Kernkompetenz betrachtet und somit fremdvergeben wird, muss der Maschinen- und Anlagenbau in diesem Geschäftsfeld seine Wettbewerbsfähigkeit ausbauen, um diesen attraktiven Umsatzanteil nicht an Dritte zu verlieren. Dies ist von besonderer strategischer Bedeutung wenn man bedenkt, dass die Ergebnisbeiträge im Dienstleistungsbereich oft um ein vielfaches höher ausfallen als bei den Sachleistungsprodukten und Dienstleistungsumsätze geringeren konjunkturellen Schwankungen unterliegen.

Es gilt somit wettbewerbsfähige Dienstleistungsangebote zu entwickeln, die die Zahlungsbereitschaft in der Entscheidungsphase verbessern und Kalkulationsunsicherheiten in der Betriebsphase reduzieren.

3 Dienstleistungsorientierte Geschäftsmodelle

Die Hauptherausforderung bei den überwiegend produktbegleitenden Dienstleistungen des Maschinen- und Anlagenbaus liegt in der Entwicklung geeigneter Geschäftsmodelle. Häufig werden Dienstleistungen mit dem Hauptziel der Sachleistungsvermarktung nicht kostendeckend angeboten. Kennzeichnend für viele Anbieter ist es daher, dass sie zwar über Dienstleistungsangebote verfügen, diese aber nicht in entsprechende Geschäftsmodelle zur Verbesserung der eigenen Ergebnissituation eingebettet sind.

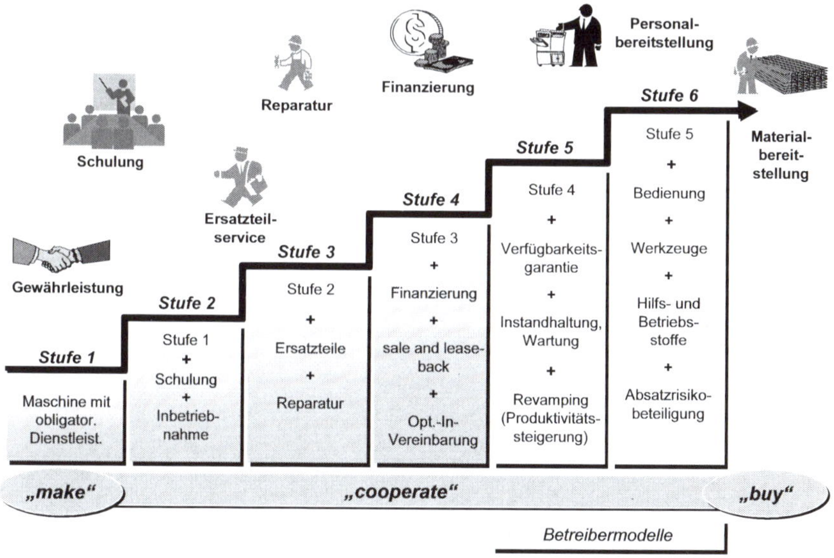

Abb. 3. Stufenmodell produktbegleitender Dienstleistungen

Neue Geschäftsfelder ergeben sich insbesondere bei den Kunden, die ihre Kernkompetenzen nicht mehr im Produktionsbereich definieren, sondern sich auf die Produktentwicklung und Vermarktung konzentrieren. Bei diesen Kunden wächst der Wunsch, lediglich für die Nutzung der Produktionsmittel zu zahlen sich aber nicht langfristig durch Investitionen und entsprechend qualifiziertes Personal zum Betrieb der Anlagen strategisch zu binden. Zwischen dem Kauf einer Maschine zur Herstellung der benötigten Teile oder dem direkten Kauf der zu fertigen Teile ergeben sich damit verschiedene Kooperationsstufen und damit verbundene Geschäftsmodelle.

Das Stufenmodell produktbegleitender Dienstleistungen (Abb.3) steht in engem Zusammenhang mit dem methodischen Vorgehen zur Entwicklung von Dienstleistungsgeschäftsmodellen und der Konzeption von konfigurierbaren Dienstleistungsmodulen. Auf der untersten Stufe werden neben der Sachleistung obligatorische Dienstleistungen wie kundenspezifische Entwicklungen, Dokumentationen und Gewährleistungen angeboten. Auf der zweiten Stufe werden optionale Dienstleistungen wie z.B. Inbetriebnahme und Schulung vermarktet, die den Kunden in die Lage versetzen, dass Betriebsmittel mit eigenem Personal zu nutzen. Die dritte Stufe umfasst verfügbarkeitssichernde Angebote wie Inspektions-, Wartungs- und Reparaturarbeiten, die die Nutzung des Betriebsmittels sicherstellen. Ab der vierten Stufe werden Finanzierungsleistungen mit Miet- und Leasingmodellen ergänzt. Durch „sale and lease-back“ lassen sich externe Finanzdienstleister in das Geschäftsmodell integrieren. Opt.-In-Vereinbarungen eröffnen dem Kunden die direkte Geschäftsbeziehung mit dem Finanzdienstleister bei Insolvenz des Anbieters. In der fünften Stufe wird der Ausrüster unmittelbar in die Geschäftsprozesse des Kunden integriert, indem er die Instandhaltungs- und Optimierungsprozesse der Betriebsmittel übernimmt. Die sechste Stufe ist durch Personalbereitstellung zur Bedienung des Betriebsmittels gekennzeichnet und kann Hilfs- und Betriebsstoffe sowie die erforderlichen Werkzeuge und Vorrichtungen umfassen. Werden alle Leistungen zum Betrieb durch den Ausrüster erbracht verbleibt nur die Materialbereitstellung beim Kunden. Wird auch diese durch den Ausrüster übernommen wandelt sich seine Funktion vom Maschinenausrüster zum Zulieferer in einem völlig anderen Geschäftsmodell.

Die Geschäftsmodelle der Stufen fünf und sechs schließen verschiedene Betreibermodelle ein, die sich durch geänderte Eigentumsverhältnisse sowie Personalbereitstellung für Instandhaltung und Betrieb auszeichnen. Das Betriebsmittel geht nicht in das Eigentum des Kunden über, sondern verbleibt in der Bilanz des Herstellers. Alternativ kann es in eine eigenständige Betreibergesellschaft eingebracht oder in die Bilanz eines Finanzdienstleisters übernommen werden. Das Betreibermodell zwingt damit alle Beteiligten, die klassische Kunden-Lieferanten-Beziehung fundamental zu überdenken und Risiken und Chancen detailliert zu bewerten. Beim Pay-on-Production tritt erstmals der Ausrüster in das Marktrisiko seines Kunden ein und stellt somit eine völlig neue Herausforderung im Maschinen- und Anlagenbau dar.

Wichtig bleibt an dieser Stelle festzuhalten, dass es nicht *das* allgemeingültige Betreibermodell des Maschinen- und Anlagenbaus gibt. Betreibermodelle sind kundenindividuell und müssen daher in jedem Einzelfall auf ihre Eignung hin überprüft und vertraglich definiert werden. Wesentliche Entscheidungskriterien sind tabellarisch in Abb.4 zusammengestellt.

In Betreiber-Geschäftsmodellen lassen sich auch technische Innovationen vermarkten, die in der reinen Sachleistungsvermarktung häufig nicht durchsetzbar sind. So sind Zusatzausstattungen zur Verbesserung der Gesamtwirtschaftlichkeit über die Nutzungsdauer wie z.B. Sensorik zur belastungsabhängigen Wartung und Instandhaltung oder Teleservice-Funktionen in alleiniger Verantwortung des Herstellers umsetzbar. Auch ist die Wiederverwendung gebrauchter Komponenten in neuen Konfigurationen problemlos möglich, da das Investitionsgut nicht in das Eigentum des Kunden übergeht.

▪ *Kernkompetenz*	keine	gering	hoch
▪ *Art der Sachleistung*	Systeme	Maschinen Anlagen	Komponenten
▪ *Lebensdauer des IG´s*	zeitlich exakt planbar	zeitlich grob planbar	zeitlich nicht planbar
▪ *Verkettungsgrad der Maschine/ Anlage (Auswirkungen auf die Gesamtverfügbarkeit)*	gering	mittel	hoch
▪ *Investitionsvolumen*	hoch	mittel	gering
▪ *Ausbringungsmenge*	fix	überschaubar schwankend	variabel
▪ *Technische Komplexität*	hoch	mittel	gering
▪ *Eignung für Betreibermodelle*	sehr gut geeignet	geeignet	weniger gut geeignet

Abb. 4. Kriterien zur Beurteilung von Betreibermodellen

Dienstleistungsorientierte Geschäftsmodelle tragen damit zur Wettbewerbsdifferenzierung und Ausweitung der Geschäftstätigkeit bei. Sie erfordern eine Neuausrichtung der unternehmensinternen und unternehmensübergreifenden Geschäftsprozesse und verlangen eine leistungsfähige Kooperations-Infrastruktur. Die Etablierung nutzerorientierter Geschäftsmodelle wirft zahlreiche Fragestellungen technischer, organisatorischer, wirtschaftlicher und rechtlicher Art auf.

4 Service-Engineering

Eine der bedeutendsten Stärken des deutschen Maschinen- und Anlagenbaus liegt in der Fähigkeit, kundenindividuelle Lösungen im Sachleistungsbereich effizient anbieten zu können. Die Frage, wie er diese Fähigkeiten auch im Servicesektor zur Entfaltung bringen kann, ohne sich in zu vielen unzusammenhängenden Einzelleistungen zu verstricken, hat er bereits für den Sachgüterbereich beantwortet. Hier führte die Bedienung von Nischenmärkten ursächlich zum gleichen Problem: einem Anstieg der Konstruktions- und Produktionskosten, der in keinem Verhältnis zum Markt- und Ergebnisgewinn stand. Wege aus dieser Misere wurden mit Baukastenstrukturen und Mass Customization ausgemacht, müssen aber den dienstleistungstypischen Aspekten wie Immaterialität der Dienstleistung, Gleichzeitigkeit von Produktion und Konsum sowie Kundenintegration in den Erbringungsprozess, angepasst werden.

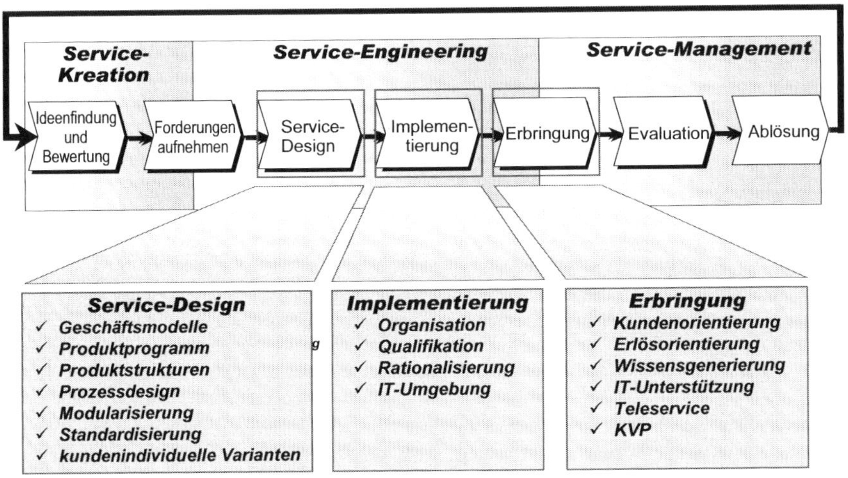

Abb. 5. Phasen des Dienstleistungs-LifeCycles

Als Phasen des Dienstleistungs-LifeCycles lassen sich die Service-Kreation, das Service-Engineering und das Service-Management unterscheiden (Abb.5). Bei der Service-Kreation kommt es darauf an, die Kundenwünsche umfassend zu analysieren, um klare Anforderungen an das Service-Engineering zur Entwicklung attraktiver Dienstleistungen zu definieren. Das Service Engineering umfasst die systematische methodengestützte Entwicklung und Gestaltung wettbewerbsfähiger Dienstleistungen. Hier gilt es die vorhandenen ingenieur- und wirtschaftswissenschaftlichen Methoden anzuwenden (Bullinger u. Scheer 2003) und ggf. auf die unternehmensspezifischen Randbedingungen anzupassen. Auf der Basis erfolgversprechender Geschäftsmodelle gilt es ein attraktives Produktprogramm zu definieren und daraus die geeigneten Prozessabläufe zur Dienstleistungserbringung abzuleiten. Einen attraktiven Lösungsansatz bietet die Modularisierung und Standardisierung von Dienstleistungsprozessen (Hermsen 2000). Mittels IT-basierter Konfiguratoren lassen sich standardisierte Module eines Dienstleistungsbaukastens anforderungsspezifisch zusammenstellen. Das Ergebnis ist eine kundenorientierte industrielle Dienstleistung, die sich aufgrund der Wiederholeffekte rationalisieren und ggf. automatisieren lässt. Nach entsprechender Anpassung der Ablauforganisation und Implementierung geeigneter IT-Werkzeuge übernimmt das Service-Management die Koordinierung und Ausführung der Kundenaufträge. Nur ein kontinuierlicher Verbesserungsprozess kann auch hier die Aktualität und Wettbewerbsfähigkeit des Dienstleistungsangebots und der zugehörigen Ablauforganisation auf Dauer sicherstellen. Hierzu sind in die Prozessschritte zur Dienstleistungserbringung Elemente der Wissensgenerierung zu integrieren, um wettbewerbsrelevantes Anwendungs-Know-how zu kumulieren und in die Prozesse der Service-Kreation und des Service-Engineerings zurückzuführen.

5 Kooperative Dienstleistungserbringung

Die globale Bewältigung zukünftiger Dienstleistungsherausforderungen wird für den mittelständisch strukturieren Maschinen- und Anlagenbau nur im Rahmen eines Netzwerkes aus Kunden, Systemlieferanten, Komponenten-Zulieferern, Service-Zulieferern und Finanzdienstleistern möglich sein (Abb. 6). Bei der Übernahme aller Instandhaltungsaufgaben für ganze Produktionswerke kann sich selbst die Einbindung konkurrierender Hersteller in eine Koordination als zwingend erweisen.

Die Aufgaben der Kooperationsplattform bestehen darin, organisatorische Abläufe zu entwickeln, die auch die Zulieferer mit ihren Kompetenzen stärker in die Dienstleistungskette einbinden und eine übergreifende Steuerung der Dienstleistungsaktivitäten mit Angebotserstellung sowie Auftragsverteilung, -abwicklung und -abrechnung erlauben (Zuther 2003). Beispiele hierzu stellen die Integration von Steuerungs- und Antriebsherstellern in eine TeleService-Prozesskette (Maßberg 2000) oder die Einbindung einer Komponentendokumentation in eine kontextbezogene Hilfefunktion dar. Die Kooperationsplattform liefert die notwendigen firmenspezifischen Daten und stellt das Kopplungsinstrument zu den innerbetrieblichen Geschäftsprozessen dar.

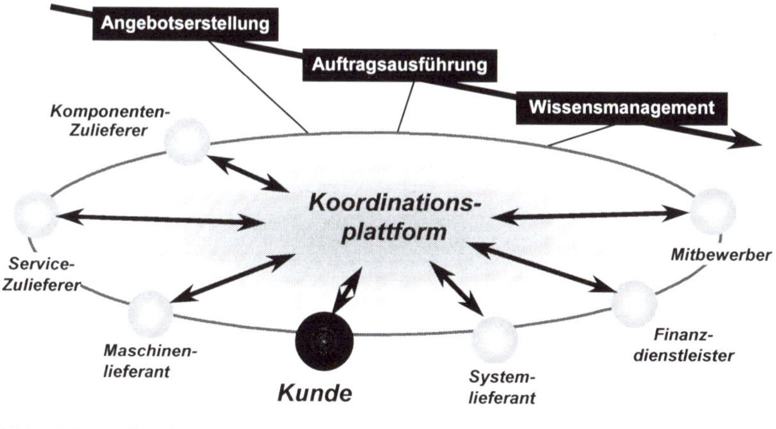

Abb. 6. Koordinationsplattform zur vernetzten Dienstleistungsvermarktung

Durch die aktive Einbindung strategisch wichtiger Zulieferer in das Dienstleistungsnetzwerk wird die Kundenbindung erhöht, die Dienstleistungskompetenz ausgebaut und das Ersatzteilgeschäft gesichert. Ein weiterer wichtiger strategischer Aspekt der Kooperationsplattform ist die systematische Generierung und

Verwaltung von Anwendungswissen aus der Betriebsphase. Damit stehen dem Hersteller verlässliche Basisinformationen zur innovativen Weiterentwicklung seines Sach- und Dienstleistungsangebots zur Verfügung.

Für den effizienten Aufbau agiler Dienstleistungsnetzwerke ist die Weiterführung der Dienstleistungsmodularisierung zu firmenübergreifenden standardisierten Dienstleistungsobjekten mit vereinheitlichter Attributierung eine interessante Weiterentwicklungsperspektive. Mit diesem Ansatz wäre es mit geringem Aufwand möglich Elemente einer Dienstleistungsprozesskette an fremde Firmen auszulagern und so in Märkten ohne eigene Serviceressourcen dienstleistungsorientierte Geschäftsmodelle zu etablieren.

6 Gestaltungsfelder dienstleistungsbasierter Geschäftsmodelle

Die erfolgreiche Platzierung eines ergebnisstarken Dienstleistungsprogramms ist eine komplexe Aufgabenstellung, bei der insbesondere die Bereiche Wirtschaftlichkeit, Service-Engineering, Aufbau- und Ablauforganisation und IT-Unterstützung betrachtet werden müssen. Diese Herausforderungen wurden im Verbundprojekt INVEST-S in entsprechenden Projektbereichen angegangen (Abb. 7). Durch die Betrachtung zweier Anwendungsszenarien im Anlagenbau und in der Werkzeugmaschinenbranche konnte eine breite Übertragbarkeit der Ergebnisse sichergestellt werden.

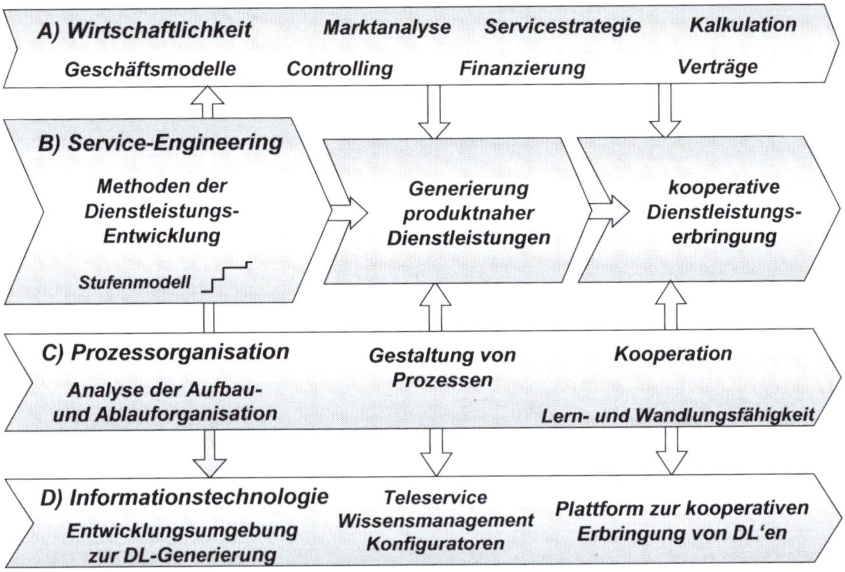

Abb. 7. Inhalte Invest-s

Im Projektbereich Wirtschaftlichkeit wurden die Marktchancen produktbegleitender Dienstleistungen durch Umfragen bei Anbietern und Kunden in zwei Studien erfasst (Meier et al. 2002, S.7) und mögliche Geschäftsmodelle und Servicestrategien betrachtet. Begleitend wurden Fragen der Kalkulation, der Finanzierung und des Controllings bearbeitet. Betreiber-Geschäftsmodelle mit ihren Finanzierungsaspekten und rechtlichen Problemstellungen waren weitere wichtige Arbeitspakete.

Der Projektbereich Service-Engineering hatte zum Ziel, bekannte Methoden der Ingenieur- und Wirtschaftswissenschaften in konkreten Szenarien bezüglich ihrer KMU-Tauglichkeit zu evaluieren und ein stufenweise ausbaubares Dienstleistungsprogramm zu entwickeln. Auf diese Weise wurden insbesondere für KMU's leicht handhabbare Methoden und Werkzeuge geschaffen und damit der Auf- und Ausbau produktbegleitender Dienstleistungen beschleunigt.

Die entscheidende Voraussetzung zur erfolgreichen Etablierung eines ergebnisstarken Dienstleistungsprogramms ist die dienstleistungsgerechte Auf- und Ablauforganisation, die im dritten Projektbereich bearbeitet wurde. Die kooperative Dienstleistungserbringung stellte eine Querschnittsaufgabe dar, um in Netzwerken mit Kunden, Ausrüstern und Zulieferern mit kurzen Reaktionszeiten effizient agieren zu können.

Auf der Basis der so vorbereiteten Dienstleistungsgeschäftsmodelle wurden im Projektbereich Informationstechnologie anforderungsgerechte Softwarewerkzeuge zur Konfiguration und Kommunikation realisiert.

Mit einem Betreibermodell zur Zahnradfertigung, einem baukastenbasierten Dienstleistungskonfigurator, einer Dienstleistungsplattform zur kooperativen Leistungserbringung und einem Teleservice-System für fernerbrachte Dienstleistungen wurden die Ergebnisse des Verbundprojekts INVEST-S prototypisch erprobt.

Literatur

Bullinger H-J, Scheer A-W (Hrsg.) (2003) Service-Engineering. Entwicklung und Gestaltung innovativer Dienstleistungen. Springer-Verlag Berlin Heidelberg

Hermsen M (2000) Ein Modell zur kundenindividuellen Konfiguration produktnaher Dienstleistungen. Shaker-Verlag, Aachen

Lay G, Meier M, Schramm J, Werding A (2003) Betreiben statt verkaufen. Industrie Management 19/4 S. 9-14

Maßberg, W., Hermsen, M., Zuther, M. (Hrsg.) (2000) TELec: Multimedialer TeleService Technik-Organisation-Vermarktung-Erfahrungsberichte. Shaker-Verlag, Aachen

Meier H, Schramm J, Werding A, Zuther M (2002) Aktuelle Entwicklungen von Kunden-Lieferanten-Geschäftsbeziehungen für produktbegleitende Dienstleistungen bis hin zu Betreibermodellen. Ergebnisse einer Expertenbefragung im Werkzeugmaschinen- und Anlagenbau, Service Today 2002/5 S. 5-10

Zuther, M.(2002) Flexible Konfiguration von Betreibernetzwerken. Shaker-Verlag, Aachen

Pay on Production – langfristige Partnerschaft mit Verantwortungstransfer

Wolfgang F. Mast

Inhalt

1 Herkömmliche Betreiber- und Nutzungsmodelle

Im letzten Jahrzehnt wurden viele Ansätze zur wirtschaftlichen Verbesserung der Betriebsergebnisse unternommen. Zunächst wurden in erster Linie einfache Prozesse nach außen verlagert. Hierbei handelte es sich hauptsächlich um Lohnarbeiten in Billiglohnländern, der sogenannten verlängerten Werkbank. Es folgte als nächste Stufe das Outsourcing kompletter Komponenten, teilweise auch deren Konstruktion. Als nächste und zugleich letzte Stufe folgte die komplette Verantwortungsübergabe ganzer Produktionsprozesse an Lieferanten, die sogenannten klassischen Betreibermodelle. Kennzeichnend für diese Modelle ist, dass der Betrieb immer mit dem Personal des Auftragsnehmers (Betreiber) erfolgt, wobei dieser weitestgehend gegen wirtschaftliche Risiken durch Garantien seitens des Auftragsgebers abgesichert ist.

Da in diesen Fällen die Produktion und deren Methoden letztlich vom Lieferanten kontrolliert wird und so mittelfristig Know-How verloren geht, sind Abhängigkeiten entstanden und Potenziale für den Kunden verloren gegangen. Wird bei diesen Modellen durch Verbesserung von Produktionsmethoden eine Kosteneinsparung erzielt, so kann der Auftrageber im günstigsten Fall mit einem Anteil rechnen. Geringere, nicht augenfällige Fortschritte behält sich letztlich der Betreiber vor.

Mittlerweile ist die erste Euphorie in der Industrie in Bezug auf diese Modelle verflogen und es zeichnet sich eine diametrale Entwicklung zum erneuten Integrieren vormals als Betreibermodelle vergebener Aktivitäten in die Wertschöpfungs- und Produktionskette der Industriebetriebe ab. Der Antrieb hierfür ist hauptsächlich darin zu suchen, dass aufgrund von betrieblichen Vereinbarungen Industriebetriebe Arbeitskräfte nur schwer oder mittels teurer Sozialpläne bzw. Abfindungsprogramme freisetzen können. Zu ihrer Beschäftigung werden deshalb ehemals ausgelagerte Komponenten reintegriert.

Die o.g. Gründe verdeutlichen die Schwächen und die Problematik der klassischen Betreibermodelle, die in Wirklichkeit nichts anderes als ein „verkapptes" Outsourcing darstellen. Aufgrund dieser Erkenntnisse ist es erforderlich, neue Wege und Methoden anzuwenden, die zwar die Vorteile einer Arbeitsteilung bieten, jedoch die Kernkompetenzen der jeweiligen Partner erhalten und somit die Nachteile der herkömmlichen Betreibermodelle vermeiden.

2 Innovative Entwicklung des „Pay on Production"

Die Entwicklung alternativer Methoden erfordert zunächst ein grundsätzliches Umdenken und das Verlassen bekannter, bewährter Pfade - mithin ein *‚Out of the box thinking'*. Unter Berücksichtigung der v.g. einleitenden Bemerkungen und entsprechender Analysen ergibt sich Folgendes: Betreibermodelle der herkömmlichen Weise sind untauglich, um bestehende Kostenprobleme und notwendige, strategische, langfristige Kostensenkungen bei bestehenden industriellen Produktionen – Brown Field – grundsätzlich realisieren zu können. Diese Modelle führen zur Übernahme von Produktionen und letztlich zum Verlust von Kernkompetenz, Know How und Kostenmanagement. Solche Modelle eignen sich im großindustriellen als auch mittelständigen Bereich nur für Nicht-Kernkompetenzbereiche, wie z.B. Energieerzeugung, Heizung, Pressluft, Kantinenbetriebe, Flurförderfahrzeuge, Lagerhaltung, Transport und Logistikaufgaben, um nur einige zu nennen.

Ein weiterer Ausgangpunkt war die Betrachtung des Erwerbs von Wirtschaftsgütern zum Zwecke der Produktion und der sich daraus ergebenden Konsequenzen. Hier lässt sich folgende Feststellung treffen: Der Anlagenhersteller konstruiert und verkauft das Wirtschaftsgut an seinen Kunden dessen Wünschen oder besser dem vorherrschenden Industriestandard entsprechend und versieht dieses für gewöhnlich mit der gesetzlich vorgeschriebenen oder ausgehandelten Garantie. Das Wirtschaftsgut wird abgenommen und in den Produktionsprozess eingegliedert mit gleichzeitigem Gefahrenübergang an den Erwerber. Selbstverständlich stellt der Anlagenbauer sein Wirtschaftsgut ebenfalls gewinnorientiert her, also wird er dort minimieren, wo es technisch möglich ist. Diese Vorgehensweise ist legitim und marktwirtschaftlich konform. Gemeinhin treten dann neben normaler Wartung die ersten Verschleißerscheinungen nach Ablauf der Garantiezeit auf und müssen vom Käufer zur Aufrechterhaltung des Betriebes auf dessen Kosten, häufig mit vom Hersteller zu beziehenden teuren Spezialersatzteilen, repariert und instand gehalten werden. Diese Instandsetzungs- und Wartungskosten nehmen mit dem Verlauf zu und erreichen meistens dann bereits in ihrer Kumulation den Anlagenwert, bevor das Wirtschaftsgut endgültig abgeschrieben bzw. die industrielle Nutzungsdauer erreicht ist.

Somit musste das innovative Modell zum einen den besonderen Bedingungen der beim Original Equipment Manufacturer (OEM) Ford zu erfüllenden Regeln der US GAAP (United States general asset accounting principles) genügen, zum anderen aber alle vorgenannten Nachteile ausräumen. Ebenso durfte das Modell auch nicht zu einer Verteuerung der reinen Investition im Vergleich zur Eigenbeschaffung desselben Wirtschaftsgutes führen. So ergab sich als logische Konsequenz ein Ansatz, der den Anlagenhersteller verpflichtete, die Ergebnisse seiner Konstruktion im industriellen Einsatz selbst zu verantworten.

Damit kam nur ein Modell in Frage, das ein Höchstmaß an Verantwortung für Kosten und Risikoübernahme unter Berücksichtigung der jeweiligen Kernkompetenzen der beteiligten Parteien Rechnung tragen würde. Diese Kriterien sind nur durch ein partnerschaftliches Modell zu verwirklichen, das für beide Parteien einen erheblichen wirtschaftlichen Nutzen generiert und damit eine *Win-Win-Situation* erzeugt. Diese Schlüsse erscheinen logisch, dennoch waren im Vorfeld viele Hindernisse, auch innerhalb des eigenen Hauses zu überwinden - insbesondere solche theoretischer Natur, die letztlich durch die Praxis endgültig ausgeräumt werden konnten.

Im Folgenden wird zunächst das wirtschaftliche Umfeld allgemein und die Entwicklung solcher alternativen Antworten am Beispiel eines OEMs (Ford-Werke AG, Köln) dargestellt.

2.1 Wirtschaftliches Umfeld – Wettbewerbsdruck

Das heutige wirtschaftliche Umfeld (Abb.1) ist gekennzeichnet von weltweiter Globalisierung und dem dadurch entstehenden Zwang zur Konzentration durch Akquisitionen, Kooperationen der OEMs sowie der automobilen Zuliefererindustrie.

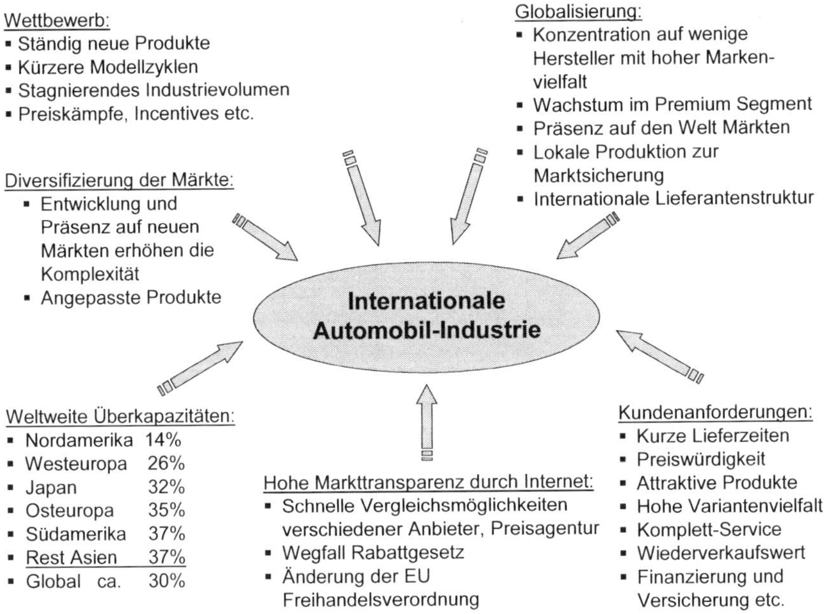

Abb. 1. Ursachen des Wettbewerbsdruckes

Die Automobilindustrie ist in besonderem Maße konjunkturabhängig und damit häufigen Marktschwankungen unterworfen. Die sind hauptsächlich durch, in immer kürzeren Abständen auftretende, rezessive Phasen der Volkswirtschaften bedingt, die meistens nur von kurzen Konjunkturspitzen abgelöst werden. In rezessiven Phasen schieben die Konsumenten teurere Neuanschaffungen, insbesondere den Autokauf gewöhnlich auf. In diesem Zusammenhang darf nicht vergessen werden, dass in Deutschland mittlerweile nahezu jeder 7. Arbeitsplatz von der Autoindustrie einschließlich deren Zulieferindustrie abhängig ist.

Der Wettbewerbsdruck in der Automobilindustrie führt als Folge sich rasch verändernder Marktbedingungen sowie der weltweiten Überkapazitäten der einzelnen Hersteller, zu einem gnadenlosen Verteilungskampf um den kleiner werdenden Kuchen. Ein Übriges tragen dazu die immer kürzer werdenden Modellzyklen, die zunehmend höhere Markttransparenz, gefördert durch das Internet, und die unlängst erfolgte Änderung der EU Freistellungsverordnung bei, um nur einige Fakten zu nennen. Danach kann in Zukunft jeder Kunde sein Fahrzeug bei jedem Anbieter, z. B. bei jeder Supermarktkette, an jedem beliebigen Ort innerhalb der

EU erwerben, gleichgültig ob eine bestimmte fachliche, technische Qualifikation des Veräußerers nach Maßgaben des OEM vorliegt.

Daraus folgt, dass nur derjenige eine führende Marktposition erringen kann, dessen strategische Ausrichtung ein Höchstmaß an Produktionsflexibilität erlaubt und neue, qualitativ hochwertige Produkte mit besserer Ausstattung den Kundenwünschen entsprechend, schnell und preisgünstig auf den Markt bringen kann.

Die Zielsetzung ist folglich – im Gegensatz zu klassischen Betreibermodellen – *mit eigenem Personal* die vom Lieferanten bereitgestellten und gewarteten Anlagen zur Herstellung von Fahrzeugen zu nutzen. Auf diese Weise ist sichergestellt, dass weder der größte Teil des eigenen Personals abgebaut, der soziale und betriebliche Frieden gefährdet, noch die Kernkompetenz des Herstellen von Fahrzeugen verloren gehen wird. Das Resultat wäre sonst, dass der OEM letztlich weder Einfluss auf Qualität, Kosten noch den erwirtschafteten Nutzen der Produktivität hätte.

Als Folge des notwendigen Mitteleinsatzes, bedingt durch die bereits an anderer Stelle erwähnten globalen Herausforderungen, entstand bei allen international operierenden OEMs – z.B. durch Preisverfall, Akquisitionen, Erschließung neuer Märkte, usw. – eine Verknappung der Liquidität. Mit der Konsequenz entweder die vorhandenen Eigenmittel für die Beschaffung von modernen Produktionsanlagen oder für die Entwicklung neuer Produkte zu verwenden. Beim OEM Ford hingegen wurde aus strategischen Gründen entschieden, die eigenen Investitionen auf die Entwicklung neuer attraktiver kundenorientierter Produkte zu konzentrieren – allein 45 neue Produkte in 5 Jahren – um seine Marktposition entsprechend zu festigen und deutlich zu verbessern. Um jedoch im scharfen Wettbewerb bestehen zu können, ist es für jeden OEM erforderlich, die Herstellkosten der Produkte bei höherer Qualität und besserer Ausstattung drastisch zu senken.

Eine der Lösungen dazu ist *Pay on Production* für Fertigungsanlagen. Dadurch, entstand im Gegensatz zur ursprünglichen Planung in Köln für die neue Generation des Fiesta ein komplett neues Montagewerk. Nicht nur irgend ein neues Werk, sondern das weltweit modernste und effizienteste Montagewerk. Das Ergebnis ist ein Quantensprung an Effizienz durch drastisch geringere Montagezeiten, deutlich verringerter Komplexität und optimalen, nach ‚Lean Principles' gestalteten Materialflüssen. Diese Fertigungsstätte ist effektiver als die japanischen Transplants in Europa. Der Partner, der Anlagenhersteller Eisenmann, hat ebenfalls einen enormen strategischen Vorsprung in der Konkurrenzfähigkeit durch die unternehmerische Risikobereitschaft, diese neue Verantwortlichkeit als Erster einzugehen, gewonnen.

Das Hauptkriterium für Pay on Production war die Erzielung einer Off-Rating Bewertung nach US GAAP und somit auch keine Footnote zum Balance Sheet. Während eine reine Off- Balance Sheet Bewertung relativ einfach – ein Operating Lease mit jährlicher Kündigung - erzielbar ist, bedarf es dazu weitergehender Voraussetzungen:

- Risk Sharing – Beteiligung des Investitionspartners am unternehmerischen Risiko,
- keinerlei Stückzahl Garantien – d.h. keine Produktion, keine Zahlung!

- keine feste Vertragsdauer,
- nur Zahlung eines festen Betrages pro produzierter Einheit,
- tägliche Kündigung mit 12 Monatsfrist ohne jede finanzielle Verpflichtung für den OEM, d.h. der Lieferant trägt das Risiko des noch nicht abgegoltenen Investitionsbetrages,
- Lieferant wartet Anlagen zu festem Preis und wird bei durch Anlagenfehler bedingtem Produktionsausfall rückbelastet.

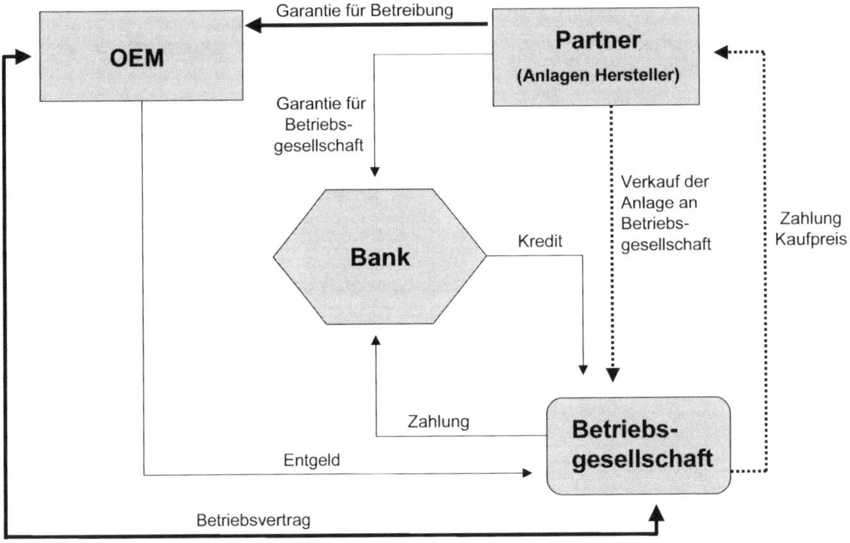

Abb. 2. Konstellation für pay-on-production (US-GAAP konform)

Die vorstehende Skizze illustriert schematisch ein mögliches, typisches Firmenkonstrukt für ein Pay on Production Modell. Die wesentlichen Punkte sind:

- Der OEM erhält von dem Sourcing Partner eine Garantie für die Bereitstellung und den Betrieb der Anlage durch die Betreibergesellschaft.
- Der OEM leistet seinerseits die Zahlungen pro produzierter Einheit an die Betriebsgesellschaft (Eigner der Anlage).
- Der Sourcing Partner selbst hat eine entsprechende Verflechtung mit der Betriebsgesellschaft und den finanzierenden Banken.
- Die Rechtsform der Einzelgesellschaften auf der Seite des Sourcing Parners richtet sich nach den gesetzlichen Bestimmungen und der für ihn steuerlich günstigsten Form.

2.2 Die Chancen für beide Vertragspartner im Einzelnen

Für den Anlagenhersteller ergeben sich neue Geschäftsfelder und Wachstum, denn ohne Pay on Production würde aus Liquiditätsgründen eine Investition nicht stattfinden. Der Hersteller erhält neben der Konzipierung und Realisierung der Anlage neue Verantwortlichkeiten für deren Wartung und Betrieb, was eine strategische langfristige Partnerschaft mit sich bringt. Er erhält zum ersten Mal reale Anlagendaten u.a. können per Telemetrie zu jedem beliebigen Zeitpunkt die jeweiligen Anlagendaten abgefragt und für zukünftige Konstruktionen genutzt werden. Dies stellt einen nicht zu unterschätzenden Vorteil seinen Wettbewerbern gegenüber dar.

Für den OEM ergibt sich die Möglichkeit, ohne Verzögerung bedingt durch Mittelrestriktionen moderne und effiziente Anlagen zu installieren, Quantensprünge an Produktivität zu erzielen – vorgezogene kontinuierliche Verbesserungsprozesse (KVP) – und damit kostengünstige Produkte auf den Markt zu bringen. Nicht zuletzt werden fixe Kosten in variable Kosten transformiert, Verbindlichkeit abgebaut, Cashflow und Shareholder Value verbessert, kurz die gesamte Wettbewerbsfähigkeit wird gesteigert.

In der folgenden Liste sind die Chancen des Pay on Production-Modells zusammenfassend aufgeführt:

Hersteller (Eisenmann)	OEM (Ford)
• Wachstum in stagnierendem Markt	• Aus Brownfield wird Greenfield
• Neues Geschäftsfeld	• Moderne effiziente Anlagen
• Neue Verantwortung	• Quantensprung in Produktivität
• Größere Wettbewerbsfähigkeit	• Umwandlung von fixen Kosten in variable Kosten
• Langfristige Partnerschaft	
	• Reduzierte Instandhaltungskosten
• Eigentümer der Anlagen/ Steuerliche Gestaltung	• Entfall Lagerkosten für Instandsetzungsmaterial
	• Verbesserter Cashflow/ Balance
• Langfristige Anlagedaten, Verbesserte Konstruktionen	• Verbesserte Shareholder Value durch geringere Kapitalbindung

Abb. 3. Chancen des Pay on Production

Pay on Production in der vorgestellten Kombination ist auch die einzige Methode, die nicht nur die Anlagen- sondern auch die Instandhaltungskosten auf einem festen Niveau für den gesamten Zeitraum der antizipierten Laufzeit ohne Indexierung garantiert. Ein unschätzbarer Vorteil, wenn man die kaum zu kontrollierenden Instandsetzungskosten der Anlagen durch eigene Instandhaltung betrachtet.

2.3 Die wesentlichen Risiken

Zunächst ist es bisher für beide Partner das erste POP Projekt dieser Art in der Automobilindustrie weltweit.

Der Anlagenhersteller hat keinen Einfluss auf die Produktgestaltung des OEM's und ist somit völlig vom Markterfolg des OEMs abhängig. Bei einer Kündigung ist der bis zu diesem Zeitpunkt nicht zurückgeflossene Anteil der Investition verloren und bei einem durch seine Anlagen verursachten Produktionsausfall wird er durch Ausgleichszahlungen an den OEM rückbelastet. Zahlung erhält er hingegen nur bei Produktion.

Für den OEM ist die Wahl des richtigen und kompetenten Partners von entscheidender Bedeutung, denn davon ist das Gesamtvorhaben in höchsten Maße abhängig. In der folgenden Liste sind die Risiken des Herstellers und des OEMs gegenüber gestellt:

Hersteller (Eisenmann)	OEM (Ford)
• Erstes Vorhaben in POP • Abhängig vom Marketing des OEM • Kein Einfluss auf die Produktgestaltung • Zahlung nur bei Produktion	• POP Pilotprojekt für Ford • Erstmalig POP Modell für Fertigungsanlagen in der Automobilindustrie
• OEM kündigt – Verlust der eingesetzten Investitionen • Ausgleichszahlung an OEM bei Produktionsausfall durch Anlagen	• Technische Kompetenz und Bonität des Partners • Partner liefert unzuverlässige Anlagen (Produktionsverlust) • Partner geht in Konkurs

Abb. 4. Risiken des Pay on Production

2.4 Erfahrungen – Lessons learned

Nach mehr als einem Jahr Laufzeit – es wurden nicht nur neue Anlagen installiert, sondern auch gleichzeitig der neue Fiesta mit 3 Karosserievarianten erfolgreich aufgelegt – und ca. 350.000 gefertigten Fahrzeugen, lässt sich feststellen, dass eine ganze Reihe von Maßnahmen und Voraussetzungen im Vorfeld erforderlich sind, um diese Herausforderungen erfolgreich bestehen zu können.

Für den Anlagenhersteller:

Das Anwerben und Training des Instandhaltungspersonals muss frühzeitig erfolgen, am besten ca. 6 bis 8 Monate vor Produktionsstart, damit dieses Personal den Aufbau und das Einfahren der Anlagen selbst mitgestaltet. Die Anpassung der Arbeitszeitmodelle muss synchron an die Arbeitszeiten des OEM erfolgen. Die Identifikation des eigenen Personals mit der Anlage und die Verantwortung für deren Betrieb muss jedem Einzelnen das oberste Gebot sein. *Produktion hat immer Vorrang*, die Anlage muss laufen, Fehleranalyse kann später betrieben werden, denn Stillstand bedeutet Produktionsverlust und letztlich Ausgleichszahlungen an den OEM.

Für den OEM:

Es ist eine wesentliche neue Erfahrung für das Personal des OEM, die Verantwortung und technische Kompetenz des Partners zu akzeptieren. Um einen möglichst reibungslosen Ablauf und Übergang zu gewährleisten sind im Vorfeld Kommunikationswege, Ansprechpartner, Schnittstellen, Problembeseitigungs- und Notfallstrategien festzulegen. Das Personal des OEM konzentriert sich ausschließlich auf seine Kernkompetenz, die Herstellung des Produktes.

Gleichzeitig mit den neuen, nach ergonomischen Gesichtspunkten gestalteten Arbeitsplätzen, wurde nicht nur eine erhebliche Verbesserung der Arbeitsbedingungen geschaffen, sondern auch ein Höchstmaß an Zufriedenheit und Identifikation der Mitarbeiter mit der Marke und dem Produkt erreicht. Beide Partner haben erkannt, dass nur gemeinsames partnerschaftliches Verhalten den gewünschten Erfolg zeitigt. Im Folgenden sind die Erfahrungen/ Lessons learned mit dem ersten POP Mainstreamprojekt aufgelistet:

Hersteller (Eisenmann)	OEM (Ford)
• Produktion hat immer Vorrang!!! - Instandhaltung unter Produktionsbedingungen • Flexible Anpassung an die Arbeitszeiten des OEM • Hochwertiges Instandhaltungspersonal und dessen Identifikation mit den Anlagen • Probleme sind nur partnerschaftlich zu lösen • Null Fehler Strategie • Stillstandszeiten = Produktionsverlust = Ausgleichszahlung an OEM	• Akzeptanz der Verantwortung und technischen Kompetenz des Partners • Festlegen von Schnittstellen, Ansprechpartnern, Notfallstrategien und Leistungen des Partners • Entwickeln partnerschaftlichen Verhaltens und Problemlösung • Konzentration auf eigene Kernkompetenz, die Montage des Produktes • Identifikation des Personals mit dem Produkt

Abb. 5. Erfahrungen / Lessons learned

Pay on Production ist die Abkehr vom traditionellen Anlagengeschäft hin zu mehr Verantwortung, gegenseitiger Akzeptanz und langfristiger Partnerschaft. Aber auch zu besseren Produkten. Wichtigste Bestandteile sind partnerschaftliches Verhalten, Kommunikation und der gemeinsame Wille zum Erfolg. Verträge und vertragliche Regelungen müssen klar und eindeutig sein, aber letztlich ist nur durch Partnerschaft der Erfolg zu erzielen.

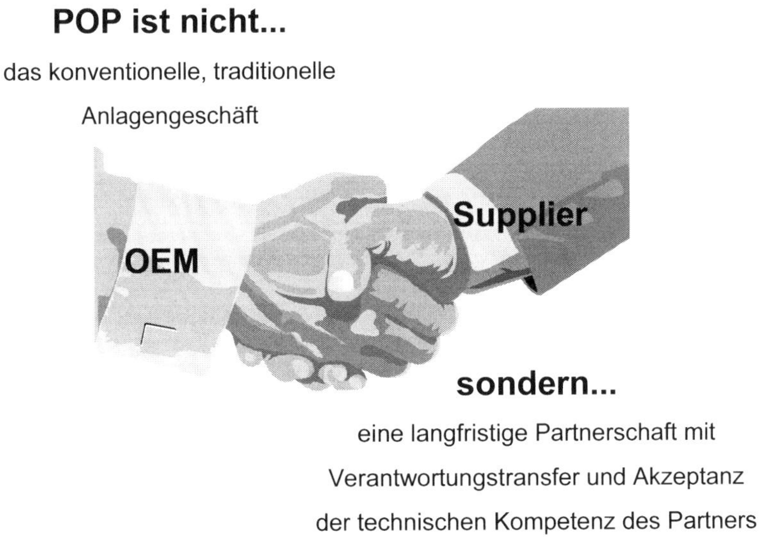

Abb. 6. Erfahrungen im Umgang mit dem ersten POP Mainstream Projekt

Das realisierte Modell ist die ‚Ultima Ratio' eines pay-on-production Modells, insbesondere für Investitionsgüter z.B.: Fertigungsanlagen – OFF Balance Sheet und das entscheidende OFF Rating.

Wie sich unschwer erkennen lässt, weicht das Modell in allen wesentlichen Punkten von den sonstigen klassischen Betreibermodellen ab:

- Klare vertragliche Regelungen im Bezug auf Schnittstellen, Verantwortlichkeiten und Trennung von Kompetenzen weisen jedem Partner das Feld seiner Kernkompetenz zu.
- Die Kernkompetenz der Herstellung von Fahrzeugen verbleibt beim OEM, der diese Tätigkeit mit eigenem Personal ausführt und verantwortet, deshalb verbleibt ihm auch der komplette Mehrwert aus KVP-Maßnahmen der Produktionsprozesse.
- Dem Anlagenhersteller verbleiben die entsprechenden Fortschritte aus dem KVP bei der Wartung der Anlagen.
- Kleinere Verbesserungen, die bei herkömmlicher Investition an den bestehenden ‚Hurdle Rates' – intern festgelegte Verzinsung des eingesetzten Kapitals – scheitern würden, lassen sich realisieren, da der jeweilige erzielbare Effekt pro Einheit, lediglich ein positives Ergebnis aufweisen muss. Damit besteht die Möglichkeit, das Einsparungspotenzial vieler kleinerer Verbesserungen zu heben.
- Während bei herkömmlichen Betreibermodellen die Betreiber weitestgehend durch Garantien von wirtschaftlichen Risiken befreit sind und die Kernkompe-

tenz verloren geht, bleibt dem OEM sowohl das Know-How, als auch das Cost Management in vollem Umfang erhalten.

Im Gegensatz zu den allgemein gebräuchlichen Modellen, die zwar zunächst einen Pseudokostenvorteil generieren, diesen aber langfristig nicht gewährleisten können und daher lediglich die finale Lösung des Problems von innen nach außen sowie auf der Zeitachse in die Zukunft verlagern, führt dieses Modell langfristig und strategisch zu wesentlichen Kostenvorteilen.

Das Modell stellt eine Symbiose aus der Kernkompetenz (Expertise) beider Partner zu einem gemeinsamen, effizienten Zusammenwirken dar – eine eindeutige win-win-Situation für beide Partner.

In der folgenden Auflistung sind die wesentlichen Vertragsbestandteile zusammengefasst:

- OFF-Rating nach US GAAP – Keine Notiz zum Balance Sheet
- Präambel über partnerschaftliches Verhalten
- Regelungen und Verfahren im Falle von Meinungsverschiedenheiten (Good Face Clause)
- Keine Volumengarantie (Stückzahl)
- Keine Vertragsdauergarantie
- Zahlung einer festen Nutzungsgebühr pro produzierter Einheit
- Tägliche Kündigung mit 12 Monatsfrist ohne jegliche weitere Verpflichtung
- Klare Festlegung von Schnittstellen und Verantwortlichkeiten
- Hersteller wartet Anlagen zum Festpreis über Laufzeit
- Festlegen der Konditionen für notwendige Folgeinvestitionen, Restwert (Fair Market Value) etc.
- Rückbelastungsklausel im Falle technisch bedingtem Anlagenausfall

Die obige Auflistung verdeutlicht nochmals zusammenfassend alle wesentlichen Punkte, die mindestens Vertragsbestandteil sein sollten, um das vorgegebene Ziel – Off Balance Sheet und OFF Rating zu erreichen:

- Besonderer Wert ist auf Regelungen hinsichtlich der eingegangenen Partnerschaft sowie im Falle von sich ergebenden Meinungsverschiedenheiten zu legen.
- Ebenfalls ist der Umfang der Anlagenwartung zu regeln, gemeinhin ist auch die Reinigung derselben eingeschlossen. Ein gewichtiger Aspekt ist hierbei auf den Instandhaltungs-Servicevertrag zu legen. Der ist zwar kausal durch den Hauptvertrag verursacht und auf dieselben Konditionen abgestimmt, muss aber separat eine Verpflichtung des Lieferanten zur Wartung über den gewöhnlichen industriellen AFA (Abschreibung für Abnutzung) Zeitraum enthalten, in dem der Hersteller verpflichtet ist die Anlage zu warten, unabhängig eines ggf. früheren Erreichens der kalkulatorisch antizipierten Gesamtstückzahl.
- Hiermit wird zum ersten Mal in der Industrie bei solchen Investitionsgütern eine sogenannte ‚Life Time Guarantee' (LTG) für die Funktion der Anlage zu einen festgesetzten, nicht veränderbarem Preis gewährleistet.

- Ein weiterer wesentlicher Bestandteil ist ebenfalls, die Regelungen und Festlegungen eventueller Folgeinvestitionen während des üblichen industriellen vorgesehenen AFA-Zeitraumes des Wirtschaftsgutes, sowie ggf. eines Restwertes.

Abschließend ist festzustellen, dass neben allen durchaus harten Vertragskonditionen diese letztlich keineswegs den alleinigen Erfolg garantieren, sondern nur Richt- und Leitlinien darstellen können. Der Erfolg wird neben allen vertraglich und rechtlich bindenden Vereinbarungen im wesentlichen durch den Geist des Vertrages bestimmt, insbesondere durch die praktizierte Partnerschaft.

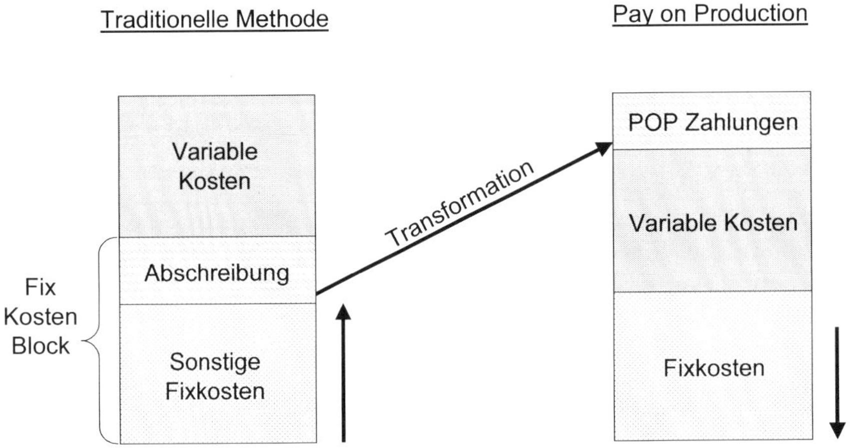

Abb. 7. Betriebswirtschaftliche Auswirkungen des Pay on Production Modells

Ein kleiner Exkurs in die Betrachtung der traditionellen Methoden zur Beschaffung von Fertigungseinrichtungen (Produktionsanlagen) kann dies verdeutlichen:

- Investition durch den Eigner
- Capital Lease
- Operating Lease oder dessen Varianten

Vergleicht man deren Auswirkungen mit dem vorgestellten Modell bleibt festzustellen:

- Alle genannten Methoden gehen in die Bilanz und somit in das Rating ein – Grundlage für Bonität und Kreditrisiko Bewertung.
- Weiterhin erfordern alle diese Varianten einen sofortigen oder stetigen Kapitaleinsatz, gleichgültig, ob ein Produkt oder in welcher Menge ein solches erzeugt wird.
- Ziel musste es daher sein, eine Methode zu entwickeln, die alle diese Nachteile in Vorteile verwandelt ohne die Risiken für die Vertragspartner unakzeptierbar werden zu lassen.

Abb.7 verdeutlicht einen weiteren wesentlichen Vorteil des Pay on Production Modells, die Transformation von fixen in variable Kosten. Abschreibungen, die den Fix-Kostenblock erhöhen, somit den Break-Even und das Betriebsergebnis auch bei Nichtproduktion beeinflussen, werden variable POP-Zahlungen, die auch nur dann fällig werden, wenn produziert und somit ein positiver Deckungsbeitrag zum Betriebsergebnis geleistet wird.

Nochmals herausgestellt sei der weitere unschätzbare Vorteil, bereits am Beginn einer antizipierten Periode – z.B. 10 Jahre industrielle AFA – sowohl die Kosten der Anlage, also das Nutzungsentgelt pro produzierter Einheit exakt zu kennen, ebenso wie deren Wartung- und Instandhaltungskosten.

Hier gilt: Da diese Kosten - jeweils fester Betrag pro Einheit - nicht indexiert werden, bleiben diese über den gesamten Zeitraum konstant und erlauben exakte Kostenkalkulationen und Vorausplanungen. *Ein bisher weltweit einmalig erzieltes Ergebnis in einem solchen Projekt.*

3 Weitere industrielle Anwendungen des Modells

Das vorgestellte Modell – OFF Balance/OFF Rating – stellt das Maximum des Möglichen dar – die ‚Ultima Ratio'!

Jedoch kann das Modell in seiner Grundsubstanz - Symbiose zwischen den Kernkompetenzen der jeweiligen Partner und Nutzung der Anlagen mit Wartung - an die jeweiligen nationalen Bedingungen angepasst und beliebig repliziert werden, ohne dass die erwünschten Vorteil nachhaltigst beeinträchtig werden. Insbesondere dann, wenn die besonders strengen Regeln der US Gaap und ein OFF rating nicht erforderlich sind. Das Modell kann den verschiedensten Interessenslagen und betrieblichen Notwendigkeiten angepasst werden.

Sei es, dass es in einem Fall dazu dienen sollte, die Instandhaltungskosten in den Griff zu bekommen und andererseits fixe Kosten in variable Kosten zu transformieren. Nachfolgend einige exemplarischen Beispiele, bei denen jeweils der Anlagenhersteller Eigner bleibt:

- Es könnten z.B. Stückzahlvereinbarungen (mit Volumen angepassten Staffelpreisen) erfolgen, bei Laufzeiten die länger als ein Jahr sind, Kündigungsfristen variiert werden oder zwecks Risikominimierung Zahlungsmodalitäten verändert werden (zu Beginn höhere Raten pro Stück mit dann fallender Tendenz).
- Die Nutzungsentgelte können auf produzierte Einheiten, Stück, Nutzungsstunden, KWh, cbm (Druckluft) usw. basieren, um nur einige Möglichkeiten aufzuzeigen.
- Teilweise kann auch eine Basis Flatrate (ca. 30 % etc.) als feste Zahlung vereinbart werden und die restlichen Zahlungen variabel z.B.: Stückzahl gebunden sein.
- Diese Varianten, insbesondere letztere, führen zwar zu einem verminderten Risiko des Betreibers bzw. Herstellers, allerdings sind die entsprechenden Verpflichtungen als Verbindlichkeiten zu bilanzieren.

4 Gesamtwirtschaftliche Einflüsse

Unterzieht man das Modell einer gesamtwirtschaftlichen Betrachtung, so lässt sich sehr schnell sein positiver Beitrag erkennen und es wird klar weshalb im Zusammenhang mit diesem Modell von einer win-win Situation gesprochen werden muss.

Zunächst bleibt festzustellen, dass aus den vorhergehenden erläuterten Gründen insbesondere bei mangelnden Liquidität bei einem rezessiven bzw. stagnierenden wirtschaftlichen Verlauf nicht nur im Konsumbereich, sondern insbesondere im Investitionsgüterbereich Zurückhaltung geübt wird. Die Investition und das damit verbundene finanzielle Risiko wird gescheut, wohl wissend, dass mit diesem Verhalten weder Kosten gesenkt noch Produktivitätsfortschritte erzielt werden können. Längerfristig führt diese Strategie zu veralteten, instandhaltungs-intensiven, kostenmäßig kaum zu kontrollierenden Produktionsanlagen und zu weiteren Nachteilen am Markt bis hin zu existenziellen Konsequenzen, für denjenigen, der es versäumt rechtzeitig durch Modernisierung gegenzusteuern. Ohne Pay on Production wäre auch die komplette Erneuerung und Modernisierung des Kölner Montagewerkes nicht möglich gewesen. Pay on Production ist also ein Mittel, um beide Partner am Fortschritt teilhaben zu lassen, der Hersteller der Fertigungsanlagen kann produzieren, seine Mitarbeiter beschäftigen und seine Produkte absetzen. Der OEM erhält moderne Anlagen und damit ebenfalls entsprechende Vorteile, die Markterfolg und Beschäftigung ermöglichen und mithin einen positiven Beitrag zum Bruttosozialprodukt leisten.

Das vorgestellte Pay on Production Modell kann durchaus bei breiterer Anwendung sowohl in der Investionsgüterindustrie, als auch in herstellenden Betrieben zur Beschäftigungsstabilisierung führen und einen positiven konjunkturellen Beitrag leisten. Allerdings erfordert eine Anwendung ein Umdenken sowohl der Kreditinstitute hinsichtlich einer Risikobewertung als auch der Förderwege des Bundes hinsichtlich einer ggf. verbilligten Kreditgewährung für solche Projekte, eventuell durch die Kreditanstalt für Wiederaufbau (KFW).

5 Ausblick – Ziele für die Zukunft

Die erfolgreiche Projektdurchführung wird längerfristig zur Modernisierung weiterer Standorte und intensiver Anwendung des vorgestellten POP Modells führen. Insbesondere unter dem anhaltenden geringen bzw. rezessiven Wirtschaftwachstum und den damit einhergehenden geringeren Verkäufen, die nachhaltig die Wirtschaftlichkeit und Profitabilität der einzelnen Industrieunternehmen beeinflussen. Neue kostengünstige Produkte erfordern jedoch erhebliche Produktivitätsfortschritte und Kostensenkungen, die nur mit modernen Produktionsmitteln zu erreichen sind. Pay on Production für Fertigungsanlagen ebnet hier den Weg zum wirtschaftlichen Erfolg aller Partnerunternehmen. Insbesondere wird der Vorteil, fixe in variable Kosten zu transformieren und die Kosten exakt über den antizipierten Zeitraum zu kennen, die weitere Verbreitung des Modells fördern.

Dieses Modell wird sich unter Einbeziehung von potenten Anlagenherstellern weiterentwickelt, insbesondere eignen sich hierfür z.B.: Lackieranlagen, Rohbau, Pressenstraßen, Druckluft- und Energieversorgung etc.. Ziel ist es, eine Steigerung der Produktivität bei gleichzeitiger Kostensenkung, eine langfristige Partnerschaft sowie eine dem Modell entsprechende Risikobeteiligung mit dem Hersteller zu erreichen.

Zusammenfassend ergibt sich eine Win-Win-Situation für beide Partner, Wachstum und neue Geschäftsfelder für den Anlagenhersteller, moderne, effiziente Produktionsmittel für den OEM und damit die Chance kostengünstigere Produkte und damit den entsprechenden Markterfolg zu erzielen.

Wieviel Service braucht der Kunde? Anforderungen an industrielle Dienstleistungsangebote aus Sicht der deutschen Getränkeindustrie

Jürgen Fiege, Marc Zinkler, Daniel Busse

Inhalt

1. Die branchenspezifische Perspektive Eine Marktanalyse der deutschen Getränkeindustrie

1.1 Einleitung

Im Rahmen des *Projektes Invest-S* wurde als einer der ersten Arbeitsschritte eine Marktanalyse in der Branche der Getränkeabfüller und –hersteller durchgeführt. Ziel war es, mit Hilfe einer qualitativen und quantitativen Untersuchung die grundlegenden, projektspezifischen Fragestellungen, die sich durch die ersten Gespräche mit den Projektpartnern ergeben hatten, einer empirischen Prüfung zu unterziehen. Folgenden Fragestellungen wurde in der Marktanalyse nachgegangen:

- Welche *Kriterien* werden bei der Entscheidung über den Bezug von Dienstleistungen grundsätzlich berücksichtigt?
- Welcher aktuelle und zukünftige *Bedarf* an Dienstleistungen besteht auf Kundenseite und wie umfassend sollten die gewünschten Dienstleistungsbündel sein (von selbst- über fremderbrachte Leistungen bis hin zu Betreibermodellen)?
- Wie hoch ist die nachfragerseitige *Zufriedenheit* bezüglich der aktuell fremdbezogenen Dienstleistungen?
- Wie sieht die nachfragerseitig gewünschte sowie die anbieterseitig tatsächlich umgesetzte Form und Intensität der *Kundenintegration* in den Dienstleistungsentwicklungsprozess aus?
- Wie ist der allgemein vorherrschende *Informationsstand* zum Themenkomplex „Betreibermodell“ zu beurteilen und wo liegen generelle *Barrieren*, die einer Umsetzung im Wege stehen?

Es wurde besonderer Wert darauf gelegt, nicht nur die gewünschten Dienstleistungen zu erfassen, sondern auch gleichzeitig die ausschlaggebenden Kriterien bei der letztendlichen Auswahl zu eruieren. Die erhobenen Daten über die kundenseitigen Ansprüche an spezifische Dienstleistungsbündel erlauben verschiedene Prognosen zu den Entwicklungsmöglichkeiten von Betreibermodellen und deren Vorstufen.

1.2 Methodik

In einem ersten Schritt wurden die oben genannten Fragestellungen und die sich daraus ableitenden Details (bspw. die Frage nach den bisherigen Erfahrungen mit Betreibermodellen) in einer *qualitativen Vorstudie* mit den Industriepartnern des *Projektes Invest-S* erörtert und spezifiziert.

Auf Basis dieser ausführlichen Gespräche wurde der Fragebogen für die *quantitative Studie* konzipiert. Inhalt und Design des Fragebogens orientieren sich hierbei an den Schwerpunkten, die sich aus den zuvor geführten (projektpartnerinternen) Tiefeninterviews herauskristallisiert hatten. Der Umfang des Bogens wurde begrenzt, um eine möglichst hohe Response Rate (Rücklaufquote) zu erzielen.

1.2.1 Untersuchungseinheiten und Grundgesamtheit

Als Grundgesamtheit für die Studie wurde die *Branche der Getränkehersteller und -abfüller* (Brauereien und Mineralbrunnenbetriebe) ausgewählt, da einer der beiden Partnerkreise im *Projekt Invest-S* in eben diesem Markt für Getränkeabfüllmaschinen anzusiedeln ist[1]. Dies erleichterte zudem den Einstieg in die branchenspezifische Problematik.

Die Auswahl der Untersuchungseinheiten erfolgte zum einen durch allgemein zugängliche Branchenlisten (z.B. Hoppenstedt Firmendatenbank) sowie zusätzlich durch Branchenkontakte der Partnerfirmen und umfassende Recherchen innerhalb der Branche. Kleinst- und Familienbetriebe wurden - soweit unter Praktikabilitätsgesichtspunkten möglich - aus dem Adresspool ausgeschlossen, da bei diesen eine Überforderung mit der vorliegenden Fragestellung zu befürchten war. Daher ist im Zuge dieser Marktstudie nicht von einer reinen Zufallsauswahl zu sprechen, sondern es liegt vielmehr eine bewusste Auswahl von Untersuchungseinheiten vor, die zum Untersuchungsgegenstand passen. Letztendlich wurden 340 Unternehmen angeschrieben.

Der Fragebogen wurde zusammen mit einem erläuternden Anschreiben sowie Informationen über das *Projekt Invest-S* in zwei Tranchen an den Adresspool versandt: Zunächst wurden im Juni 2001 die Brauereien angeschrieben, bevor im Juli 2001 die Mineralbrunnen- und Saftkeltereibetriebe kontaktiert wurden.

1.2.2 Rücklaufquote

Die Rücklaufrate in den Monaten Juli/August 2001 war sehr gering, da die Fragebögen - als Folge der Hauptferienzeit - oftmals nicht die richtigen Ansprechpartner innerhalb der Unternehmen erreichten. Aus diesem Grund wurden zwei intensive telefonische Nachfassaktionen durchgeführt, die zum einen im September 2001, zum anderen im Oktober 2001 stattfanden. Hierbei wurden gezielt die zuständigen Personen angesprochen (Geschäftsführung, Leitung Produktion, Leitung Vertrieb), um diese für die Studie zu gewinnen.

Bei den telefonischen Kontakten stellte sich heraus, dass es zwei Hauptgründe für die Ablehnung einer Beteiligung gab: einerseits eine allgemeine Überlastung durch das Alltagsgeschäft in Verbindung mit einer wahren Flut an Anfragen zu weiteren Marktstudien; andererseits aber auch eine ausgeprägte branchenweite Abneigung gegenüber externen Studien im Allgemeinen. Dennoch gab es eine Reihe von Personen, die sich zur Mitarbeit bereit erklärten; ihnen wurde ein zweiter Fragebogen zugesendet.

---

[1] Der zweite große Partnerkreis innerhalb des Projektes, der Werkzeugmaschinenbau, wird in der Marktstudie des LPS behandelt. Siehe hierzu ausführlich den entsprechenden Beitrag in diesem Band.

Nach Beendigung der Nachfassaktionen lagen 41 ausgefüllte Bögen vor. Vor dem Hintergrund der aufgezeigten branchenspezifischen Probleme ist die damit erzielte *Rücklaufquote von rund 12%* als zufriedenstellend anzusehen. Dies gilt um so mehr vor dem Hintergrund, dass die Branche der Brauereien und Mineralbrunnenbetriebe als sehr konservativ einzustufen ist und sich tendenziell nur in geringem Ausmaß von dem vorliegenden Untersuchungsgegenstand angesprochen fühlte.

1.3 Ergebnisse

Im Folgenden sollen die wichtigsten Ergebnisse der Marktanalyse skizziert werden. Die Reihenfolge der Darstellung orientiert sich dabei an der Abfolge der Fragenkomplexe im Fragebogen.

1.3.1 Allgemeiner Fragenteil zum Unternehmen

Vor der Erhebung der relevanten Fragestellungen wurde ein allgemeiner Teil vorgeschaltet, um einen Einblick in die Größenordnungen der beteiligten Unternehmen zu erlangen. Um die Belastung der Unternehmen gering zu halten, beschränkte sich dieser Teil auf die Evaluation der beiden Schlüsselgrößen *Mitarbeiteranzahl* und *Vorjahresumsatz*. Die Ergebnisse sind in den *Tabellen 2 und 3* zusammengefasst.

Mitarbeiteranzahl	Prozentuale Verteilung in der Studie
Weniger als 75	39%
Zwischen 76 und 250	31,7%
Zwischen 251 und 1000	29,3%
Mehr als 1000	0%

Abb. 1. Mitarbeiteranzahl der befragten Unternehmen

Vorjahresumsatz	Prozentuale Verteilung in der Studie
0 - 2,5 Mio. Euro	9,8%
2,5 - 5 Mio. Euro	12,2%
5 - 25 Mio. Euro	31,7%
25 - 125 Mio. Euro	22,0%
Mehr als 125 Mio. Euro	24,3%

Abb. 2. Vorjahresumsatz der befragten Unternehmen

Die Ergebnisse belegen, dass sich die betrieblichen Größenstrukturen innerhalb der Branche der Getränkeabfüller und –hersteller fast ausschließlich im Bereich kleiner und mittlerer Unternehmen bewegen.[2]

[2] Siehe hierzu ebenfalls Kapitel 2.1.2 dieses Beitrags.

1.3.2 Zum Dienstleistungsangebot der Hersteller

Als erster großer Themenbereich wurde erhoben, welche *Entscheidungskriterien* bei der Auswahl von Services nachfragerseitig von besonderer Bedeutung sind. Die Ergebnisse sind in *Tabelle 4* zusammengefasst. Es zeigt sich, dass an erster Stelle das Preis/Leistungsverhältnis (und somit indirekt die Wirtschaftlichkeit) mit 85,4%, gefolgt von der Qualität (70,8%) für die Auswahl einer Dienstleistung entscheidend sind. Auch die eher eindimensionale Betrachtung der Kosten ist mit über 60% ebenso zu den überdurchschnittlich wichtigen Entscheidungskriterien zu zählen wie Know-how-Defizite auf Kundenseite (51,2%). Im Gegensatz dazu sind die Bedeutung der Versorgungssicherheit (46,3%), der Reaktionsschnelligkeit (43,9%) sowie der Gefahr des Know-how-Abflusses (41,5%) als weniger wichtig einzustufen. Diese Erkenntnisse sind im Hinblick auf Betreibermodelle und deren Vorstufen von besonderer Relevanz, da insbesondere die Versorgungssicherheit und die Reaktionsschnelligkeit zwei der Hauptzielsetzungen und zugleich auch der wesentlichen Vorteile darstellen. Hierdurch wird eine Vermarktung von entsprechenden Modellen erschwert.

Kriterium	Wichtig	Neutral	Unwichtig	Keine Angabe
Preis / Leistungsverhältnis	85,4%	9,8%	2,4%	2,4%
Qualität	70,8%	26,8%	0,0%	2,4%
Kosten	61,0%	31,7%	4,9%	2,4%
Know-how-Defizite	51,2%	34,1%	4,9%	9,8%
Versorgungssicherheit	46,3%	36,6%	9,8%	7,3%
Reaktionsschnelligkeit	43,9%	41,5%	12,2%	2,4%
Know-how-Abfluss	41,5%	36,7%	9,8%	12,2%
Persönliche Kontakte	34,1%	53,7%	7,3%	4,9%

Abb. 3. Entscheidungsrelevante Kriterien bei der Nachfrage nach industriellen Dienstleistungen

Im weiteren Verlauf des Fragebogens wurde die *Bedeutung* einzelner Dienstleistungen näher beleuchtet. Den befragten Unternehmen wurden hierbei zahlreiche Services – gegliedert anhand der verschiedenen Kaufphasen – zur Bewertung vorgelegt. Bei der Auswertung der Fragebögen wurde eine Rangreihung der abgefragten Dienstleistungen nach ihrer nachfragerseitig beigemessenen Wichtigkeit erstellt. Die *Abbildungen 1 und 2* enthalten die aggregierten Resultate.

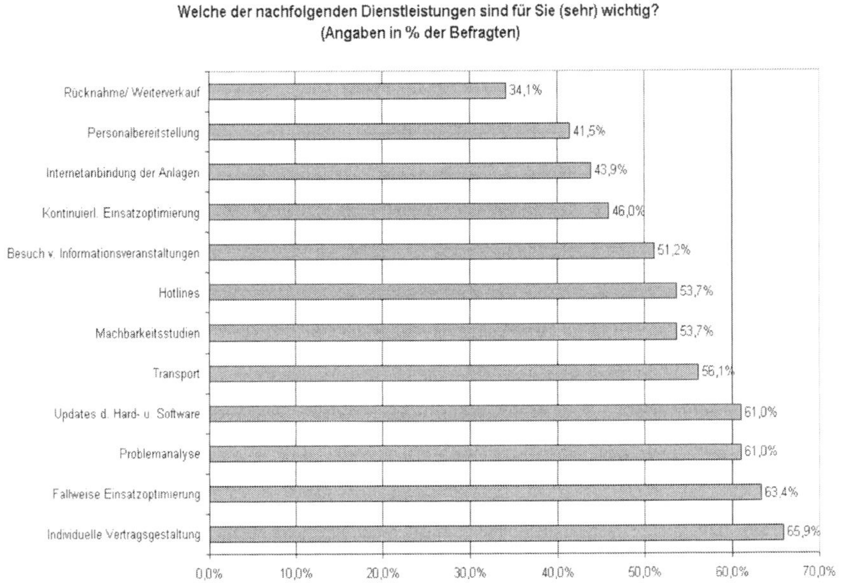

Abb. 4. Die Bedeutung einzelner Service-Leistungen aus Nachfragersicht (1/2)

Analysiert man die Daten anhand der verschiedenen Kaufphasen, zeigen sich einige bemerkenswerte Erkenntnisse. Innerhalb der *Vorkaufphase* stehen „traditionelle" Services wie Beratung (82,9%) sowie Planung und Projektierung (80,5%) an der Spitze, während bspw. Machbarkeitsstudien (53,7%) als weniger wichtig erachtet werden. In der *Kaufphase* werden ebenfalls bekanntere Dienstleistungen wie Montage (90,2%), Inbetriebsetzung (92,7%) und technische Einweisung (90,2%) als wichtige Leistungen wahrgenommen, im Gegensatz bspw. zu einer individuellen Vertragsgestaltung (65,9%). In der *Nachkaufphase* legen die befragten Unternehmen besonders viel Wert auf Ersatzteilversorgung/Lagerhaltung (82,9%) sowie Garantien und Wartungsleistungen (jeweils 80,5%). Innovative Leistungsangebote im Bereich der Maschinenrücknahme (34,1%), der Personalbereitstellung (41,5%) sowie der Internetanbindung der Anlagen (43,9%) verzeichnen wiederum eine schwächere Einschätzung. Aufgrund der Ergebnisse darauf schließen zu wollen, dass die neueren Leistungen nicht zur Erzielung von Wettbewerbsvorteilen geeignet sind, erscheint verfehlt. Vielmehr liegt aufgrund der systematisch positiveren Einschätzung traditionellerer Services und der Beimessung einer geringeren Bedeutung für innovative Services die Vermutung nahe, dass die Branche (noch) nicht genügend über diese neuen Dienstleistungen und ihre Vorteile informiert ist.

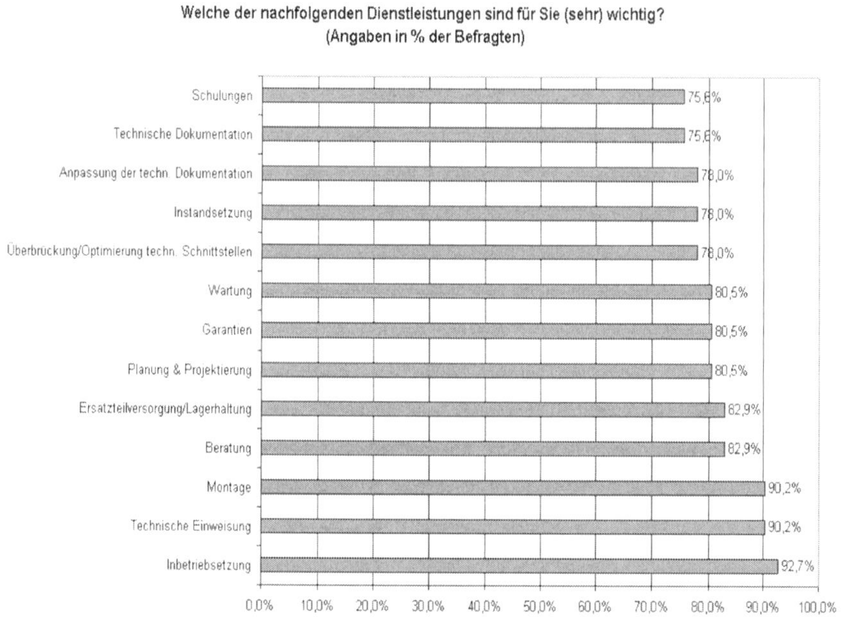

Abb. 5. Die Bedeutung einzelner Service-Leistungen aus Nachfragersicht (2/2)

Ein weiterer Fragenkomplex behandelt die strategische Fragestellung der *„Make-or-Buy" Entscheidung* (Selbsterstellung vs. Fremdbezug) einzelner Dienstleistungen. Hier zeigt sich, dass vor allem die Instandsetzung (68%), die Wartung (66%), die Personalbereitstellung (66%) sowie die Machbarkeitsstudien (59%) bevorzugt von den Kunden selbst erbracht werden. Bei den extern bezogenen Leistungen stehen Beratung (73%), Transport (66%), technische Einweisung (66%) sowie Montagen (63%) und Schulungen (63%) an der Spitze. Manche Dienstleistungen werden von den Unternehmen sowohl selbst erbracht als auch partiell zugekauft. Diese Option wählen die Kunden vor allem bei der Planung/Projektierung (13 Nennungen) und bei der Überbrückung und Optimierung technischer Schnittstellen (10 Nennungen). Verständlich wird diese Kombination von make und buy dadurch, dass es sich bei diesen Dienstleistungen um solche mit einem besonders hohen Grad an Integrativität (einer Einbindung des Kunden in die Leistungserstellung) handelt, so dass der Kunde hier spezifisches Know-how besitzt bzw. aufbauen muss, mit dem er wiederum Teile der Leistung selbst erbringen kann (Engelhardt et al. 1993).

Die Untersuchung der kundenseitigen *Zufriedenheit* mit der aktuellen Erbringung einer bestimmten Dienstleistung zeigt, dass der Transport, die Inbetriebsetzung sowie die Beratung von den Anbietern „zufriedenstellend" erbracht werden (siehe hierzu *Tabelle 5*). Unzufrieden sind viele Kunden mit der Internetanbindung, der Problemanalyse, dem Customer Care Center und der Optimierung technischer Schnittstellen. Insbesondere die gesteigerte Unzufriedenheit im Bereich der Problemanalyse, die generell ein wesentliches Element des Problemlösungsbündels darstellt, machen einen dringenden Handlungsbedarf auf Seiten der Anlagenanbieter deutlich.

Service	Zufrieden	Neutral	Unzufrieden	keine Angabe
Transport	27	4	0	10
Inbetriebsetzung	20	12	0	9
Beratung	19	11	1	10
Montage	19	13	0	9
Garantien	17	10	2	12
Schulungen	15	11	3	12
Planung und Projektierung	14	15	2	10
Technische Einweisung	14	17	1	9
Informationsveranstaltungen	14	13	0	14
Individuelle Vertragsgestaltung	14	15	0	12
Optimierung technischer Schnittstellen	13	14	5	9
Technische Dokumentation	12	14	4	11
Machbarkeitsstudien	12	14	3	12
Instandsetzung	12	12	3	14
Ersatzteilversorgung / Lagerhaltung	12	10	3	16
Wartung	12	13	2	14
Problemanalyse	11	11	5	14
Anpassung technische Dokumentation	11	14	4	12
Personalbereitstellung	9	13	2	17
Rücknahme / Weiterverkauf	8	9	2	22
Kontinuierliche Einsatzoptimierung	7	14	3	17
Customer Care	5	10	5	21
Teleservice	5	13	4	19
Updates von Hard- und Software	5	16	4	16
Leasingangebote	5	12	1	23
Internetanbindung der Anlage / Maschine	4	10	7	20
Kreditvermittlung / Kreditgewährung	4	12	2	23

Abb. 6. Die Zufriedenheit der Kunden mit dem aktuellen Service-Angebot

Auch hier ist wieder festzustellen, dass die höchsten Zufriedenheitswerte bei den traditionellen Dienstleistungen (i.d.R. Services, die nahe an der sachlichen Kernleistung „Anlage/Maschine" angesiedelt sind) zu verzeichnen sind (Ausnahme: Problemanalyse), während mit abnehmender Nähe der Services zum Sachgut sowie steigendem innovativen Charakter der Leistung die Unzufriedenheit tendenziell zunimmt. Die teilweise recht hohen Prozentzahlen der Kategorie „keine Angabe", die v.a. bei den innovativeren Leistungen auftauchen, belegen noch einmal, dass diese Services bisher kaum nachgefragt werden und daher auch nicht in einer Befragung bzgl. der Zufriedenheit beantwortet werden (können). Hier ist einmal mehr die Kommunikationspolitik der Anbieter gefordert.

1.3.3 Einbindung des Kunden in die Entwicklung neuer Dienstleistungen

Ein weiterer Fragenkomplex dreht sich um die Berücksichtigung der Kunden bei der Gestaltung neuer Services. Zahlreiche empirische Studien haben die Integration von Kunden in Innovationsprozesse als einen entscheidenden Erfolgsfaktor neuer Dienstleistungen ermittelt (De Brentani 1991, 1993; De Brentani u. Cooper 1992; Edgett 1994; Martin Jr. u. Horne 1995). Zunächst galt es festzustellen, ob eine *Einbindung des Kunden* in die Entwicklung neuer Dienstleistungen von Seiten des Anbieters überhaupt durchgeführt wird. Die Ergebnisse überraschen, da ein großer Teil der Nachfrager bestätigt, in den Entwicklungstätigkeiten des Anbieters eine Berücksichtigung zu finden: 46,3% geben an, fallweise einbezogen zu werden, und 17,1% sind sogar regelmäßig in innovative Prozesse des Anbieters involviert. Lediglich 19,5% der Befragten wird selten oder niemals eine Möglichkeit geboten, sich diesbezüglich einzubringen. Hinsichtlich der *Intensität der Einbindung* zeigen sich ähnliche Ergebnisse: fast die Hälfte der Kunden (48,8%) wird „durchschnittlich" intensiv einbezogen, 4,9% empfinden die Einbeziehung sogar als sehr intensiv, knapp ein Viertel (24,4%) hingegen als kaum ausgeprägt.

Insgesamt gesehen scheinen die bisherigen Ergebnisse somit ein besseres Bild der Kundeneinbindung zu offenbaren, als es andere empirische Studien bisher ermittelt haben (Botschen u. Botschen 1999). Jedoch müssen diese Ergebnisse weiter aufgeschlüsselt werden. Hierzu wurden die Kunden nach den vorherrschenden *Formen der Integration* befragt, die in *Abb. 7* zusammengefasst sind.

Einbindungsform	Ja	Nein	k.a.
Gespräche mit Außendienstmitarbeitern	70,8%	14,6%	14,6%
Aufnahme und Bearbeitung von Beschwerden	51,2%	34,2%	14,6%
Befragungen und Zufriedenheitsanalysen	29,3%	56,1%	14,6%
Entwicklungs-Workshops	14,6%	70,8%	14,6%

Abb. 7. Die Formen der Kundeneinbindung in die Dienstleistungsentwicklung

Es stellt sich heraus, dass das Gespräch mit Außendienstmitarbeitern (70,8%) sowie die Beschwerde-Äußerung seitens der Kunden (51,2%) die häufigsten Formen der Einbindung darstellen. Demgegenüber werden aufwendigere Formen der Einbindung anbieterseitig kaum genutzt: nur 29,3% der befragten Unternehmen werden über Fragebogenaktionen kontaktiert und an einem Workshop haben in diesem Zusammenhang erst 14,6% der Kunden teilgenommen. Die Ergebnisse legen nahe, dass auf Seiten der Anbieter die „reaktiven" Maßnahmen im Vordergrund stehen und Formen, die einen größeren Aufwand verursachen bzw. zunächst noch implementiert werden müssen, einen geringeren Verbreitungsgrad haben. Ob durch die getroffenen Maßnahmen ein repräsentativer Informationsstrom in die Entwicklungstätigkeiten gegeben ist, darf hingegen bezweifelt werden. Vielmehr wird es sich häufig um einzelfallspezifische Verbesserungsvorschläge oder Forderungen einzelner Kunden handeln, deren Übertragbarkeit auf den Gesamtmarkt zwar nicht ausgeschlossen werden kann, jedoch auch nicht zwangsläufig gegeben ist. Vor diesem Hintergrund sind die obigen Erkenntnisse zu relativieren.

Auch in dieser empirischen Untersuchung kann daher die Tendenzaussage festgehalten werden, dass im Bereich der Einbindung des Kunden in die Innovationsprozesse des Anbieters noch längst nicht alle Optionen ausgeschöpft sind. Diese Erkenntnisse sind um so erstaunlicher, da über die Hälfte der befragten Kunden (51,2%) darüber hinaus angegeben haben, dass sie gerne früher und/oder intensiver in die Entwicklung neuer Services einbezogen werden würden. Knapp ein Drittel (29,3%) ist gegenwärtig mit Art und Umfang der Einbeziehung zufrieden, während lediglich 4,9% der Kunden eine weniger intensive Einbindung bevorzugen. Die Ergebnisse offenbaren die durchaus vorhandene Bereitschaft der Nachfrager, sich beim Anbieter einzubringen. Dieses Potenzial gilt es in Zukunft verstärkt zu nutzen.

1.3.4 Einstellung zum Betreibermodell

Als letzter Themenkomplex wurde ein aktuelles Bild von der Verbreitung des Betreibermodellgedankens erhoben. Die Ergebnisse verdeutlichen, dass dieses innovative Konzept in der Mineralbrunnen- und Brauereibranche keinen hohen Bekanntheitsgrad aufweist: Fast ein Drittel der Unternehmen (31,7%) hat zum Zeitpunkt der Befragung noch keinerlei Informationen zu Betreibermodellen erhalten, knapp ein Viertel (24,4%) ist über das Thema eher zufällig „gestolpert". 22% der Befragten gaben an, dass die erhaltenen Informationen nicht ihr Interesse wecken konnten. Lediglich 9,8% haben sich bisher eingehender mit der Option „Betreibermodell" beschäftigt und gezielt Informationen hierzu gesucht (auf Messen etc.).

Zum einen kommt in diesen Ergebnissen ein großes Defizit bzgl. des Bekanntheitsgrades von Betreibermodellen zum Ausdruck. Um als Problemlösung im Markt zunächst registriert und danach akzeptiert werden zu können, bedarf es jedoch zwingend einer intensiveren und umfassenderen Informations- und Kommunikationspolitik seitens der Anbieter. Zum anderen scheint es darüber hinaus erhebliche Barrieren zu geben, die eine Aufnahme von Betreibermodellen in den „relevant set" (Kroeber-Riel u. Weinberg 2003) des Kunden verhindern. Dieser Komplex wurde in der abschließenden Frage näher beleuchtet. Die Befragten wurden gebeten, verschiedene Hemmnisse, die einer Umsetzung des Betreibermodells in ihrem Unternehmen am ehesten im Wege stehen könnten, auf ihr Zutreffen hin zu beurteilen (vergleiche hierzu *Abb. 8*).

Im Bereich der *technischen Barrieren* wird seitens der Kunden die größte Schwierigkeit in der Bewertung der Qualifikation des potenziellen Zulieferers gesehen (48,8%), gefolgt von dem Problem der häufig vorhandenen räumlichen Distanz zum Kooperationspartner (46,3%). *Sozio-psychologisch* scheinen vor allem Traditionen und Gewohnheiten von einer Einführung des neuen Modells abzuhalten (48,8%), wohingegen Probleme mit dem Betriebsrat oder den Gewerkschaften nur von wenigen erwartet werden (24,4 % bzw. 12,2%). Die weitaus überwiegende Zahl der Befragten (63,4%) zweifelt jedoch an der Wirtschaftlichkeit des Modells und steht einer Einführung aus *ökonomischen Gründen* skeptisch gegenüber. Für die Anbieterseite liegen wesentliche Aufgabenbereiche darin begründet, die verschiedenen Hemmnisse gezielt abzubauen.

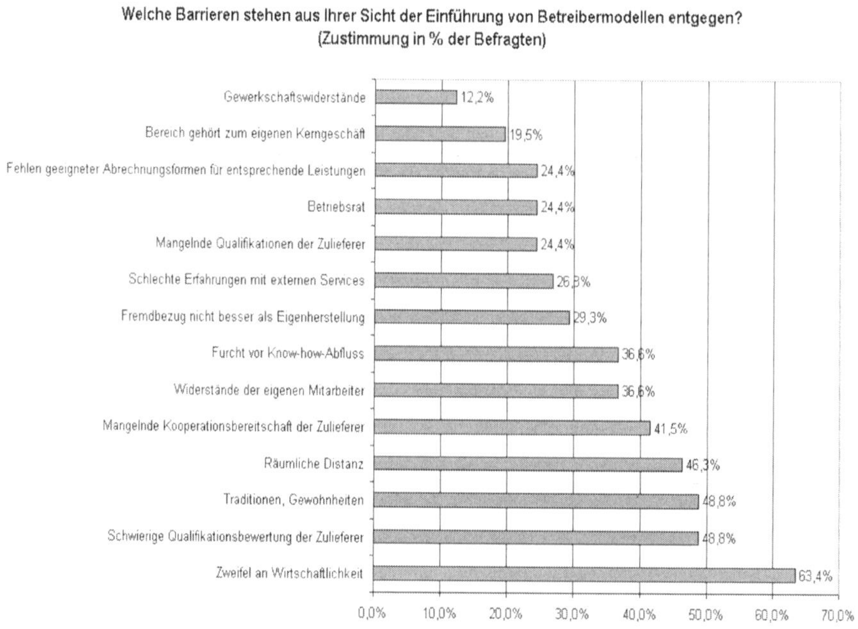

Abb. 8. Barrieren gegenüber Betreibermodellen

1.4 Schlussfolgerungen

Zusammenfassend lassen sich die Ergebnisse der Marktanalyse wie folgt darstellen:

Betreibermodelle als eine innovative Form der Geschäftsabwicklung sind in der Mineralbrunnen- und Brauereibranche wenig verbreitet und zum gegenwärtigen Zeitpunkt eher als eine Vision für die Zukunft anzusehen. Für die befragten Unternehmen sind die „klassischen" Dienstleistungen derzeit noch von wesentlich größerer Bedeutung als innovative, umfassendere Service-Konzepte. Daher erscheint es sinnvoll, zunächst die Umsetzung von Vorstufen des Betreibermodells in Angriff zu nehmen sowie den Bekanntheitsgrad entsprechender Konzepte zu erhöhen, denn Art und Umfang des seitens der Getränkeindustrie geäußerten Service-Bedarfs deuten durchaus auf die Existenz eines Marktpotenzials für betreibermodellähnliche Dienstleistungskonzepte hin.

Jedoch sollten diese erweiterten Konzepte unter einer expliziten Einbindung der Kundenseite erfolgen, da die Anbieter von Getränkeabfüllmaschinen hier ihr eigentliches Kerngeschäft verlassen und neues Terrain betreten. Denn letztendlich sind es die Nachfrager, die den Bedarf bestimmen, ihre Bedürfnisse artikulieren und somit entsprechende Nutzeneinschätzungen bzgl. alternativer Leistungsbündel vornehmen können. Die Ergebnisse der Marktanalyse zeigen zwar, dass Kunden durchaus bei der Entwicklung von Dienstleistungen Berücksichtigung finden, doch bewegen sich die Einbindungsformen im reaktiven Bereich und gehen in der Regel vom Kunden aus. Anbieter sollten darüber hinaus auch die Anwendung aufwändigerer Verfahren wie Fragebogenaktionen oder Workshops (bspw. in der Ausgestaltung einer Fokusgruppe[3]) in Betracht ziehen. Die durchgeführte Marktanalyse belegt, dass auf der Kundenseite durchaus die Bereitschaft und z.T. auch die Forderung besteht, früher und/oder intensiver in die Entwicklungstätigkeiten des Anbieters einbezogen zu werden. Dieses Potenzial müssen sich die Anbieter zu Nutze machen, um bedarfsgerechte und damit nutzenstiftende Vorstufen zum Betreibermodell entwickeln und implementieren zu können (Reckenfelderbäumer u. Busse 2003).

Da die Ergebnisse der Marktbefragung zeigen, dass die befragten Unternehmen den derzeit möglichen, innovativen Service-Angeboten indifferent oder unwissend gegenüber stehen, erscheint es angezeigt, darüber hinaus flankierende, kommunikationspolitische Maßnahmen zu initiieren. In diesem Zuge gilt es für die Anbieter, die gegenwärtig bestehenden *Informationsdefizite* gezielt anzugehen und abzubauen. Hierbei ist vor allem auf die Hauptbarrieren gegenüber erweiterten Service-Konzepten näher einzugehen: zum einen ist eine für den Kunden transparente *Wirtschaftlichkeitsrechung* gefragt, die die ökonomischen Vorteile des neuen Leistungsangebotes verdeutlicht. Zum anderen liegt ein wesentlicher nachfrageseitiger Unsicherheitsfaktor in der Schwierigkeit begründet, die *Qualifikation* des Anbieters im Vorhinein beurteilen zu können. Hier gilt es für den Anbieter, vertrauensbildende Maßnahmen zu ergreifen und die eigenen Kompetenzen klar herauszustellen.

Die vorliegende Befragung gibt erste Anhaltspunkte darüber, welche Dienstleistungen bzw. Arten von Dienstleistungen für ein gebündeltes Angebot geeignet erscheinen, wobei im Einzelfall genau zu prüfen ist, welche Dienstleistungspakete vom Nachfrager gewünscht werden. Hierauf aufbauend erscheint ein Vorgehen in kleineren Schritten auf dem Weg zum Betreibermodell nicht nur sinnvoll, sondern auch geboten.

[3] Siehe hierzu den Beitrag von Buse in diesem Band.

2 Unternehmensspezifische Perspektive Die Anforderungen der Privatbrauerei Moritz Fiege

2.1 Einleitung

2.1.1 Geschichte und Grundsatzerklärung der Familienbrauerei

Die Geschichte der Brauer-Familie Fiege lässt sich zurückverfolgen bis zum Jahr 1736, in dessen Urkunden erstmals die Schankwirtschaft von Moritz Fiege in Bochum erwähnt wird. Am 21.Oktober 1908 erfolgt die Eintragung in das Handelsregister beim königlichen Amtsgericht zu Bochum unter dem Namen „Löwenbrauerei Moritz Fiege". 1926 wird ein neues Bier, Moritz Fiege Pils, eingeführt, dessen unvergleichlich herber Charakter bis heute seine Beliebtheit in Bochum und Umgebung ausmacht. 1928 beginnt die Brauerei, die Abfüllung in Flaschen durchzuführen, die zuerst den heute wieder so beliebten Bügelverschluss tragen. Das Unternehmen entwickelt sich kontinuierlich zu einer namhaften Brauerei. Als Pils-Spezialist gehört sie zu den führenden Anbietern in der Region. Der Betrieb wird zu einer modernen Braustätte ausgebaut und feiert 1978 sein 100-jähriges Jubiläum. In den 80er Jahren übernimmt mit den Brüdern Jürgen und Hugo Fiege die 4. Generation die Geschicke der Privatbrauerei Moritz Fiege. Diese führen kontinuierlich zeitgemäße, aber stets nachhaltige Veränderungen in allen Bereichen der Brauerei durch.

„Persönlicher Einsatz für den Kunden ist unsere Stärke", dieser Leitspruch spiegelt die Grundhaltung und das Verständnis der Inhaber und Mitarbeiter des Unternehmens wider. Moritz Fiege braut qualitative Spitzenbiere nach dem Deutschen Reinheitsgebot von 1516 mit eigenständiger Geschmackskompetenz, die sich deutlich vom Wettbewerb abheben. Aufgrund der Verpflichtung gegenüber den Biertrinkern und Kunden, konstant gute Qualität der Biere und Dienstleistungen zu gewährleisten, gilt die Aufmerksamkeit insbesondere den stetigen Verbesserungsprozessen in allen Unternehmensbereichen. Die Geschäftsführung sieht es als eine ihrer wesentlichen Aufgaben an, das Verantwortungs-, Qualitäts- und Umweltbewusstsein der Mitarbeiter zu fördern, die Zuständigkeiten und Abläufe für alle qualitäts- und sicherheitsbeeinflussenden Aktivitäten und Faktoren grundsätzlich zu regeln und die Wirksamkeit dieser Maßnahmen zu überwachen. Soweit wirtschaftlich vertretbar, werden Umweltschutzmaßnahmen auf freiwilliger Basis auch über gesetzliche und/oder behördliche Vorgaben hinaus umgesetzt.

Diese hehren Ziele der Geschäftsführung führen zu einem ständigen Verbesserungsprozess im Unternehmen. Dazu müssen alle Chancen genutzt werden, sich Wettbewerbsvorteile zu verschaffen. Nur so ist das gemeinsame Ziel, die Selbstständigkeit des Familienunternehmens zu sichern, erreichbar. Deshalb sieht die Geschäftsführung der Privatbrauerei Moritz Fiege die Zusammenarbeit im *Invest-*

S-Projekt als ein weiteres aktives Werkzeug an, dieses Ziel stetig und nachhaltig zu erreichen.

2.1.2 Branchenmerkmale

Die Braubranche ist traditionell im volkswirtschaftlichen Vergleich eher mittelständisch strukturiert. So wurden im Jahre 2001 von 1.291 Brauereien 108.500.000 hl Bier hergestellt. Dabei entfallen aber 60% der Betriebe auf einen Jahresausstoß von bis zu 5.000 hl. In die Kategorie bis 200.000 hl pro Jahr fallen schon 93,7%, darunter auch die Privatbrauerei Moritz Fiege, die damit innerhalb der Branche schon zu den größeren Unternehmen zu zählen ist.[4]

Um als mittelständisches Unternehmen wirtschaftliche Vorteile auf der Beschaffungsseite nutzen zu können und dadurch die Kostenvorteile der Großbrauereien zu kompensieren, ist die Privatbrauerei Moritz Fiege Mitglied der Deutschen Brau-Kooperation, einer Gruppe von insgesamt 35 unabhängigen Privatbrauereien. Über diese Kooperation kauft das Unternehmen Moritz Fiege ca. 80% des Beschaffungsvolumens zentral ein. Hierdurch können sowohl bei der direkten Beschaffung als auch in internen Bereichen Kosteneinsparungen erzielt werden.

2.2 Die strategische Grundsatzentscheidung bei Moritz Fiege: eigene Instandhaltung oder Outsourcing?

Strategische Grundsatzentscheidungen, wie die Wahl zwischen Eigenerstellung und Fremdbezug im Bereich der Instandhaltung, orientieren sich immer an bestimmten Kriterien, die sich über die Jahre hinweg in einem dynamisch geführten Zielfindungsprozess entwickelt haben. Von daher muss kurz auf die Historie eingegangen werden, die schließlich zu der Neugründung der Abteilung Energie & Instandhaltung geführt hat. Der dynamische Prozess ist nach wie vor nicht abgeschlossen.

Brauchen wir in unseren heutigen hochtechnisierten Betrieben wirklich getrennte Abteilungen für Produktion und Instandhaltung? Sind wir mit den heutigen Hierachiestufungen im Gesamtunternehmen für die Herausforderungen der nächsten harten Wettbewerbsjahre gerüstet? Stellen externe Dienstleister eine echte Alternative dar? Diese und weitere Fragen [Mohr u. Waldherr 1994] wurden bereits Anfang der neunziger Jahre intensiv in der Privatbrauerei Moritz Fiege diskutiert. Managementformeln wie Lean Management, Lean Production, Lean Maintenance, Outsourcing, Reengineering, TQM, TPM, KVP / Kaizen schwappten aus den USA und vor allem aus Japan über uns hinweg. Die Geschäftsführung der Privatbrauerei Moritz Fiege entschied sich, einen eigenständigen, *dynamisch gesteuerten Zielfindungsprozess* über den Aufbau und die Art der Instandhaltung anzuregen, der verstärkt auf Nachhaltigkeit setzt, anstatt eher kurzfristige Erfolge zu erzielen. Die Themen Outsourcing und Anlagen-Contracting wurden in der Geschäftsführung intensiv diskutiert und in Erwägung gezogen, wichen aber von der Idee einer ei-

[4] Siehe hierzu auch Kapitel 1.3.1 dieses Beitrags.

genständigen Instandhaltung, die als Querschnittsfunktion aufgebaut ist, grundlegend ab.

Untersucht man die Grundgedanken der oben genannten Konzepte genauer, so zeigen sich einige Gemeinsamkeiten, mit deren Hilfe entsprechende Ausgangspunkte im Unternehmen definiert und nachhaltig bearbeitet werden. Diese Gemeinsamkeiten sind:

- Orientierung am Kunden und seinen Wünschen,
- Besinnung auf das Kerngeschäft,
- Vermeidung von Verschwendung jeglicher Art,
- Mitarbeiter als das eigentliche Kapital des Unternehmens.

Bevor diese Grundgedanken explizit auf den Bereich der Instandhaltung übertragen werden können, sind zuvor grundlegende Änderungen im Bereich der Unternehmenskultur zu initiieren.

2.2.1 Wandel der Unternehmenskultur

Ziel war und ist es, durch eine Steigerung der Kommunikationsfähigkeit der Mitarbeiter die endgültige Abkehr von verteilten Aufgaben hin zum multifunktionalen Arbeitsplatz mit definierter Entscheidungsfreiheit für die Gruppe bzw. den Einzelnen zu erreichen, um die Schnittstellenproblematik zu vermeiden [Waldherr 1990]. Hierdurch wurde ein Wandel in der Unternehmenskultur eingeleitet, wobei die Visualisierung von Informationen und damit die leichte und schnelle Aufnahme die größten Erfolge brachten.

Wesentliche Bestandteile sind ein offener und durchgängiger Dialog sowie gegenseitiges Vertrauen. Die Führung erfolgt im Grundkonsens mit dem Management durch Zielvereinbarung. Allerdings ist der Leitgedanke der Dezentralisierung von Verantwortung bis hin zur Selbstverantwortlichkeit des Mitarbeiters innerhalb seines Rahmens keine soziale Schwärmerei, sondern die Reaktion auf die Unbeweglichkeit und die hohen Kosten bisheriger Strukturen. Die Mitarbeiter müssen die Möglichkeit haben, ihr Können und ihre Intelligenz positiv in das Unternehmen einzubringen, um so die Wertschöpfung zu verbessern. Letztendlich gilt gerade für die Vorgesetzten der Grundsatz, dass nur gut informierte Mitarbeiter auch entscheiden können. Ein nach deutschen Standards ausgebildeter Facharbeiter ist für das alleinige Ausführen von vorgegebenen Tätigkeiten zu teuer, ein Facharbeiter, der auch fürs Mitdenken bezahlt wird, jedoch nicht.

2.2.2 Eigene Instandhaltung

Die Geschäftsführung der Privatbrauerei Moritz Fiege entschied sich, durch die Einrichtung einer zentralen Abteilung Energie & Instandhaltung einen Veränderungsprozess einzuleiten. Dieser Ansatz war revolutionär, da die Instandhaltung bisher als untergeordneter, wenig wichtiger und ausschließlich kostenintensiver Bereich in der Brauerei betrachtet wurde. Auch die Instandhalter selbst hatten bis dato Veränderungen gescheut, da sie Angst hatten, der Produktion oder gar der Finanzbuchhaltung zu unterliegen und hierdurch die eigenen Arbeitsplätze zu gefährden. Die hieraus resultierende *Unterschätzung der Instandhaltung* für die Leistungsfähigkeit der Produktion war, wie sich herausstellte, ein Kardinalfehler. Eigentlich hätte man sie schon immer als gleichberechtigten, innerbetrieblichen Partner betrachten müssen. Mittlerweile hat die Privatbrauerei Moritz Fiege erkannt, dass eine eigene Instandhaltung auch eine eigenständige Philosophie und Strategie benötigt.

Häufig wird, in Anlehnung an die Begriffe Materialwirtschaft oder Finanzwirtschaft, der Terminus der *Anlagenwirtschaft* verwendet. Dieser umfasst die Planung, die Realisierung und die Kontrolle aller Maßnahmen bzw. Vorgänge, die sich auf den Produktionsfaktor Anlagen beziehen und beinhaltet sämtliche Aktivitäten von der Anlagenprojektierung über die gleichzeitige Nutzung, Instandhaltung und Verbesserung bis hin zur Ausmusterung und Verwertung. Jeder der genannten Teilbereiche unterhält vielfältige Verflechtungen mit anderen Funktionsbereichen des Unternehmens. Eine isolierte Betrachtung der einzelnen Bereiche führt zwangsläufig zu schwerwiegenden Fehleinschätzungen bezüglich der Wichtigkeit und Notwendigkeit von Kommunikationsbeziehungen, was wiederum bei der Gestaltung von Arbeitsabläufen und Rationalisierungsbemühungen unbefriedigende Wirkungen für das Gesamtunternehmen hervorruft. So entschied sich die Geschäftsführung der Privatbrauerei Moritz Fiege, die Instandhaltung zu einer solchen Querschnittsfunktion umzubauen.

Die nach Umstellung der Abteilung realisierten Projekte zeigten schnell, dass jetzt wesentlich stärker auf die bisherigen Erfahrungen der Instandhalter, der Brauer und des Einkaufs eingegangen werden konnte. Mögliche Folgen wie z.B. ein erschwerter Zugang zu den Maschinen oder ein unlogischer Aufbau der Menüsteuerung der Anlagen waren nicht mehr an der Tagesordnung. Die Standardisierung von Baugruppen und der Einbau von Normteilen wurden forciert und die Ersatzteilhaltung effizienter gestaltet.

Rationalisierung. Die Instandhaltung ist sehr personalintensiv. In der Privatbrauerei Moritz Fiege liegt der Personalkostenanteil in der Instandhaltung bei über 70%. Die Abteilung wurde in den letzten Jahren beständig verkleinert und beschäftigt heute anstatt der ursprünglich 17 Mann (1988) nur noch einen Ingenieur, zwei Elektroniker, zwei Schlosser, einen Maschinisten, einen Anstreicher und einen Maurer als Teilzeitkraft. Dies zeigt, dass Rationalisierungsmaßnahmen durch *Personalabbau* kurzfristig den größten Effekt erzielen.

Diese Option ist jedoch nur eine Möglichkeit, und darüber hinaus nicht immer die beste, da es hierbei zu einem erheblichen *Know-how-Abfluss* kommt. Normalerweise bedarf es mindestens fünf Jahre, bis jemand zu einem guten Instandhaltungsfachmann ausgebildet ist. Hierdurch wird sofort klar, dass der Aufbau von betriebsspezifischem Know-how eine Investition darstellt und deren Abbau auch zu neuen Kosten führen kann, wenn Aufgaben ausgelagert werden. Ein kurzfristiger Wiederaufbau dieses Potenzials ist daher kaum möglich. So hat sich die Geschäftsführung der Privatbrauerei Moritz Fiege für eine sozial verträgliche Reduktion des Personalbestandes im Bereich Instandhaltung ausschließlich durch altersbedingtes Ausscheiden entschieden. Vor dem Austritt wurden entweder die lokalen Fremdfirmen oder die eigenen Mitarbeiter, die in ähnlichen Funktionsbereichen tätig sind, explizit von dem ausscheidenden Mitarbeiter auf das zusätzliche Arbeitsfeld vorbereitet. Weiteres Wissen wurde in Form von R&I Fließbildern[5] archiviert. Bei der Auswahl der externen Partnerunternehmen wählte die Privatbrauerei stets ortsansässige Betriebe gleicher Größenordnung, mit denen bereits in der Vergangenheit zusammengearbeitet worden war.

So zeigt sich, dass Kostenreduzierungsmaßnahmen in der Instandhaltung nicht immer längerfristig den gewünschten Erfolg erbringen, wenn sie nicht zuvor exakt organisiert werden. Andere Unternehmen hatten meist damit nur erreicht, dass eine verschleierte Kostenerhöhung durch Steigerung der Ausfallrate (Anlagenstillstandskosten) und/oder eine Erhöhung der Ausgaben für Fremdinstandhaltung die Folge waren. Meist ergab sich also lediglich eine Verlagerung von fixen und variablen Kosten innerhalb einer Umverteilung der Kostenstellen. Ferner haben auch Kostenrechner ihre „Restposten-Kostenstelle“[6] zum verdeckten Abladen von Gemeinkosten verloren. So mancher mag sich nachträglich darüber geärgert haben, weil hierdurch einiger Erklärungsnotstand entstanden war. Durch die Nutzung der kaufmännischen Fähigkeiten der neu geschaffenen Querschnittsfunktion konnte so eine Verbesserung in der Kostenarten- bzw. Kostenstellenrechnung erreicht werden. Als abschließende Bemerkung sei angefügt, dass ein ständiger Kostenabbau im Personalbereich eines Unternehmens nicht dazu beiträgt, die Mitarbeitermotivation zu erhöhen. Gerade jüngere und noch flexible Mitarbeiter sind davon stärker betroffen als die älteren.

Eine zweite Form der Kostensenkung war durch eine *Leistungssteigerung* zu erzielen. Dies konnte vor allem durch fünf Maßnahmen erreicht werden. Ein erster Ansatzpunkt ist die *Aus- und Weiterbildung* der in der Instandhaltung tätigen Handwerker, die oft nicht mit der Maschinenausstattung Schritt gehalten haben. Dies konnte zum einen durch gezielte Weiterbildung bei Bildungsträgern erreicht werden, zum anderen, indem Arbeitsgruppen von eigenen Mitarbeitern und Fremdfirmen bei größeren und mittleren Projekten gebildet wurden. Ein positiver Nebeneffekt war ferner, dass die meisten Mitarbeiter ihre Betriebsblindheit verloren und recht schnell bemerkten, wie gut es ihnen eigentlich in ihrem eigenen Unternehmen geht.

Organisatorische Schwierigkeiten bestanden darin, dass die Instandhaltungsmannschaften viele kleine Arbeiten an sehr vielen Orten im Betrieb vornehmen mussten. Daraus resultierten lange Wegzeiten. Zur Effizienzsteigerung waren Überlegungen nötig, die *Weg- und Rüstzeiten* zu verringern und effizienter zu gestalten. Dies konnte durch eine neue Aufgabenverteilung und eine Verbesserung

---

[5] Hierbei handelt es sich um verfahrenstechnische, standardisierte Abbildungen von Prozessen, die alle wesentlichen Bau- und Steuergruppen sowie deren wichtigsten Funktionen beinhalten. Sie stellen ein effizientes Kommunikationsmedium dar, mit deren Hilfe auch komplexe Sachverhalte allgemein verständlich nachvollzogen werden können.

[6] Analog zur Zahlungsbilanz in der Volkswirtschaftslehre wird der bisher betriebswirtschaftlich nicht definierte Begriff der „Restposten-Kostenstelle“ verstanden als die Verrechnung von Kosten innerhalb des Betriebes, die nicht direkt durch den Kostenplan festgelegt werden können, aber dennoch verrechnet werden müssen.

der Ausrüstung erreicht werden. Das alte „Schlosser-Epos", nur mit einem Eimer, einer Rohrzange und einem Lappen den ganzen Betrieb reparieren zu können, wurde abgelöst.

Durch den Einsatz von mehr *Norm- und Standardteilen* werden heute die weniger kritischen B- und C- Teile einfach ausgetauscht und nicht mehr stundenlang repariert. Die „Milchmädchenrechnung" vieler Mitarbeiter, die den Kosten ihrer eigenen Arbeit keine Beachtung schenkten, musste aus den Köpfen weichen. Auch ist bisher noch nicht verinnerlicht worden, dass früher Material teuer und Arbeitskraft billig war – heute ist es jedoch meist genau umgekehrt.

Durch den Einsatz *moderner Inspektionstechniken* wie Thermografie, Endoskopie, Schwingungs- und Ultraschallmessung in Kombination mit Datenloggern können Aussagen über den Zustand der Anlage gemacht werden, die sonst nicht möglich gewesen wären. Dienstleister, die im Umgang mit diesen Techniken Erfahrung haben, sind in der Praxis eher selten.

Wegen mangelnder oder unzweckmäßiger *Dokumentation* werden die Rationalisierungsreserven in der Anlageninstandhaltung häufig nicht ausgeschöpft. Da die Voraussetzungen für den Ansatz von Planungs- und Steuerinstrumenten fehlen, resultiert daraus eine mangelhafte Kostentransparenz. Aufgrund dessen soll an dieser Stelle die Forderung nach möglichst lückenloser Dokumentation der Instandhaltung verdeutlicht werden. Die Instandhaltungsdokumentation erfolgt, um technische und wirtschaftliche Informationen zur sach- und zeitgerechten Planung, Steuerung und Kontrolle der Anlageninstandhaltung nach den jeweiligen Benutzeranforderungen verdichtet und geordnet bereitzustellen. Meistens verschwinden die wenigen wirklich vorhandenen Dokumentationen ungelesen in irgendwelchen Schränken. Die Aufarbeitung sollte möglichst EDV-gestützt durch Datenbanken erfolgen, die in den letzten Jahren für alle wesentlichen kritischen Bereiche erstellt worden sind (z.B. Datenbanken für Anlagen, Ventildichtungen, Antriebe, Pumpen etc.).

Instandhaltungsstrategien. Bevor im Folgenden auf die einzelnen Instandhaltungsstrategien eingegangen wird, müssen zuvor einige Begriffe definiert werden, die allzu oft in der Praxis vermengt werden. Nach der DIN 31051 „Instandhaltung - Begriffe und Maßnahmen" ist die Instandhaltung als die Gesamtheit der Maßnahmen zur Bewahrung und Wiederherstellung des Sollzustandes sowie zur Festlegung und Beurteilung des Ist-Zustandes von technischen Mitteln eines Systems zu verstehen. Instandhaltung als Oberbegriff steht somit für die folgenden Tätigkeiten:

- *Wartung:* Maßnahmen zur Bewahrung des Sollzustandes (z.B. Reinigen, Schmieren, Konservieren, Nachstellen, Entfernen und Ersetzen von Hilfsmitteln).
- *Inspektion:* Maßnahmen zur Feststellung und Beurteilung des Ist-Zustandes (z.B. Kontrollieren und Erfassen aller sicherheitsrelevanten Anlagenteile, Messen, Prüfen, Diagnostizieren).
- *Instandsetzung:* Maßnahmen zur Wiederherstellung des Sollzustandes z.B. Ausbauen und Auswechseln von Einzelteilen oder ganzen Maschinenteilen, Änderungsarbeiten an Anlagen, um deren Auslastung zu erhöhen.

Aus der mittelständischen Perspektive heraus ist eine speziell angepasste Strategie zu entwickeln, die mit einfachen Mitteln durchführbar sein muss, da sich der apparative und personelle Aufwand in Grenzen halten soll. Bei der Ausarbeitung der Strategie muss entsprechend den instandzuhaltenden Gegenständen differenziert werden [Waldherr 1990]:

- *Feuerwehrstrategie*: Bauteile mit konstanten Gebrauchswerten (z.B. Elektroteile) werden erst dann ausgewechselt, wenn sie bereits ausgefallen sind. Diese Strategie ist nur passend, wenn eine redundante Ausführung von Bauteilen vorhanden ist. Ein wesentlicher Nachteil liegt jedoch darin, dass die Möglichkeiten der Planung stark eingeschränkt sind.
- *Zyklisch vorbeugender Austausch*: Bauteile mit einer linear korrelierenden Abnutzung und damit verbunden stetig abnehmender Verminderung des Gebrauchswertes durch Verschleiß (Ventildichtungen, Gleitlager) werden nach vorher bestimmten Zeitabständen ausgetauscht. Diese Strategie ist auch unter dem Begriff „vorbeugende Instandhaltung" bekannt.
- *Inspektionsstrategie*: Bauteile mit undefinierter Abnutzung und damit verbundener Verminderung des Gebrauchswertes durch Verschleiß werden nach vorher bestimmten Zeitabständen inspiziert. Danach wird über einen Austausch nachgedacht. In den meisten Fällen ist dies die sicherste und kostengünstigste Strategie, da vorbeugender Austausch dem Lebenszyklus nicht gerecht wird, jedoch die Kosten und das Risiko bei der Feuerwehrstrategie zu groß sind.

Die im nächsten Unterpunkt aufgeführte Kosten-/Nutzenbetrachtung hat für die Privatbrauerei Moritz Fiege ergeben, dass die Inspektionsstrategie in der Vielzahl der Fälle den größten wirtschaftlichen Nutzen erbringt. Explizit wurde dieser Betrachtung jedoch nur im sehr kostenintensiven Bereich der Energie Rechnung getragen. Es ist geplant, diese weiterführend auf andere Bereiche des Unternehmens auszuweiten. Jedoch stehen dieser Aufgabe die geringen personellen Kapazitäten der Abteilung Energie und Instandhaltung entgegen.

Die vergangen Jahre haben gezeigt, dass die *Durchführung* einer solchen *Strategie* durch die Kontrolle der Maschinen- bzw. Aggregatsfunktion in regelmäßigen Zeitabständen auf vier Wegen erfolgen kann:

- Das Bedienpersonal (Brauer), das die Maschinen (Laufgeräusche, Vibrationen etc.) am besten kennt, wird dazu angehalten, Unregelmäßigkeiten zu melden. Die Schulung und das Verhältnis zu der Technik (Vertrauen) muss bei den Mitarbeitern verstärkt werden. Gerade durch die zunehmende Automatisierung liegt der technische Wissensstand weit hinter dem technologischen.
- Aus der biologischen und sensorischen Betriebskontrolle können Hinweise auf Fehlfunktionen von Maschinen kommen.
- Anhand von Checklisten gehen die Instandhalter in regelmäßigen Zeitabständen die Maschinenfunktionen durch.
- Anhand von spezifischen Kennziffern, Energie- und Kostenbilanzen oder dimensionslosen Zahlen können im Bereich Energie Abweichungen vom Regelbetrieb ermittelt werden (z.B. Kesselwirkungsgrad, Kälteziffer, Last- / Leerlaufverhältnis etc.).

Kosten- / Nutzenbetrachtung. Die Reduktion der Herstellungs- und Betriebskosten sowie die Steigerung des Nutzens sind Grundvoraussetzungen zur Erhaltung der Wettbewerbsfähigkeit. Damit wird die Suche nach neuen Methoden zur Verminderung der Produktionsaufwendungen zu einer Schlüsselaufgabe von Kaufleuten und kostenorientierten Technikern. Kostenreduktion in der Produktion und in der Instandhaltung sollen sich jedoch nicht nachteilig auf die Qualität des Produktes und die Motivation der Mitarbeiter auswirken. So gelang es Unternehmen der Petrochemie in der Vergangenheit, durch die Anwendung der Reliability Based Inspection Methode die Kosten der Instandhaltung durch einen effizienteren Einsatz der Ressourcen stark zu vermindern [Hoffmann u. Müller-Witt 1997]. In Anlehnung an dieses Konzept versuchte die Privatbauerei Moritz Fiege, zusätzlich den Nutzen in Form der Produktionssicherheit mit einzubeziehen. Im Rahmen des Qualitätsmanagements wurde ein HACCP Konzept[7] [König 1999] erstellt, das alle kritischen Bereiche in einem Produktionsprozess ermittelt und beschreibt. Ferner sind im Rahmen der energiewirtschaftlichen Betriebskontrolle Maschinenstundensätze sowie Brutto- bzw. Nettoenergiepreise ermittelt worden.

In einer anschließend aufgestellten Matrix wurde die Ausfallhäufigkeit bzw. die Auswirkungskategorie (Kosten- und Sicherheitsrelevanz) aufgetragen. Dies bedeutet, dass Anlagenteile mit einer relativ hohen Ausfallhäufigkeit, deren Ausfälle große wirtschaftliche Bedeutung haben, intensiver instandgehalten werden als Komponenten geringerer wirtschaftlicher Bedeutung.

2.2.3 Outsourcing als strategische Option

Um sich bewusst auf das Kerngeschäft konzentrieren zu können, lagern heutzutage Unternehmen zahlreiche Prozesse aus. Dazu gehören u.a. der Betrieb von komplexen produktionsintegrierten Anlagen oder deren technische Betreuung vor Ort. Doch bevor man zu der eigentlichen Fragestellung des Outsourcing kommt, geht ein langwieriger Prozess der Rationalisierung voraus. Dieser - auch *Rationalisierungsspirale* [Geibig 1999] genannte - Prozess erfolgt kontinuierlich in fünf Schritten, wobei die ersten beiden Schritte bereits in den vorigen Kapiteln behandelt wurden:

1. Effizienz am Arbeitsplatz verbessern (siehe hierzu Kap. 2.1)
- Arbeitsplätze neu gestalten
- Arbeitsmethoden verbessern
- Produktivität der Mitarbeiter steigern

2. Organisation verbessern (siehe hierzu Kap. 2.2)
- Aufbauorganisation neu strukturieren
- Ablauforganisation beschleunigen
- Einführung eines Instandhaltungsmanagements

[7] Das HACCP-Konzept (Hazard Analysis of Critical Control Points) stellt ein Analysetool dar, mit dessen Hilfe die Gefährdung kritischer Lenkungspunkte systematisch untersucht werden kann.

- Motivation zur Verbesserung steigern

3. „Make-or-Buy-Konzepte“ umsetzen
- Abbau von Eigenleistungen in Servicefunktionen
- Zukauf von Dienstleistungen
- Eigenständige Servicefunktionen definieren
- Kooperation anstreben

4. Neue Standortkonzepte entwickeln
- Standortbetreiberfunktionen konzentrieren
- Contracting Modelle entwickeln (Ver-/ Entsorgung)

5. Auflösung oder Verkauf der eigenen Instandhaltung

Erst ab dem dritten Schritt und insbesondere in den darauf folgenden rückt das Outsourcing als Option in den Mittelpunkt der Betrachtung und bedarf einer genaueren strategischen Überlegung.

Die *Gründe*, die für oder gegen ein Outsourcing sprechen, sind unternehmensspezifisch und somit nicht allgemein darstellbar. Bei den internen Analysen im Hause Moritz Fiege kam eine *Argumentationsbilanz* zur Anwendung, in der die folgenden Fragestellungen aufgegriffen wurden [Geibig 1999]:

- In welcher Wettbewerbssituation befindet sich das eigene Unternehmen?
- Welche Strategie verfolgt das eigene Unternehmen bisher?
- Verfügt das Unternehmen nach einem Outsourcing über die Kompetenz, die benötigten Leistungen zu spezifizieren und abzunehmen?
- Wie flexibel bleibt das Unternehmen nach einem Outsourcing?
- Hat die neue Einheit bzw. der gewählte Outsourcing-Partner eine wirtschaftlich gesunde Finanz- und Ertragskraft?
- Wie sehen Zuverlässigkeit, Qualität und Flexibilität des Partners aus?
- Wie gestaltet sich die Wirtschaftlichkeit im Vergleich?
- Gibt es verlässliche Aussagen über Kosten?
- Wie sind Lieferzeiten und Servicegrad?
- Gibt es einen flächendeckenden Service in gleichbleibender Qualität?
- Gibt es eine leistungsfähige Personal- und Materiallogistik?
- Wie ist die Anpassungsfähigkeit bei Veränderungen?
- Welche Referenzen liegen vor und wie ist das Image des potenziellen Partners?
- Wird eine Zwei-Klassen-Gesellschaft im Unternehmen gegründet?
- Wie leicht/schwer ist es, den Schritt des Outsourcing rückgängig zu machen?

Ein Outsourcing kann nur mit einem passenden Partner bewältigt werden. Dieser sollte nicht nur technische und organisatorische, sondern auch betriebswirtschaftliche Vorteile bieten (z.B. Flexibilisierung von Fixkosten, Nutzung von Kostensenkungspotenzialen, Liquidität etc.). Speziell beim Anlagen-Contracting, einer umfassenden Sonderform des Outsourcing, wird mit diesen betriebswirtschaftlich leicht nachvollziehbaren Vorteilen geworben. Es wird eine „Win-Win-Situation“

für beide Vertragspartner in Aussicht gestellt. Aber was genau stellt Anlagen-Contracting dar?

Beim *Anlagen-Contracting* [Lienkamp u. Müller-Nehler 2002] löst der Contract-Nehmer einen Teilprozess aus seinem Unternehmen heraus, der ihm dann als Fremdleistung zur Verfügung gestellt wird. Der Anbieter bringt sein spezielles Know-how ein und kann dabei seine eigenen Kosten durch effiziente Betriebsweise und optimale Ersatzteilhaltung niedrig gestalten. Der Kunde erhält eine gesicherte und effiziente Leistung. Er profitiert nicht nur von technischen und organisatorischen Vorteilen, sondern hat auch einen verstärkten betriebswirtschaftlichen Nutzen, da eine Eigenkapitalverzinsung ebenso entfällt wie das Betreiberrisiko für Reparaturen, Bedienung und Primärenergieversorgung. Gerade im Bereich der Energieanlagen hat sich in der letzten Zeit ein zunehmender Markt gebildet (Knott, 1997; Bemmann, 2000).

Jedoch sollte diese Methode der Flexibilisierung von Fixkosten nicht unbedingt als Allheilmittel betrachtet werden. Je nachdem wie energieintensiv ein Betrieb ist, liegt das Gesamteinsparungspotenzial so hoch, dass man auf alle Fälle darüber nachdenken sollte, dieses ausschließlich zur Verbesserung seiner eigenen Bilanz zu nutzen. Grundsätzlich ist die Idee zu befürworten, da meistens in den Firmen kein ausreichendes energetisches und verfahrenstechnisches Wissenspotenzial vorliegt und kurz- bis mittelfristig kaum aufgebaut werden kann. Darüber hinaus ist die Implementierung eines eigenen Basic Engineering nahezu unabdingbar. Zudem muss die zunehmende Flut von neuen oder geänderten Auflagen, Verordnungen und Gesetzen in die Betrachtung mit einbezogen werden. Die Kapazitäten an Mitarbeitern, die diese Anforderungen abdecken, sind in jedem Betrieb begrenzt.

Jedoch sollte den Verantwortlichen bei dieser Entscheidung immer bewusst sein, dass zwar eine kostengünstigere Bereitstellung dieser Dienstleistung gewährleistet wird (günstigerer Faktorpreis), jedoch kann es nicht das wirkliche Interesse des Contract-Gebers sein, die abgenommene Menge (Faktormenge) des Contract-Nehmers aktiv senken zu wollen. Auch entsprechende Klauseln in Verträgen werden hier effektiv nicht viel verändern. Die Geschäftsführung der Privatbrauerei Moritz Fiege hat daher entschieden, diese entscheidende Kostensenkungsschraube nicht aus ihrer Hand zu geben. Die Abteilung Energie & Instandhaltung hatte durch die Berechnung der Maschinenstundensätze eine Ausgangsgrundlage. Es galt nun, die Kostensätze zu optimieren. In einem Zeitraum von fünf Jahren wurden die Kostenblöcke der Kälteerzeugung, die CO_2-Rückgewinnung, der Wasseraufbereitung, der Drucklufterzeugung und der Dampfanlagen grundlegend verringert. Die vor der Optimierung ermittelten Kosten lagen stets über den von Contractern angegebenen Preisen. Das mittlerweile erreichte Kostenniveau liegt jedoch gleich oder unter den externen Angeboten, teilweise sogar bis zu 80%. Dem aufmerksamen Leser sei versichert, dass bei voll abgeschriebenen Maschinen der Abschreibungs- und der Kapitalbindungssatz in Form von Zusatzkosten voll mit einberechnet wurden.

2.3 Grundsätzliche Kriterien der Privatbrauerei Moritz Fiege bei der Auswahl industrieller Services

In diesem Kapitel werden entscheidungsrelevante Leistungskriterien bei der Auswahlentscheidung über den Bezug bestimmter Services dargelegt. Darauf aufbauend schließt die Darstellung der aktuellen Servicelandschaft der Privatbrauerei Moritz Fiege sowie eine Prognose der zukünftigen Serviceentwicklung den Beitrag ab. Bevor jedoch eine Aussage über die relevanten Kriterien gemacht werden kann, muss zunächst festgelegt werden, welche Ziele ein Unternehmen bzw. eine Abteilung verfolgt. Diese Ziele lassen sich in drei Kategorien einteilen:

- Wirtschaftliche Ziele
  - Schaffung flexibler Kostenstrukturen
  - Verminderung von Nacharbeitskosten durch Gewährleistungsansprüche
  - Ausnutzung des Wettbewerbs bei Fremdvergabe
  - Einsparungen bei Investitionen
  - Ausnutzung von Zahlungszielen
  - Markterkenntnisse, Einkaufskonditionen
- Technische Ziele
  - Erwerb von Know-how (Behebung von Defiziten)
  - Reduzierung der innerbetrieblichen Komplexität (Vereinfachung)
  - Kapazitätsziele (Grund- und Spitzenlast)
- Sonstige Ziele
  - Strategische Ausrichtung des Unternehmens
  - Erfolgspotentiale erschließen

Auf der Grundlage der Zielsetzung gewinnen die folgenden Kriterien in unterschiedlichem Ausmaß an Gewicht: zum einen sieht die Privatbrauerei Moritz Fiege ein wesentliches Entscheidungskriterium in dem „Umfang der Tätigkeit" und somit in der *Kapazität.* Zunächst wird eingehend geprüft, welche Leistungen überhaupt intern bewältigt werden können. Der hauptsächliche Engpassfaktor ist hierbei in der Personalstärke zu sehen (siehe hierzu auch Kapitel 2.2.1). So werden innerhalb der Privatbrauerei Fiege Projekte mit einer Arbeitskraft als „klein", Projekte mit zwei bis fünf Arbeitskräften als „mittel" und Projekte mit mehr als fünf Arbeitskräften als „groß" eingeteilt. Je stärker die intern vorgehaltenen Kapazitäten belastet oder sogar überlastet werden, desto eher ist ein Outsourcing als strategische Option in Erwägung zu ziehen.

Eng mit dem eher quantitativ ausgelegten Kriterium der Kapazität zusammen hängt das zweite Entscheidungskriterium der *Qualität.* Hierunter ist nicht nur die Qualität des eingesetzten Personals zu verstehen, sondern auch die Flexibilität (kurzfristige Einsätze) und Termintreue (Versorgungssicherheit) des Anbieters. Im Zentrum steht jedoch die Qualität der erbrachten Leistung: in einem funktionierenden Instandhaltungsmanagement ist es von entscheidender Bedeutung, dass die sechs Hauptphasen einer Instandhaltung eingehalten werden [Haase u.a. 2001]:

- Störerkennung
  - *Zustand der Anlagen*
  - Regelmäßige Inspektionen von kritischen Bauteilen
  - *Regelmäßige Wartungsaufnahmen*

- Meldung / Steuerung
  - Güte der Meldung (Angaben über Störort, Fehler)
  - Qualität der Hilfsmittel für die Meldung
  - Zuständigkeit der Instandhalter für Anlagenbereiche

- Stördiagnose
  - Einsatz von speicherprogrammierbarer Steuerung (SPS) mit Diagnosemeldung
  - Ausreichende Schulung von Mitarbeitern
  - Vollständige Anlagendokumentation

- Simultane Arbeitsplanung
  - Dokumentation von Präventivmaßnahmen
  - Anweisungen für Präventivmaßnahmen während eines unvorhergesehenen Anlagenstillstandes

- Demontage / Reparatur
  - *Einsatz von Instandsetzungsarbeitsplänen*
  - *Verfügbarkeit von Ersatzteilen*
  - *Verwaltung der Ersatzteile*

- Dokumentation / Analyse
  - Dokumentation von Stillstandzeiten, Ursachen etc.
  - Regelmäßige Auswertung von Daten
  - *Nutzung der Daten*

Je umfangreicher ein externer Dienstleister diese Phasen abdecken kann, desto eher kommt er für ein potenzielles Outsourcing in Frage. Zugleich stellt dies jedoch erhöhte Anforderungen an die Integrationsfähigkeiten des Anbieters, die es zu bewältigen gilt. Die kursiven Unterpunkte sollte der Dienstleister jeweils besonders beachten. Die weiteren Unterpunkte sollten in jedem gepflegten Instandhaltungsmanagement vorkommen. Letztendlich wird auch bei diesem Kriterium eine vergleichende Analyse zwischen dem intern vorhandenen Know-how und den Potenzialen des Dienstleisters vorgenommen. Hierbei spielt insbesondere auch die Erfahrung eine Rolle, die bei der Privatbrauerei Moritz Fiege bzgl. des potenziellen Outsourcing-Objektes vorliegt.

Das dritte entscheidende Kriterium stellt die *Wirtschaftlichkeit* dar. Die Kosten des externen Bezugs müssen in einem wirtschaftlichen Verhältnis zu den Einsparpotenzialen einerseits sowie zu den entstehenden Abhängigkeitspotenzialen andererseits, die sich durch den Abbau des eigenen Know-hows ergeben, stehen.

Eine einzelfallspezifische quantitative *Gewichtung* wurde noch nicht implementiert. Die Privatbrauerei Moritz Fiege denkt jedoch zur Zeit darüber nach, systematisch für jeden Bereich eine Einteilung und Gewichtung vorzunehmen. Aus den oben genannten Kriterien sind daher zunächst Kennziffern zu bilden, die noch einmal nach Umfang und / oder Dringlichkeit der Arbeit mit einem Koeffizienten bewertet werden. Dadurch erhofft sich die Privatbrauerei Moritz Fiege eine weitere Optimierung der Ressourcenkoordination, eine Verbesserung der Kommunikation und Dokumentation, eine effizientere Teilnahme an Bau und Kontrolle von Neuanlagen sowie eine Sicherung der Produktion in Notfällen.

2.4 Die aktuelle Dienstleistungslandschaft der Privatbrauerei Moritz Fiege

Aufbauend auf den Überlegungen des Kapitels 2.3 wird abschließend auf die aktuelle „Dienstleistungslandschaft" in der Privatbrauerei Moritz Fiege eingegangen. Diese gestaltet sich bei näherer Analyse durchaus mannigfaltig. Teilt man den Betrieb in die drei Bereich Energie, Produktion und Abfüllung ein, so werden die verschiedene Instandhaltungsstrategien deutlich.

Im Bereich der *Energie* wurden in den letzten Jahren erhebliche Investitionen getätigt. Sämtliche Anlagen sind modernisiert worden und der Dokumentationsstandard ist als sehr hoch zu bezeichnen. Abb.9 zeigt exemplarisch die vorhandenen Dienstleistungen, gegliedert nach internem und externem Bezug sowie nach der Häufigkeit der Leistungserbringung bzw. -inanspruchnahme.

	Intern selbst erbracht	Extern bezogen
Täglich	Kontrolle der kritischen Bauteile (zustandsorientierte Wartung) Kontrolle der Anlagendichtigkeit Kontrolle der Kesselanlage, der Kälteanlage sowie der Druckluftstation Inspektion der Wasseraufbereitung Effizienzkontrolle der CO_2-Rückgewinnung	
Wöchentlich	Untersuchung des Kesselwassers Kontrolle von Druck, Temperatur und Laufzeit	
Monatlich	Erstellung des Energieberichts Effizienzkontrolle der Wärmetauscher Überprüfung der Blindstromkompensation	
Halbjährlich	Entlüftung der Kondensatoren	Wartung des Brenners
Jährlich		Inspektion des Verdichters Inspektion der Kompressoren (alle zwei Jahre: Wartung) Wartung der Kälteanlagen Thermografische Kontrolle der Trafostation und des Hauptverteilers

Abb. 9. Die erforderlichen Dienstleistungen der Privatbrauerei Moritz Fiege im Bereich Energie

Hinsichtlich der Häufigkeit der Inanspruchnahme zeigt sich eine klare Differenzierung zwischen interner Eigenerstellung und externem Bezug: Dienstleistungen, die häufig erbracht werden müssen und darüber hinaus i.d.R. einen geringeren Umfang an Tätigkeiten beinhalten, werden von der eigenen Instandhaltung übernommen („Tagesgeschäft"). Leistungen, die zwar weniger häufig, aber dennoch regelmäßig zu erbringen sind und die meistens ein größeres Ausmaß an Aktivitäten implizieren, werden aufgrund von fehlendem Know-how extern bezogen. Die Umsetzung von Betreibermodellen bzw. entsprechenden Vorstufen (erweiterte Dienstleistungsbündel) würde diese Zweiteilung aufweichen bzw. gänzlich aufheben.

Der Bereich der *Produktion* ist durchgehend als modern zu bezeichnen. Hier mussten in den letzten Jahren ausschließlich seitens des Gesetzgebers vorgeschriebene (Ersatz-) Investitionen getätigt werden. Im Bereich Sudhaus, Gär- und Lagerkeller, werden alle Waagen, Mühlen, Filter, Chlordioxidanlagen jährlich durch Fremdfirmen gewartet, Wärmetauscher jährlich elektrolytisch überprüft, Transportsysteme wöchentlich durch den Maschinisten geschmiert. Eine Ventilwartung erfolgt vorbeugend und rechnergestützt, multifunktionelle Pumpen sind standardisiert worden und werden bei jedem Arbeitsgang durch den Produktionsmitarbeiter kontrolliert. Fehler in Kühlsystemen können leicht durch veränderte Produktionszeiten festgestellt werden. Die dazu gehörigen Regel- und Messsysteme werden im Rahmen der Prüfmittelüberwachung kontrolliert. Verbesserungspotenziale werden im Bereich Produktion bei den großen Antrieben der Förder- und Rührwerke im Sudhaus gesehen. Insgesamt gesehen ist auch bei der Produktion eine ähnliche Zweiteilung der Dienstleistungslandschaft zu erkennen, wie sie bereits im Bereich Energie vorherrschend ist.

Im Bereich der *Abfüllung* zeigt sich ein anderes Bild, denn er ist der zur Zeit noch inhomogenste instandhaltungstechnisch organisierte Bereich im Betrieb. Aus verschiedenen Phasen stammende Maschinen wurden mehrfach zur Gesamtanlage umgebaut. Daraus resultieren unterschiedliche technische Standards, gerade im Bereich der Fördertechnik. Der ursprüngliche schlechte Dokumentationsstandard ist durch die Zertifizierung nach ISO 9001 und die Zusammenarbeit im *Projekt Invest-S* stark verbessert worden.

Im April 2002 erfolgte zudem die Umstellung unseres Hauptgebindes Flaschenbier (80%) auf 0,5 l Bügelverschlussflaschen. Diese Umstellung wurde im Markt zunehmend honoriert, was sich in unserer Privatbrauerei mit entsprechenden Zuwächsen im Ausstoß und damit auch in den Abfüllzeiten niederschlug. Ein Umdenken in der Instandhaltungsstrategie war daher dringend notwendig, da die Maschinenleistungen durch das komplizierter abzufüllende Gebinde abnahmen. Dies führte dazu, dass die verfügbare Zeitspanne für Reparaturmöglichkeiten immer geringer wurde und die eigenen Kapazitäten nicht mehr ausreichten. Eine standardisierte Ersatzteilbevorratung war aus Gründen der Kapitalbindung in den Vorjahren bewusst nicht betrieben worden. Durch den gestiegenen Ausstoß gilt jedoch das alte Motto „Zeit ist Geld" wieder. Viele Maschinen, die ursprünglich auf die Euro- oder NRW-Flasche ausgelegt worden waren, zeigten bei der neuen Bügelverschlussflasche ein verändertes Verhalten. Fachwissen darüber war noch nicht vorhanden. Daher konnte seit der Umstellung auf eine regelmäßige Fremdvergabe von Aufträgen nicht mehr verzichtet werden.

Seit der Umstellung auf Bügelverschluss werden alle neu gekauften Maschinen (Bügelverschließer, Bügeletikettierer) nun halbjährlich vom Hersteller vorbeugend gewartet. Dies liegt nicht nur an der größeren Auslastung der Maschinen, sondern gerade an der generell verschleißintensiveren Nutzung der Maschinen bei gleicher oder niedrigerer Auslastung. Die Investitionsneigung der Geschäftsführung ist in diesem Bereich stark gestiegen. So werden weitere Investitionen (Flaschen-Ein- und -Auspacker, automatischer Bügelöffner, Fremd- / Eigenflaschensortierstrecke) folgen. Auch diese Maschinen werden dann - wie bereits zuvor - direkt vom Hersteller gewartet. Für Maschinen wie Füller und Flaschenwaschmaschine soll in Zukunft verstärkt auf eine zustandsorientierte Instandhaltung umgestellt werden (insbesondere im Bereich Getriebe/Antrieb). Die Technik der Endoskopie wird hier verstärkt zum Einsatz kommen.

Insbesondere die Anforderungen an den Flaschentransport sind stark gestiegen, da die „Kipp-Gefahr“ (Schwerpunkt der Flasche) und die Gefahr der Schädigung der Bänder durch lose Bügelverschlüsse erheblich zugenommen hat. Die Antriebe sind historisch bedingt sehr unterschiedlich. Gerade in der Standardisierung dieser Antriebe, verbunden mit einer vorbeugenden Wartung der Transportbänder, liegt ein erhebliches Zukunftspotenzial für Serviceleistungen. Allgemein kann hierbei jedoch beobachtet werden, dass sich Hersteller von solchen Sondermaschinen schwer tun, konkrete Aussagen über Kostenverläufe zu tätigen. Es zeigt sich somit, dass im Bereich der Abfüllung im letzten Jahr eine erheblich erweiterter externer Bezug von Services zu verzeichnen ist. Diese Entwicklung hat ihre Ursachen insbesondere in den vorhandenen Know-how-Defiziten in Bezug auf die neuen Maschinen sowie in den vorhandenen Kapazitätsbeschränkungen der Privatbrauerei Moritz Fiege.

Die Darstellung der aktuellen Dienstleistungslandschaft zeigt deutlich, dass bei der Privatbrauerei Moritz Fiege ein enges Miteinander von intern erbrachten und extern bezogenen Services besteht. Die strategischen Überlegungen führten zwar letztendlich zu einer Stärkung der eigenen internen Instandhaltung, doch in Bereichen wie den Inspektionen und Wartungen größerer und / oder neuerer Anlagen und Maschinen wird i.d.R. auf externe Fremdfirmen zurückgegriffen, die hier ein höheres Know-how vorweisen können.

2.5 Fazit

Jede Instandhaltung braucht eine Philosophie. Die nun folgenden Leitlinien, die in Zusammenarbeit von Geschäftsführung und Betriebsleitung aufgestellt wurden, konkretisieren die Eckpunkte dieser Philosophie:

- Wissen über eigene Anlagen muss im Betrieb verbleiben und vertieft werden: „Wir kennen unsere Maschinen“.
- Ausfälle an Anlagen mit hohem Wissensbedarf erfordern häufig die Inanspruchnahme von externem Wissen (Spezialisten bzw. Fachmonteure). Dies

bietet die Möglichkeit, das Wissen der eigenen Mitarbeiter zu vertiefen und zu verbessern.

- Wartungsarbeiten müssen mit der Produktion abgestimmt werden. Das ist besonders schwierig bei Anlagen mit hoher Auslastung, was den Einsatz eigener Mitarbeiter begünstigt. Dadurch können kurzfristig notwendige Maßnahmen einfacher abgesprochen werden.
- Bei Großreparaturen und Überholungen sind externe Fachmonteure hinzu zu ziehen.
- Produktionsanlagen müssen schnell instandgesetzt werden, um
- – Produktionsschäden und –verluste zu verhindern und
- – Lieferausfälle zu vermeiden.
- Die Wertung der Wichtigkeit verlagert sich innerhalb des Produktionsprozesses: bei Anlagen / Maschinen, die zu Beginn des Prozesses (z.B. Entkorker) stehen, steht die Verhinderung von Produktionsschäden und -verlusten durch interne Maßnahmen im Vordergrund. Je näher diese jedoch an der Auslieferung des Bieres liegen, desto bedeutender wird der Einsatz der präventiven externen Wartung, um Lieferausfälle zu vermeiden (bspw. Etikettierer).
- Montagen von Neuanlagen werden von externen Fachmonteuren unter Beistellung von eigenen Mitarbeitern (Betreiber und Instandhalter) durchgeführt. Dies dient auch der Information der eigenen Mitarbeiter in Bezug auf Betrieb und Wartungen der Neuanlagen.
- Ziel aller Maßnahmen von Pflege, Wartung und Instandsetzung der betriebenen Anlagen ist die ständige Verbesserung der Verfügbarkeit und der Ausbringung auf hohem Niveau.

Literaturverzeichnis

Bemmann U (2000, Hrsg.) Energiekosten einsparen: Strategien – Umsetzung – Anwendung, Deutscher Wirtschaftsdienst, Köln

Botschen G, Botschen M (1999) Kundenintegrierte Neuproduktentwicklung von Dienstleistungen. In: Hinterhuber HH, Matzler K (Hrsg) Kundenorientierte Unternehmensführung. Gabler, Wiesbaden, S 337-354

De Brentani U (1991) Success Factors in Developing New Business Services. European Journal of Marketing 25, 2: 33-59

De Brentani U (1993) An Empirical Study of the Determinants of Success in the Development on New Industrial Services. In: Thelen EM, Mairamhof GB (Hrsg) Dienstleistungsmarketing: eine Bestandsaufnahme. Peter Lang, Frankfurt a.M. S 11-32

De Brentani U, Cooper RG (1992) Developing Successful New Financial Services for Businesses. Industrial Marketing Management 21: 231-241

Edgett, S (1994) The Traits of Successful New Service Development. Journal of Service Marketing 8, 3: 40-49

Engelhardt WH, Kleinaltenkamp M, Reckenfelderbäumer M (1993) Leistungsbündel als Absatzobjekte. Zeitschrift für betriebswirtschaftliche Forschung, 45: 395-426

Geibig KF (1999) Stille Reserven: Outsourcing von Instandhaltungsleistungen. Chemie Technik 28, 11:90-91

Haase D, Huhnd, A, Seufzer A (2001) Optimierte Instandhaltungs-Strukturen: Systematik zur Erstellung einer optimalen Analyse. Instandhaltung 29, 6:12-16

Hoffmann J, Müller-Witt H (1997) Eskalation der Effizienz. Chemie Produktion 26, 8: 80-82

Knott G (1997) Energie-Contracting. Dissertation, Universität Cottbus

König F (1999) Anwendung des HACCP-Konzeptes für die Umsetzung der Lebensmittelhygieneverordnung dargestellt am Beispiel einer mittelständischen Brauerei. Unveröffentlichte fachübergreifende Studie zur Prüfung zum Technischen Betriebswirt IHK an der IHK zu Bochum

Kroeber-Riel W, Weinberg P (2003) Konsumentenverhalten. Vahlen, München

Lienkamp H, Müller-Nehler U (2002) Vernünftig kalkuliert: Anlagen-Contracting – Win-Win-Situation für beide Seiten. Chemie Technik 31, 3:20-21

Martin Jr. CR, Horne DA (1995) Level of Success Inputs for Service Innovations in the Same Firm. International Journal of Service Industry Management 6, 4: 40-56

Mohr H, Waldherr F (1994) Verantwortung vor Ort: Aktuelle Managementformeln in der Produktion und Instandhaltung der Brauerei. Brauwelt 134, 48: 2581-2584

Reckenfelderbäumer M, Busse D (2003) Kundenmitwirkung bei der Entwicklung von industriellen Services – eine phasenbezogene Analyse. In: Bullinger HJ, Scheer AW (Hrsg) Service Engineering: Entwicklung und Gestaltung innovativer Dienstleistungen. Springer, Berlin Heidelberg New York, S 145-170

Waldherr F (1990) Ideen zur strategischen Instandhaltung in Brauereien. Brauwelt 130, 37: 1563-1567

Strategische Aspekte

Strategische Grundfragen der Etablierung von Betreibermodellen

Jörg Freiling, Christian Buse, Sven Weißenfels

Inhalt

1 Einleitung

Die Unternehmen des deutschen Maschinen- und Anlagenbaus, die eine Einführung und Umsetzung von Betreibermodellen planen, stehen vor großen Herausforderungen. Die mit Betreibermodellen einhergehenden Investitionen sind in den meisten Fällen mit erheblichen Risiken verbunden und lassen sich zudem nur bedingt rückgängig machen. Ferner kommt der Umstellung auf ein neues Geschäftsmodell eine weitreichende Bedeutung für das gesamte Unternehmen zu, beispielsweise im Hinblick auf das Management industrieller Dienstleistungen. Daher ist eine sorgfältige strategische Grundausrichtung des Geschäfts mit Betreibermodellen unerlässlich.

Erfahrungen im Projekt INVEST-S haben jedoch gezeigt, dass die Bestrebungen, Betreibermodell-Konzepte an (größtenteils) sehr spezifischen Kundenbedürfnissen auszurichten, vielfach operativ getrieben sind und eine klare strategische Linie vermissen lassen. Inwiefern durch die Einführung von Betreibermodellen Wettbewerbsvorteile erzielt bzw. ausgebaut werden sollen, bleibt dabei weitgehend ungeklärt. Deshalb ist es das Ziel dieses Beitrags, wichtigste Aspekte eines strategischen Managements von Betreibermodellen näher zu beleuchten. Die übergeordnete Fragestellung lautet somit: Welche strategischen Grundlagen müssen vorhanden sein bzw. geschaffen werden, um eine erfolgreiche Umsetzung von Betreibermodellen zu gewährleisten?

2 Strategische Rahmenbedingungen

2.1 Grundlagen

Die Zusammenarbeit mit den Partnern innerhalb des Projektes INVEST-S hat in deutlicher Weise gezeigt, dass die Einführung von Betreibermodellen nicht aus kurzfristig-operativen Überlegungen heraus erfolgen sollte. Gegen eine solche Herangehensweise spricht vor allem, dass Betreibermodelle eine strategische Investition darstellen: Mit der Einführung von Betreibermodellen verändert sich die Sortimentsbreite und – damit eng verbunden – das Problemlösungspotenzial des jeweiligen Unternehmens beträchtlich. In manchen Fällen lässt sich sogar an den Aufbau eines neuen Strategischen Geschäftsfeldes denken, welches die Betreiberaktivitäten in den Mittelpunkt rückt. Ferner wurde bereits an anderen Stellen (z.B. Freiling 2002a) dokumentiert, dass Betreibermodelle bezüglich der Geschäftsabwicklung einen Übergang vom Produkt- zum Dienstleistungsgeschäft beinhalten, sofern ein solcher nicht schon vorher vollzogen worden ist.

Ein strategisches Denken ist auch aus folgendem Grund unerlässlich: Die Kosten, die aus dem Aufbau einer betreibermodellspezifischen Infrastruktur[1] entstehen, können bei dem ersten Betreibermodell-Projekt die Erlöse übersteigen. Bei Durchführung weiterer Betreibermodell-Projekte kann hingegen auf die vorhandene Infrastruktur zurückgegriffen werden. Ein positiver Ergebnisbeitrag entstünde somit erst in den Folgeprojekten, was den Investitionscharakter des ersten Betreibermodellprojektes unterstreicht. Eine strategische Herangehensweise ermöglicht die Berücksichtigung von Potenzialen, die im Rahmen kurzfristiger finanzieller Zielsetzungen nicht erfasst werden können. Beispielsweise kann die Einführung von Betreibermodellen bedeuten, dass durch diese neuartige Form der Geschäftsabwicklung die Kundenbindung nachhaltig erhöht wird oder auch positive Reputationseffekte für Folgeprojekte mit dem gleichen oder sogar einem erweiterten Kundenkreis erzielt werden (Buse, Freiling u. Weissenfels 2001).

Es wird ersichtlich, dass die erfolgreiche Umsetzung von Betreibermodell-Konzepten eines strategischen Rahmens bedarf, der im Folgenden näher dargestellt wird. Im Mittelpunkt der strategischen Rahmenbedingungen steht dabei das Management industrieller Services (vgl. hierzu: Engelhardt u. Reckenfelderbäumer 1999). Zu überprüfen ist, ob ein Unternehmen in ausreichendem Maße über betreibermodellspezifische Potenziale bzw. infrastrukturelle Voraussetzungen verfügt. Auf der Ebene der strategischen Rahmenplanung sind ferner einige konzeptionelle Vorüberlegungen anzusiedeln, die die Leistungsprogrammplanung des Anbieters betreffen. Entscheidungen hinsichtlich der Leistungsprogrammplanung determinieren die Art und den Umfang der in die Betreibermodell-Lösung zu integrierenden (Hardware- und) Serviceleistungen.

2.2 Grundlegende Voraussetzungen für einen strategisch motivierten Einstieg in Betreibermodelle

Die Ausstattung eines Unternehmens mit betreibermodellspezifischen Ressourcen und Kompetenzen ist eine Grundlage zur Etablierung eines neuen Geschäftsmodells. Diese Ressourcen und Kompetenzen lassen sich unter dem Begriff der infrastrukturellen Voraussetzungen zusammenfassen. Durch die Zusammenarbeit mit den Projektpartnern im Rahmen von INVEST-S konnten bei den infrastrukturellen Voraussetzungen die folgenden übergeordneten Problembereiche identifiziert werden, von denen eine erfolgreiche Umsetzung von Betreibermodellen abhängt:

1. Personal,
2. Mittel und Methoden,
3. Unternehmenskulturelle Voraussetzungen und
4. Organisation.

[1] Zum Begriff und den Elementen der betreibermodellspezifischen Infrastruktur siehe Abschnitt Grundlegende Voraussetzungen für einen strategisch motivierten Einstieg in Betreibermodelle.

Defizite in diesen vier Bereichen können eine Umsetzung von Betreibermodellen sowohl unter technischen als auch ökonomischen Gesichtspunkten erheblich erschweren. Mit Blick auf den Einstieg in Betreibermodelle treten nicht selten alle genannten Problemfelder gleichzeitig auf, was auf Grund der damit verbundenen Überlagerung von Problemen zu Selbstverstärkungseffekten führt.

Als ein Engpassfaktor bei der Einführung von Betreibermodellen hat sich der Personalbereich der Unternehmungen erwiesen. Dies ist vor allem darauf zurückzuführen, dass das Servicepersonal in quantitativer Hinsicht nicht in genügendem Maße vorhanden und ferner das vorhandene Personal im Hinblick auf die Aufgabenstellungen, die aus der Einführung neuer Geschäftsmodelle resultieren, selten ausreichend qualifiziert ist. Wird im Rahmen eines Betreibermodellvertrages beispielsweise auch die Wartung und Instandhaltung von Maschinen (Anlagen) von Fremdherstellern erforderlich, muss das Servicepersonal dafür über eine hinreichende Qualifikation verfügen. Als Ursache der Personal-Problematik ist erstens auf mangelnde innerbetriebliche Aus- und Weiterbildungskonzepte zu verweisen. Zweitens ist der relative Mangel an ausgereiften und adäquaten Ausbildungskonzepten im industriellen Dienstleistungsbereich zu nennen. Die damit verbundene Lücke ist auf kurze Sicht gesamtwirtschaftlich kaum zu schließen. Umgekehrt erhöht dies unter strategischen Gesichtspunkten einzelwirtschaftlich die Anreize, entsprechende Qualifizierungsprogramme zum Zwecke der Differenzierung zu entwickeln.

Hindernisse bei der Umsetzung von Betreibermodellen entstehen auch, wenn nicht auf das dafür notwendige methodische Instrumentarium zurückgegriffen werden kann. Schwerpunktmäßig wird hier auf die beiden Methodenbereiche des Service Engineering sowie des betrieblichen Rechungswesens eingegangen (vgl. hierzu auch die Beiträge von Buse sowie Reckenfelderbäumer in diesem Band). Deren Relevanz aus strategischer Sicht ist wie folgt zu erklären: Ohne strategiekonforme Entwicklungsmethoden besteht die Gefahr ungezielter Innovationsaktivität, die zu einer gefährlichen Verbreiterung des Sortiments führen kann (Proliferation). Innovationspotenziale werden unzureichend kanalisiert und führen zu Effektivitätslücken (Freiling u. Weissenfels 2003). Wird im Rahmen der Einführung von Betreibermodellen die Entwicklung neuartiger Services erforderlich, stehen dazu die Instrumente des Service Engineering zur Verfügung. Service Engineering bezeichnet einen Ansatz zur systematischen und methodengestützten Gestaltung von Dienstleistungsinnovationen. Gemäß empirischer Studien korreliert der Einsatz formalisierter Prozesse zur Entwicklung von Dienstleistungen (stark) positiv mit dem Innovationserfolg (z.B. Brentani u. Cooper 1992; Easingwood u. Storey 1992; Cooper et al. 1994; Edgett 1994). Unterbleibt hingegen der Einsatz der Instrumente des Service Engineering oder andersartiger formalisierter Prozesse, besteht die Gefahr, dass der Innovationsprozess nur wenig koordiniert abläuft und auch die Potenziale einer Innovationsidee nicht vollständig ausgeschöpft werden.

Ein weiterer, in seiner Bedeutung nicht zu unterschätzender Problemkreis, ist das Instrumentarium des Rechnungswesens. Betreibermodelle stellen sowohl auf der Seite der Kostenrechnung als auch auf der Seite der Erlösrechnung hohe Anforderungen an die Methoden des betrieblichen Rechnungswesens und des Controllings. Um den Erfolg einer Umsetzung von Betreibermodellen steuern zu können, ist eine Wirtschaftlichkeitsrechnung, die bereits in der Planungsphase ansetzt, unabdingbar. Welchen betreibermodellspezifischen Anforderungen das Controlling-System gewachsen sein muss, wird an späterer Stelle in diesem Beitrag noch detaillierter erläutert.

Ein anderer, ebenfalls strategisch relevanter Problemkreis betrifft organisatorische Gestaltungsfragen des Dienstleistungsmanagements im weiteren Sinne. Das Servicegeschäft erfordert von Investitionsgüter-Anbietern eine strategiekonforme organisatorische Verankerung. Zahlreiche Anbieter arbeiten auf Grund – zumindest organisatorisch – noch immer dominanter Sachleistungsbereiche in Strukturen, die eine Entfaltung dienstleistungsbezogener Potenziale verhindern. Innerhalb des Projektes dominieren organisatorische Lösungen, bei denen die Servicebereiche den Sachleistungsbereichen zugeordnet werden. Weiterhin überwiegen organisatorische Lösungen, die mit einer starken Fragmentierung des Managements einzelner Dienstleistungen einhergehen. So ist z.B. die Trennung von Beratungsleistungen einerseits, Wartungs- und Instandhaltungsleistungen andererseits ein Regelfall, der Koordinationsprobleme eines strategisch ausgerichteten Managements industrieller Dienstleistungen evident werden lässt. Eine selbstständige Wahrnehmung marktbezogener Chancen wird dabei ebenso behindert wie konzeptionelle Überlegungen zur Schaffung neuer Dienstleistungen. Somit werden wesentliche strategische Potenziale dieses Geschäfts nicht genutzt. Der Ausbau der Dienstleistungsbereiche zu Profit Centern oder sogar zu Investment Centern ist dazu geeignet, die infrastrukturellen Voraussetzungen für die Einführung von Betreibermodellen zu verbessern.

Weiterhin führen Defizite bei der Schaffung einer „Service-Kultur“ dazu, dass die Umsetzung von Betreibermodellen erschwert wird. Anknüpfend an das Modell von Connor/Lake (1994) ist es möglich, den abstrakten Begriff der Organisationskultur zu konkretisieren. Die Autoren unterscheiden ein zwiebelartiges Modell, welches aus vier Ebenen besteht. Darauf aufbauend, kann eine Dienstleistungskultur wie folgt gefasst werden:

1. "core assumptions": Hierbei handelt es sich um Faktoren, die das Selbstverständnis der Unternehmung betreffen und die im Kontext der Dienstleistungsdiskussion eine tief verwurzelte Einstellung beinhalten, dem Kunden umfassend zu dienen und seine aufkommenden Problemstellungen präventiv zu bearbeiten.
2. "fundamental values": Die grundlegenden Werte betreffen den Umgang der Mitarbeiter untereinander und die Fragen der Wertschätzung des Menschen innerhalb der betreffenden Unternehmung. Bezüglich des Umgangs ist eine Service-Kultur vor allem durch eine durchgehende Orientierung an externen und internen Kunden gekennzeichnet. Auf der Zielebene korrespondiert damit die Verbindung von Mitarbeiter- und Kundenzufriedenheit und tritt neben finanzielle Zielgrößen.
3. "principles of behavior": Sie betreffen sowohl explizite als auch implizite Verhaltensregelungen, die aus den beiden o.g. Ebenen abgeleitet sind und die im Gegensatz zu diesen den Kunden möglicherweise bewusst werden. Industriebe-

triebe mit einer Service-Kultur stecken für ihre Mitarbeiter einen Betätigungsrahmen ab, der mit einer umfassenden Kundenorientierung im Prozess- und Ergebnisbereich in Verbindung steht. Neben den kodifizierten Verhaltensregelungen zeichnen sich Unternehmungen mit einer langfristig bestehenden Service-Kultur auch dadurch aus, dass die meisten Regelungen seitens der Mitarbeiter internalisiert sind und keiner besonderen Erwähnung bedürfen.
4. "indicators": Service-Kulturindikatoren sind äußere Merkmale, die sich in den Einstellungen manifestieren, die in Bezug auf die Unternehmung gebildet werden. Dies können z.B. kritische Ereignisse oder Geschichten sein, die eine Referenzperson mit der Unternehmung verbindet. Eine Service-Kultur kann sich dabei in vielfacher Weise offenbaren, so z.B. durch Attribute wie Flexibilität, Einfühlungsvermögen und Zuverlässigkeit.

Es lässt sich feststellen, dass gerade im Industriegüterbereich eine derartige Service-Kultur noch entwicklungsfähig ist. Ohne eine internalisierte Service-Kultur sind jedoch die Aussichten gering, das Geschäft mit Betreibermodellen so zu nutzen, dass die sich bietenden strategischen Potenziale erschlossen werden können.

2.3 Leistungsprogrammplanung

In engem Zusammenhang mit den im vorherigen Abschnitt genannten infrastrukturellen Voraussetzungen gehen auch Defizite der Leistungsprogrammplanung und -gestaltung einher.

So ist zwar in vielen Unternehmen des deutschen Maschinen- und Anlagenbaus festzustellen, dass die einzelnen Hardwareprodukte zumeist den Kundenanforderungen der Erfüllung einer bestimmten Funktion entsprechen und in der Gesamtbetrachtung ein aufeinander abgestimmtes Produktprogramm darstellen.

Bezüglich der produktbegleitenden Services ist hingegen ein regelrechter „Dienstleistungs-Wildwuchs“ (Proliferation) zu identifizieren. In den vergangenen Jahren haben viele der Maschinen- und Anlagenhersteller aus verschiedenen Gründen begonnen, ihren Kunden neben ihren ursprünglichen Kernleistungen auch eine Vielzahl von Dienstleistungen zu offerieren, deren Art und Umfang die Anbieter oft selbst nicht mehr überschauen. Die Anbieter, die sich in dieser Komplexitätsfalle befinden, verfügen nicht mehr über strategisch geplante Dienstleistungsprogramme.

Die Ursachen für diese Entwicklung sind mannigfaltig und können anhand des Strategischen Dreiecks von Ohmae (Ohmae 1982) wie folgt strukturiert werden, wobei allerdings zu beachten ist, dass die einzelnen Aspekte nicht unabhängig voneinander zu sehen sind:

1. konkurrenz- und umfeldbezogene Ursachen,
2. nachfrageinduzierte sowie
3. anbieterbedingte Gründe.

Zum besseren Verständnis werden diese im Folgenden kurz erläutert.

Ad 1: In der Gesamtwirtschaft hat die Bedeutung von Dienstleistungen in den vergangenen Jahrzehnten stetig zugenommen. Von dieser Entwicklung ist auch der Maschinen- und Anlagenbau betroffen. Viele Unternehmen verfügen mittlerweile über ein breites Dienstleistungsangebot, so dass es häufig als Wettbewerbsnachteil angesehen wird, wenn ein Anbieter einzelne Services nicht offerieren kann.

Die stärkere Ausrichtung auf Dienstleistungen wird zudem durch die zunehmende Komplexität der Maschinen forciert (Lay u. Schneider 2001). Dies hat neben einer hohen Erklärungsbedürftigkeit zur Folge, dass ein Großteil der Wartungs- und Instandhaltungsleistungen nur noch durch Maschinen- bzw. Anlagenhersteller oder Spezialisten geleistet werden kann.

Direkt damit verbunden sind auch die Folgen eines Zusammenwachsens ursprünglich verschiedener Märkte. Insbesondere setzen sich auch im Maschinen- und Anlagenbau in zunehmendem Maße IT-basierte und Telekommunikationslösungen durch. So können heute beispielsweise viele Maschinen im Rahmen eines so genannten „Tele-Service" aus der Ferne überwacht und sogar vorliegende Störungen beseitigt werden.

Ad 2: Eine weitere Ursache für die - oft unkontrollierte - Ausweitung von Dienstleistungen liegt in den Kundenanforderungen und -erwartungen (Demuß u. Spath 2001 sowie Vandermerwe u. Rada 1988). Die Angebotsbündel der Maschinen- und Anlagenhersteller unterscheiden sich oft erheblich voneinander. Trotz zumeist ähnlicher Hardware-Komponenten bestehen bei den Angeboten verschiedener Hersteller Unterschiede hinsichtlich der produktbegleitenden Services, woraus für den Kunden eine hohe Intransparenz entsteht. Im Rahmen von Preisverhandlungen versuchen Kunden daher häufig, - die bestehende Anbieterkonkurrenz ausnutzend - weitere Leistungen als die ursprünglich angebotenen in den Leistungsumfang aufzunehmen, ohne den eigentlich daraus resultierenden Preisaufschlag zu akzeptieren.

Verstärkt wird diese Erwartung einer unentgeltlichen Inanspruchnahme industrieller Services durch die Praxishandhabung der Vergangenheit. Da Anbieter Dienstleistungen lange Zeit als „notwendiges Übel" ansahen, sie dementsprechend nicht als Chance eines eigenständigen Geschäfts begriffen und oftmals unentgeltlich abgegeben haben, ist es nunmehr schwierig, Kunden plausibel darzulegen, warum sie für Leistungen, die aus Nachfragersicht zuvor nicht berechnet wurden, zukünftig bezahlen sollen. Zudem ist es für den Anbieter nur in gut begründeten Ausnahmenfällen möglich, Leistungen, die ein Kunde einmal in Anspruch genommen hat, zukünftig nicht mehr zu erbringen.

Kundenseitig besteht auch eine Tendenz, vermehrt umfassende Problemlösungen nachzufragen, also nicht mehr nur eine Maschine oder Anlage zu kaufen, sondern - wie beispielsweise bei einem Betreibermodell – die Leistungserbringung vollständig oder auch teilweise auszulagern und dafür eine erfolgsabhängige Abrechnungsform zu wählen.

Ad 3: Die Hauptursache ist hingegen bei den meisten Anbieterunternehmen selbst zu suchen. Obwohl viele der Maschinen- und Anlagenhersteller die Bedeutung von Strategien erkannt haben und diese auch hinsichtlich ihrer Hardware-Produkte zum Einsatz bringen, sind derartige geplante, strukturierte und zielgerichtete Vorgehensweisen in Bezug auf das Servicegeschäft kaum festzustellen (Anderson u. Narus 1993). Unterstützt wird diese Vernachlässigung der strategischen Einbindung von Dienstleistungen durch die zumeist kaum vorhandene Dienstleistungs-Kultur der Maschinen- und Anlagenhersteller, die üblicherweise eher technikorientiert ausgerichtet sind (Freiling 2002a).

In engem Zusammenhang mit fehlenden Service-Strategien sind auch nicht vorhandene oder mangelhafte Service-Marketingkonzepte zu sehen. Viele Anbieter denken bezüglich der Erbringung ihrer Dienstleistungen weniger in Segment- oder Marktkategorien als vielmehr Einzelkundenbezogen (Ostdorf u. Saurwein 1996). Die Kundenzufriedenheit, die potenziell durch individuelle Problemlösungen zu erreichen ist, wird in der Praxis häufig durch hohe Kosten der Erbringung überkompensiert, denen keine adäquaten Erlöse gegenüberstehen (Anderson u. Narus 1995).

Neuartige Geschäftsmodelle sind auf zweierlei Weise mit den hier angesprochenen Aspekten der Leistungsprogrammplanung und -gestaltung verknüpft. Zum einen besteht die Gefahr, dass die geplante Durchführung von Betreibermodellen dazu führt, dass eine zu große Zahl von Dienstleistungen in das Dienstleistungsprogramm des Anbieters aufgenommen wird. Der Dienstleistungswildwuchs würde folglich noch verstärkt. Aus diesem Grunde ist es notwendig, bereits vor der Einführung von Betreibermodellen ein klar strukturiertes Service-Portfolio zu entwickeln, auf dessen Basis im Einzelfall über die Erweiterung des Dienstleistungsprogramms entschieden und das Auftreten des ungewollten Dienstleistungswildwuchses vermieden werden kann. Des Weiteren kann die Einführung von Betreibermodell-Konzepten auch als eine Chance für den Anbieter begriffen werden, das aktuelle Dienstleistungsportfolio zu überarbeiten und auf die in diesem Abschnitt angesprochenen Ursachen des Dienstleistungswildwuchses ebenso zu untersuchen wie auf etwaige Lücken im Portfolio, welche die strategische Weiterentwicklung hemmen.

3 Orientierungspunkte bei der Formulierung von Betreibermodellstrategien

3.1 Der Problembereich der Zielfindung

Strategisches Management im Kontext von Betreibermodellen schließt die Abstimmung mit den betrieblichen Oberzielen – vor allem strategischer Art – zwingend mit ein. Gerade im Bereich der Schaffung neuer Dienstleistungsangebote wird dieser wegweisende Schritt jedoch häufig vernachlässigt, was sich auch anhand der Erfahrungen des INVEST-S Projektes nachvollziehen lässt. Eine besondere Gefahr besteht darin, dass im Zuge der Leistungsentwicklung die Ausarbeitung neuer Geschäftsmodelle unterbleibt. Auf Grund der Entscheidungen, die im Zuge der Ausarbeitung neuer Geschäftsmodelle zu treffen sind, wird dann der strategische Abstimmungsbedarf verkannt. Zu erklären ist dieser häufig anzutreffende Fall mit der Ausrichtung der Wertschöpfung auf die Sachleistung, auf die sich die industriellen Dienstleistungsangebote beziehen, sowie auf den oftmals hohen operativen Druck.

Im Prozess der Zielfindung ragen folgende Aspekte mit Blick auf die Verankerung von Betreibermodellen hervor:

- Entscheidung über eine separate planerische Verankerung des Betreibergeschäftes
- Entscheidung bezüglich der betrieblichen Grundausrichtung im Zuge eines an Bedeutung zunehmenden Servicegeschäftes

Mit dem letztgenannten Punkt beginnend, impliziert der Einstieg in Betreibermodelle zumeist, allerdings nicht zwangsläufig, ein Auftreten des Anbieters als Problemlöser. Dies steht im Einklang mit einer durchgreifenden Änderung des Charakters zahlreicher Geschäfte im deutschen Maschinenbau, was sich anhand von Abbildung 1 nachvollziehen lässt: Das klassische Sachleistungsgeschäft verliert deutlich an Stellenwert, während das so genannte „Lösungsgeschäft", welches die Kundenspezifikationen in den Vordergrund rückt, immer mehr an Bedeutung gewinnt.

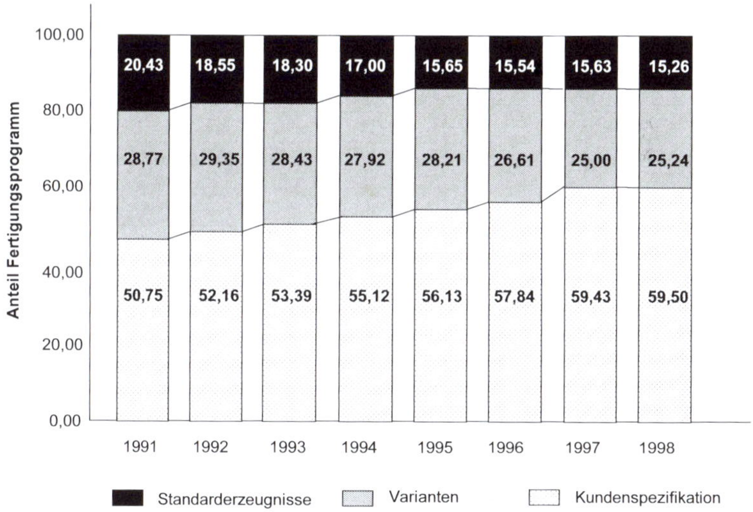

Abb. 1. Fertigungsprogramme im deutschen Maschinenbau (Quelle: Daten des NIFA-Panels 1991-1998, in: Jacob (2002), S. 15)

Unter Rückgriff auf Abbildung 1 lassen sich drei Ansatzpunkte für die grundlegende Ausrichtung der Servicebereiche von Industriebetrieben herausfiltern:

1. Extremposition I: Auftreten als „Hardware-Anbieter" mit deutlicher Betonung des Sachleistungsgeschäfts, bei dem Dienstleistungen nur eine Randaufgabe zufällt
2. Extremposition II: Ausrichtung als reiner Dienstleister bezüglich der Sortimentsgestaltung, der Geschäftsabwicklung und der Potenzialgestaltung, wobei eine Dienstleistungsmentalität zu einem integralen Bestandteil des Geschäfts wird
3. Mittelposition: Positionierung als Sach- und Dienstleister mit der Konsequenz einer Nutzung der Geschäftspotenziale von Dienstleistungen, ohne jedoch einen mentalen/kulturellen Wandel auszulösen

Begreift sich ein Unternehmen des Maschinen- und Anlagenbaus als bloßer Anbieter von Hardware, ist eine Konformität zwischen dem grundsätzlichen Auftreten der Unternehmung und dem Charakter des Betreibergeschäftes kaum oder gar nicht gewährleistet. Die Zielsetzungen des Unternehmens vernachlässigen einen (eigenständigen) Ausbau des Servicegeschäfts oder schließen diesen sogar explizit aus. In einem derart gestalteten Ziel- und Wertsystem finden Betreibermodell-Konzepte direkt keinen Platz, sondern können nur im Zuge einer organisatorischen Verselbstständigung z.B. im Wege einer Ausgliederung genutzt werden. Vor dem Hintergrund eines sich verschärfenden Wettbewerbs im Maschinen- und Anlagenbau und geringer werdender Differenzierungspotenziale auf dem Gebiet der „Hardware" erscheint ein unternehmerisches Selbstverständnis als reiner Sachleister wenig zukunftsweisend. Alternativ bietet sich ein dienstleistungsorientiertes Ziel- und Wertesystem an. Da Betreibermodelle einen sehr hohen Grad an kundenspezifischer Ausrichtung aufweisen und die Individualisierung der angebotenen Problemlösung im Kern über die Dienstleistungen getragen wird, ist eine Einbindung des Dienstleistungsgeschäfts in die Zielsetzungen des Unternehmens notwendig. Das Hardware-Geschäft soll hierbei keinesfalls in den Hintergrund gedrängt werden, sondern bedarf vor dem Hintergrund einer gelebten Servicementalität des Anbieters einer geschickten Einpassung in das servicegetriebene Geschäft. Eine Umsetzung hängt wesentlich von den kulturellen Voraussetzungen ab, die seitens weiter Teile der Belegschaft gegeben sein müssen. Eine explizite Einbeziehung des Servicegeschäfts in die obersten Zielsetzungen und Wertvorstellungen des Unternehmens stellt eine Basis dar, mit der die bereits angesprochenen Defizite im Bereich der infrastrukturellen Voraussetzungen angegangen werden können. Eine wesentliche Konsequenz einer derartigen strategischen Orientierung ist der Wandel vom Produkt- zum Servicegeschäft (Freiling 2002a). Welche industriellen Dienstleistungen als Bestandteile einer Problemlösung welchen Kunden (-gruppen) verfügbar gemacht werden sollen, ist ein Entscheidungsbereich, der sich unmittelbar an die Zielformulierung anschließt.

3.2 Der Problembereich der strategischen Grundausrichtung des Betreibergeschäfts

Zur Nutzung der Geschäftspotenziale von Betreibermodellen reicht es nicht aus, diesen Geschäftstyp lediglich in das betriebliche Ziel- und Wertesystem einzufügen. Nicht minder bedeutsam ist die Ausarbeitung eines Ansatzes, wie das Geschäft zur Erzielung von Wettbewerbsvorteilen genutzt werden kann. Dies setzt ein strategisches Denken der betreffenden Entscheidungsträger voraus, welches keinesfalls selbstverständlich ist und sich auch nicht zwangsläufig einstellt.

Aus der Praxis des Betreibergeschäfts ist zu berichten, dass Betreibermodelle, die einen veränderten strategischen Grundansatz erfordern, oftmals primär oder sogar allein unter operativen Gesichtspunkten konfiguriert werden. Dies geht mit folgenschweren Konsequenzen einher:

- Betreibergeschäfte werden nur angeboten, wenn sich ein hinreichender Return on Investment bereits ab dem ersten Geschäft einstellt. Eine derartige Sichtweise ist aus einer Reihe von Gründen unzweckmäßig:
  - Betreibermodelle stellen entweder Markt- oder Betriebsneuheiten dar. Die Erfahrungen aus dem Innovationsmanagement zeigen deutlich, dass die meisten Innovationen erst behutsam und mit Anfangsproblemen unter Rentabilitätsgesichtspunkten in den Markt eingeführt werden mussten, um danach ihre Erfolgswirkungen entfalten zu können.
  - Eine Ausrichtung auf nur eine Transaktion sieht zwangsläufig über die Tatsache hinweg, dass sich über die Zeit erhebliche Erfahrungseffekte einstellen, welche die Erfolgsbeurteilung positiv beeinflussen. So wird nicht nur die Auftragsabwicklung zunehmend gezielter. Vielmehr entstehen über die Zeit hinweg Vertragsvarianten und Vertragsmodule, welche die Verhandlungen in späteren Geschäften deutlich erleichtern. Ähnliches gilt im Grundsatz für alle mit Betreibermodellen verbundene Wertschöpfungsprozesse.
- Es fehlt das Bewusstsein, dass ein Betreibergeschäft nicht allein eine Investition in eine bestimmte Transaktion darstellt, sondern vielmehr eine Investition zum Auf- und Ausbau eines Marktes. Bei einer rein transaktionsfokussierten Sichtweise wird jedoch zweierlei übersehen:
  - Mit dem jeweiligen Kunden lassen sich über das jeweilige Geschäft hinausreichende Erlös- und Kostensenkungspotenziale erschließen, welche die Kundenrentabilität zu erhöhen im Stande sind. Der Anstoß dazu kann über für beide Marktseiten erfolgreich abgewickelte Betreibermodelle gelegt werden.
  - Die erfolgreiche Einführung von Betreibermodellen eröffnet die Gelegenheit, Zugang zu neuen Kundenkreisen zu erhalten. Vor allem wenn es gelingt, mit Betreibermodellen einen Standard im Markt zu etablieren, lässt sich eine entsprechende Sogwirkung seitens einer Mehrzahl von Nachfragern erzielen.

Bezüglich der strategischen Grundausrichtung des Betreibergeschäfts ist demnach vor allem auf folgende Gesichtspunkte abzustellen: Betreibermodelle weisen einen unterschiedlich hohen Anteil an Dienstleistungsbestandteilen auf, der an den Ansprüchen der Nachfrager, aber auch an den unternehmenseigenen Ressourcen und Kompetenzen auszurichten ist. Die Entscheidung darüber, wie hoch dieser Dienstleistungs-Anteil sein sollte, ist Teil der strategischen Grundausrichtung für das Servicegeschäft. Als Orientierung für die Einführung

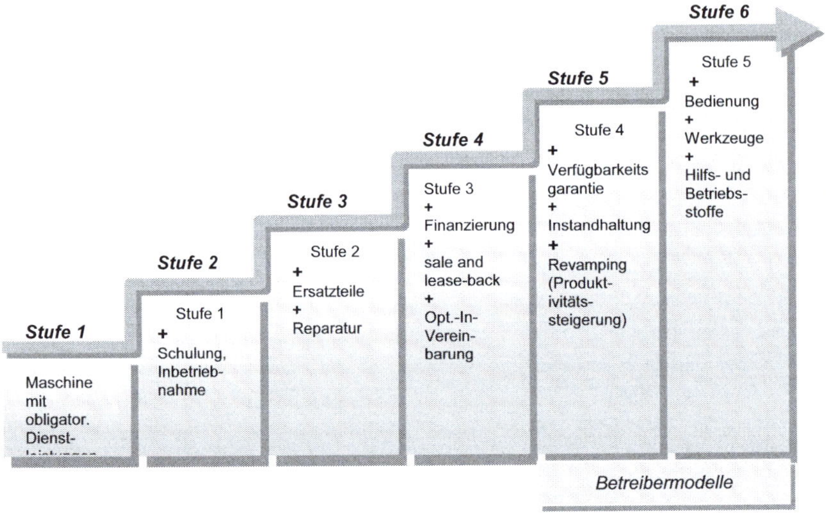

Abb. 2. Stufenmodell

neuer Geschäftsmodelle kann dabei ein im Rahmen des Projektes INVEST-S exemplarisch entwickeltes Stufenmodell dienen, welches eine Übersicht über mögliche Ausprägungsformen von Betreibermodellen und deren Vorstufen darstellt (siehe Abb. 2). Ausgangspunkt in dem Stufenmodell ist ein festgelegter Hardware-Umfang, also etwa eine Anlage mit exakt spezifizierten Leistungsmerkmalen. Auf jeder der sechs Stufen werden zusätzlich zu der Hardware verschiedene Dienstleistungen in das Leistungsbündel integriert. Dies kann z.B. von der vergleichsweise einfachen Form des Leasings bis hin zu einem Betreibermodell in „Reinform" reichen, bei dem der Anbieter das Personal für den Betrieb der technischen Infrastruktur bereitstellt, ausbringungsabhängig entlohnt wird (pay on production) und darüber hinaus das Auslastungsrisiko des Nachfragers übernimmt. Die Entscheidung über die Wahl der Stufe impliziert folglich auch eine Entscheidung bezüglich der Bereitstellung von Services sowie der Risikoübernahme durch den Anbieter. Der Umfang der Servicebestandteile sowie der Risikoübernahme nimmt dabei mit höheren Stufen zu.

Ein derart abgestuftes Modell eröffnet die Möglichkeit, dem Kunden gleitende Übergänge zu einem zunehmend stärker durch Dienstleistungen geprägten Geschäft zu ermöglichen. Dies erscheint vor allem angesichts etwaiger Widerstände des Nachfragers gegen das Outsourcing interner Servicefunktionen und -

Abteilungen (siehe hierzu: Quinn, Doorley u. Paquette 1990) vermarktungsfördernd. Weiterhin ermöglicht ein derartiges Stufenmodell die Ableitung von Betreibermodellen im engeren und im weiteren Sinne, was tendenziell für eine größere Zahl industrieller Abnehmer relevant ist, so dass sich auch bezüglich der individuellen Anpassung der zugelieferten Lösung ein höheres Maß an kundenspezifischem Zuschnitt erzielen lässt.

Der Auswahlentscheidung für eine bestimmte Stufe zur Einführung von Betreibermodellen sollten daneben gewisse (strategische) Überlegungen vorausgehen, die eng mit der bereits angesprochenen Infrastruktur verknüpft sind. Ausgehend von der Frage, welchen Kunden bzw. Kundengruppen überhaupt Betreibermodell-Lösungen zur Verfügung gestellt werden sollen (hier lassen sich die Ergebnisse einer Marktsegmentierung verwerten), ist zu prüfen, welche Stufe des Stufenmodells mit der vorhandenen Infrastruktur erreicht werden kann. Dabei sind zwei grundsätzliche Entscheidungsalternativen denkbar. Erstens kann ein Unternehmen, welches die Zielsetzung der Umsetzung von Betreibermodellen verfolgt, versuchen, diejenige Stufe des Stufenmodells zu erreichen, welche mit der vorhandenen Infrastruktur zu bewältigen ist. Denkbar ist bei dieser Alternative auch ein Vorgehen, bei dem bewusst eine Vorstufe von Betreibermodellen gewählt wird, die nicht die Möglichkeiten der vorhandenen Infrastruktur voll ausschöpft. Auf diesem Wege ist es möglich, die mit Betreibermodellen verbundenen Risiken zu begrenzen und praktische Erfahrungen mit der Umsetzung zu sammeln, die bei potenziellen Folgeprojekten eingebracht werden können. Eine zweite Alternative besteht in der Auswahl einer Stufe des Stufenmodells, deren Erbringung mit der vorhandenen Infrastruktur nicht zu bewerkstelligen ist. In Abstimmung mit den strategischen Zielsetzungen der Unternehmung ist die daraus resultierende Lücke zu schließen. Dies kann beispielsweise durch die Einstellung qualifizierten Service-Personals erfolgen, das eigens für die Erfüllung von Aufgaben eingesetzt wird, die aus dem Anbieten von Betreibermodellen resultieren. An dieser Stelle wird deutlich, dass Unternehmenskooperationen dazu geeignet sind, die Defizite im Bereich der infrastrukturellen Voraussetzungen zu überwinden, die bei einer einzelnen Unternehmung vorherrschen. Ressourcen- und Kompetenzengpässe lassen sich z.B. mittels einer Beteiligung an einem Betreibermodell-Netzwerk nicht nur temporär beseitigen, sondern durch die Zusammenarbeit mit Kooperationspartnern wird auch ein langfristig angelegter Aufbau von betreibermodellspezifischen Ressourcen und Kompetenzen möglich. Die Beteiligung an Unternehmenskooperationen oder Unternehmensnetzwerken ist insbesondere für mittelständische Unternehmen aufgrund ihrer knappen Ressourcenausstattung attraktiv (Freiling u. Weißenfels 2003).

Mit diesen Grundsatzüberlegungen wird eine weitere wichtige Frage der strategischen Grundausrichtung beantwortet: Generell ist zu prüfen, ob sich eine bestimmte Zielsetzung, verbunden mit einer dazu passenden Strategie, auf autonomem Weg realisieren lässt oder ob zur Umsetzung eine Unternehmenskooperation anzustreben ist (Sjurts 2000). Die Spezifika des Betreibergeschäfts legen die Kooperationsalternative nahe, was sich auch deutlich anhand der Erfahrungen des Projekts INVEST-S nachvollziehen lässt. Vor diesem Hintergrund stellt sich dann aber die Frage, wie die Kooperation konkret auszugestalten ist. Eine den Geschäftsspezifika Rechnung tragende Unterscheidung stellt auf

- strategische Partnerschaften (Netzwerke, Allianzen) versus
- projektbezogene Kooperationen ab.

Die Projekterfahrungen lassen bezüglich dieser Frage keine eindeutige Antwort zu, da es hierzu einer längeren Betrachtung mehrerer Projekte bedarf. Gleichwohl kommen Kooperationen besonders dann zum Tragen, wenn es gelingt, sich projektübergreifend durch eine gezielte Kompensation individueller Schwächen und durch organisationales Lernen zunehmend besser auf die Anforderungen des Betreibergeschäftes einzustellen. Daraus kann jedoch noch nicht ohne Weiteres ein Bedarf nach strategischen Partnerschaften abgeleitet werden, die auf einer unternehmungsübergreifenden, im Wesentlichen gemeinschaftlich getragenen Strategie beruhen.

3.3 Der Problembereich der strategisch-operativen Koppelung im Betreibergeschäft

Die Überleitung strategischer Rahmenüberlegungen in operatives Handeln betrifft bereits den Aspekt der Strategieimplementierung, der weiter unten näher zu spezifizieren ist. Es zeigt sich jedoch auf Grund jüngerer Ergebnisse der Strategieforschung, dass die Implementierung einer Strategie wesentlich davon abhängt, wie Instrumente der strategisch-operativen Koppelung zum Einsatz gelangen. In diesem Zusammenhang ist zunächst die grundsätzliche strategische Positionierung zu bestimmen, die das Betreibergeschäft betrifft (Freiling 2002b). Daher sind im Wesentlichen folgende Aspekte zu klären:

- Festlegung des Nutzenniveaus, das aus Sicht des Kunden zu erreichen ist, wobei hier eine Konkretisierung der Überlegungen gemäß Abschnitt 3.2. vorzunehmen ist
- Bestimmung der Zielkostenposition, die auf Basis rekonfigurierter und wettbewerbsfähiger Leistungserstellungsprozesse zu erreichen ist
- Verbindung aller Leistungs- und Prozessmerkmale zu einem in sich stimmigen Auftreten gegenüber dem Markt

Die strategische Positionierung dient dabei nicht nur der Verdeutlichung der eigenen Stärken und Schwächen sowie der Grundposition gegenüber den Zielkunden am Absatzmarkt, sondern kann darüber hinaus auch eingesetzt werden, um – vor allem im Zuge von finanziellen Engpässen – neue Kapitalgeber zu finden. Im Kontext der zunehmend wichtiger werdenden Diskussion um den Neuen Basler Akkord („Basel II") kann die strategische Positionierung als Argumentationshilfe benutzt werden, um Eigen- und Fremdkapitalgeber von der Vorteilhaftigkeit eines Investments in den eigenen Betrieb unter Rentabilitäts- und Risikogesichtspunkten zu überzeugen (Freiling 2003). Angesichts des oftmals vorhandenen Investitionsbedarfs in das Betreibergeschäft dürfen gerade diese Überlegungen unter strategischen Gesichtspunkten nicht vernachlässigt werden.

Eng verbunden mit der strategischen Positionierung ist die Ausarbeitung eines Geschäftsmodells für das Betreibergeschäft. Da hier der Aspekt der Strategieimplementierung noch stärker berücksichtigt wird, ist Kapitel 4 der geeignete Ausgangspunkt für derartige Überlegungen.

4 Zentrale Aspekte der Implementierung von Betreibermodellstrategien

4.1 Grundlagen

Aufbauend auf den strategischen Grundlagen, die im Mittelpunkt der bisherigen Ausführungen standen, werden in diesem Abschnitt Aspekte der operativen Umsetzung von Betreibermodellen behandelt. Die Erfahrungen im Projekt INVEST-S haben gezeigt, dass in der Phase der Implementierung neuartiger Geschäftsmodelle erhebliche Probleme auftreten können, die nicht nur eine Überarbeitung der strategischen Rahmenplanung erforderlich werden lassen, sondern möglicherweise sogar zum Scheitern eines konkreten zukunftsweisenden Betreibermodell-Projektes führen. Deshalb kann eine Darstellung strategischer Grundlagen nicht ohne einige Anmerkungen zu ausgewählten Gesichtspunkten der - als äußerst komplex zu bezeichnenden - Umsetzung von Betreibermodellen auskommen. In diesem Zusammenhang steht die Geschäftsmodellierung im Vordergrund.

In Anlehnung an Abb. 3 setzen sich Geschäftsmodelle aus drei rahmengebenden Elementen zusammen: Erstens ist eine so genannte „Value Proposition" zu definieren. Zweitens bedarf es einer Wertschöpfungsarchitektur als Bezugspunkt der operativen Tätigkeit. Drittens ist in einem Ertragsmodell nachzuweisen, welchen Beitrag das Geschäftsmodell zur Erfüllung finanzieller Zielgrößen leistet.

4.2 Value Proposition

Der Inhalt der Value Proposition wird in der Literatur wie folgt beschrieben: „Durch sie ist eine klare Aussage darüber zu treffen, wie ein überragender Wert für Absatzmärkte geschaffen werden soll. Eine überzeugende Value Proposition sollte dabei auf eine seitens der absatzmarktlichen Hauptzielgruppe bereits wahrgenommene oder aber unmittelbar wahrnehmbare Wertlücke (Value Gap) zielen und eine konkrete Lösung zur Verringerung oder vollständigen Kompensation beinhalten" (Freiling 2003, S.31). Vor dem Hintergrund dieser Charakterisierung muss eine Value Proposition für das Betreibergeschäft an den wesentlichen Vorteilen von Betreibermodellen aus Kundensicht ansetzen, so vor allem:

- die Aussicht auf Steigerung der Flexibilität, nicht zuletzt ermöglicht durch den Zugriff auf extern bereitgestellte und dennoch quasi „intern" verfügbare Kapazität

- die Chance auf Verbesserung der Qualität der bereitgestellten Infrastruktur durch die Hinzuziehung externer Spezialisten
- die Verringerung der im Zusammenhang mit der Kapitalbindung entstehenden Kosten
- das Risikoreduktionspotenzial

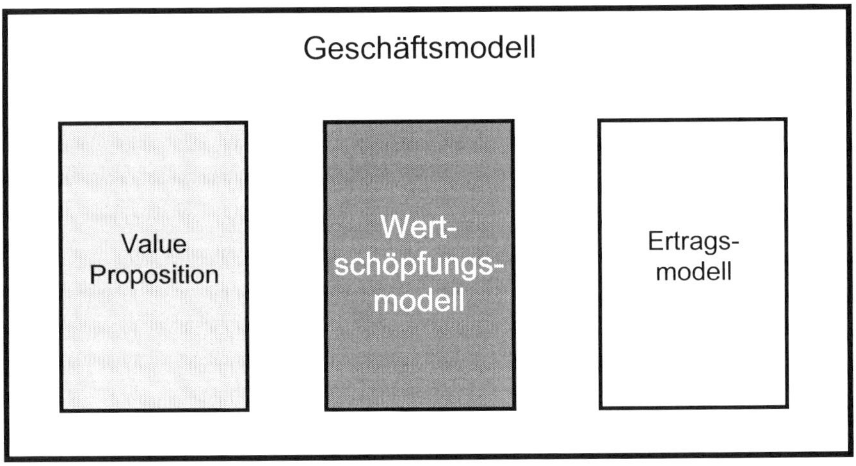

Abb. 3. Die drei Komponenten eines Geschäftsmodells

Bei allen aus Kundensicht beschriebenen möglichen Vorteilen als Ausgangspunkt für Wertlücken darf auf Grund der Erfahrungen im Verbundprojekt INVEST-S jedoch nicht die Wirtschaftlichkeitsfrage außer Acht geraten. So muss dem Kunden deutlich nachgewiesen werden, dass mit der Implementierung von Betreibermodellen klare wirtschaftliche Fortschritte einhergehen. Sollte die Argumentation an dieser Stelle misslingen, kann das gesamte Geschäftsmodell scheitern. In Verbindung mit dem weiter unten zu diskutierenden Ertragsmodell wird damit deutlich, dass Betreibermodelle im wahrsten Sinne des Wortes „Win-Win-Partnerschaften" darstellen müssen, um sich gegenüber alternativen Lösungen durchsetzen zu können.

4.3 Wertschöpfungsarchitektur

Für die Umsetzung eines konkreten Betreibermodell-Projektes gibt es keine Standard-Lösungen, sondern die erforderliche Ausrichtung an den Bedürfnissen der Kunden führt in aller Regel zu hochgradig individuellen Problemlösungen, die sich auf einen anderen Anwendungskontext nur bedingt übertragen lassen. Gleichwohl bedarf es eines bestimmten Grundmusters, welches rahmengebend für die betrieblichen Wertschöpfungsprozesse ist.

Die Umsetzung der bereits identifizierten Wertschöpfungslücke basiert auf einer technisch-organisatorischen Lösung, deren Abbildung in Prozessen hier als

Entwurf einer Wertschöpfungsarchitektur bezeichnet werden soll. Der Entwurf umfasst somit die Identifikation und Ausgestaltung derjenigen Prozesse, die der Umsetzung der Betreibermodell-Lösung zu Grunde liegen. Auf diese Weise werden erstens der Umfang und die (technischen) Spezifikationen der Hardware und der Dienstleistungen festgelegt, die im Rahmen der Betreibermodell-Lösung angeboten werden. Andererseits werden die Zuständigkeiten für die Erbringung der verschiedenartigen Leistungen geklärt. Beispielsweise kann eine Betreibermodell-Lösung beinhalten, dass Instandhaltungsleistungen für eine komplette Anlage vom Verantwortungsbereich des Nachfragers in den des Anbieters übergehen.

Ferner wird an diesem Beispiel deutlich, dass Betreibermodelle durch eine sehr enge Verzahnung der Prozesse des Anbieters mit den Prozessen des Nachfragers gekennzeichnet sind. Daraus resultiert ein Regelungsbedarf für inner- und überbetriebliche Schnittstellen. Letztere werden im besonderen Maße relevant, wenn eine Anbietergemeinschaft in kooperativer Form eine Betreibermodell-Lösung erbringt. Der Entwurf der Wertschöpfungsarchitektur ist nicht nur für die konkrete Implementierung von Betreibermodellen notwendig, sondern bietet durch die Prozessorientierung auch eine geeignete Grundlage für eine Wirtschaftlichkeitsrechnung, die bereits in der Planungsphase ansetzen sollte.

Grundsätzlich gilt für die Gestaltung der Wertschöpfungsarchitektur, dass eine mehrere Hierarchieebenen erfassende Prozessstruktur zu erarbeiten ist, welche zumindest im Idealfall folgende Bezugsebenen erfasst:

- die Ebene der Geschäftsprozesse,
- die Ebene der Hauptprozesse,
- die Ebene der Teilprozesse,
- die Ebene der einzelnen Aktivitäten.

Während oftmals Details der Prozessgestaltung im Vordergrund stehen, ist es besonders wichtig, nach Festlegung der Value Proposition die Geschäftsprozesse strategiegerecht zu konfigurieren. Bleibt dieser Schritt aus, so tritt augenblicklich eine strategisch-operative Kopplungslücke ein. Geschäftsprozesse müssen so gestaltet werden, dass sie einen nutzungsbezogenen Verbund aus Kundensicht (z.B. die Auftragsbearbeitung oder aber die Erstellung neuartiger Leistungen) in den Mittelpunkt rücken und eine darauf passende umfassende Lösung vorsehen. Insofern ist der Ausgangspunkt der Gestaltung von Geschäftsprozessen immer der Kunde. Dies gilt ebenso für den Abschluss der Geschäftsprozessplanung. Dazwischen ist das Betreibergeschäft dadurch gekennzeichnet, dass die wertschöpfenden Einheiten nicht nur eines Anbieters, sondern im Regelfall einer – wie auch immer gearteten – Kooperationsform auf die kundenbezogenen Funktionalitäten auszurichten sind. Alle darunter liegenden Prozessebenen dienen einzig und allein dazu, die konkrete Ausgestaltung der Geschäftsprozesse unter Berücksichtigung der Kundenwünsche zu vollziehen. Die Technik des Service Blueprinting (z.B. Shostack 1987, Kleinaltenkamp 2000) hat sich als besonders wirksam erwiesen, um die Planung auf den einzelnen Bezugsebenen zu unterstützen.

4.4 Ertragsmodell

In Anknüpfung an die Ausführungen zu den infrastrukturellen Voraussetzungen in Abschnitt 2.1, wo die besondere Bedeutung des betrieblichen Rechnungswesens für die Einführung von Betreibermodellen festgestellt wurde, werden die damit zusammenhängenden Problemstellungen im Folgenden näher erläutert. Die Planung bzw. Erfassung von Kosten und Erlösen für neuartige Geschäftsmodelle ist mit einer Reihe von Problemen behaftet:

- Das Rechungswesen der kleinen und mittleren Unternehmen des Maschinen- und Anlagenbaus ist eher darauf ausgelegt, die Hardwarebestandteile einer Leistung in präziser Form zu erfassen, wohingegen eine kosten- und erlösrechnerische Abbildung von industriellen Services nur als unzureichend bezeichnet werden kann (Freiling u. Reckenfelderbäumer 2000).
- Betreibermodelle enthalten vielfach Leistungsbestandteile, die bisher von dem jeweiligen Anbieter überhaupt nicht oder nur in anderer Form erbracht wurden, wobei es sich zumeist um Dienstleistungen handelt. In der Phase der Planung und der (erstmaligen) Durchführung von Betreibermodellen können folglich Unsicherheiten auf Anbieterseite dadurch entstehen, dass bei der Erbringung verschiedener Services auf keinerlei Erfahrung zurückgegriffen werden kann. Dies kann dazu führen, dass der Anbieter nicht in der Lage ist, ex ante die gesamten Kosten, die bei der Umstellung auf ein neues Geschäftsmodell entstehen, zu berücksichtigen bzw. befriedigend zu quantifizieren.
- Die bei Betreibermodellen übliche Form der Entgeltgestaltung drückt sich in einem Preis pro produzierter Mengeneinheit aus (pay-on-production)[2]. Im Unterschied zum klassischen Maschinenverkauf sind die Erlöse für den Anbieter jedoch nicht (vor-)strukturiert bzw. gegeben. Vereinbart der Anbieter mit dem Nachfrager keine Mindestabnahmemenge, ist die Höhe und die Verteilung der Erlöse von der tatsächlich abgenommenen Menge abhängig. Dies erschwert erstens die Wirtschaftlichkeitsrechung in der Planungsphase und zweitens die Preisfindung.

Die aufgezeigten Probleme, die sich zum Teil untereinander verstärken können, bergen die Gefahr, dass die Kosten- und Erlösstrukturen eines bereits initiierten Betreibermodell-Projektes deutlich von den geplanten Kosten und Erlösen abweichen. Im äußersten Fall kann es dazu kommen, dass ein Betreibermodell-Projekt aufgrund dieser Unzulänglichkeiten scheitert. Die Lösung der oben genannten Probleme ist folglich für die Etablierung von Betreibermodellen wesentlich.

Einen Ansatzpunkt für die Abbildung von Betreibermodellen im betrieblichen Rechnungswesen, der die vorangegangenen Probleme zu lösen vermag, bietet die Prozesskostenrechnung. Das Verfahren zielt auf eine verursachungsgerechte Verrechnung der betrieblichen Gemeinkosten ab, die insbesondere bei der Bereitstellung einer betreibermodellspezifischen Infrastruktur (die im wesentlichen Leistungspotenziale zur Erbringung von Services umfasst) überwiegen dürften. Ferner

---

[2] Alternativ ist auch eine Abrechung je Zeiteinheit (z.B. geleistete Maschinenstunden) möglich.

geht die Prozesskostenrechnung von einer ablauforientierten Erfassung des betrieblichen Geschehens aus. Das Prozessmodell, welches der bereits vorgestellte Entwurf der Wertschöpfungsarchitektur im Kern beinhaltet, bietet eine geeignete Grundlage, um den einzelnen Prozessen, die mit der Erbringung von Betreibermodellen einhergehen, Kosten zurechnen zu können. Letztlich wird damit eine pauschale Schlüsselung der Gemeinkosten umgangen (Freiling/Reckenfelderbäumer 2000).

5 Fazit

Die Erfahrungen im Rahmen des Verbundprojekts INVEST-S haben deutlich werden lassen, dass eine große Gefahr besteht, die strategische Grundfragen beim Einstieg in das Betreibergeschäft zu unterschätzen oder sogar zu verdrängen. Um so wichtiger ist es, diese rahmengebenden Fragen anzugehen, was auch integraler Bestandteil im Rahmen des vorliegenden Verbundvorhabens gewesen ist. Gleichwohl dürfen die geäußerten konzeptionellen Überlegungen den Betrachter nicht darüber hinwegtäuschen, dass sie in Ermangelung überzeugender Antworten oder unter dem Druck des Tagesgeschäftes gerne beiseite geschoben werden. Dies betrifft insbesondere die Phase der Umsetzung einmal getroffener Entscheidungen zum Einstieg in das Betreibergeschäft. Wenn dies der Fall ist, so werden erstens im Bereich der Leistungserstellung und der Prozessgestaltung Potenziale nicht genutzt, die dem Geschäft zu einem Durchbruch verhelfen könnten. Wichtiger ist zweitens jedoch der Bereich der Ressourcen und Kompetenzen: Ein zögerliches Engagement in diesem Bereich führt dazu, dass wichtige Erfahrungen im Aufbau dieses Geschäftstyps nicht schnell genug erworben werden und wiederum nicht in die Kompetenzen der beteiligten Betriebe Eingang finden. Dies führt zu einem verzögerten Aufbau integrierter Dienstleistungssysteme und zementiert die noch immer große Trägheit im Bereich der Dienstleistungsinnovationen. Da ferner auch grundsätzliche Standortfaktoren dem Aufbau innovativer Systemdienstleistungen entgegen stehen, besteht die Gefahr, dass die internationale Wettbewerbsfähigkeit steigernde Wirkungen nicht oder zu schwach zum Tragen kommen. Dies dokumentiert die Notwendigkeit, eine fundierte strategische Diskussion im Dienstleistungsbereich im Allgemeinen und im Betreibergeschäft im Besonderen zu führen.

Literatur

Anderson JC, Narus JA (1995) Capturing the Value of Supplementary Services, Harvard Business Review, January/February, S 75-82

Brentani U de, Cooper RG (1992) Developing Successful New Financial Services for Businesses, Industrial Marketing Management, Vol. 21, S. 231-241

Buse C, Freiling J, Weißenfels S (2001) Turning Product Business into Service Business: Performance Contracting as a Challenge of SME Customer/Supplier Networks, Arbeitsbericht Nr. 89, Institut für Unternehmungsführung und Unternehmensforschung, Bochum

Connor PE, Lake LK (1994) Managing Organizational Change, 2. Aufl., Westport, London

Cooper RG, Easingwood CJ, Edgett S, Kleinschmidt EJ, Storey C (1994) What Distinguishes the Top Performing New Products in Financial Services?, Journal of Product Innovation Management, Vol. 11, S 281-299

Demuß L, Spath D (2001) Integrierte Produkt- und Dienstleistungsentwicklung für den Maschinen- und Anlagenbau. Neue Anforderungen an den Produktenstehungsprozess durch die systematische Entwicklung von Betreibermodellen, Instandhaltung-Ressourcenamangagement, VDI Berichte, 1598, Düsseldorf, 2001, S 395-409

Easingwood CJ, Storey CD (1992) Marketplace Success Factors for New Financial Services, The Journal of Services Marketing, Vol. 7, No. 1, S 41-54

Edgett S (1994) The Traits of Successful New Service Development, The Journal of Services Marketing, Vol. 8, No. 3, S 40-49

Engelhardt WH, Reckenfelderbäumer M (1999) Industrielles Service Management, Kleinaltenkamp M, Plinke W (Hrsg.) Markt- und Produktmanagement, Die Instrumente des technischen Vertriebs, Berlin, S 184-280

Freiling J (2002a) Der Wandel vom industriellen Produkt- zum Dienstleistungsgeschäft – dargestellt am Beispiel der Umsetzung von Betreibermodellen im mitteleuropäischen Maschinenbau, Mühlbacher H, Thelen E (Hrsg.) Neue Entwicklungen im Dienstleistungsmarketing, Wiesbaden, S 203-222

Freiling J (2002b) Strategische Positionierung auf Basis des „Produktivitätsgrenzen-Ansatzes“: Market-based View und kompetenztheoretische Überlegungen, Die Betriebswirtschaft (DBW), Band 62, Nr. 4, S 379-397

Freiling J (2003) Strategische Positionierung des Mittelstandes im Spannungsfeld finanz- und absatzmarktlicher Herausforderungen, Bremer Arbeitspapiere zur Mittelstandsforschung, Nr. 1, Bremen

Freiling J, Weißenfels S (2003) Innovationsorientierte industrielle Dienstleistungsnetzwerke: Aufbau, Steuerung und Wettbewerbsvorteilspotenziale, Bruhn M, Stauss B (Hrsg.) Dienstleistungsnetzwerke, Dienstleistungsmanagement Jahrbuch 2003, Wiesbaden, S 467-489

Jacob F (2002) Geschäftsbeziehungen und die Institutionen des marktlichen Austauschs, Wiesbaden

Kleinaltenkamp M (2000) Blueprinting – Grundlage des Managements von Dienstleistungsunternehmen, Woratschek H (Hrsg.) Neue Aspekte des Dienstleistungsmarketing: Konzepte für Forschung und Praxis, Wiesbaden, S 3-28

Lay G, Schneider R (2001) Wenn Hersteller zu Serviceleistern werden, Harvard Business Manager, 2/2001, S 16-24

Ostendorf B, Saurwein R (1996) Innerbetriebliche Arbeitsorganisation: Stabile Vielfalt, vielfältige Dynamik oder dynamische Konvergenz?, Widmaier U (Hrsg.) Betriebliche Rationalisierungen und ökonomische Rationalität. Optionen und Determinanten von Differenzierungsprozessen im deutschen Maschinenbau, S 47-73

Ohmae K (1982) The Mind of the Strategist, New York et al.

Quinn JB, Doorley TL, Paquette PC (1990) Technology in Service: Rethinking Strategic Focus, Sloan Management Review, Winter, S 79-87

Shostack GL (1987) Service Positioning through Structural Change, Journal of Marketing, Vol. 51, No. 1, S 34-53

Sjurts I (2000) Kollektive Unternehmensstrategie – Grundfragen einer Theorie kollektiven strategischen Handelns, Wiesbaden

Vandermerwe S, Rada J (1988) Servitization of Business: Adding Value by Adding Services, European Management Journal, Vol. 6, No. 4, 1988, S 314-324

Chancen-/Risiken-Betrachtung beim Einstieg in Betreibermodelle

Norbert Brost, Jürgen Leins

Inhalt

1 Suche nach Verbesserungspotenzialen in der Wertschöpfungskette als Ausgangspunkt für die Etablierung von Betreibermodellen

Über viele Jahre wurde die Leistungsaufteilung innerhalb der Wertschöpfungskette als gegeben angesehen. Maschinenhersteller *verkauften* ihre Aggregate an Original Equipment Manufacturer (OEMs), die diese wiederum zum Zweck ihrer eigenen Fertigung nutzten. Diese Art der Geschäftsabwicklung wurde lange Zeit als selbstverständlich hingenommen und nicht weiter hinterfragt.

Von den OEMs wird jedoch seitens ihrer Kunden in zunehmendem Umfang eine Zusage von qualitativen Verbesserungen der gelieferten Komponenten sowie einer Erschließung ökonomischer Ratiopotenziale gefordert. Auf der anderen Seite haben sich die technischen Parameter der eingesetzten Produktionsmittel im Zeitablauf so weit angeglichen, dass eine Differenzierung der Lieferanten kaum mehr möglich ist.

Zudem wächst für alle in die Wertkette eingebundenen Parteien durch einen stetig zunehmenden Wettbewerbsdruck die Notwendigkeit einer möglichst hohen Verfügbarkeit aller in den Produktionsprozess einbezogenen Maschinen und Anlagen. Die Verfügbarkeitssicherung erfolgte dabei bislang üblicherweise durch die aufwendige Koordination der internen Leistungen der unternehmenseigenen Instandhaltungs-Abteilungen mit den in Anspruch zu nehmenden Fachleistungen des Herstellers oder spezialisierter Serviceanbieter.

Um diesem sich zuspitzenden Wettbewerb und den veränderten Anforderungen gewachsen zu sein, galt und gilt es für beide Seiten - Anbieter wie Nachfrager - nach alternativen Formen der Geschäftsabwicklung zu suchen, um so in der Wertkette vorhandene Verbesserungspotenziale zu erschließen.

Verschiedene Wege sind dabei bereits beschritten worden, wobei sich die bisherigen Problemlösungsansätze beinahe ausschließlich auf Einzelaspekte konzentrieren. Exemplarisch seien hier Leasing- und Mietkonzepte genannt, die eine Alternative bezüglich der Sachgutinvestition sowie der damit verbundenen Bilanzierung darstellen. Des Weiteren haben verschiedene Maschinenhersteller mittlerweile umfassende Dienstleistungen in ihr Angebot aufgenommen, die über die obligatorisch zu erbringenden hinausgehen. Beispiele hierfür sind langfristig ausgerichtete Wartungs- und Instandhaltungsverträge.

Als eine aussichtsreiche neuere Form der Geschäftsabwicklung haben Betreibermodelle in verschiedenen anderen Bereichen, wie der Energieversorgung sowie verschiedener Bewirtschaftungssysteme in Krankenhäusern und anderen Großbetrieben, Anwendung gefunden, so dass eine Übertragung ausgewählter Elemente oder auch ganzer Konzepte auf die Maschinen- und Anlagenbau-Branche erfolgversprechend erschien. Im Rahmen des *Projekts INVEST-S* gingen die Teilnehmer demzufolge über die Betrachtung spezifischer Detaillösungen hinaus und untersuchten, in wie weit durch Betreibermodelle Wertschöpfungspotenziale zu erschließen sind.

Betreiberkonzepte sind dabei niemals einheitliche standardisierbare Angebote, sondern stellen immer eine spezifisch ausgestaltete Lösung eines bestehenden Problems des Kunden dar, wobei der Leistungsumfang - bestehend aus Hardware-Komponenten sowie unterschiedlich umfangreichen Service-Bestandteilen - von den jeweiligen Ressourcen, Kompetenzen und infrastrukturellen Voraussetzungen der beteiligten Parteien abhängt. Darüber hinaus sind Betreibermodelle durch die folgenden charakteristischen Merkmale gekennzeichnet:

- Zahlungsweise: Pay per Performance,
- Langfristcharakter der - vertraglich abgesicherten und auf gegenseitigem Vertrauen beruhenden - Kooperation,
- Ort der Leistungserbringung: beim Kunden oder auf der „grünen Wiese",
- Art der Leistungserbringung: theoretisch zwar durch ein einzelnes Unternehmen möglich, aufgrund der Leistungsvielfalt jedoch üblicherweise kooperativ durch eine Anbietergemeinschaft.

Neben den aufgezeigten allgemeinen Potenzialen, die in derart veränderten Geschäftsmodellen gesehen werden, sind seitens der als Anbieter oder Nachfrager an Betreibermodellen interessierten Unternehmen die damit verbundenen Vor- und Nachteile abzuwägen. Im Folgenden werden daher die von den am Projekt beteiligten Unternehmen Gleason-PFAUTER (Anbieter) und GETRAG (Nachfrager) erarbeiteten und gewichteten Chancen und Risiken ausführlich dargestellt. Die Ausführungen stützen sich dabei insbesondere auf die Überlegungen, die beide Unternehmen vor der Implementierung des Pilotprojektes, das im Rahmen von INVEST-S durchgeführt wurde und im letzten Beitrag dieses Buches umfassend erörtert wird, angestellt haben.

2 Chancen aus Sicht des Dienstleistungsgebers

Das Unternehmen Gleason-PFAUTER Maschinenfabrik GmbH ist seit vielen Jahren als einer der führenden Anbieter im Bereich der Wälzstoss- und Wälzfräsmaschinen international tätig. Neben dem hervorragenden technischen Know-how wurde unternehmensseitig festgestellt, dass die Bedeutung von Dienstleistungen über den gesamten Lebenszyklus für den Kunden stark angestiegen ist. Zudem führte flankierend ein starker Kosten- und Verdrängungswettbewerb dazu, dass in einem qualifizierten Angebot produktbegleitender Dienstleistungen eine Differenzierungschance identifiziert wurde.

Die Services sollen dem Kunden insbesondere dabei helfen,

- das für die geforderte Funktionalität richtige Hardware-Produkt auszuwählen,
- die Funktionsfähigkeit sicherzustellen,
- den Leistungsfokus zu erweitern sowie
- eine geeignete Lösung für die Entsorgung der Maschine nach der Nutzungszeit herbeizuführen.

Wichtige Ziele dieser Flankierung von Sachgütern durch produktbegleitende Dienstleistungen sind:

- die Erschließung neuer Geschäftsfelder sowie die damit verbundene Gewinnung neuer Kunden,
- die Erzielung gesteigerten Umsatzwachstums,
- ein erhöhte Kundenbindung,
- die Verbesserung des Informationsstandes zur Weiterentwicklung der Sachgüter durch den engeren Kundenkontakt,
- der Versuch, dem Kostendruck der Konkurrenz zu entgehen sowie
- die Erschließung internationaler Märkte durch ein überlegenes Angebot.

Siehe ergänzend hierzu Abb. 1

Abb. 1. Chancen und Risiken für Anbieter von Betreibermodellen

2.1 Chancen für den Leistungsgeber

2.1.1 Erschließung neuer Geschäftsfelder und Möglichkeiten der Mitgestaltung des Marktes für erweiterte kundenindividuelle Leistungsangebote

Eine bedeutende Chance wird seitens der Gleason-PFAUTER darin gesehen, dem Kunden zukünftig - neben dem Verkauf eines Investitionsgutes - ein umfassendes, aber nicht ausuferndes Dienstleistungsbündel über den gesamten Lebenszyklus (einschließlich des Betriebes) der Anlagen anzubieten, das auf den individuellen Nachfragerbedarf zugeschnitten ist. Dabei wird es als besonders bedeutend erachtet, als einer der ersten Anbieter derartiger Komplettangebote am Markt zu sein, wofür zwei Gründe als ursächlich anzusehen sind.

Erstens ist es für einen Anbieter von Betreibermodellen oder anderen Geschäftsmodellen, die umfassende Sach- und Dienstleistungskomponenten enthalten, wichtig, jedes einzelne Projekt sorgfältig zu planen und zu kalkulieren. Dazu fehlen jedoch derzeit die notwendigen Erfahrungen sowie auch wichtige Informationen über die eigenen Maschinen während der Nutzungsdauer. Die Ursache dafür liegt darin, dass viele Kunden, Wartungs- und Instandsetzungstätigkeiten selbst ausführen und Gleason-PFAUTER somit nur bedingt Informationen über Ausfall- und Reparaturzeiten sowie die zugrundeliegenden Fehlerquellen besitzt. Das Pilotprojekt im Rahmen von INVEST-S bietet dem Unternehmen in dieser Hinsicht die Möglichkeit zur Beseitigung dieses Informationsdefizits.

Zweitens bieten sich für Unternehmen, die als Pionier ein derartiges Geschäftsfeld mit erschließen, besondere Möglichkeiten der Marktgestaltung. Selbst wenn bei Betreibermodellen im Maschinen- und Anlagenbau aufgrund der Individualität der Anfragen kaum Standardleistungen zu erwarten sind, haben auch hier Pionierunternehmen tendenziell die Möglichkeit, unter Berücksichtigung ihrer eigenen Stärken, gewisse Standards - beispielsweise in der Art der Geschäftsabwicklung – zu etablieren. Neben dem Effekt der Marktgestaltung ist auch der zu erzielende Reputationsgewinn für Gleason-PFAUTER nicht zu vernachlässigen. Gelingt es dem Unternehmen ein Angebot von Betreibermodellen vor seinen relevanten Konkurrenten zu entwickeln, kann damit der Ruf eines „hervorragenden Maschinenherstellers" erweitert und zu dem eines „Vorreiters im Bereich umfassender Problemlösungen" ausgebaut werden.

2.1.2 Neugestaltung der Verkaufsverhandlungen bei verändertem Leistungsumfang

Ein weiterer positiver Aspekt aus der Sicht von Gleason-PFAUTER ist auch darin zu sehen, dass Verkaufsverhandlungen über den reinen Maschinenpreis bzw. dessen Rabattierung in den Hintergrund treten. Während bisher langwierige Diskussionen über den finalen Kaufpreis die Verhandlungen hinsichtlich des Abschlusses eines Kaufvertrags prägten, rückt dieser durch die Einführung eines Betreibermodells verstärkt in den Hintergrund.

Vielmehr geht es bei dieser Art der Geschäftsabwicklung darum, einen angemessenen Preis für eine umfassende Problemlösung zu finden. Dieser beinhaltet neben der Maschine auch ein exakt zu definierendes Bündel an Dienstleistungen, die in mehr oder weniger engem Zusammenhang mit der Kernleistung stehen. Der besondere Charme eines solchen Paketangebots liegt für den Anbieter darin, dass nicht nur der reine Maschinenpreis in den Hintergrund tritt, sondern auch Dienstleistungen, die zuvor häufig unentgeltlich erbracht wurden, nun in die Kalkulation eingehen.

Dies bedeutet jedoch keineswegs automatisch einen Nachteil für den Kunden. Ziel eines Betreibermodells ist – wie bereits erwähnt – die Schaffung einer win-

win-Situation. Eine solche liegt auch für den Nachfrager dann vor, wenn der geforderte Preis für die Problemlösung (einschließlich der einer entfallenden Rabattierung sowie der Einbeziehung der Dienstleistungen in die Kalkulation) für ihn einen Vorteil verglichen mit seinen Kosten bei der herkömmlichen Art der Geschäftsabwicklung impliziert. In dem Argument einer derartigen Kosteneinsparung des Kunden liegt auch ein Hauptvertriebsargument für Betreibermodelle.

Fraglich bei der Preisgestaltung ist dabei allerdings die Verrechnung des Bündelpreises. Als mögliche Alternativen kommen hier insbesondere die Verrechnung

- über eine Monatspauschale,
- pro Produktionsstunde oder
- oder pro produzierter Einheit

in Betracht.

Der Kunde gibt dabei zukünftig lediglich die geforderten Stückzahlen und Qualitätsstandards der Anlage vor. Leistungen wie Finanzierung, weltweiter Full-Service und der Weiterverkauf der Anlage am Ende der vereinbarten Nutzung können dabei durch den Anlagenhersteller oder kompetente Kooperationspartner erbracht werden. Der Leistungsumfang kann darüber hinaus bis hin zu einer dynamischen Aktualisierung der Produktionseinrichtungen (Revamping) des Kunden durch den Anbieter reichen.

2.2 Risiken für den Dienstleistungsgeber

Ein wesentlicher Erfolgsfaktor bei der Gestaltung von Betreibermodellen ist die Identifikation potenzieller Risiken. Der Erfolg ist entscheidend abhängig von einer spezifisch aus Sicht des jeweiligen Anbieters ausgearbeiteten Risikoanalyse.

2.2.1 Analyse des eigenen Unternehmens: Feststellung potenzieller Barrieren bei der Entwicklung vom Maschinenhersteller zum Problemlöser

Eine erste grundsätzliche Schwierigkeit, mit der sich Gleason-PFAUTER konfrontiert sah, stellte die Identifikation signifikanter Unterschiede zwischen Betreibermodellen sowie der damit zusammenhängenden Probleme und Randbedingungen und seinem ursprünglichen Kerngeschäft dar. Aufgrund der Informationsdefizite hinsichtlich der Betriebsphase der eigenen Maschinen besteht anfänglich eine große Herausforderung darin, einen Leistungsumfang festzulegen, der tatsächlich durch die Anbieterunternehmung oder auch in Kooperation mit Partnern zu bewältigen ist. Insbesondere für den dauerhaften Betrieb und das Management der Anlage liegen kaum geeignete Erfahrungen vor.

Maschinen-Anbieter – wie auch Gleason-PFAUTER - neigen tendenziell dazu, sich aufgrund ihrer zumeist langen Erfahrung in ihrem Kerngeschäft auch beim Einstieg in die Vermarktung von Betreibermodellen einen sehr breiten Leistungsumfang zuzutrauen. Die Anforderungen, die Betreibermodelle an die Beteiligten - und allen voran dem Anbieter - stellen, sind allerdings erheblich und übersteigen nicht selten die vorhandenen Kompetenzen. Insbesondere weitreichende Service-Kompetenzen müssen Maschinenbauer häufig erst aufbauen bzw. ausbauen, wobei die Lerneffekte aus Pilotprojekten häufig die einzige Möglichkeit darstellen.

Auf der Ebene der Unternehmensleitung müssen bei jedem Projekt einzelfallbezogen die Konsequenzen hinsichtlich einer Übernahme des Auftrags und des damit verbundenen Leistungsumfangs geprüft werden, da Standardprojekte aufgrund der Individualität der Nachfrageranforderungen bei Betreibermodellen kaum zu erwarten sind. Anbieterseitig sind dabei das eigene Leistungsvermögen und die neu auf das Unternehmen zukommenden Risiken realistisch zu beurteilen.

Neben den erheblichen Vorlaufkosten, die durch jedes Projekt verursacht werden, eventuellen personellen Konsequenzen und Qualifizierungsmaßnahmen für die eigenen Mitarbeiter, ist insbesondere ein „langer Atem" für den langfristig erfolgreichen Einstieg in Betreibermodelle notwendig.

2.2.2 Organisatorische Veränderungen

Die Einführung des Angebots von Betreibermodellen führt - unabhängig von der Wahl der spezifischen Ausgestaltung - zu

- einer Neuausrichtung der Geschäftsprozesse sowie
- einer Suche nach geeigneten Methoden und Werkzeugen zur begleitenden Entwicklung, Generierung und Erbringung eines möglichst kundennahen Spektrums an Dienstleistungen.

Insbesondere die Organisation und der Ablauf von Wartungs- und Instandhaltungsaufgaben bei Gleason-PFAUTER waren zu hinterfragen, da diese Leistungen bisher überwiegend fallweise zur Beseitigung vorliegender Betriebsstörungen oder auf spezielle Kundenanfrage durchgeführt wurden. Werden diese Leistungen als Kernbestandteil von Betreibermodellen zukünftig durch den Anbieter erbracht, gilt es, die Aufbau- und Ablauforganisation bis hin zum Einsatz von Fremdpersonal derart auszurichten, dass eine stetige, zügige, qualitativ hochwertige und kundenindividuelle Dienstleistungserbringung dieser Services gewährleistet ist. Es gilt daher, Voraussetzungen zu schaffen, die neben dem Vertrieb, der bisher die klassische Schnittstelle des Anbieters zum Kunden darstellte, auch den Service intensiver einbeziehen.

2.2.3 Vertragsgestaltung

Eine weitere bedeutende Barriere beim Einstieg in Betreibermodelle bildet die Ausarbeitung von Verträgen, die den Leistungsumfang exakt abdecken. Während für Maschinenverkäufe bereits seit langer Zeit Vertragsvorlagen existieren, betreten sowohl Anbieter als auch Nachfrager von Betreibermodellen auch diesbezüglich „Neuland". Die Aufgabe der erstmaligen Ausgestaltung von Betreiberverträgen war nicht nur wegen des umfassenderen Leistungsumfangs schwierig. Insbesondere sind eine unzweifelhafte Leistungsaufteilung zwischen den Partnern sowie eine exakte Definition der Schnittstellen vorzunehmen.

Die Entstehung und Entwicklung des Betreibermodell-Pilotprojekts abbildend, wirkte sich auch bei der Vertragsausarbeitung die langfristige und von gegenseitigem Vertrauen geprägte Geschäftsbeziehung zwischen GETRAG und Gleason-PFAUTER positiv aus, so dass nach einigen Abstimmungen ein Vertragswerk erstellt werden konnte, dass für beide Seiten eine geeignete Grundlage der Durchführung eines ersten Betreibermodells diente.

Es ist zu erwarten, dass sich mit der Durchführung weiterer Contracting-Projekte auch bei der Vertragsgestaltung Erfahrungseffekte einstellen und die beteiligten Unternehmen Checklisten hinsichtlich der wichtigsten zu berücksichtigenden Aspekte entwickeln. Allerdings sind Standardvertragslösungen aufgrund der Vielzahl individueller Kundenwünsche, die auch einer auf den Einzelfall zugeschnittenen juristischen Ausarbeitung bedürfen, nicht zu erwarten. Möglichkeiten modularer Vertragsstrukturen für verschiedene Stufen von Betreibermodellen – bestehend aus einem standardisierten Rahmenvertrag, der um jeweils projektspezifische Anhänge zu ergänzen ist - werden in dem Beitrag von Herrn Dr. Seifert in diesem Band aufgezeigt.

3 Chancen und Risiken aus Sicht des Dienstleistungsnehmers

Das Unternehmen GETRAG Getriebe- und Zahnradfabrik Hermann Hagenmeyer GmbH & Cie KG, ein traditionsreiches und innovatives Familienunternehmen, das Serien- und Sondergetriebe entwickelt und produziert, gehört heute zu den bedeutendsten Lieferpartnern der weltweiten Automobilindustrie.

Um die hohen Qualitätsstandards, die von den Kunden erwartet und gefordert werden, erhalten bzw. weiter verbessern zu können, sind ständige Weiterentwicklungen nicht nur bei den zukunftsweisenden Produkten, wie insbesondere des Getriebesystems von GETRAG, sondern auch im Bereich der Unternehmensprozesse notwendig. Hier werden gemeinsam mit den Kunden neue Ideen entwickelt und innovative Wege beschritten.

Aus der vom Unternehmen verfolgten Zielsetzung, die Kernkompetenzen ständig zu hinterfragen, resultierten unter anderem Überlegungen hinsichtlich einer engeren Einbindung von Maschinen- und Anlagenlieferanten in die eigene Produktion bis hin zu Betreibermodellen.

Dabei wurden folgende Einzelziele verfolgt:

- Neudefinition einer strategischen Partnerschaft zu Werkzeugmaschinenherstellern,
- Verbesserung der Maschinenverfügbarkeiten > 95%,
- Reduzierung der Kapitalbindung,
- Entwicklung gemeinsamer neuer Technologien,
- Erhöhung der Produktionsflexibilität,
- Neue Finanzierungsformen für Werkzeugmaschinen,
- Diskussion neuer Instandhaltungskonzepte sowie

- Finanzierung des Wachstums.

Die Betrachtung nachweislich vorhandener wie auch potenzieller Chancen und Risiken bildet dabei die Basis einer eventuell anzustrebenden Implementierung alternativer Geschäftsmodelle in die Strategie des Unternehmens. Bei der Analyse sollten die einzelnen Aspekte jedoch nicht isoliert untersucht werden, da bei der Entwicklung einer Betreibermodellstrategie- als eine Ausprägung alternativer Geschäftsmodelle - die Verbundeffekte und Wechselwirkungen zwischen einzelnen Chancen und Risiken zu berücksichtigen sind. Die Einflüsse letzterer zu erfassen und durch die Ableitung einer kausalen Kette in die Entwicklung des eventuellen neuen Geschäftsmodell einfließen zu lassen, war ein zentrales Thema der Projektarbeit.

Im Folgenden werden aus den vielfältigen Einzelaspekten (dargestellt in Abbildung 2) diejenigen herausgegriffenen und dargestellt, denen aus Sicht des Unternehmens GETRAG das größte Gewicht zuzurechnen ist. (Auf eine explizit verknüpfte Betrachtung der jeweiligen Chancen und Risiken wird an dieser Stelle aus didaktischen Gründen verzichtet).

Abb. 2. Chancen und Risiken für Nachfrager von Betreibermodellen

3.1 Chancen für den Dienstleistungsnehmer

Insbesondere die potenziell vorhandenen Chancen haben GETRAG dazu veranlasst, sich in Richtung eines Einstiegs in Betreibermodelle - vor allen Ausgestaltungsformen, die Wartungs- und Instandhaltungsleistungen einschließen - zu orientieren und diese auch im Rahmen eines Pilotprojekts zu überprüfen. Dabei ist insbesondere den folgenden Potenzialen eine große Bedeutung beigemessen worden:

3.1.1 Bewältigung des Unternehmenswachstums und Erlangung von First Mover Advantages

Da GETRAG ein dynamisch wachsendes Unternehmen in einem hart umkämpften Markt ist, gilt es, sich Innovationen nicht nur im Produktbereich zu stellen, sondern auch organisatorische und prozessuale Neuerungen zu überprüfen. Hierbei steht – neben dem Erzielen weiterer Wettbewerbsvorteile – die Bewältigung der mit dem schnellen Wachstum verbundenen Anforderungen im Vordergrund.

Betreibermodelle werden in anderen Branchen bereits seit längerem angewendet und auch im Maschinen- und Anlagenbau mittlerweile intensiv diskutiert. Um diese Entwicklung nicht nur aus „der Zuschauerrolle" zu beobachten, sondern im Sinne eines „First Movers" von Beginn an aktiv eigene Erfahrungen zu sammeln und so die Entwicklung mitzugestalten, war eines der Hauptmotive von GETRAG zur Teilnahme an dem Projekt INVEST-S, wie auch zur Implementierung des Pilotprojekts mit der Firma Gleason-PFAUTER (siehe abschließender Bericht dieses Buches). Ziel war und ist es, dabei eine fundierte strategische Entscheidungsfindung über zukünftige Umsetzungsmöglichkeiten alternativer Geschäftsmodelle auf Basis einer Pro- und Contra-Betrachtung herbeizuführen.

Bereits diese Entscheidungsvorbereitung in Verbindung mit den bisher gesammelten Erfahrungen stellt einen Wettbewerbsvorteil gegenüber Konkurrenten dar, die sich bisher nicht intensiv mit der Thematik von Betreibermodellen befasst haben. Die Erfahrungen der GETRAG beruhen dabei jedoch nicht ausschließlich auf der Analyse des Pilotprojekts. Vielmehr wurden erweiterte Anwendungsfelder gesucht, in denen nicht nur eine Einzelmaschine - wie im Pilotprojekt – sondern gesamte Produktionsbereiche als mögliche Betreibermodelle betrachtet wurden.

Dabei wurden u.a.

- mögliche Anbieter/Partner identifiziert und bewertet,
- umfassende Leistungsbündel geschnürt,
- Soll-Prozesse mit den potenziellen Anbietern/Partnern abgestimmt,
- umfangreiche „Schattenbetrachtungen" durchgeführt, die sowohl Hard- als auch Soft-Facts berücksichtigten, um eine klare Kalkulations- und Angebotserstellung zu gewährleisten.

3.1.2 Übertragung der organisatorischen und technischen Risiken

Aufgrund der sehr gut organisierten und qualifizierten eigenen GETRAG-Instandhaltung ist es dem Unternehmen gelungen, seit vielen Jahren eine sehr hohe Verfügbarkeit der im Produktionsprozess verwendeten Maschinen sicherzustellen. Allerdings ist mit der Größenordnung der Funktionseinheit auch ein erheblicher Kostenblock für das Unternehmen entstanden. Zudem gestaltet es sich zunehmend schwieriger, in allen Standorten, die im Zuge des Unternehmenswachstums entstehen, die Verfügbarkeit auf hohem Niveau zu sichern. Daher werden auch unter technischen und organisatorischen Aspekten ständig neue Lösungen zur Aufrechterhaltung oder gar Steigerung der Maschinenverfügbarkeit - unter Berücksichtigung der Effizienz - gesucht.

Vor diesem Hintergrund bieten Betreibermodelle für GETRAG eine mögliche Alternative. Vorteile werden vor allem darin gesehen, bei einer eventuell niedrigeren Maschinenverfügbarkeit in der Hochfahrphase (Ramp up) das Risiko auf den Leistungsgeber zu übertragen. Zudem wird die Sicherstellung der Verfügbarkeit auf den Anbieter übertragen und über die vertragliche Vereinbarung einer Zahlung von Pönalen im Falle der Nicht-Einhaltung abgesichert. Für die Bereitschaft zur Übernahme dieser Zusage wird seitens der GETRAG anerkannt, dass der Leistungsgeber das ihm entstehende Risiko in die Kalkulation einbezieht.

3.2 Risiken für den Dienstleistungsnehmer

3.2.1 Instandhaltung als Kernkompetenz

Es werden regelmäßig Analysen hinsichtlich der Kernkompetenzen des Unternehmens durchgeführt. Eine der Kernkompetenzen liegt dabei in dem Hauptprozess „Getriebe produzieren". Da die Sicherstellung dieses Hauptprozesses als von existenzieller Bedeutung angesehen wird, entschied man sich seitens der Unternehmensführung, dass auch weiterhin, aufgrund der hohen Qualifikation und Zuverlässigkeit, die Instandhaltung als Kernkompetenz gesehen wird.

Eine Erosion des vorhandenen Instandhaltungs-Know-hows aufgrund einer Auslagerung im Zuge von Betreibermodell-Lösungen würde seitens der GETRAG als nicht wünschenswert angesehen, da man sich so in eine unerwünschte Abhängigkeitsposition begeben würde. Diese Abhängigkeit liegt insbesondere darin begründet, dass die erodierenden Ressourcen und Fähigkeiten weder kurz- noch mittelfristig wieder aufzubauen wären (vgl. auch den Beitrag von Fiege, Zinkler u. Busse dieses Bandes). Zudem ist die Anzahl qualifizierter Anbieter derzeit als gering zu bewerten, so dass im Fall eines Wechselwunsches - etwa durch steigende Preisforderungen des Anbieters - die Möglichkeiten als begrenzt anzusehen sind.

3.2.2 Interne Widerstände

Die angedachten Überlegungen hinsichtlich einer Implementierung von Betreibermodellen wurden auch innerhalb der GETRAG nicht von allen Mitarbeitern positiv aufgenommen. Wie bei allen potenziellen Auslagerungen, und um solche handelt es sich bei Betreibermodellen, fürchteten die Mitarbeiter der involvierten Abteilungen, dass ihr Arbeitsplatz gefährdet sei oder ihre Kompetenzen eingeschränkt werden könnten. Zudem wurde insbesondere seitens der Instandhaltung auf die hohe bisher erzielte Maschinenverfügbarkeit verwiesen.

Internen Widerständen wie auch möglichen sozialen Konflikten konnten durch die am Projekt beteiligten Mitarbeiter, unterstützt von der Unternehmensführung, mit einer offenen Kommunikationspolitik im Rahmen des internen Marketing begegnet werden. So wurden nicht nur informative Gespräche innerhalb des Unternehmens, sondern darüber hinaus auch kooperative Arbeitstreffen mit den direkt beteiligten Mitarbeitern der GETRAG und des Leistungsgebers des Pilotprojekts, Gleason-PFAUTER, durchgeführt. Diese Treffen dienten einerseits dazu, der Sorge um Arbeitsplatzveränderungen entgegenzutreten. Andererseits resultierte aus den Arbeitstreffen auch die Bereitschaft der eigenen Mitarbeiter, aktiv an der technischen, organisatorischen und sozialen Gestaltung des Pilotprojekts mitzuwirken.

3.2.3 Vertragsgestaltung

Eine erhebliches Risiko und große Barriere stellte auch kundenseitig die Vertragsgestaltungen hinsichtlich verschiedener Stufen des Betreibermodells dar. Auf diesen Aspekt sei jedoch – vor dem Hintergrund der Chancen/Risiken-Betrachtung des Anbieters - an dieser Stelle lediglich verwiesen. Die genannten Problemfelder decken sich mit denen der GETRAG, da der Vertragsentwurf von beiden Partnern gemeinsam entwickelt wurde. Eine ausführliche Darstellung möglicher Vertragsgestaltungen für verschiedene Betreibermodell-Varianten bietet der Beitrag von Seifert in diesem Band.

4 Fazit

Die in diesem Bericht vorstehend ausführlich dargestellten Chancen und Risiken wurden im Rahmen des Projekts INVEST-S als für die Partner von besonderer Wichtigkeit empfunden, sind jedoch nicht in jedem Fall von übergeordneter Bedeutung.

Daher sei an dieser Stelle explizit herausgestellt, dass diese Priorisierung unternehmensspezifisch ist, also insbesondere auf

- der Firmenentwicklung,
- vorhandenen Ressourcen und Fähigkeiten,
- der bestehenden Art der Geschäftsbeziehung der Partner sowie
- dem verfolgten Ziel

beruht.

Dementsprechend sollten vielmehr alle in den Abbildungen aufgezeigten Chancen und Risiken – die allerdings keinen Anspruch auf Vollständigkeit erheben - von den Unternehmen auf ihre Bedeutung hin untersucht und gewichtet werden. Ein derart unternehmensspezifisch bzw. fallweise zu entwickelndes Bewertungsschema sollte die Basis für eine Entscheidungsfindung zur Durchführung von Betreibermodellen bilden oder diese zumindest unterstützen.

Preisgestaltung von Dienstleistungen in Industrieunternehmen

Dirk Martens

Inhalt

1 Einführung

Basierend auf praktischen Erfahrungen im Service-Management sollen im Folgenden wesentliche Aspekte der Preisgestaltung von Dienstleistungsangeboten in Industrieunternehmen, insbesondere des Maschinen- und Anlagenbaus, kurz dargestellt werden. Dabei wird nicht auf die Preisgestaltung von Verrechnungspreisen eingegangen, sondern ausschließlich auf die Preisgestaltung für Dienstleistungen, die sich an Kunden richten.

Wie mehrere aktuelle Studien zeigen, gilt der Service zurzeit als der wichtigste Trend in Industrieunternehmen. Im deutschen Maschinen- und Anlagenbau verstärkt derzeit die Mehrzahl der Unternehmen den Service und versucht, das Dienstleistungsgeschäft auszubauen (vgl. VDMA-Trendstudie 2001). Auf diesem Weg des Ausbaus und der Professionalisierung des Dienstleistungsangebots ist die Preisgestaltung der Dienstleistungen eines der zentralen Instrumente. Dabei werden Industrieunternehmen häufig mit folgenden Problemen konfrontiert:

- Die Preisbereitschaft der Kunden für einzelne Dienstleistungsprodukte ist nicht bekannt.
- Die Anzahl von Kundenbeschwerden wegen angeblich überhöhter Preise steigt, z. B. im Ersatzteilwesen.
- Intern gibt es Vorbehalte gegen eine Ausweitung des Dienstleistungsgeschäftes. Service wird als reine Support-Funktion angesehen und somit gilt aktives Preismanagement als nicht angemessen.
- Bedingt durch Globalisierungs- bzw. Konzentrationsprozesse stellen Kunden verstärkt internationale Preisvergleiche an.
- Internationale Vertriebsgesellschaften haben nicht die notwendige Kompetenz, Preisgestaltungsmodelle, die in einer Zentrale entwickelt wurden, auf lokale Märkte zu adaptieren.
- Es treten reine Serviceunternehmen in die Märkte ein, die Dienstleistungen zu niedrigeren Preisen anbieten.
- Der Vertrieb neuer Dienstleistungsangebote erweist sich als problematisch, da vielen Kunden der Preis zu hoch erscheint.
- Wegen fehlender historischer Daten gestaltet sich die Kalkulation mancher Dienstleistungsangebote schwierig. Es steigt dann das Risiko, dass für die Kunden attraktive Preise zu Verlusten auf Seiten der anbietenden Industrieunternehmen führen.

Auf Mechanismen zur Bewältigung dieser Probleme soll im Folgenden eingegangen werden.

2 Service-Portfolio und Preisgestaltungstypen

Die Grundlage für den Ausbau und die professionelle Gestaltung des Dienstleistungsgeschäftes bildet eine fundierte Service-Strategie, die von der Service-Organisation erarbeitet worden ist und dann unternehmensweit verabschiedet wurde.

Ein wesentlicher Bestandteil dieser Service-Strategie ist ein Portfolio von Service-Produkten (vgl. Abbildung 1).

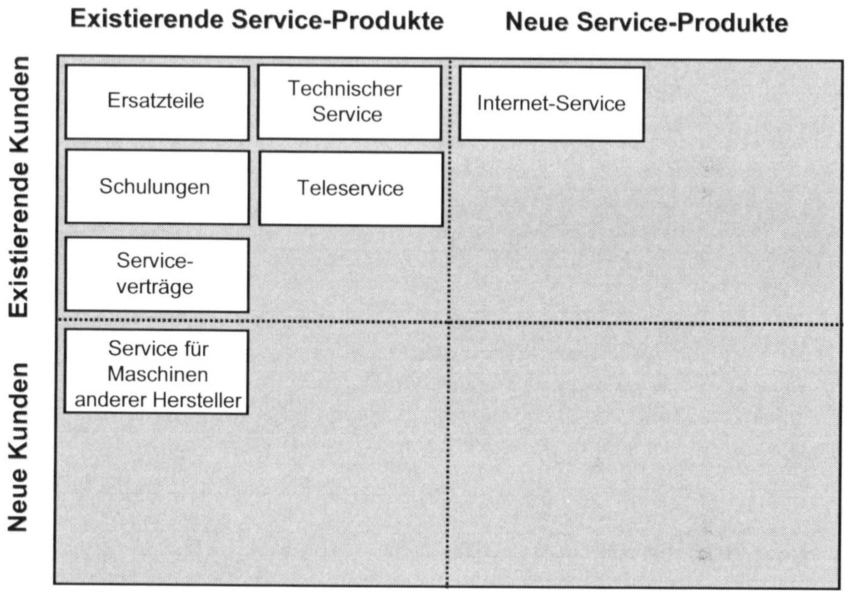

Abb. 1. Beispiel für ein Service-Portfolio

In Hinblick auf die Preisgestaltung gibt es gravierende Unterschiede zwischen den Service-Produkten. Um dies klarer herauszuarbeiten, kann man die Service-Produkte in so genannte Preisgestaltungstypen einordnen. Die Preisgestaltungstypen klassifizieren die Service-Produkte nach Kriterien, die ein ähnliches Verfahren der Preisgestaltung zulassen. Die Preisgestaltungstypen sind dabei unternehmensindividuell zu erstellen (s. Beispiel in Abb. 2).

	Typ 1	Typ 2	...
Marktsituation			
Service-Wettbewerb	niedrig	hoch	
Maschinen-Wettbewerb	wird noch nicht angeboten	etabliertes Service-Produkt	
Preissensitivität	niedrig	hoch	
Wirkung auf Kundenzufriedenheit	mittel	hoch	
...			
Interne Situation			
Strategische Positionierung des Service-Produktes	wichtig	wichtig	
Erfahrung mit dem Servce-Produkt	Service-Produkt ist noch nicht international eingeführt	Etabliertes Service-Produkt	
Internationalität	Viel Vorarbeit der Zentrale notwendig	Kann auch international kalkuliert werden	
...			
...			

Abb. 2. Beispiel für Preisgestaltungstypen

Anschließend können die Dienstleistungsangebote dann den Preisgestaltungstypen zugeordnet werden. So bilden sich Cluster von Service-Produkten, die einer ähnlichen Preisgestaltung unterliegen.

3 Markttransparenz im Service

Ein Instrument, das beim Ausbau und der Professionalisierung des Dienstleistungsgeschäftes von Industrieunternehmen häufig unterschätzt wird, ist die Markttransparenz im Service. Diese ist für Anbieter industrieller Services vor allem aus zwei Gründen wichtig:

- Zur Verhandlung von Service-Zielen zwischen der Zentrale und den internationalen Vertriebsgesellschaften oder Händlern
- Um bei der Entwicklung der Service-Produkte die Orientierung an den Kundenbedürfnissen zu gewährleisten

Zu letzterem Aspekt gehört insbesondere die Ermittlung der Preisbereitschaft von Seiten der Kunden für die Dienstleistungsangebote.

Die notwendige Markttransparenz im Service kann nur durch das Zusammenspiel verschiedener Quellen in der erforderlichen Qualität gewährleistet werden.

Als wesentliche Quellen sind hier beispielhaft zu nennen:

- Kundenbefragung zum Service
- Analyse von Kundenzufriedenheitsbefragungen zum Thema Service
- Befragung der eigenen Techniker
- Analyse von Kennzahlen
- Wettbewerbsanalyse
- Aufbau von Konzept- oder Pilotkunden im Service

Die Ermittlung der Preisbereitschaft für die Dienstleistungsangebote richtet sich im Wesentlichen nach den Preisgestaltungstypen. Bei den Dienstleistungsangeboten, die neu im Markt etabliert werden sollen, bieten sich eine Kundenbefragung und die anschließende Zusammenarbeit mit Konzept- oder Pilotkunden an. Bei Dienstleistungsangeboten, die bereits im Markt etabliert sind, und die einer hohen Preissensitivität unterliegen, gibt die Analyse der Kundenzufriedenheitsbefragung, die Befragung der eigenen Techniker und die Wettbewerbsanalyse wichtige Aufschlüsse. Für etablierte Dienstleistungen mit einer weniger hohen Preissensitivität reicht in den meisten Fällen die Analyse der Kundenzufriedenheitsbefragung und des Wettbewerbs aus.

4 Service-Engineering und Service-Controlling

Generell ist die Preisgestaltung der Dienstleistungen eingebettet in den Service-Engineering-Prozess der Industrieunternehmen. Dieser Prozess definiert die Entwicklung und Weiterentwicklung für die Dienstleistungen. Als wesentliche Aspekte sind beispielhaft zu nennen:

- Marktpotenzialanalyse / Analyse der Kundenbedürfnisse
- Business-Plan
- Lastenheft
- Pflichtenheft
- Inhalt des Service-Produkts
- Preisgestaltung
- Vertriebskonzept / Marketing-Materialien
- Schulungskonzept
- Pilotierung
- Markteinführung

Die Industrieunternehmen, die aufbauend auf den Vorgaben einer Service-Strategie den Prozess des Service Engineering einleiten und durchlaufen, schaffen auf diese Weise eine Basis für die Preisgestaltung ihrer Dienstleistungen.

Als ein weiterer wesentlicher Aspekt im Zusammenhang mit der Preisgestaltung von Dienstleistungen in Industrieunternehmen ist das Service-Controlling zu nennen. Im Service-Controlling finden sich auf Grund der eher unterstützenden Funktion von Dienstleistungen in Industrieunternehmen in den letzten Jahren häufig unterentwickelte Strukturen. Wesentliche Probleme, mit denen sich Industrieunternehmen insbesondere des Maschinen- und Anlagenbaus derzeit im Service-Controlling konfrontiert sehen, sind:

- Die IT-Systeme sind nicht darauf ausgerichtet, präzise Zahlen zu den einzelnen Dienstleistungsangeboten zu eruieren.
- Historische Daten zum Service liegen nicht in ausreichender Qualität vor.
- Vorhandene Daten zum internationalen Serviceangebot sind länderspezifisch verschieden und somit nicht vergleichbar.
- Dienstleistungen sind nur teilweise in die Finanzplanung integriert.
- Unternehmensintern ist die Bereitschaft für einen Ausbau des Service-Controlling als eher gering zu bezeichnen.

Im Zuge des Ausbaus und der Professionalisierung von Dienstleistungen in Industrieunternehmen bieten sich hier zwei Ansatzpunkte: Zum einen der Aufbau einer entsprechenden Funktion im Unternehmen und zum anderen entsprechende Erweiterungen in der IT-Landschaft.

Nach dieser kurzen Skizzierung der wesentlichen Rahmenbedingungen der Preisgestaltung von Dienstleistungsangeboten in Industrieunternehmen soll im Folgenden auf die Preisgestaltung für konkrete Service-Produkte mit ihren Besonderheiten und typischen Problemen eingegangen werden.

5 Ersatzteile

Die Preisgestaltung für Ersatzteile hat aus folgenden Gründen eine besonders hohe Relevanz für die Industrieunternehmen:

- Ersatzteile haben in den meisten Fällen eine sehr attraktive Marge.
- Die Wahrnehmung der Ersatzteilpreise beeinflusst die Kundenzufriedenheit in hohem Maße.
- Der Ersatzteilmarkt ist einem starken Wettbewerb durch Originalhersteller und Ersatzteilpiraten ausgesetzt.
- Die Nutzung des Internets hat Preisvergleiche und den Informationsaustausch zu Ersatzteilpreisen deutlich vereinfacht.
- Im europäischen Raum hat die Einführung des Euro den direkten, grenzübergreifenden Preisvergleich ermöglicht.

Aus diesen Gründen legen viele Industrieunternehmen gerade des Maschinen- und Anlagenbaus großen Wert auf eine intelligente, d. h. attraktive und marktorientierte Preisgestaltung bei Ersatzteilen. Grundsätzlich kann man zwischen zwei Modellen der Preisgestaltung unterscheiden:

- Weltweit einheitliche Ersatzteilpreise
- Ersatzteilpreise werden regional festgelegt

Beiden Fällen liegt in modernen Ansätzen der Preisgestaltung eine Klassifikation der Ersatzteile zu Grunde. Dabei werden sämtliche Ersatzteile nach verschiedenen Kriterien in Ersatzteilklassen eingeordnet. Eine weit verbreitete Grob-Klassifikation ist in der folgenden Abbildung dargestellt:

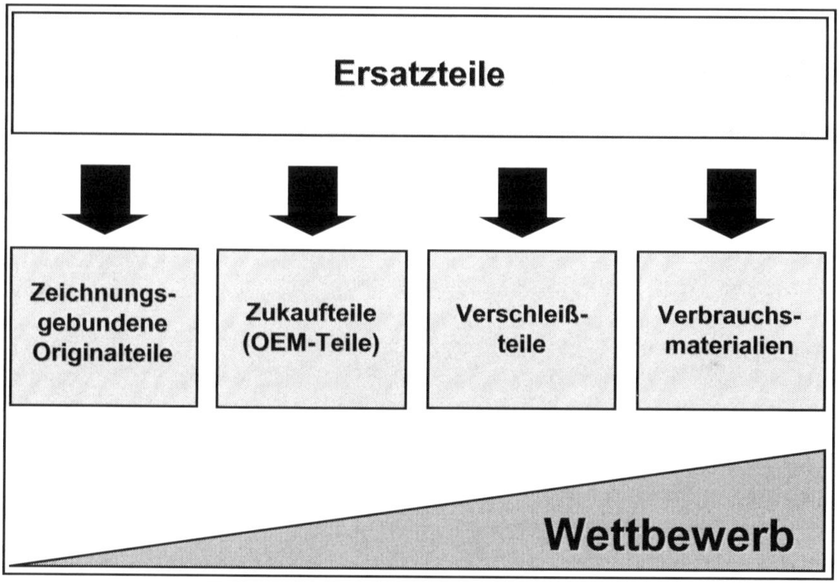

Abb. 3. Grob-Klassifikation von Ersatzteilen

Generell bietet sich eine Klassifikation orientiert am Ersatzteilabsatzmarkt an (eine wesentliche Rolle kann hier neben dem Ersatzteilwettbewerb auch der Maschinen-Wettbewerb und der Wert der Ersatzteile spielen). Um sämtliche Ersatzteile den Klassen zuordnen zu können, ist es erforderlich, entsprechende Kriterien festzulegen. Die Einteilung der Ersatzeile in die Klassen erfolgt idealer weise automatisch mit der vorhandenen oder zu erweiternden Software. Aus diesem Grund ist es wichtig, die Kriterien möglichst so zu wählen, dass eine derartige automatische Einteilung möglich ist. Gegebenenfalls sollten zusätzliche Informationsfelder eingeführt und der Ersatzteilschlüssel ergänzt werden. Wenn schließlich alle Ersatzteile den Klassen zugewiesen sind, beginnt die eigentliche Veränderung der Preisgestaltung. Für die einzelnen Klassen wird eine Preisstrategie festgelegt, abgeleitet aus der Service-Strategie, den Unternehmens- und Service-Zielen sowie der Marktsituation.

Wenn weltweit einheitliche Ersatzteilpreise festgelegt werden, sind die Preise entsprechend der Klassifikation und der Preisstrategie zu überarbeiten.
Die Komplexität bei Ersatzteilpreisen, die regional festgelegt werden, ist aus folgenden Gründen höher:

- Die Preise in verschiedenen Ländern können sehr stark variieren.

- Der Ersatzteil-Wettbewerb ist in den einzelnen Ländern unterschiedlich aktiv und relevant.
- Eine Senkung der Ersatzteilpreise für einzelne Klassen erfordert von der Länderorganisation eine aktive Ersatzteilvermarktung, um den gleichen Profit zu erzielen (durch den Verkauf höherer Stückzahlen, d. h. durch die Gewinnung von Marktanteilen).
- Eine Erhöhung der Ersatzteilpreise für einzelne Klassen birgt für die Länderorganisation das Risiko von sinkender Kundenzufriedenheit.

Um die Preisgestaltung für Ersatzteile in einem solchem Umfeld professionell zu gestalten, ist es wichtig, die Länderorganisationen in den kompletten Prozess einzubeziehen, d. h. in die Klassifikation und in die Erarbeitung der Preisstrategie. Außerdem sollte den Vertriebsgesellschaften bei der aktiven Vermarktung von Dienstleistungen Unterstützung angeboten werden (z. B. Marketing-Material, Ersatzteil-Kits, Pressearbeit). Abschließend bleibt zu bemerken, dass es sich gerade bei der Preisgestaltung für Ersatzteile, als ein klassischerweise für den Unternehmensgewinn sehr wichtiges Service-Produkt, um einen permanenten Prozess der Marktbeobachtung, internen Abstimmung und Preisanpassung handelt.

6 Technischer Service / Reparaturservice

Zur Preisgestaltung im technischen Service bzw. im Reparaturservice gibt es mehrere Ansätze. Klassischerweise wird der Reparaturservice in Industrieunternehmen insbesondere im Maschinen- und Anlagenbau stundenweise berechnet: Das heißt, den Kunden wird jede Arbeitsstunde des Technikers zu einem festen Stundensatz in Rechnung gestellt (ggf. zzgl. Reisekosten und Spesen). Häufig orientieren sich die Unternehmen dabei am Wettbewerb und setzen regelmäßig moderate Preiserhöhungen durch.

Eine weitere, meistens ergänzende Möglichkeit der Preisgestaltung im technischen Service bzw. im Reparaturservice ist die Festlegung eines Pauschalbetrages für bestimmte technische Leistungen bzw. Reparaturen.

Moderne Ansätze sehen eine differenzierte Preisgestaltung vor, auf die im Folgenden kurz eingegangen werden soll.

Grundsätzlich werden bei der differenzierten Preisgestaltung im technischen Service unterschiedliche Stundensätze für die Einsätze berechnet. Differenzierungskriterien können dabei beispielsweise sein: Wissens- bzw. Erfahrungsstand des Technikers, Art des Serviceeinsatzes sowie der Typ der Maschine, an der der Einsatz durchgeführt wird. Im Einzelnen wird die Differenzierung folgendermaßen vorgenommen:

- Für die Durchsetzung unterschiedlicher Stundensätze in Abhängigkeit vom Wissens- bzw. Erfahrungsstand des Technikers ist es notwendig, dass ein Unternehmen die Qualifikation eines Technikers auch in entsprechender Weise messbar, nachweisbar und kommunizierbar macht. Dies erfordert eine Aus- und Weiterbildung der Techniker auf der Grundlage klar definierter Skill-Level.

Dem Kunden ist dann zu verdeutlichen bzw. zu kommunizieren, welchen Skill-Level der Techniker hat. In die gleiche Differenzierungskategorie fallen auch separate Stundensätze für Mechanik, Elektrik oder Software.

- Für unterschiedliche Stundensätze nach Art des Serviceeinsatzes ist es wesentlich, die Arten von Serviceeinsätzen genau zu definieren und dem Kunden im Vorhinein verständlich zu machen. Hier bietet sich beispielsweise eine Aufteilung in Wartung, Reparatur und Anwendungsthemen an. Je feiner diese Art der Differenzierung ist, desto schwieriger ist dies dem Kunden gegenüber darzustellen.

Die Differenzierung nach Art der Maschine stellt einen einfachen und für den Kunden transparenten Weg dar. Dabei gibt es unterschiedliche Stundensätze für den Typ der Maschine. Üblicherweise gruppiert man dafür die Maschinen, um nicht zu viele unterschiedliche Stundensätze zu haben. Typischerweise ist der Stundensatz für einen Technikereinsatz an einer komplexeren Maschine teurer als der Einsatz an einer relativ einfachen Maschine.

7 Serviceverträge

Aus Vereinfachungsgründen soll im Folgenden nur auf zwei Arten von Serviceverträgen eingegangen werden:

- Wartungsverträge
- Full-Service Verträge

Wartungsverträge beinhalten ausschließlich Wartungs- und Inspektionskomponenten. Basis derartiger Serviceverträge sind die Wartungschecklisten, die durchzuführenden Wartungsschritte, die dafür notwendigen Arbeitszeiten der Techniker und die auszutauschenden Verschleißteile beinhalten. Auf dieser Basis erfolgt die Preisgestaltung durch Addition des Preises für den Techniker, des Preises für die Verschleißteile und Komponenten sowie Reisezeiten und ähnliches. Nur in einigen Fällen kann für ergänzende Vorteile, wie Inspektionsbericht, Checkheft oder Wartungsplanung durch den Hersteller, eine geringe zusätzliche Marge berechnet werden. Eine andere Art der Preisgestaltung erscheint in den meisten Fällen wenig vielversprechend, da die Leistung für den Kunden eindeutig nachzuvollziehen ist, und er die Preise für den Technikereinsatz und für die Verschleißteile kennt.

Bei Full-Service Verträgen handelt es sich um eine Kombination aus Wartungsinhalten und Risikoübernahme durch den Hersteller. Für einen begrenzten Zeitraum werden dabei neben einer festgelegten Anzahl von Wartungen alle notwendigen Reparaturen vom Hersteller durchgeführt. Es kann danach differenziert werden, ob sowohl die Technikereinsätze und die Ersatzteile oder nur eines von beiden durch den Hersteller übernommen wird, ob die Ersatzteile bis zu einer bestimmten finanziellen Grenze übernommen werden oder ob nur bestimmte Ersatzteile übernommen werden.

In vielen Unternehmen erweist sich die Preisgestaltung für Full-Service-Verträge als sehr komplex. Das liegt häufig an folgenden Gründen:

- Es liegen zu wenig vergangenheitsbezogene Daten vor, so dass Abschätzungen von zu erwartenden Servicekosten für einzelne Maschinentypen bestimmten Alters schwer fallen.
- Die Preisbereitschaft der Kunden für derartige Serviceverträge ist nicht bekannt.
- Qualitätsschwankungen zwischen den gleichen Maschinentypen unterschiedlichen Alters oder unterschiedlichen Maschinentypen gleichen Alters sind so erheblich, dass eine Abwägung der potentiellen Kosten schwierig ist.
- Qualitätsprobleme mit bestimmten Maschinentypen werden von Kunden in Form von prozentual teureren Serviceverträgen als mögliche finanzielle Belastung wahrgenommen.

Um der Komplexität zu begegnen, erfolgt die Preisgestaltung häufig folgendermaßen: Die Preisbereitschaft der Kunden ist entweder durch entsprechende Markttransparenz bekannt (s. auch 4.3), oder es gibt Abschätzungen maximaler jährlicher Servicekosten für die Kunden als Prozentwert der Investitionssumme. Auf diese Art und Weise sind grobe Zielwerte festgelegt. Die Preisgestaltung des Wartungsanteils erfolgt wie bei den Wartungsverträgen beschrieben. Die Preisgestaltung des Risikoübernahmeanteils erfolgt basierend auf den historischen Daten, die ggf. in Expertenrunden oder in Pilotländern noch einmal verifiziert werden, und in der Zurechnung einer Risikomarge. Bleibt man auf diese Art und Weise im Rahmen der festgelegten Zielwerte, verbleibt noch eine Harmonisierung der Preise über die einzelnen Maschinentypen vorzunehmen, um zu starke Abweichungen oder auch Annäherungen der Preise zu vermeiden. Diese Art der Preisgestaltung soll noch durch folgendes Beispiel illustriert werden:

Nehmen wir an, es ist für eine Maschine im Wert von 1 Mio Euro ein Full-Service-Vertrag zu kalkulieren, der folgende Eckdaten beinhaltet: Laufzeit ein Jahr nach Ablauf der Garantiezeit, eine Wartung pro Jahr, Übernahme aller notwendige Ersatzteile und Übernahme aller notwendigen Techniker-Reparaturstunden incl. Reisekosten.

Preisgestaltung des Wartungsanteils:

Dauer einer Wartung:	12 Stunden (folgt aus der Wartungscheckliste, 6 Stunden mit 2 Technikern)
Stundensatz eines Technikers:	75 Euro
Verkaufspreis der Verschleißteile:	150 Euro
Reisekostenpauschale:	100 Euro
Kalkulierter Preis:	1150 Euro

Preisgestaltung für Ersatzteile und Reparaturen:

Ersatzteilverbrauch pro Jahr:	9000 Euro (Verkaufspreis)
Reparaturstunden pro Jahr:	80 Stunden
Stundensatz eines Technikers:	75 Euro
Kalkulierter Preis:	15000 Euro

Über die Instrumente der Marktransparenz sei bekannt, dass die Kunden kleinere Reparaturen zu 70 % selbst ausführen. Bei einem Full-Service-Vertrag ist damit zu rechnen, dass dies auch der Lieferant leisten muss. Entfallen von den 80 Arbeitsstunden 20 Stunden auf kleinere Reparaturen, leistet der Kunde also 47 Stunden selbst. Hinzuzurechnen sind also noch einmal 3525 Euro. Ähnliche Überlegungen sind bei den Ersatzteilen anzustellen, sollen hier aber vernachlässigt werden. Außerdem kommt noch die Reisekostenpauschale hinzu, nehmen wir zur Einfachheit hier 400 Euro an.

Als Preis kann also für ein Jahr kalkuliert werden:

Wartungsanteil:	1150 Euro
Ersatzteile und Reparaturen:	18925 Euro
Summe:	20075 Euro

Hinzu kommt noch ein entsprechender Gewinn- bzw. Risikozuschlag. Wenn wir hier 15 % Zuschlag annehmen, dann ergeben sich 23086 Euro.

Um einen derartigen Full-Service-Vertrag erfolgreich zu verkaufen, ist es notwendig, über die Instrumente der Markttransparenz zu eruieren, wie viel Prozent der Investitionssumme die Kunden für Reparaturen pro Jahr kalkulieren. Dann erfolgen Diskussionen mit Konzeptkunden, Pilotierung, Marketing-Kommunikation und aktiver Vertrieb. Die Nachkalkulation sämtlicher Serviceverträge bleibt einpermanenter, essentieller Prozess.

Abschließend ist noch die Wichtigkeit der engen Zusammenarbeit mit dem Produktmanagement zu betonen, um einerseits der Produktpolitik Rechnung zu tragen und andererseits später die notwendige Vermarktungsunterstützung zu bekommen.

8 Trainings

Den Schwerpunkt der Trainings für die Kunden in Industrieunternehmen bilden die Produkttrainings. Die Produkttrainings lassen sich in Anwendertrainings und Instandhaltungs-/Service-Trainings unterscheiden. Die Preisgestaltung dieser Trainingsangebote orientiert sich an der Markt- und Wettbewerbssituation. Immer häufiger sind Trainings Bestandteile von kompletten Problemlösungsangeboten und werden nicht gesondert ausgewiesen. Länderspezifisch lassen sich Bandbreiten bezüglich der Zahlungsbereitschaft der Kunden für einen Trainingstag ermitteln. Diese Bandbreite legt dann den Rahmen fest. Generell ist festzustellen, dass im Produkttrainingsumfeld zu wenig Sorgfalt auf exakte Kosten-, Markt-, und Wettbewerbsanalysen sowie den darauf aufbauenden Preisen für einen Teilnehmertag gelegt wird.

Bieten die Unternehmen ergänzende Trainings an, die nicht technisch sind, z.B. betriebswirtschaftlich, gibt es auch hier eine klare Preisbereitschaft für einzelne Trainingstage, die sich am Preisniveau externen Anbieter anlehnt.

9 Weitere Dienstleistungsangebote

Weitere, hier bisher nicht betrachtete Dienstleistungsangebote könnten beispielsweise sein:

- Beratungsangebote
- Technische Integrationsdienstleistungen
- Internet-Services
- Logistik-Services
- Betreibermodelle
- Service an Maschinen anderer Hersteller
- Kongresse

Die Preisgestaltung für diese beispielhaft genannten Dienstleistungsangebote erfolgt individuell und kann hier nicht im Detail betrachtet werden. Als Anhaltspunkt für die Preisgestaltung der Dienstleistungsangebote verschiedener Preisgestaltungstypen können die Ausführungen zu den bisher betrachteten Service-Produkten dienen. Generell sind neben der Kenntnis über die Marktsituation (Kundenbedürfnisse, Preisbereitschaft, Wettbewerbssituation) die enge Zusammenarbeit mit dem Controlling und die Berücksichtigung des internationalen Servicegeschäftes wesentlich.

10 Ergänzende Fragestellungen in internationalen Unternehmen

Insbesondere für international agierende Industrieunternehmen stellen sich ergänzend folgende Fragestellungen:

- Wie können internationale Vertriebsgesellschaften befähigt werden, die Preisgestaltungsmodelle der Zentrale lokal zu adaptieren?
- Wie wird mit Preisen für global agierende Kunden umgegangen?
- Wie kann negativen Auswirkungen auf die Kundenzufriedenheit vorgebeugt werden, die durch internationale Preisunterschiede hervorgerufen werden?

Die folgenden Lösungsansätze seien hier kurz skizziert:

Die Probleme, die aus der Befähigung lokaler Vertriebsgesellschaften zur Adaption der Preisgestaltung resultieren, haben oftmals zur Folge, dass nur simple Zuschlagskalkulationen und Währungsumrechungen vorgenommen werden. Das wird der Marktsituation aber in den seltensten Fällen gerecht. Hier gilt es, eine Regionalstruktur im Service zu etablieren, die zumindest die Kernmärkte abdeckt. Die Regionalverantwortlichen benötigen dann die notwendige Kompetenz, die Preisgestaltungsmodelle zu adaptieren. In der Zentralfunktion bedeutet das außerdem, dass diesem Aspekt verstärkt Rechnung getragen werden muss (z. B. durch Schulungen, Erstellung von Richtlinien, empfohlenen Verkaufspreisen, Organisation von Best-Practice-Sharing).

Im Umgang mit global agierenden Kunden sollte sich der Service an das klassische Maschinengeschäft anlehnen, während man internationalen Preisunterschieden am besten mit regionalen Preiskorridoren begegnet. Auf die notwendige internationale Steuerung des Service soll hier nicht eingegangen werden.

11 Zusammenfassung

Diese kurze Darstellung einiger wesentlicher Aspekte der Preisgestaltung von industriellen Dienstleistungsangeboten konzentriert sich auf häufig verwendete Vorgehensweisen und oft anzutreffende Probleme in der unternehmerischen Praxis. Dabei kann nicht genug betont werden, wie wichtig eine Abstimmung der Preisgestaltung mit anderen Instrumenten zum Ausbau und zur Professionalisierung des Dienstleistungsgeschäftes ist. Nur durch das Zusammenspiel aller dieser Instrumente kann der angestrebte Erfolg im Servicegeschäft erreicht werden. Zu erwähnen ist hier nochmals die Service-Strategie, die Markttransparenz im Service, das Service Engineering und das Service-Controlling. Die hierin eingebettete Preisgestaltung für die Dienstleistungsangebote unterscheidet sich für die einzelnen Serviceprodukte bzw. Preisgestaltungstypen signifikant. Nicht zu vernachlässigen sind abschließend Aspekte wie die Internationalisierung der Preisgestaltung und die Zusammenarbeit mit dem Produktmanagement.

Methoden und Organisation

Service Engineering – die Umsetzung ausgewählter Methoden zur Dienstleistungs-Entwicklung in kleinen und mittelgroßen Unternehmen (KMU)

Christian Buse

Inhalt

1 Ausgangssituation

In vielen kleinen und mittelgroßen Unternehmungen (KMU), durch die die Branchenstruktur des deutschen Maschinen- und Anlagenbaus charakterisiert ist, werden Dienstleistungen kaum proaktiv entwickelt. Vielmehr sind viele Betriebe bemüht, Angebote der Konkurrenz zu imitieren- oder reagieren lediglich auf die vielfältigen Kundenanforderungen, indem sie diesen ohne Prüfung der eigenen Fähigkeiten nachgeben. Die eigentliche Leistung wird dann "*irgendwie*" erbracht, ohne dass Konsequenzen bezüglich der Effizienz und Effektivität hinreichend bedacht werden. Dieses bereits vielfach thematisierte Problemfeld wurde auch in den Interviews mit verschiedenen Projektpartnern schon früh offensichtlich. Dementsprechend stellte das Service Engineering einen Kernbereich im Rahmen des *Projektes INVEST-S* dar.

Um in einem Wettbewerb bestehen zu können, in dem neben den technischen Anforderungen an die Hardware auch die Inanspruchnahme produktbegleitender Dienstleistungen immer größere Bedeutung erlangt, ist zusätzlich zu einer Integration von Services in die Unternehmensstrategie auch ein umfassendes Service-Management von vitaler Bedeutung. Das Service Engineering – zu verstehen als geplante, zielgerichtete und technisch-methodische Unterstützung des Innovationsmanagements von Dienstleistungen (vgl. Bullinger u. Scheer 2002, S.5) – stellt dabei ein Kernelement des Service-Managements dar.

2 Vorgehen

Im Rahmen des Projekts wurde mit den beteiligten Unternehmen zunächst der Prozess der Dienstleistungs-Entwicklung erschlossen, um daran anschließend - wie in Abbildung 1 dargestellt - verschiedene potenziell geeignete Methoden des Service Engineering phasenspezifisch zu systematisieren und den Partnern vorzustellen. Die Methoden, die im Verlauf des Artikels noch entsprechend dargestellt werden, standen in der Literatur bis dahin weitgehend unverbunden nebeneinander und waren zudem nicht speziell auf die Belange kleiner und mittelständischer Unternehmen (KMU) ausgerichtet. Dementsprechend wurde mit ausgesuchten Unternehmen aus dem Kreise der Projektpartner eine Praxisanwendung durchgeführt, bei der - den unterschiedlichen Bedürfnissen, Anforderungen und Zielen der Partner entsprechend - einzelne Methoden kombiniert und KMU-tauglich gestaltet wurden.

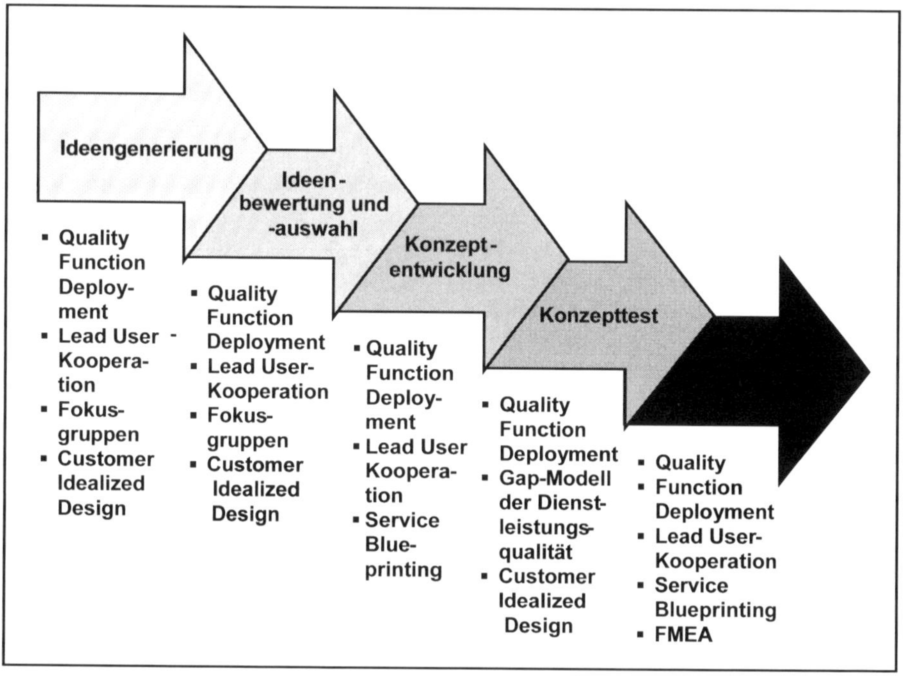

Abb. 1. Phasendarstellung des Service Engineering-Prozesses mit zugeordneten Methoden

3 Systematisierung der Methoden des Service Engineering

Bei der Entwicklung neuer Services kommen verschiedene Impulsgeber in Betracht, die als Kriterium zur Systematisierung der Methoden des Service Engineering herangezogen werden können (siehe Abbildung 2).

Ein einseitig - Kunden- oder Anbieter-dominiert - vorangetriebenes Service Engineering birgt diverse potenzielle Probleme. Insbesondere die in der Realität häufig anzutreffenden Anbieter-dominierten Versuche der Hervorbringung von Services unterliegen aufgrund einer mangelnden Berücksichtigung von Nachfrageanforderungen der Gefahr einer nicht-kundengerechten Leistung.

Methoden, bei denen die Dienstleistung hingegen sowohl von Seiten des Kunden als auch des Herstellers aktiv entwickelt wird, sind als besonders erfolgversprechend anzusehen, da bei dieser Vorgehensweise beide relevanten Seiten den Prozess aktiv gestalten und so eine Möglichkeit geschaffen wird, eventuell vorhandene unternehmensindividuelle Lücken zu kompensieren, sowie Synergiepotenziale zu erschließen. Daher wurde bei den nachfolgend dargestellten Praxisanwendungen besonderer Wert darauf gelegt, integrative Methoden miteinander zu kombinieren.

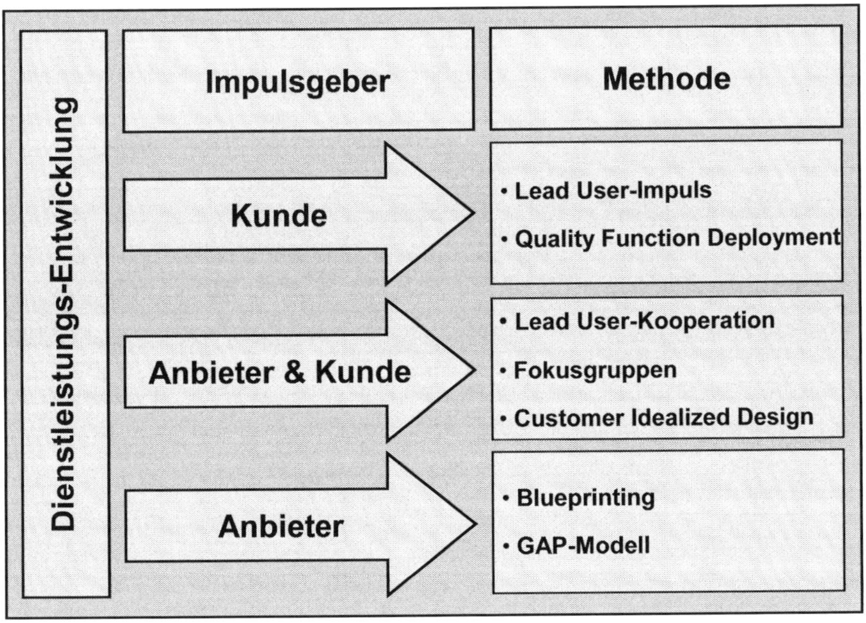

Abb. 2. Methoden des Service Engineering (geordnet nach der Art des Impulsgebers)

4 Praxisumsetzung und Methodenmodifikation

Zur Validierung und KMU-spezifischen Gestaltung einzelner Methoden des Service Engineering wurde eine Praxisumsetzung mit ausgewählten Projektpartnern durchgeführt. Dabei wurden bewusst Unternehmungen mit verschiedenen infrastrukturellen Ausgangsbedingungen und Zielsetzungen ausgewählt.

4.1 Umsetzungsbeispiel 1: EMA Rink GmbH, Kreuztal-Littfeld

Bei der Firma EMA Rink GmbH handelt es sich um ein Unternehmen (<50MA), das Maschinen zur Entschraubung und Entkorkung von Getränkegebinden herstellt. Der zentrale Aspekt der Geschäftstätigkeit beruhte seit jeher auf der Vermarktung der Hardware. Die Erbringung von Dienstleistungen erfolgte zwar auf entsprechenden Kundenwunsch, wurde allerdings üblicherweise weder intern strategisch geplant noch dem Kunden aktiv angeboten.

Bedingt durch die gute Branchenkenntnis des Unternehmens entschloss man sich jedoch, der Nachfrageranforderung nach Problemlösungen, die in zunehmendem Umfang auch Dienstleistungen einschließen, nachzukommen. Die Notwendigkeit der Beachtung - des für KMU charakteristischen Merkmals - der begrenzten Ressourcen des Unternehmens sowie die Wahrnehmung der Bedeutung der Service-Erbringung führten dazu, dass eine Herangehensweise gewählt wurde, die nicht wie bei vielen vergleichbaren Unternehmungen als „hemdsärmelig“ zu bezeichnen ist: Stattdessen wurden die Entscheidungen von Beginn an auf die Führungsebene des Unternehmens verlagert, wobei beschlossen wurde, die Entwicklung eines Dienstleistungsangebots methodengestützt herbeizuführen. Vor diesem Hintergrund wurde eine auf die Belange des Unternehmens zugeschnittene Methodenkombination erstellt, die in Abbildung 3 dargestellt ist.

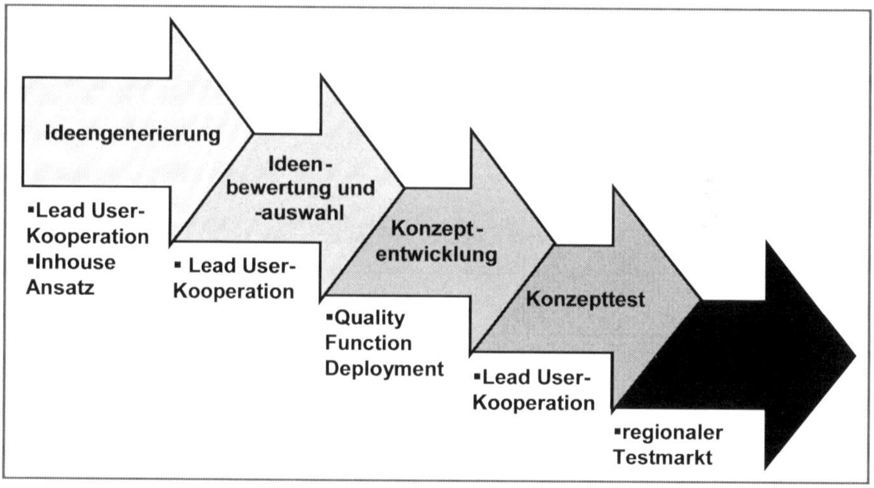

Abb. 3. : Anwendung der Methoden (kombination) bei EMA Rink

Neben dem durch die Branchenkenntnis intern vorhandenen Wissen bezüglich der Kundenwünsche wurde zur Ideenfindung ein *Lead User* (von Hippel 1978, 1986 und Urban u. von Hippel 1988) herangezogen, der jedoch nicht nur in dieser Phase wertvolle Hinweise gab, sondern den gesamten Prozess bis hin zum Konzepttest wesentlich unterstützte. Unter einem Lead User ist hierbei ein Nachfrager zu verstehen, der durch zwei wesentliche Merkmale charakterisiert ist (von Hippel 1986, S.796):

- Der Lead User entwickelt aktuelle Bedürfnisse, die beispielhaft für die zukünftige Entwicklung der Gesamtnachfrage sind, und zudem
- haben Lead User einen besonderen Nutzen aus der Befriedigung eines bestimmten Bedarfs.

Im Rahmen des Projektes wurde solch ein Kunde, der sich nicht nur durch seine hohen Ansprüche, sondern auch durch die Generierung von Lösungsansätzen auszeichnet, in der Privatbrauerei Moritz Fiege identifiziert und zur Mitarbeit gewonnen.

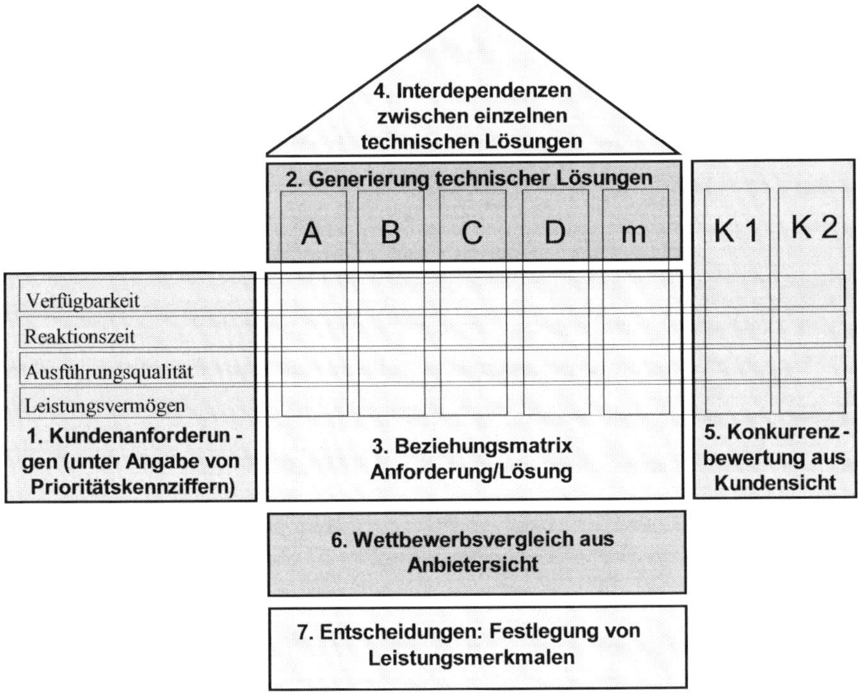

Abb. 4. House of Quality

Die mittels der Lead User-Gespräche hervorgebrachten Ideen sowie weitere aufgrund der Branchenkenntnis vorliegende Kundenanforderungen dienten anschließend im Hause EMA Rink als Input für die Ideenbewertung und Konzeptentwicklung. Als Instrument bzw. gedankliches Konstrukt für diesen Prozessschritt wurde die Methode des *Quality Function Deployment* (QFD) (Hauser u. Clausing 1988) bzw. des *Service Problem Deployment* (Stauss 1992) herangezogen. Diese Methode ist aufgrund ihres ganzheitlichen Charakters besonders gut für eine strukturierte Erarbeitung einer Service-Konzeption geeignet. Insbesondere werden

- die Kundensicht, hier ermittelt aus den durch EMA Rink gewichteten Lead User-Ideen,
- die anbieterseitigen Lösungsmöglichkeiten, bei denen auch bestehende Korrelationen zwischen den Alternativen entsprechende Beachtung finden, sowie
- die Konkurrenz

in einem sogenannten House of Quality, der Kernmatrix dieser Methode des Service Engineering, zusammengefasst (siehe Abbildung 4). Obwohl das Quality Function bzw. das Service Problem Deployment als ausgesprochen kundenorientiertes und transparentes Planungsinstrument zu bewerten ist, muss konstatiert werden, dass diese Methode aufgrund der mit ihr verbundenen Komplexität für KMU kaum durchführbar ist. Daher wurde die gedankliche Grundstruktur des QFD zwar beibehalten, jedoch in eine andere - für KMU einfacher anzuwendende Form - überführt. Abbildung 5 veranschaulicht die Grundstruktur dieser so entstandenen *Service-Concept-Development-Box*.

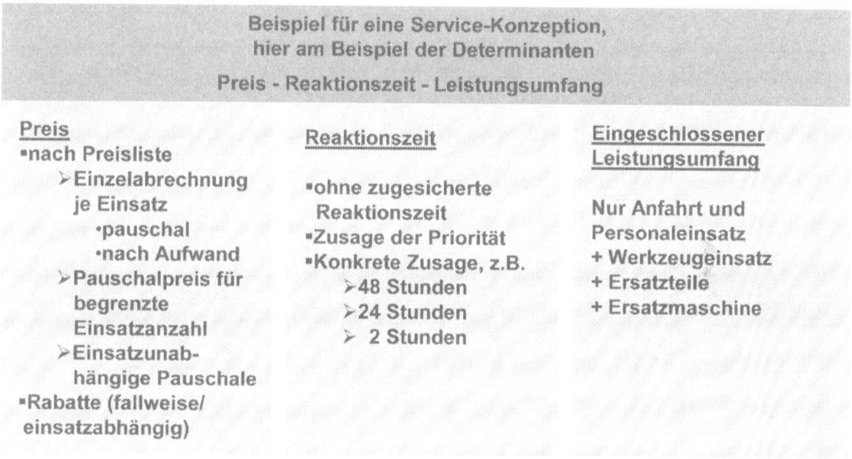

Abb. 5. Service-Concept-Development-Box

Hierbei sind in den jeweiligen Spalten beispielhaft - eine ausführliche Darstellung der Umsetzung dieser Vorgehensweise bietet der anschließende Praxisbericht der Firma EMA Rink - verschiedene relevante Kundenanforderungen abgetragen. Diesen grundlegenden Kundenwünschen werden unter Beachtung der eigenen Ressourcen und Fähigkeiten sowie der Konkurrenzangebote verschiedene Ausgestaltungsalternativen zugeordnet. Damit befähigt die Service-Concept-Development-Box das Unternehmen dazu, diejenigen Leistungsarten und –umfänge auszuwählen und in ihr Angebot aufzunehmen, die

- sowohl effektiv sind, also die Nachfragerbedürfnissen möglichst umfassend befriedigen,
- als auch effizient erbracht werden können, d.h., für die eine relativ zu den Wettbewerbern kostengünstigere Erstellung gewährleistet werden kann.

Das mit Hilfe der Service-Concept-Development-Box erstellte Dienstleistungsangebot wurde anschließend in mehreren Diskussionsrunden dem Lead User vorgestellt und von diesem bewertet. Die dabei hervorgebrachten Anregungen und Änderungsvorschläge gingen entsprechend in ein erneutes Verfahren der Dienstleistungs-Konzept-Entwicklung ein, so dass letztlich ein leicht modifiziertes Service-Programm das Ergebnis des gesamten Entwicklungsprozesses darstellte.

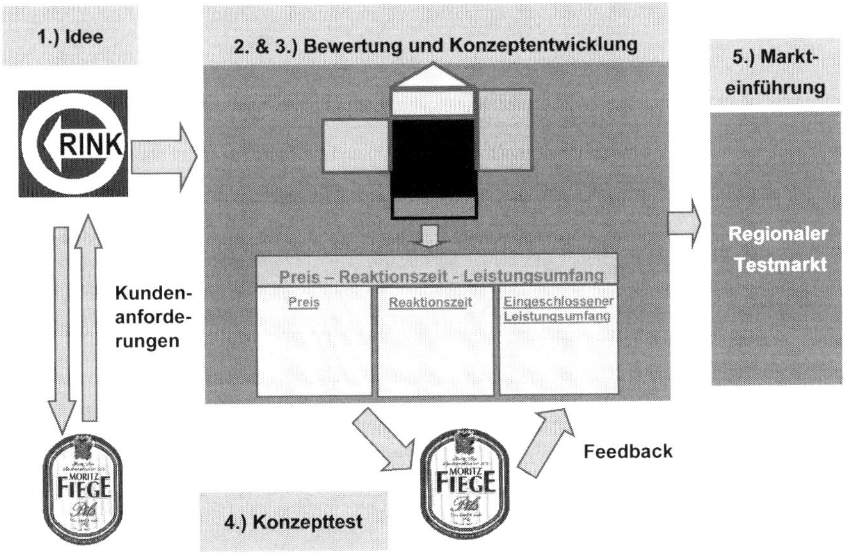

Abb. 6. Service Engineering Prozess der EMA Rink

Um das Konzept abschließend bei mehreren potenziellen Nachfragern zu testen und um die Markteinführung zu unterstützen, wurden einem nach regionalen Gesichtspunkten abgegrenzten Kundenkreis ausgesuchte Leistungen des Angebots im Rahmen einer Aktionsmaßnahme angeboten. Bedingt durch die positive Resonanz der angesprochenen Nachfrager soll das Service-Angebot zukünftig auch überregional aktiv vermarktet werden. Abbildung 6 stellt zusammenfassend den Prozess der Service-Konzept-Entwicklung im Hause EMA Rink dar.

4.2 Fallbeispiel 2: SEW Eurodrive GmbH & Co. KG, Bruchsal

Völlig anders gestaltet sich die Aufgabenstellung für ein Service Engineering bei dem Projektpartner SEW Eurodrive, der den Großunternehmen zuzuordnen ist. Bei SEW stellt die Erbringung von Dienstleistungen bereits seit langem einen festen Bestandteil des Angebots dar. Die Aufgabe besteht hier also nicht wie bei EMA Rink darin, ein Basisangebot zu konfigurieren, sondern es gilt, den Prozess der Dienstleistungsentwicklung zu formalisieren und auf geeignete Methoden zu stützen. Der Service Engineering-Prozess ist in diesem Fall allerdings noch nicht abgeschlossen, sondern befindet sich vielmehr in der Planungsphase, in der die einzusetzenden Methoden kombiniert werden. Dabei ist seitens des Unternehmens bereits eine Vorauswahl im Hinblick auf die Einbindung von *Fokusgruppen* (Botschen u. Botschen 1999) getroffen worden. Um dieses Instrument möglichst effektiv einsetzen zu können, wird es im Rahmen des Projekts - wie auch bei der EMA

Rink - in eine Gesamtkonzeption eingebettet und mit anderen Methoden kombiniert (siehe Abbildung 7).

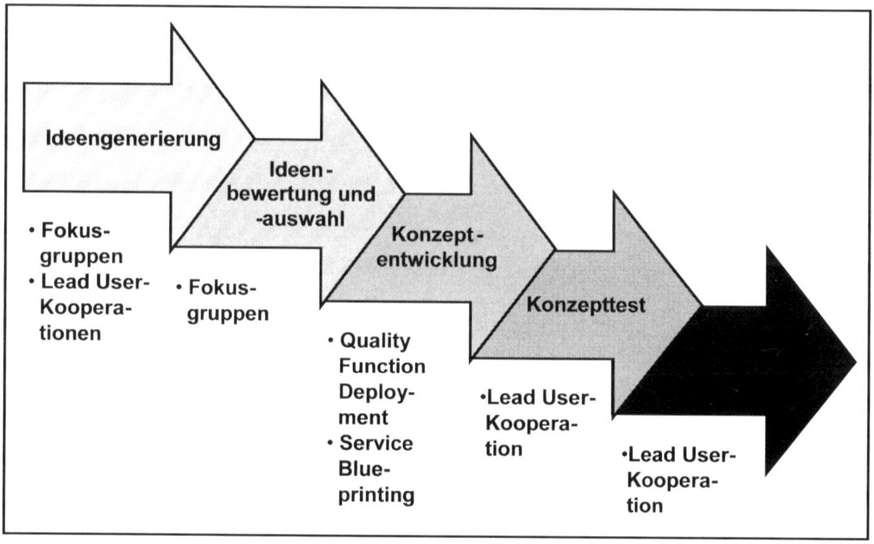

Abb. 7. Anwendung der Methoden (kombination) bei SEW Eurodrive

Die Teilnehmer von Fokusgruppen werden dabei durch den Anbieter je nach Art der Zielsetzung aus mehr oder weniger homogenen Kunden bzw. potenziellen Kunden ausgewählt und zu einer Diskussionsrunde eingeladen. Diese Treffen sollen mittels einer offen geleiteten Diskussion oder durch Brainstorming-Techniken zur Ideengenerierung, -konkretisierung und -bewertung beitragen. Zum Zweck der Gewährleistung eines zielführenden Ablaufs der Gruppendiskussionen wurde angeregt, auch hier Gespräche mit Lead Usern zu führen, um so bereits erste Ideen zu sammeln bzw. eine Vorstrukturierung des Themas herbeizuführen. Derartige Vorstrukturierungen sollten bei den späteren Fokusgruppen-Diskussionen zwar als Leitlinie dienen, dürfen aber kreative Ansätze, die innerhalb des Teilnehmerkreises entstehen, nicht beschränken.

Alternativ zu Fokusgruppen wäre potenziell auch die Methode des Customer Idealized Design (Botschen u. Botschen 1999) einzusetzen. Das Vorgehen ist dem der Fokusgruppen dabei ähnlich. Allerdings werden die Teilnehmer jedoch gebeten, von den ihnen bekannten Problemlösungen – Sachleistungen und/oder Services – völlig zu abstrahieren und eigenständig Anforderungen an eine „Ideallösung" zu definieren.

Der Output der Fokusgruppen oder aus dem Customer Idealized Design sollte auch hier als Input in das QFD einfließen. Ob dabei die klassische Form des Quality Function bzw. Service Problem Deployment zur Anwendung gebracht werden kann oder ob auch hier eine abgewandelte KMU-taugliche Form Anwendung finden soll, ist zum derzeitigen Stand noch nicht abzusehen.

Zur Unterstützung des QFD bietet sich das *Service Blueprinting* (Shostack 1981 sowie Kingman-Brundage 1989) an. Diese Methode beschreibt eine graphische Abbildung einer bereits vorhandenen bzw. geplanten Dienstleistung. Dabei wird nicht nur der Prozessablauf dargestellt, sondern darüber hinaus finden auch die verschiedenen eingebundenen Handlungsebenen innerhalb der Unternehmung eine entsprechende Berücksichtigung. Dadurch können innerhalb der Darstellung die Prozessschritte mit direktem Kundenkontakt durch eine sogenannte „Line of Visibility" von den reinen Backoffice-Tätigkeiten getrennt werden. Somit bestehen für die Planung neuer Dienstleistungen insofern verbesserte Möglichkeiten zur Ausgestaltung der Teilprozessschritte, als dass solche mit direktem Kundenkontakt entsprechend individuell kreiert werden können, wohingegen rein interne Leistungsbestandteile durch die Nutzung von Standardisierungspotenzialen eher kostensparend zu gestalten sind. Große Vorteile bietet eine Blueprinting-Anwendung insbesondere für Unternehmen, die zertifiziert sind und auch praktisch nach dem jeweils vorgegebenen Prozess der Zertifizierung arbeiten. Liegen nämlich die Grundstrukturen der aktuellen Abläufe bereits in graphischer Form vor, so ist es kein großer Arbeitsschritt, Front- und Backoffice-Bereiche voneinander zu unterscheiden. Zudem können geplante Prozesse für neue Services häufig aus Teilprozessschritten bestehender Services konfiguriert werden.

Auch derart entwickelte Dienstleistungen sollten vor der Markteinführung einem Test unterzogen werden. Mögliche Alternativen für einen Markttest sind im Rahmen des konzipierten Service-Entwicklungs-Prozesses auch hier Lead User oder Fokusgruppen. Eine Einsatzmöglichkeit von Fokusgruppen an dieser Stelle wird in der betriebswirtschaftlichen Literatur wie auch der Praxis häufig nicht berücksichtigt. Dennoch ist der Einsatz von Fokusgruppen an dieser Stelle einer Lead User-Einbindung tendenziell vorzuziehen, da auf diese Weise verschiedene Sichtweisen von Kunden zur Bewertung des Konzeptes herangezogen werden. Bezüglich der Zusammenstellung der Gruppen bestehen grundsätzlich zwei verschiedene Alternativen. Zum einen kann die Gruppe aus den gleichen Mitgliedern bestehen, die auch zur Ideengenerierung beigetragen haben. Zum anderen bietet sich auch die Möglichkeit, eine neue Gruppe zusammenzustellen, bei der die bewertenden Unternehmen nicht mit denjenigen identisch sind, die zur Hervorbringung neuer Service-Ideen beigetragen haben. Überlegungen bezüglich der Markteinführung innovativer Dienstleistungsprodukte wurden mit dem Partner zunächst zurückgestellt, da ein Service-Vertriebsnetz besteht, das auch für derartige Zwecke geeignet ist. Zudem liegen seitens des Partners Kompetenzen bezüglich der Erstellung Vermarktungs-unterstützender visueller Instrumente vor.

5 Fazit

Nach der Überwindung anfänglicher Skepsis, die insbesondere seitens einiger Praktiker gegen die Methoden des Service Engineering bestand, wurde allen an diesem Aufgabenfeld beteiligten Projektpartnern evident, dass die verschiedenen eingesetzten bzw. einzusetzenden Instrumente geeignet sind, in der Unternehmenspraxis zu Verbesserungen der Dienstleistungs-Entwicklung, -Planung und –Strukturierung beizutragen.

Es zeigte sich darüber hinaus, dass das Verbesserungspotenzial durch den Einsatz von Methoden des Service Engineering nicht auf eine spezielle Aufgabenstellung begrenzt sein muss, sondern geeignet ist, als Lösungsansatz für vielfältige bestehende Probleme der Dienstleistungsentwicklung herangezogen zu werden.

Ein entscheidender Erfolgsfaktor ist insbesondere die Adaption der Methoden auf die jeweilige Problemstellung innerhalb des betreffenden Unternehmens. Die wissenschaftlich-theoretischen Instrumente weisen dabei einen strukturierten allgemeinen Lösungsweg auf, der jedoch erst durch die möglichst exakte Anpassung an die Anforderungen des jeweiligen Unternehmens zu einem praxisrelevanten Tool wird. Vergleichbar ist dies mit einer Basis-Software, deren Nutzen durch eine firmenspezifische Adaption erheblich vergrößert oder gar erst hervorgerufen werden kann.

Eine weitere und intensivere Zusammenarbeit zwischen Industrie und Wissenschaft birgt für beide Seiten erhebliche Potenziale, das Service Engineering voranzutreiben und an den Ergebnissen zu partizipieren. Nur durch ein solch kooperatives Vorgehen ist es möglich, unternehmensseitig bestehende Vorbehalte gegen die Komplexität der Methoden abzubauen und auf Seiten der Wissenschaft das Verständnis für die vorliegenden Praxisprobleme zu erhöhen.

Literatur

Botschen G, Botschen M (1999) Kundenintegrierte Neuproduktentwicklung von Dienstleistungen. In: Hinterhuber HH, Matzler K (Hrsg.) Kundenorientierte Unternehmensführung: Kundenorientierung, Kundenzufriedenheit, Kundenbindung. Gabler, Wiesbaden, S 337-354

Bullinger H J, Scheer, A W (2002) Service-Engineering – Entwicklung und Gestaltung innovativer Dienstleistungen. In: Bullinger H J, Scheer A W (Hrsg.) Service-Engineering, Springer, Berlin, S.3-19

Hauser JR, Clausing D (1988) The House of Quality. Harvard Business Review, May-June: 63-73

Hippel E von (1978) Successful industrial products from customer. Journal of Marketing, January: 39-49

Hippel E von (1986) Lead Users: A Source of Novel Product Concepts. Management Science 7: 791-805

Kingman-Brundage J (1989) The ABCs of Service System Blueprinting. In: Bitner MJ, Crosby LA (Hrsg.) Designing a Winning Service Strategy. AMA, Chicago, S 30-33

Shostack L (1981) How to Design a Service. In: Donnelly JH, George WR (Hrsg.) Marketing of Services. Chicago, S 221-229

Stauss B (1993) Service Problem Deployment: Transformation of Problem Information into Problem Prevention Activities. International Journal of Service Industry Management 2: 41-62

Urban GL, Hippel E von (1988) Lead User Analyses for the Development of new Industrial Products. Management Science 5: 569-582

Zeithaml VA, Berry LL, Parasuraman A (1988) Communication and Control Process in the Delivery of Service Quality. Journal of Marketing 2: 35-48

Modulares Dienstleistungskonzept eines mittelständischen Maschinenbauunternehmens

Michael Bäcker, Laurenz Herzog

Inhalt

1 Einleitung

Das im Folgenden dargestellte Dienstleistungskonzept wurde im Rahmen des Forschungsverbundprojektes INVEST-S entwickelt, bei dem die EMA RINK GmbH mitgewirkt hat. Im Rahmen der Einleitung werden die spezifische Ausgangssituation des Unternehmens und die resultierende Zielsetzung sowie die Vorgehensweise zur Erarbeitung des Dienstleistungskonzeptes beschrieben.

Im Anschluss werden die im Unternehmen identifizierten Einzeldienstleistungen vorgestellt und klassifiziert, um diese dann anschließend in Form von Dienstleistungsmodulen zu standardisieren. Diese Module werden im dritten Kapitel zu Dienstleistungsbündeln zusammengefasst, die in Form von Dienstleistungsverträgen dem Kunden in Zukunft angeboten werden sollen.

Zum Abschluss wird die Strategie zur Markteinführung vorgestellt und ein kurzer Ausblick auf weiterführende Dienstleistungen gegeben.

1.1 Spezifische Ausgangssituation

Die EMA RINK GmbH ist ein mittelständisches Unternehmen, das Sondermaschinen für die Getränkeindustrie herstellt. Schwerpunkt sind Produkte für das Entkorken, Entschrauben oder Entleeren von Glas- und PET-Flaschen mit Alu-, Metall- oder Kunststoffverschlüssen, wobei dies sowohl im Kasten als auch einzeln auf einem Band durchgeführt werden kann (Abb. 1). Darüber hinaus bietet das Unternehmen auch für das Öffnen, Entleeren und Pressen von Dosen in jeglicher Größe entsprechende Produkte an. So genannte Regeneriermaschinen bieten eine Problemlösung für deformiertes PET-Rückgut und sichern eine hohe Leistung von Abfüllanlagen, wobei durch Luft die Flaschen wieder in ihre Ursprungsform gebracht werden und mit Hilfe von eingespritztem Wasser der Flaschenschwerpunkt gesenkt wird.

Da sich das Unternehmen auf Nischenprodukte rund um das Entsorgen von Flaschenverschlüssen spezialisiert hat, handelt es sich bei den einzelnen Maschinen um überwiegend individuelle Problemlösungen, was, unabhängig von der Einbausituation, aufgrund der unterschiedlichen Kasten- und Flaschensorten erforderlich ist. Die Produkte werden sowohl direkt an den Kunden als auch über so genannte Generalunternehmer vertrieben, die eine komplette Abfüllanlage projektieren und liefern.

Ausgangspunkt für die Teilnahme an dem Forschungsprojekt INVEST-S war für die EMA RINK GmbH vor allem die steigende Forderung der Kunden nach einer verbesserten Anlagenverfügbarkeit bei gleichzeitig reduzierten Instandhaltungskosten. Weiterhin bestand der Bedarf den neuen Trend im Maschinen- und Anlagenbau, bei dem Zulieferer in Zukunft *Betreiber* ihrer eigenen Anlagen werden, hinsichtlich der notwendigen Voraussetzungen im Unternehmen zu untersuchen.

Abb. 1. Übersicht der RINK-Produkte

Die steigende Nachfrage der RINK-Kunden an produktnahen Dienstleistungen bietet für die EMA RINK GmbH eine Möglichkeit, den Kundennutzen der RINK-Produkte zu steigern und die Bindung zu erhöhen sowie sich vom Wettbewerb abzuheben und damit neue Marktanteile zu gewinnen.

1.2 Zielsetzung

Vor dem Hintergrund der geschilderten Ausgangssituation ergab sich für die EMA RINK GmbH im Rahmen des Forschungsverbundprojektes INVEST-S eine differenzierte Zielsetzung (Abb. 2), um den Bereich der produktnahen Dienstleistungen als strategisches Handlungsfeld auszubauen. Kern des zu entwickelten DL-Konzeptes sollten unterschiedliche Dienstleistungsverträge sein, die den unterschiedlichsten Unternehmenstypen ein adäquates Angebot bieten.

Als Grundlage hierfür war die systematische Entwicklung eines Baukastens von definierten Dienstleistungsmodulen notwendig, der sowohl die Anforderungen von Generalunternehmern als auch von Getränkeabfüllern genügt. Ein modularer Aufbau war wichtig, damit Einzelleistungen zu DL-Bündeln zusammengefasst werden können. Vorteil dieser Verzahnung ist eine effiziente Leistungsverwaltung durch Komplexitätsreduktion bei gleichzeitig hoher Kundenindividualität.

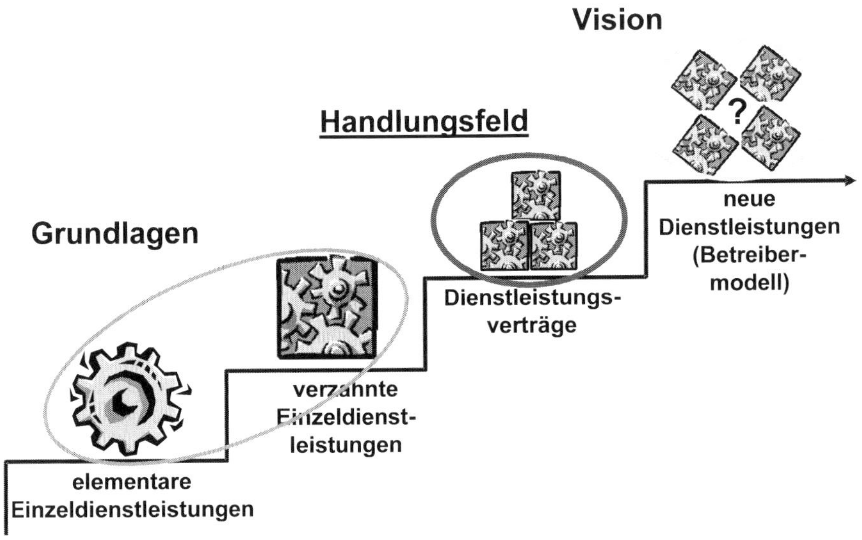

Abb. 2. Zielsetzung der EMA RINK im Verbundprojekt INVEST-S

Als visionäre Zielsetzung wurde die Forderung nach einem so genannte Fullservice oder Betreiberkonzept formuliert, bei dem der Kunde für jeden bearbeiteten Kasten bezahlt. Hierbei ging es nicht um die Entwicklung einer fertigen Dienstleistung, sondern vielmehr um erste Schritte in diese Richtung und um die Berücksichtigung von möglichen resultierenden Forderungen an den Dienstleistungsbaukasten.

1.3 Vorgehensweise

Die entwickelte Vorgehensweise orientiert sich im Wesentlichen an der Zielsetzung, den Kunden geeignete Dienstleistungsverträge anzubieten und die hierfür notwendigen Grundlagen zu schaffen (Abb. 3).

Dementsprechend galt es im ersten Schritt einen DL-Baukasten zu entwerfen, der die verschiedenen Einzeldienstleistungen als standardisierte Module enthält. Komplexere Dienstleistungen werden durch eine Verzahnung der Module gebildet. Hierfür war es notwendig das Angebot der bestehenden Dienstleistungen im Unternehmen zu analysieren und zu strukturieren. Weiterhin mussten diese Einzeldienstleistungen standardisiert und teilweise miteinander zu sinnvollen, größeren Einheiten verzahnt werden.

Auf Basis des Baukastens wurden im nächsten Schritt die Dienstleistungsverträge gestaltet. Voraussetzung war eine gründliche Analyse und Definition der verschiedenen Kundenzielgruppen sowie der unternehmerischen Zielsetzung für den einzelnen DL-Vertrag. Mit diesem Wissen konnten die notwendigen DL-Module selektiert und gebündelt sowie die Bündel in sich hierarchisiert werden. Für die einzelnen Dienstleistungsverträge mussten anschließend die Preise ermittelt werden. Weiterhin war es notwendig, die Verträge mit den jeweiligen Optionen juristisch auszuformulieren.

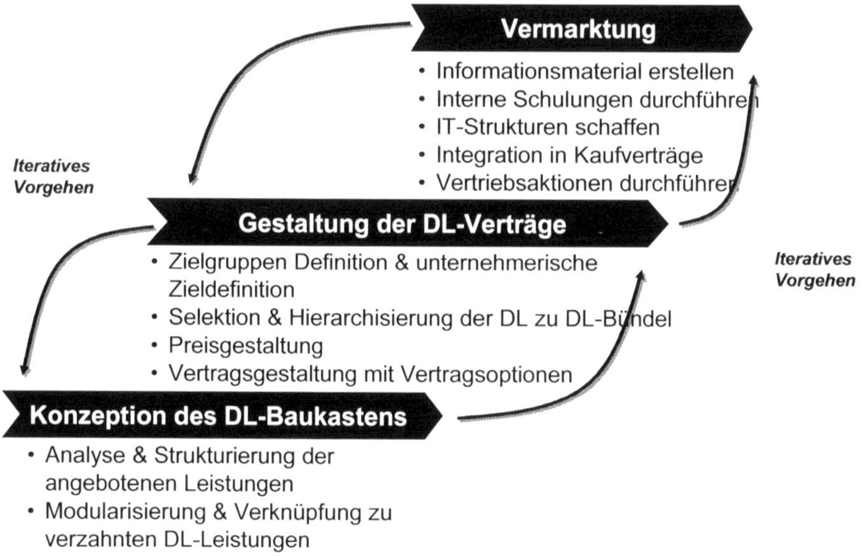

Abb. 3. Vorgehensweise im Projekt

Die aufgeführten Punkte wurden bisher im Rahmen des Projektes abgearbeitet. Der letzte und entscheidende Schritt liegt in der Vermarktung des Dienstleistungskonzeptes. Hierbei befindet sich das Unternehmen noch in der Einführungsphase. Wesentlich sind zum einen die Erstellung von geeignetem Informationsmaterial und zum anderen die Integration der DL-Angebote in die Kaufverträge. Weiterhin sind die internen organisatorischen Voraussetzungen für die Vertragsverwaltung zu schaffen. Durch gezielte Vertriebsaktionen soll der Kundenbedarf sowohl geweckt als auch abgeschätzt werden.

2 Dienstleistungsbaukasten

Als Grundlage für die Dienstleistungsverträge war die Definition der verschiedenen Dienstleistungsmodule im Sinne eines Baukastens notwendig. Dies erforderte eine Analyse und anschließender Strukturierung der zusätzlichen zum Produkt (Sachleistung) angebotenen Leistungen. Die identifizierten Einzelleistungen lassen sich in vier Kategorien unterteilen, wobei es sich hierbei nicht nur um Dienstleistungen handelt:

1. Einsatzdienstleistungen:
   Hierunter fallen alle Dienstleistungen, die mit der Anreise von einem Monteur verbunden sind und vor Ort durchgeführt werden.
2. Dauerbereitstellungsleistungen:
   Hierunter fallen alle Dienstleistungen, die mit einer erhöhten Verfügbarkeit von betrieblichen Ressourcen (Material, Personal) verbunden sind.
3. Einmalleistungen:
   Hierunter fallen alle Leistungen, die einem Kunden nur einmal erbracht werden, wobei es sich um materielle oder personelle Leistungen handeln kann.
4. Kostenermäßigungsleistungen:
   Hierunter fallen alle Rabatte auf, für den Kunden entstehende, Kosten bei Nutzung der angebotene Dienstleistungen.

Im Folgenden werden die zu den Kategorien gehörenden Einzelleistungen vorgestellt.

2.1 Einsatzdienstleistungen

Schwerpunkt der angebotenen Dienstleistungen sind die Einsatzdienstleistungen, die sich aus verschiedenen Tätigkeiten zusammensetzen. Eine Analyse der Monteureinsätze bei der EMA RINK hat die in der folgenden Tabelle aufgeführten Einzeltätigkeiten ergeben.

Tabelle 1. Auflistung der Einsatztätigkeiten eines Monteurs

Nr.	Einsatztätigkeiten
1	Funktionsprüfung
2	Ersatzteilaufnahme / Instandsetzungsbedarfsermittlung
3	Instandsetzung / Austausch defekter Teile
4	Überholung / Austausch von Baugruppen und Verschleißteilen
5	Funktionsoptimierung

Voraussetzung für alle weiteren Tätigkeiten ist eine Funktionsüberprüfung durch den Monteur. Es folgt die Ermittlung der notwendigen Instandsetzungsarbeiten sowie eine Ersatzteilaufnahme.

Im Anschluss werden die Instandsetzungsarbeiten durchgeführt, wobei die defekten Teile ausgetauscht werden, welche die Funktion der Maschine akut beinträchtigen. Dies umfasst nicht nur Störungen, die zu einem Ausfall der Maschine geführt haben sondern auch solche, die die Leistung der Maschine akut einschränken.

Eine Weitere Einsatztätigkeit ist die gründliche Überholung oder der Austausch von Einzelteilen und Baugruppen, die stark verschlissen sind und ausgetauscht werden müssen, um die Zusicherung der Maschinenverfügbarkeit auch für einen längeren Zeitraum geben zu können. Im Anschluss erfolgt immer eine Funktionsoptimierung.

Da die separate Durchführung der einzelnen Einsatztätigkeiten nicht sinnvoll als Dienstleistung angeboten werden kann, müssen aus diesen verzahnten Einsatzdienstleistungen gebildet werden. Das Ergebnis ist in der Tabelle 2 dargestellt. Anzumerken ist, dass eine klare Trennung der Einsatzdienstleistung beim Kunden hinsichtlich der durchzuführenden Tätigkeiten nicht möglich ist. Aus diesem Grund dient die Zeitvorgabe als weiteres Unterscheidungskriterium.

Tabelle 2. Übersicht der Einsatzdienstleistungen

Einsatztätigkeiten	Inspektion <= 3 Std.	Instandsetzung <= 1 Tag	Überholung >= 1 Tag
Funktionsprüfung	✓	✓	✓
Ersatzteilaufnahme / Instandsetzungsbedarfsermittlung	✓	✓	✓
Instandsetzung / Austausch defekter Teile	(✓)	✓	✓
Überholung / Austausch von Baugruppen und Verschleißteilen			✓
Funktionsoptimierung		✓	✓

2.1.1 Inspektion

Die Inspektion dient dem regelmäßigen Erfassen des Maschinenzustandes durch geschultes Fachpersonal. Sie beinhaltet eine Funktionsprüfung der Maschine.

Ergebnis ist ein Typen bezogenes Prüfprotokoll. Abhängig vom Zustand der Maschine wird der Instandsetzungsbedarf ermittelt und eine Ersatzteilempfehlung erstellt. Zusammen dienen diese Informationen als Grundlage für die Durchführung von Instandsetzungsarbeiten oder der Planung einer Überholung.

Eine Inspektion kann auch kleinere Instandsetzungsarbeiten umfassen, wobei der Aufwand für eine Inspektion im Regelfall nicht mehr als 3 Stunden betragen soll.

2.1.2 Instandsetzung

Die Instandsetzung beinhaltet neben einer Inspektion der Maschine eine weitergehende Beseitigung von Mängeln oder Störungen. Hinzu kommt der sofortige Austausch von defekten Teilen. Ausgangspunkt ist meistens eine geminderte Leistung der Maschine oder eine gestörtes Bauteil.

Der Umfang der Arbeiten wird aus dem Typen bezogenen Protokoll abgeleitet. Die Durchführung erfolgt nach Rücksprache mit dem Auftraggeber in der Regel sofort, da wichtige Standardteile vom Monteur bereitgehalten werden. Sofern größere Reparaturen bzw. Überholungsarbeiten notwendig sind, wird der Umfang abgestimmt und ein Termin für die Arbeiten vereinbart. Zum Abschluss wird die Maschineneinstellung optimiert.

Instandsetzungsarbeiten an der Maschine sollten im Regelfall nicht mehr als einen Tag bei dem Kunden umfassen.

2.1.3 Überholung

Im Rahmen einer Überholung werden alle notwendigen Arbeiten an der Maschine ausgeführt, um einen möglichst störungsfreien Betrieb über einen längeren Zeitraum zu sichern. Hierzu werden nach Rücksprache mit dem Auftraggeber Verschleißteile in Abhängigkeit vom Zustand ausgetauscht, sowie Einstellungen der Maschine überprüft und optimiert.

Die EMA RINK muss sicherstellen, dass alle erforderlichen Ersatzteile zur Verfügung stehen. Aus diesem Grund kann zeitnah vor der Überholung eine Inspektion der Maschine stattfinden, um die erforderlichen Verschleiß- und Ersatzteile zu definieren. Eine Überholung kann zum Teil auch im Unternehmen erfolgen, sofern die Baugruppen austauschbar sind.

Eine gründliche Überholung dauert immer länger als einen Tag.

2.2 Dauerverfügbarkeitsleistungen

Unter den Begriff *Dauerverfügbarkeitsleistungen* fallen alle Dienstleistungen, die mit einer erhöhten Verfügbarkeit von betrieblichen Ressourcen (Material und Personal) für den Kunden verbunden sind:

- 24h-Hotline
  Der Vertragskunde bekommt eine Telefonnummer mitgeteilt, unter der 365 Tage im Jahr, 24 Stunden am Tag ein persönlicher Ansprechpartner erreichbar ist. Dies stellt sicher, dass im Fall einer Störung oder eines Schadens an der Maschine direkt und ohne Umwege eine Störungsbeseitigung begonnen und möglicherweise mit telefonischer Unterstützung abgeschlossen werden kann.
- 24h-Ersatzteillieferung
  Der Vertragskunde erhält die Zusicherung, dass Standard- und Verschleißteile innerhalb von 24 Stunden nach Bedarfsklärung ausgeliefert werden. Notwendige Maßnahmen, wie z.B. Beauftragung von Kurierdiensten mit direkter Belieferung, werden auf Wunsch veranlasst. Die Bereitstellung der RINK-internen Dienstleistung ist im Vertrag enthalten – Versandkosten werden nach Aufwand abgerechnet.
- Konsignationslager
  RINK stellt dem Vertragskunden Standard-Ersatzteile in einem Konsignationslager zur Verfügung (entsprechende Lagermöglichkeiten werden vom Kunden bereitgestellt). Bei Anzeige von Entnahmen sorgt RINK automatisch für das Auffüllen der entnommenen Teile. Nach Ablauf des Vertrages werden alle Teile zurückgenommen. Eine Bevorratung von Kundenersatzteilen (Spezialteilen) im eigenen Unternehmen wird unter der Dienstleistung 24h-Ersatzteilservice gefasst.
- Express-Monteureinsatz
  Monteuranforderungen durch den Vertragskunden werden vorrangig behandelt. In der Regel beginnt der Monteureinsatz innerhalb 24h nach Bedarfsklärung und Verfügbarkeit eines Transportmittels (Flugticket).

2.3 Einmalleistungen

Alle Leistungen, die einem Kunden nur einmal erbracht werden, sind unter der Bezeichnung *Einmalleistung* zusammengefasst. Hierbei kann es sich um materielle oder personelle Leistungen handeln:

- Aufstellungsplanung
  Der Kunde wird bei der Aufstellungsplanung des näheren Maschinenumfelds bzw. der Maschinenintegration unterstützt.
- Anlagenintegration
  Die gelieferte Maschine wird in die Anlage integriert. Notwendige Änderungen der Transportsteuerung werden mit dem Kunden bzw. dem Lieferanten der Steuerung koordiniert. Weiterhin erfolgt der Anschluss an die für die Funktion der Maschine notwendigen Versorgungszu- (Strom, Wasser, Luft, ...) und -ableitungen (Kapseln, Bier, Luft, ...).
- Inbetriebnahme
  Die gelieferte Maschine wird entsprechend der Leistungsanforderungen eingestellt und in Betrieb genommen. Ein Leistungstest durch den Kunden ist oftmals der Abschluss dieser Tätigkeit.
- Schulung
  Das Fachpersonal des Kunden wird im Umgang und Wartung der Maschine geschult.
- Gewährleistung-/ Garantieverlängerung
  Vertraglich wird mit dem Kunden bei der Neuanschaffung einer Maschine eine verlängerte Gewährleistung / Garantie festgelegt.
- Einmaliges Ersatzteilpaket
  Dem Vertragskunden wird ein einmaliges Ersatzteilpaket zur Verfügung gestellt. Hierbei handelt es sich um die wesentlichen Verschleißteile für einen bestimmten Zeitraum.

2.4 Kostenermäßigungsleistungen

Unter dem Begriff *Kostenermäßigungsleistungen* fallen alle Möglichkeiten der Rabattierung von Leistungen für den Kunden. Für das Unternehmen sind prinzipiell folgende Rabatte vorstellbar:

- Rabatt auf Ersatzteile
  Vertraglich wird ein Rabatt auf Ersatzteilbestellungen des Kunden gewährt.
- Rabatt auf Monteureinsatz
  Für die Monteureinsätze wird ein Rabatt auf die Reisekosten gewährt. Mögliche zu rabattierende Kostenarten sind: An- u. Abreisezeit und Km-Anzahl.

3 Dienstleistungsverträge

Auf Basis des Baukastens wurden im nächsten Schritt die aufgeführten Dienstleistungsmodule zu Bündeln zusammengestellt. Hierbei wurden nicht alle Leistungen integriert, da vor allem verschiedene Einmalleistungen in direktem Zusammenhang mit dem Kauf der Maschine stehen und nicht separat angeboten werden können.

Voraussetzung für die Bündelung war die Identifizierung der unterschiedlichen Kundengruppen. Für diese verschiednen Gruppen galt es, die von RINK mit einem Vertrag verfolgte Zielsetzung zu definieren.

Wesentliche Kriterien waren zum einen die Unternehmensgröße bzw. die Finanzkraft des Kunden und zum anderen die Verfügbarkeitsbedeutung der Maschine für den Kunden, verbunden mit der vorhandenen Instandhaltung. Entsprechend der Kundenstruktur von RINK werden drei Leistungsbündel unterschieden:

1. Standard
2. Advanced
3. Professional

In der Tabelle 3 wird ein Überblick der Verträge und ihrer Inhalte gegeben. Eine detaillierte Beschreibung dieser schließt sich an.

Bei dem Erwerb einer *Neumaschine* beinhalten der Advanced- und Professional-Vertrag eine Gewährleistungs-/Garantieerweiterung sowie ein einmaliges Ersatzteilpaket, wobei der Professional-Vertrag aufgrund seiner Ausrichtung nur sinnvoll im Zusammenhang mit einer Neumaschine ist. Hingegen bietet der nachträgliche Abschluss eines Advanced-Vertrages für den Kunden viele Kostenvorteile.

Die Möglichkeit eines Konsignationslager ist in einem Professional-Vertrag nicht generell enthalten, sondern erfordert einen Aufpreis.

Tabelle 3. Übersicht der Dienstleistungsverträge

Leistungsbezeichnung	Standard	Advanced	Professional
Inspektion	✓	✓	✓
Instandsetzung	✓	✓	✓
Überholung		✓	✓
24h-Hotline			✓
24h-Ersatzteillieferung			✓
Express-Monteureinsatz			✓
Konsignationslager			(✓)
Garantieverlängerung		✓	✓
Ersatzteilpaket		✓	✓
Rabatt bei Ersatzteilen		✓	✓
Rabatt bei Monteureinsatz	✓	✓	✓

3.1 Standard

3.1.1 Zielgruppe und Zielsetzung

Der Standard-Diensteleistungsvertrag ist für kleinere Unternehmen, die die Maschine im 1-Schicht-Betrieb kontinuierlich oder unregelmäßig benutzen. Der Verschleiß variiert von Jahr zu Jahr. Das Unternehmen ist bestrebt alle Instandhaltungsarbeiten selbst durchzuführen, um Kosten zu sparen.

Wichtig für das Unternehmen ist eine fachliche Betreuung hinsichtlich der Funktion bzw. Funktionseinstellung der Maschine und den notwendigen Instandsetzungsarbeiten sowie Ersatzteilen durch den Lieferanten.

Im Falle einer anliegenden Störung sollen die Kosten für einen Monteur möglichst gering ausfallen. Hieraus resultierende Verzögerungen im Einsatzfall werden in Kauf genommen.

Für RINK liegt die Zielsetzung bei diesem Vertrag in der Kundenbindung sowie in der Steigerung des Ersatzteilgeschäftes.

3.1.2 Leistungsumfang

Der Standard-Dienstleistungsvertrag umfasst mindestens eine jährliche Inspektion, die in einem festgelegten Zeitfenster von der EMA RINK nach Absprache mit dem Kunden eingeplant werden kann.

Für Instandsetzungsarbeiten aufgrund von Störungen muss der Einsatzhorizont eine bestimmte Anzahl an Werktagen umfassen, damit der Monteureinsatz zumindest in einem gewissen Rahmen planbar, d.h. mit anderen Einsätzen verknüpft werden kann.

Die Kosten werden unter den aufgeführten Bedingungen nach Aufwand berechnet, wobei für den Monteureinsatz rabattierte Kosten hinsichtlich der gefahrenen Kilometer und der dafür benötigten Zeit gelten. Eine Nichtinanspruchnahme der Leistung erfordert eine finanzielle Beteiligung an den vorgehaltenen Ressourcen.

Zusammenfassend erhält der Kunde mit dem Vertrag eine fachliche Unterstützung beim Betrieb der Maschine zu reduzierten Kosten.

3.2 Advanced

3.2.1 Zielgruppe und Zielsetzung

Der Advanced Dienstleitungsvertrag ist für mittelgroße Unternehmen, die die Maschine kontinuierlich im 2- oder 3-Schicht-Betrieb benutzen. Der Verschleiß ist von Jahr zu Jahr relativ konstant und nicht unerheblich.

Die eigene Instandhaltung ist ausgelegt auf kleinere Wartungsarbeiten. Im Sinne einer vorbeugenden, kontinuierlichen Instandhaltung soll die Verfügbarkeit der Maschine von Jahr zu Jahr (insbesondere im Saisongeschäft) sichergestellt werden. Aus diesem Grund möchte der Kunde regelmäßige Überholungsarbeiten von RINK durchführen lassen.

Für RINK liegt die Zielsetzung bei diesem Vertrag in der Kundenbindung und in der Steigerung des Ersatzteilgeschäftes sowie der Generierung einer gewissen Grundauslastung der vorhandenen Monteure.

3.2.2 Leistungsumfang

Der Advanced-Vertrag erweitert die Leistungen des Standard-Vertrages. Der Vertrag beinhaltet zusätzlich zur Inspektion eine Überholung innerhalb des Vertragszeitraums, die in einem festgelegten Zeitfenster von der EMA RINK nach Absprache mit dem Kunden eingeplant werden kann. Der Zyklus von Inspektion und Überholung ist abhängig vom Schichtbetrieb des Kunden. Die notwendigen Ersatzteile werden beim Advanced-Vertrag rabattiert. Auch beinhaltet der Vertrag ein Ersatzteilpaket.

Für den Monteureinsatz gelten die gleichen Bedingungen wie bei dem Standard-Vertrag, bei dem die Kosten für den Monteureinsatz nach Aufwand berechnet werden. Weiterhin wird ein bestimmter Rabatt auf alle Ersatzteile gegeben. Aufgrund der regelmäßigen Überholung kann eine Garantieverlängerung gewährt werden. Eine Nichtinanspruchnahme der Leistungen erfordert eine finanzielle Beteiligung an den vorgehaltenen Ressourcen.

Zusammenfassend erhält der Kunde mit diesem Vertrag eine umfassende Betreuung beim Betrieb der Maschine zu reduzierten Kosten.

3.3 Professional

3.3.1 Zielgruppe und Zielsetzung

Der Professional-Dienstleistungsvertrag ist für große Unternehmen, die eine hohe und dauerhafte Maschinenleistung benötigen (3-Schicht-Betrieb). Geringe Stillstandzeiten und die schnelle Wiederherstellung der Verfügbarkeit stehen im Vordergrund, wobei die Instandhaltungsabteilung nur kleinere Wartungsarbeiten durchführt.

Für RINK liegen die Ziele bei diesem Vertrag in einer erhöhten Kundenbindung sowie in der Generierung von zusätzlichen Marktanteilen.

3.3.2 Leistungsumfang

Der Professional-Vertrag erweitert die Leistungen des Advanced-Vertrages insbesondere um die Dauerverfügbarkeitsleistungen:

- 24h-Hotline
- 24h-Ersatzteillieferung
- Express-Monteureinsatz

Auf Wunsch kann der Vertrag um ein Konsignationslager ergänzt werden. Die Kosten für die Einsatzdienstleistungen werden unter den aufgeführten Bedingungen nach Aufwand berechnet, wobei eine Nichtinanspruchnahme *keine* finanzielle Beteiligung an den vorgehaltenen Ressourcen erfordert. Die Dauerverfügbarkeitsleistungen werden jährlich pauschal abgerechnet.

Zusammenfassend erhält der Kunde mit diesem Vertrag eine professionelle Betreuung beim Betrieb der Maschine zu reduzierten Kosten.

4 Vermarktung der DL-Verträge und Ausblick

Nach Abschluss der konzeptionellen Arbeiten gilt es im letzten und entscheidenden Schritt das Dienstleistungskonzept zu vermarkten. Da diese Aufgabe noch nicht abgeschlossen ist und voraussichtlich die Projektlaufzeit überschreitet, können diesbezüglich nur die ersten Schritte zur Markteinführung dargestellt werden.

Weiterhin wird als Ausblick auf zukünftige Dienstleistungen der Diskussionsstand bezüglich eines Betreiberansatzes vorgestellt.

4.1 Markteinführung

Für das Vorgehen bei der Markteinführung muss zwischen bestehenden und neuen Kunden unterschieden werden. Weiterhin wird sich die Einführung auf den deutschen Markt beschränken, um hier die ersten Erfahrungen zu sammeln. Auch müssen die angebotenen Leistungen auf ihre Übertragbarkeit (z. B. Rabattierung der Monteureinsätze) im internationalen Rahmen geprüft werden.

Nach den bisher erhaltenen Anfragen sind für bestehende Kunden vor allem der Standard- und zum Teil auch der Advanced-Vertrag interessant, wobei eine Gewährleistungs- / Garantierverlängerung in diesem Fall entfällt.

Für eine erste genauere Bedarfsabschätzung wurde eine Sonderaktion gestartet, bei der Kunden einer bestimmten Region die Dienstleistungen *Inspektion* und *Instandsetzung* zu Sonderkonditionen angeboten wurden. Neben einer Intensivierung der Kundenbindung und Steigerung der Kundenzufriedenheit sollte vor allem der Bedarf an einem entsprechenden Angebot erfragt oder auch das diesbezügliche Interesse geweckt werden.

Ergebnis war eine positive Rückmeldung von 20% der angeschriebenen Kunden. Nachdem die Aktion erfolgreich durchgeführt wurde, wird im nächsten Schritt diesen Kunden ein entsprechender Vertrag angeboten. Weiterhin erfolgt in 2003 eine Ausweitung der Aktion auf anderen Regionen in Deutschland.

Für Neukunden muss eine Integration in das Verkaufsgespräch erfolgen. Hierfür werden aktuell ansprechende Werbeunterlagen erstellt.

Spezialfälle sind bestehende Kunden, die eine neue Maschine bestellen und bereits bestimmt Leistungen aus einem Dienstleistungsvertrag beziehen bzw. für die neue Maschine voraussetzen. In diesem Fall werden diese Leistungen in Form eines DL-Vertrag ausgewiesen.

4.2 Vision: Betreibermodell?

Eine mögliche Betreibermodellform zwischen Kunden der Getränkeindustrie und RINK, die im Rahmen des Forschungsprojektes diskutiert wurde, ist die Vertragsgrundlage *Bereitstellung eines kronkorkenfreien Kastens* (Abb. 4). Abgerechnet würde dementsprechend nutzungsabhängig nach der Anzahl kronkorkenfreier Kästen.

Bei diesem Ansatz würde die Maschine in ein Dienstleistungspaket eingebunden, das neben der Montage der Anlage, regelmäßige Überholungen sowie Störungsbeseitigungen innerhalb eines definierten Zeitfensters beinhaltet. Der Kunde bedient die Maschine und erledigt kleinere Instandsetzungsarbeiten sowie Störungen selbst. Dafür greift er auf ein entsprechendes Ersatzteillager zurück. Wesentlich für dieses Konzept ist ein kontinuierlicher Informationsfluss, der es ermöglicht Wartungsarbeiten frühzeitig durchzuführen und entsprechende Ersatzteile bereit zu stellen.

Der Vorteil für den Kunden liegt in der nutzungsabhängigen und somit absatzabhängigen Gestaltung seiner Anlageninvestition. Darüber hinaus ist die Maschine durch regelmäßige Wartung optimal gepflegt und von hoher Verfügbarkeit.

Problematisch an diesem visionären Ansatz für ein mittelständisches Unternehmen wie die EMA RINK GmbH ist u. a. die Frage der Risikoverteilung, da die Zahlungen vom Absatz des Kunden abhängen. Das Risiko für konjunkturelle Schwankungen oder Missmanagement müsste dementsprechend bei den Raten berücksichtigt werden. Ein weiteres Problem ist die notwendige Offenlegung von sehr vertraulichen, internen Betriebsinformationen und die Definition von kleineren Instandsetzungsarbeiten.

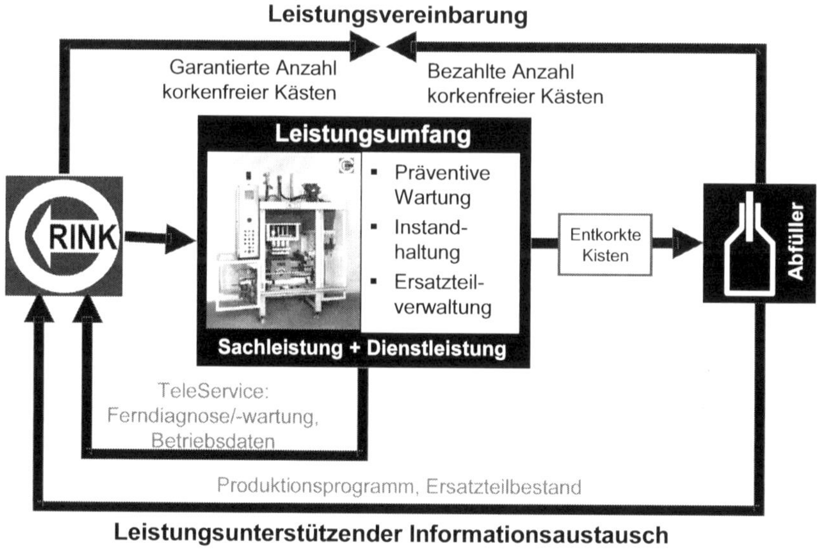

Abb. 4. Möglichkeiten eines Betreibermodells in der Getränkeindustrie

Für eine Weiterentwicklung dieses interessanten Ansatzes wäre ein weiteres Verbundprojekt von Vorteil, bei dem diese und andere Fragestellungen im Rahmen eines Betreiber-Piloten mit einem Kunden der Getränkindustrie erarbeitet und diskutiert werden könnten.

5 Schlussbemerkung und Danksagung

Für mittelständische Unternehmen bieten solche Verbundprojekte einen idealen Rahmen, um strategisch wichtige Fragestellungen zu bearbeiten, die aufgrund ihrer Thematik und Komplexität vom Unternehmen allein nur sehr schwer zu bewältigen sind. Die Gründe hierfür liegen sowohl in dem fehlenden fachlichen Wissen als auch in den knappen zeitlichen bzw. monetären Ressourcen.

In diesem Sinne schätzt die EMA RINK GmbH die Möglichkeit an dem Forschungsverbundprojekt mitarbeiten zu können und möchte an dieser Stelle dem BMBF für die finanzielle Förderung und dem PFT für die Betreuung danken. Ein großer Dank gilt weiterhin dem Lehrstuhl für Produktionssysteme für die gute Projektleitung und die ausgezeichnete fachliche Unterstützung in Zusammenarbeit mit dem Institut für Unternehmensführung.

Aufbau und Markteinführung eines modularen Service-Programms für Investitionsgüter mit eigenständiger Service-Marke

Hans-Dieter Flick, Klaus Höfer

Inhalt

1 Die Entwicklung der Service-Organisation von SEW-EURODRIVE

Noch in den 1980er Jahren haftete dem Service wohl überall das Etikett des notwendigen Übels zur Lösung der unangenehmen Aufgabe der Garantieleistungen an. Dabei konnte man sich mit Ersatzteilverkauf und Reparaturen lediglich ein Zubrot verdienen. Schließlich war es doch Ziel, mit dem Verkauf von Neuprodukten an den Maschinen- und Anlagenbau Umsatz und Ertrag zu erwirtschaften.

Im Verlauf der 1990er Jahre trat im Zusammenhang mit erschwerten Wettbewerbsbedingungen und der zunehmenden Globalisierung ein fundamentaler Sinneswandel ein.

SEW-EURODRIVE erkannte als Hersteller von Antriebssystemen die Notwendigkeit der stärkeren Differenzierung im Markt durch die gezielte Betreuung der Endkunden des Maschinenbaus: eine nicht ganz einfache Aufgabe, da doch diese neue Klientel bisher nicht systematisch erfasst war, die organisatorischen und personellen Voraussetzungen weitgehend fehlten und ein Betreuungskonzept für diesen wenig homogenen Kundenkreis geschaffen werden musste.

Eins war den Verantwortlichen aber klar: Durch intensive Betreuung der Anlagenbetreiber können viele Vorteile miteinander verbunden werden – der Service wird zum eigenständigen Profitcenter, wirkt als wichtiger Meinungs-Bildner auf den Erfolg beim Verkauf von Neuprodukten und trägt maßgeblich zur Kundenbindung bei.

Die Voraussetzungen für diese Neuausrichtung waren bei SEW-EURODRIVE denkbar günstig dank der modularen Fertigung in zentralen Werken und der dezentralen Montage in kundennahen Montagewerken. Was lag näher, als diese Montagewerke um schlagkräftige Service-Center zu erweitern. Synergieeffekte zwischen Montage- und Servicepersonal boten sich vielfach an.

2 Ein modulares Servicesystem entsteht

Doch mit dieser generellen Hinwendung zum aufgewerteten Service allein war es nicht getan. Immer wieder traten Probleme mit Lücken im Angebot und ungewöhnlichen und spezifischen Kundenforderungen auf. Die klassischen Dienstleistungen wie Reparatur, Technikerentsendung und Ersatzteildienst waren eindeutig nicht mehr ausreichend. Auch kam es immer öfter zu Kombinationsverträgen mit den OEMs, die Serviceleistungen aller Art auch international einschlossen, ohne dass konkrete Zeitpunkte und Umfänge der zu leistenden Arbeiten festlagen. Eine vorausschauende Planung von Servicearbeiten auf Grund der im Markt befindlichen Anlagen und vertraglicher Verpflichtungen musste die spontane Reaktion auf Kundenwünsche ablösen.

Intensive Recherchen im eigenen Haus mit Schwerpunkt der Verkaufsorganisation für Neuprodukte, Kundenbefragungen zum konkreten Bedarf an Servicevarianten und mögliches Umsatzvolumen sowie Abwägung von Kosten und Ertrag deuteten an, dass wesentlich mehr Dienstleistungen erfolgreich erbracht werden konnten, als bisher realisiert. Der Schlüssel zum Erfolg sollte dabei der permanente Informationsaustausch mit den OEM-Kunden aus dem Maschinen- und Anlagenbau und deren Endusern sein. Als ebenso wichtig zeigte sich die ständige branchenspezifische Auswertung der Serviceanforderungen.

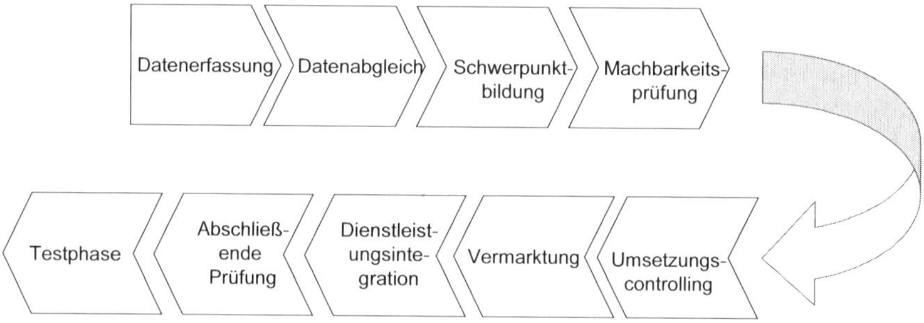

Abb. 1. Projektvorgehen der Dienstleistungsmodularisierung

Eine hausinterne Studie zur Optimierung des Kundendienstes machte deutlich, dass mit Hilfe eines strukturierten Angebotes und einer darauf ausgerichteten Planung und Organisation erhebliche Rationalisierungseffekte in mehrfacher Hinsicht zu erzielen waren. Einerseits sollten die internen Abläufe so optimiert werden, dass die schnellstmögliche kompetente Reaktion auf Kundenwünsche aller Art gesichert war und andererseits sollten die personellen Ressourcen ohne viel Leerlauf rationell genutzt werden – beides zum gegenseitigen Nutzen von Kunde und SEW-EURODRIVE.

Das Ziel aller Untersuchungen war die Entwicklung von CDM®-Complete Drive Management. Es steht als Synonym für die ganzheitliche Kundenbetreuung im After-Sales-Service und ist als eingetragene Marke für SEW-EURODRIVE rechtlich geschützt.

Die Realisierung dieses Dienstleistungsprogramms erfolgte parallel zum BMBF-geförderten, industriegeführten Verbundprojekt Invest-S: "Innovative produktnahe Dienstleistungen innerhalb von Kunden- Lieferantennetzwerken der Investitionsgüterindustrie".

Sowohl die OEMs als auch die Anwender im Projekt Invest-S haben im Rahmen von Fokus-Gruppen auch für das CDM® relevante Anforderungen, Inhalte und Umsetzungsmöglichkeiten diskutiert, die anschließend in das Gesamtsystem integriert werden konnten.

2.1 Konkrete Entwicklung von CDM®

Folgende Ziele wurden definiert:

- Ganzheitliches Dienstleistungsprogramm mit modularen Komponenten
- Erweiterung des bisherigen Dienstleistungsportfolios unter Berücksichtigung von Kunden- und Marktanforderungen
- Exakte Leistungsdefinition

- Transparenz der Einzelmodule
- Effizienzsteigerung durch Rationalisierung im Service, Personalaufbau und gezielte Qualifizierung
- Kundenbindung
- Ertragssteigerung
- Bessere Dienstleistungs-Vermarktung
- Differenzierung zum Wettbewerb, Alleinstellungsmerkmal

Es galt nun, eigenständige Dienstleistungen zu definieren, welche sowohl spezifische Anforderungen abdecken, gleichzeitig aber auch im Verbund mit anderen Modulen eine neue Gesamt-Dienstleistung bilden.

Nach den Ergebnissen der Marktrecherchen wurden für die Einführungsphase 10 modulare Dienstleistungen ausgearbeitet. Jedes Modul stellt einen Dienstleistungsschwerpunkt dar, dessen Leistungsumfang genau und anforderungsorientiert deklariert ist.

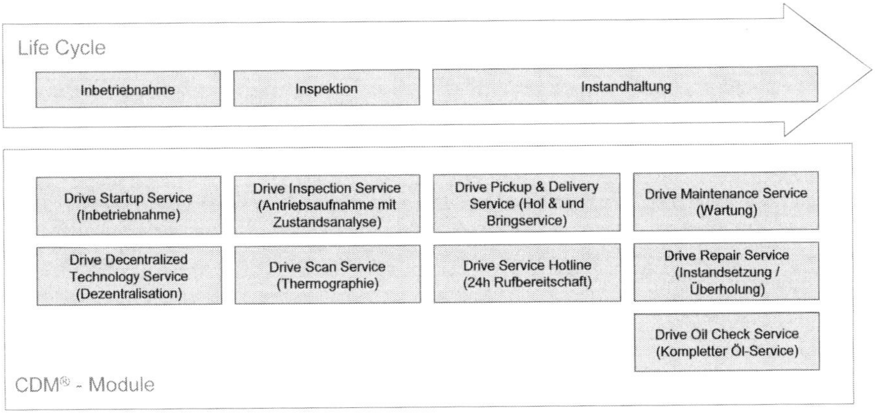

Abb. 2. CDM® - Module

2.2 Die Einführung und Vermarktung von CDM®

Zur internationalen Nutzung des CDM® und der Module wurden die Begriffe bereits in der Einführungsphase mit englischen Bezeichnungen ausgeführt.

Für jedes Modul wurde ein eigenständiger Flyer mit der Beschreibung aller Einzelmaßnahmen entwickelt. Alle Flyer finden in einer speziellen Mappe Aufnahme. Die Flyer und Mappen werden den Anlagenbetreibern und OEMs per Direct Mail, auf Messen und Ausstellungen und als Beilage zum Schriftverkehr zugänglich gemacht.

Mit Anzeigenwerbung und durch Berichte in Fachmagazinen wird die Marke CDM® zusätzlich bekannt gemacht. Ziel ist es, den Begriff CDM® als Synonym für den umfassenden Premium-Service in der Antriebsbranche zu installieren. Aus diesem Grund wurde, wie bereits erwähnt, der Begriff CDM® als Marke für SEW-EURODRIVE rechtlich geschützt.

Die bisherige Kundenreaktion war ausgesprochen positiv. Vor allem fanden die hohe Transparenz der technischen Leistung und der damit verknüpften Kosten sowie die besondere Leistungsfähigkeit des SEW-Service große Anerkennung.

Das besondere Interesse gilt dabei der mit CDM® verknüpften generellen Erhöhung der Antriebs- und Anlagenverfügbarkeit und der Betriebssicherheit durch:

- Vollständige Transparenz der in der Anlage eingesetzten Antriebe
- Vorbeugende Überprüfungsmöglichkeit während der laufenden Produktion
- Minimierung von Störungen
- Optimierung der Lagerhaltung
- Effizientes Störfallmanagement und damit eine Senkung der Ausfallkosten
- Fachgerechte Ausführung aller Arbeiten durch qualifizierte Service-Techniker

Bei Bedarf werden weitere Module entwickelt und in das Dienstleistungs-Programm integriert. CDM® ist schon heute das Synonym für After-Sales-Betreuung von Antriebssystemen im Markt und hat sich lückenlos in das Produktprogramm von SEW-EURODRIVE eingefügt.

Alle Antriebssysteme von SEW-EURODRIVE vom netzbetriebenen Getriebemotor bis zum hochdynamischen, elektronisch geregelten Positionierantrieb und auch Fremdprodukte im gleichen Leistungs- und Funktionsspektrum werden so gleichermaßen schnell und zuverlässig betreut.

Entwicklung und Handhabung modularer Dienstleistungsbaukästen

Jürgen J. Schramm, Klaus Pallentien

Inhalt

1 Einleitung

Viele Unternehmen beschäftigen sich mittlerweile mit der Neuausrichtung ihres strategischen Dienstleistungsangebotes. Galt der bisherige Schwerpunkt der Unterstützung der Sachgutveräußerung, beispielsweise zur Verbesserung der Kundenbindung und zur Differenzierung von Konkurrenzprodukten, werden Dienstleistungen mittlerweile auch im Investitionsgüterbereich als eigenständiges Business akzeptiert, das konjunkturunabhängig optimale Marktbelegungsstrategien ermöglicht (Meier u. Schramm 2002a). Leider ist es bisher noch nicht gelungen, diese Erkenntnis umzusetzen und die Kunden, begleitend zum Lebenszyklus des Sachgutes, kontinuierlich mit Dienstleistungen zu binden.

Dass während der eigentlichen Produktnutzung Dienstleistungen meist in Eigenerbringung abgewickelt werden, kann ein Indiz für die mangelnde Fähigkeit der Zulieferer sein, Angebote für Services, die in Qualität und partnerschaftlicher Profitabilität überzeugen, abzugeben (Meier et al. 2002b). Belegen lässt sich dies mit Aussagen auf Kunden sowie auf Lieferantenseite, dass bisherige Serviceverträge keinen profitablen Eindruck hinterlassen und von der viel beschworenen Win-win-Situation offensichtlich weit entfernt sind. Kunden, die Serviceverträge abgeschlossen haben, geben zudem an, mit der Servicequalität unzufrieden zu sein. Hier existiert die mitunter größte Diskrepanz zur Lieferantensicht. Allgemein definierte Angaben, die die unmissverständliche Interpretation von Dienstleistungen zulassen und von allen Geschäftspartnern einheitlich anerkannt sind, scheinen zu fehlen. So ist es derzeit kennzeichnend, dass viele Unternehmen zwar über ein sehr umfangreiches, aber nicht optimal auf den Kunden abgestimmtes Portfolio an Dienstleistungen verfügen. Im Hinblick auf eine sachgutbezogene Absatzstärkung werden von den Anbietern im Zuge der Kaufphase Zugeständnisse an die Variabilität der Dienstleistungen gemacht, um das scheinbare Hauptziel, die Unterstützung der Sachgutveräußerung, voranzutreiben. Eine strukturierte und transparente Durchführung der Dienstleistungen unternehmensintern und an der Kundenschnittstelle ist auf diesem Wege nicht möglich. Die Kunden sind oftmals mit der Lösung unzufrieden, obwohl sie in bester Absicht eigens für sie konzipiert wurde (Meier 2003). Die Service- Wüste wandelt sich gewissermaßen in einen Service-Dschungel (Schuh 2002).

Der strukturierte Aufbau des Dienstleistungsportfolios mit Hilfe modularisierter Dienstleistungen kann Transparenz schaffen und eine Grundlage zur Prozessoptimierung bieten. Dass die Kundenindividualität keinesfalls unter diesem Ansatz zu leiden hat, soll im Nachfolgenden dargestellt werden.

2 Die Strukturierung des Dienstleistungsportfolios

Die Frage, wie der deutschen Maschinenbau seine Fähigkeiten im Servicesektor zur Entfaltung bringen kann, ohne sich in zu vielen unzusammenhängenden und in ihrem Nutzen nicht offensichtlichen Einzelleistungen zu verstricken, wurde bereits für den Sach- Konsumgüterbereich beantwortet. Hier führte die Bedienung von Nischenmärkten ursächlich zum gleichen Problem: einem Anstieg der Konstruktions- und Produktionskosten, der in keinem Verhältnis zum Markt- und Ergebnisgewinn stand. Wege aus dieser Misere wurden mittlerweile ausgemacht, lassen sich jedoch nicht ohne weiteres auf die Dienstleistungsgestaltung übertragen. Da im Falle der Serviceveräußerung der Kunde sich nicht lediglich für ein Produkt entscheiden soll, sondern auch in einem erheblichen Maße zu dessen Qualität und Nutzen während der Erbringung beiträgt, können Grundgedanken der Variantenbildung aus dem Sachleistungssektor aufgegriffen werden, müssen aber den dienstleistungstypischen Aspekten wie Immaterialität und Gleichzeitigkeit von Produktion und Konsum angepasst werden. Ein Service Mass Customizing kann sich folglich nur auf die Strukturierung und geschickte Verwaltung von Prozessen und der ihnen zugeordneten Informationen beziehen. Es muss als Rahmenkonzept für Standardlösungen dienen und gleichzeitig die Aktions- und Reaktionsfähigkeit des dienstleistenden Unternehmens fördern.

Neuere Ansätze beschäftigen sich daher mit einer Modularisierung der zur Dienstleistungserbringung notwendigen Geschäftsprozesse (Hermsen 2000; Scheer 2002). Angewendet werden hierfür Methoden, die der Modellierung von Sachgütern entliehen sind. Wie erfolgreich dieses umgesetzt wird, spiegelt sich letztendlich in der Angebotsgestaltung wider. Das Angebot, das aus Eigeninitiative oder auf Kundenanfrage erstellt wird, ist der einzige Produktnachweis, den der Lieferant dem Kunden gegenüber vor der eigentlichen Erbringung darstellen kann. Die Akzeptanz, Dienstleistungen als Produkt zu erkennen ist bei den Kunden noch nicht sehr ausgeprägt. Die Prüfung des Angebotes wird daher sehr kritisch ausfallen. Folgende Merkmale werden dafür vom Kunden herangezogen:

- Kunden erwarten Dienstleistungen, deren Nutzen sofort ersichtlich ist. Dienstleistungsangebote, die dies nicht vermitteln können und den Anschein erwecken, dem Kunden Leistungen aufzudrängen, werden nicht erfolgreich sein.
- Zu viel Varianz kann verunsichern. Wird dem Kunden zu viel Raum in seiner Entscheidung gegeben - werden ihm gewissermaßen einzelne Leistungsfragmente angeboten - muss er den Mehrwert und den Nutzen selbst ableiten. Von ihm wird die Kompetenz abverlangt, einem anstehenden Problem mit der Auswahl der richtigen Einzelleistung zu begegnen. Ist der Kunde hierzu in der Lage, besteht in den meisten Fällen keine Veranlassung mehr, die Hilfe des Dienstleistungsgebers in Anspruch zu nehmen. Der Kunde muss folglich ein Portfolio vorfinden, in welchem er sich sofort zurecht findet. Zudem muss er davon überzeugt sein, die einzelnen Module nicht in Eigenleistung besser erbringen zu können.
- Die Produktkriterien müssen erfüllt sein. Hierfür ist die Einführung einer Dienstleistungsontologie und der daran gekoppelten Qualitätsansprüche erfor-

derlich. Derzeit existiert nur eine geringe Anzahl von Standards für Infrastrukturdienstleistungen, die es zulassen, einheitliche Bewertungsverfahren festzulegen (DIN 2002, S.178). Besonders problematisch gestaltet sich die Situation für Unternehmen, die im internationalen Markt tätig sind und mit entsprechend heterogenen Anforderungen konfrontiert werden. Teilweise leiten Kunden Hinweise für die Qualität einer Dienstleistung aus dem veranschlagten Preis ab, da es keine einheitlichen Beurteilungskriterien für den Dienstleistungsumfang und die Qualität gibt.
- Preisverschleierungen durchschaut der Kunde gewöhnlich nach kurzer Zeit. Die Gestaltung der Kosten muss daher nachvollziehbar sein.

Insgesamt muss der Dienstleistungsgeber seine Kompetenz als Problemlöser beweisen und gleichzeitig die Rentabilität der eigenen Abläufe sicherstellen. Für ihn ergeben sich daraus folgende Handlungsfelder:

- Auseinandersetzung mit den eigenen Kernkompetenzen. Prüfung des Portfolios hinsichtlich der Ressourcen und Wirtschaftlichkeit. Welche Leistungen können selbst erbracht, welche sollten outgesourced werden? Die Transparenz der eigenen Dienstleistungen ist unverzichtbare Voraussetzung, um den Kunden glaubhafte und attraktive Angebote unterbreiten zu können.
- Einführung von Standards, um Qualitätszusagen machen zu können und ein Controlling der Dienstleistungserbringung zu etablieren.
- Identifikation von Elementardienstleistungen, die die Basis für komplexere Angebote darstellen. Die Angebotserstellung kann hierdurch effizienter und mit einem hohen Standardisierungsgrad erfolgen.
- Vereinheitlichung und Automatisierung der Angebotserstellung. Angebotsanfragen und erfolgreich abgeschlossene Aufträge müssen mit minimalen informationstechnischen und organisatorischem Aufwand abgewickelt werden.
- Die Gestaltung von Angeboten, die sich aus Dienstleistungsmodulen mehrer Kooperationspartner zusammensetzen, bedarf der informationstechnischen Unterstützung. Die Zuverlässigkeit der Partner muss dafür vorab aus der Historie bisheriger erbrachter Leistungen abzulesen sein.

Voraussetzung für die schnelle Bereitstellung von Dienstleistungen ist das Vorhandensein eines Katalogs standardisierter Bausteine, sogenannter DL-Module, die in einer unternehmensübergreifenden Festlegung, einer Zertifizierung ähnlich, bestimmt werden. Hierfür muss beantwortet werden, in wie weit sich Dienstleistungen überhaupt in Form von einzelnen Bausteinen darstellen lassen, so dass sie in ihrer Kombination kundenindividuelle Dienstleistungsprodukte ergeben . Das Repertoire aller Module ergibt, über den Gesamtlebenszyklus des Investitionsgutes gesehen, einen Dienstleistungsbaukasten.

3 Modularer Aufbau von Dienstleistungen

Die zunehmende „Industrialisierung“ von Dienstleistungen (Bullinger 1999, S. 64) erfordert einen Strukturierungsansatz der es erlaubt, Dienstleistungen wie materielle Güter kundenindividuell zu kombinieren, konfigurieren und zu bündeln. Ein derartiger Strukturierungs- und Beschreibungsansatz (Fähnrich 1998, S. 38) fehlte bislang – sowohl theoretisch als auch in der betrieblichen Praxis. Um Dienstleistungsangebote systematisch abbilden zu können, müssen Einzeldienstleistungen modulare Eigenschaften aufweisen, sodass sie in einem Baukasten abgelegt werden können. Aus diesem Portfolio lassen sich dann kundenindividuell Dienstleistungspakete zusammenstellen und anpassen. Das Zusammenwirken dieser modular konzipierten Einzeldienstleistungen, die in sich geschlossene interne und externe Prozesse repräsentieren, bietet nicht nur den Vorteil der schnellen Umsetzung und Visualisierung des zu entwickelnden Dienstleistungspaketes, sondern stellt auch einen essentiellen vorbereitenden Punkt des Service-Bundling dar (Meier 2003).

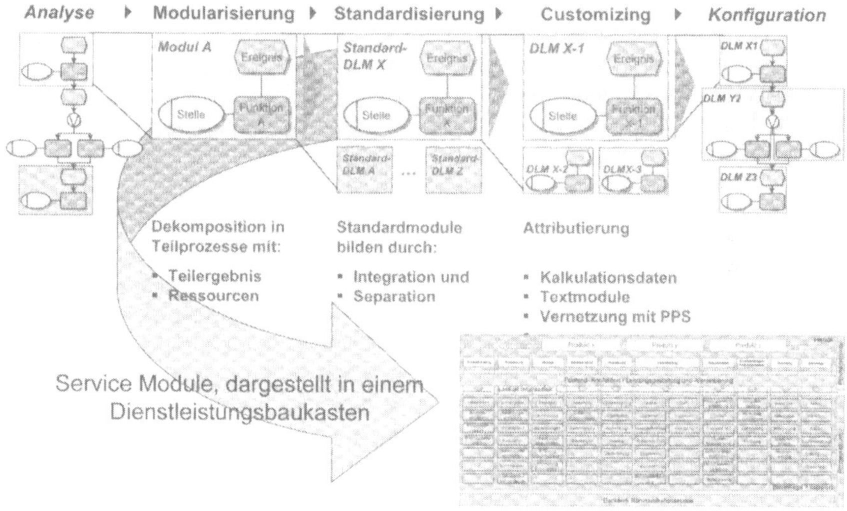

Abb. 1 Aufbau eines Dienstleistungsbaukastens (vgl. Hermsen 2000)

Durch die Verknüpfung der Elemente über definierte Schnittstellen lassen sich z.B. Aussagen über den zu erwartenden Ressourcenbedarf treffen. Wurden die Schnittstellen innerhalb von Unternehmensnetzwerken vereinbart, können auf diesem Wege auch kooperative Angebote erstellt werden, um bestehende unternehmensinterne Ressourcenengpässe auszugleichen.

3.1 Modularisierung der Serviceprozesse

Erster Schritt zur Identifizierung sogenannter Dienstleistungsmodule, also Leistungseinheiten, deren weitere Zerlegung nicht mehr sinnvoll vorgenommen werden kann, ist die Dekomposition bisher ablaufender Serviceprozesse. Dieses Vorgehen erweist sich am ehesten auf die Praxis anwendbar, da Unternehmen zunächst die Erbringung bestehender Serviceangebote reflektieren und an die strategischen Vorgaben anpassen kann. Üblicherweise lassen sich Dienstleistungen durch drei Dimensionen beschreiben (Bruhn u. Meffert 2003).

Die *potenzialorientierte* Dimension einer Dienstleistung gründet sich auf einer prinzipiellen Leistungsbereitschaft, die durch die Bereithaltung von Ressourcen die Erbringung einer geforderten Dienstleistung erlaubt. Die *Prozesskomponente* berücksichtigt dagegen alle auch häufig als Erbringungsprozess bezeichneten Abläufe, die durch den Dienstleistenden alleinig oder in Zusammenarbeit mit dem Kunden erbracht werden, um die Leistung bereitzustellen (Fassot 1995, S.17). Das Leistungsergebnis setzt sich letztlich trotz seines für Dienstleistungen typischen unstofflichen Charakters meist aus einem Sachleistungs-Dienstleistungsbündel zusammen. Ein Schulterschluss zwischen den aufgezeigten drei Betrachtungsweisen lässt sich erzeugen, indem Dienstleistungen als „angebotene immaterielle Leistungsfähigkeiten (Potenzial), die direkt an externen Faktoren mit dem Ziel erbracht werden (Prozess), an ihnen gewollte Wirkungen zu erreichen (Ergebnis)“ bezeichnet werden. Demnach kann der Charakter einer Dienstleistung nur erfasst werden, wenn alle drei Phasen durch jeweils ein gesondertes Merkmal in die Dienstleistungsdefinition eingehen. Die Prozessdimension bietet aber durch die Darstellung der notwendigen Aktivitäten die beste Grundlage zur Modularisierung. Durch sie wird die monolithische Gestalt des Gesamtprozesses aufgebrochen und in einzelne, handhabbare Prozesselemente überführt (Hermsen 2000, S.67). Nach der Separation einzelner modultauglicher Prozessschritte aus dem Gesamtprozess der Dienstleistungserbringung heraus muss die Festlegung informatorischer und prozessualer Schnittstellen geschehen, die die Kompatibilität der einzelnen Module untereinander gewährleisten. Jedes Modul kann dann für sich ein einzelnes Serviceprodukt darstellen oder verknüpft mit anderen ein Dienstleistungspaket ergeben, das auf das Problem des Kunden zugeschnitten wurde. Für die Aufnahme in den Dienstleistungsbaukasten eigenen sich vor allem Module mit einem hohen Standardisierungspotential, da sie zur Gestaltung vieler Dienstleistungen heran gezogen werden.

3.2 Standardisierung der Modulbeschreibung

Der Aufbau eines Dienstleistungsbaukastens, der auch als Basis zur Angebotsgestaltung dient, erfordert einige Vorüberlegungen bezüglich einer Vereinheitlichung der Leistungsumfänge, die im Zusammenhang zu einer bestimmten Produktbeschreibung stehen.

Momentan kann nicht auf eine bestehende Standardisierung von Dienstleistungen zurückgegriffen werden, die die Auswahl der gewünschten Leistungen erleichtert. Zweifelsohne ist eine beschleunigte Angebotsannahme und Auftragsabwicklung nur möglich, wenn nicht in jedem Fall von neuem über Leistungsinhalte verhandelt wird. Es muss demnach zuerst eine branchenspezifische Nomenklatur für die einzelnen Dienstleistungsmodule gefunden werden, die den Kundenbedürfnissen und den identifizierten Prozessen der Lieferanten entsprechen. Insbesondere der elektronische Handel, der theoretisch mit modularisierten Dienstleistungen möglich ist, setzt eine starke Formalisierung von Datenstrukturen voraus, so dass standardisierte Beschreibungen als Grundvoraussetzung der Ausschreibung angesehen werden können (vgl. DIN 2002, S.178). Missverständlichkeiten können so auf Kunden- und Lieferantenseite vermieden werden, was zusätzlich mit der Nutzung des neuen Kommunikationsmediums die Auftragsabwicklung beschleunigt. Da bisher die eigentlichen Preisverhandlungen speziell für Dienstleistungen nicht in festgelegten Rahmen verlaufen, wird zudem der erste Schritt in Richtung einer Etablierung von verpreisbaren Produkten gegangen.

Als weiterer Aspekt eröffnet sich die Möglichkeit des Vergleichs der Qualität einzelner Dienstleistungen. Bisher konnte Dienstleistungsqualität nur vom Kunden individuell erlebt werden, was eine einmalige Inanspruchnahme und Ungewissheit bei der Auftragserteilung bedingte. Die Erfahrungen wurden dann entweder personenbezogen genutzt oder mussten aufwendig dokumentiert werden, um aussagefähig für den nächsten Entscheidungsträger zu sein. Die Festlegung einheitlicher Merkmale verschafft zwar noch keine vollständige Aussage über die letztlich erbrachte Qualität der Dienstleistung, erleichtert aber das Auswahlverfahren unter mehreren Anbietern.

Letztlich wird auch die kooperative Erbringung von Dienstleistungen durch den Standardisierungsprozess unterstützt. Eigene Dienstleistungsangebote können durch Kooperationen mit internen und externen Partnern erweitert werden, ohne Gefahr zu laufen, Ressourcenengpässe zu erhalten. Vielmehr kann die Konzentration auf eigene Kernkompetenzen weiter voran getrieben werden, ohne das Dienstleistungsportfolio zu sehr einschränken zu müssen. Die Notwendigkeit einer einheitlichen Beschreibungssprache tritt hier nochmals verschärft hervor, denn obwohl viele Begriffe für Serviceprodukte wiederholt in einer Branche anzutreffen sind, bestehen zwischen den Unternehmen sehr unterschiedliche Auffassungen, was den Leistungsumfang und letztlich die Servicetiefe anbelangt. Dies entwickelt sich spätestens dann zum Problem, wenn eine kooperative Zusammenarbeit mehrerer Dienstleistungsgeber angestrebt wird, die zu einem einheitlich präsentierten Serviceprodukt führen soll. Dass dieser Schritt zunehmend zur Notwendigkeit wird, lässt sich an der Kundenerwartung ablesen, die sich in Richtung sehr umfangreicher Serviceumfänge entwickelt. Deutlich lässt sich dies an einer gestiegenen Nachfrage nach Betreibermodellen beobachten, welche von Lieferanten mitunter die Verantwortungsübernahme für die Produktion ganzer Anlagenbereiche abverlangen. Für den einzelnen Anbieter stellt sich die Frage, wann er das Feld der eigenen Kernkompetenz verlässt und zu welchem Zeitpunkt er auf die kooperative Mithilfe von Partnern angewiesen ist.

Meist verfügen potenzielle Partner ihrerseits über ein Serviceangebot, das nicht direkt mit den eigenen Leistungen zu vergleichen ist. Wie lassen sich also Dienstleistungen in ein gemeinsames Servicebündel integrieren, die über andere Leistungsgrenzen verfügen und deren Prozesse auf einem anderen Abstraktionsniveau beschrieben wurden? Typisch ist hierfür das Beispiel des Anlagenbaus, in dem Partner agieren, deren Sachgüter sich allein schon im Umfang und ihrer Komplexität extrem voneinander unterscheiden. Da die Dienstleistungen an das jeweilige Sachgut gebunden sind, differiert die Beschreibung eines Serviceproduktes, das z.B. von einem Hersteller von Getriebemotoren erbracht wird, aller Voraussicht nach erheblich von den Leistungen des OEM's.

3.2.1 Externe (primäre) und interne (sekundäre) Prozesse

Da auch Dienstleistungen sich aus primären und sekundären Prozessen zusammensetzen, muss vorab geklärt werden, welcher prozessuale Umfang in den Modulen abgebildet werden soll. Primäre Prozesse stellen die eigentliche Leistungserbringung dar und können als direkte Wertschöpfung beim Kunden angesehen werden. Sekundäre Prozesse gewährleisten lediglich den reibungslosen unternehmerischen meist intern stattfindenden Ablauf, beanspruchen die Infrastruktur des Lieferantenunternehmens und werden daher oftmals unter den Gemeinkosten geführt. Zudem werden administrative Arbeiten zusammenfassend für mehrere Dienstleistungen gleichzeitig durchgeführt, die Verknüpfung mehrer Module würde dadurch erschwert. So wird z.B. die Fakturierung nur einmal pro Serviceeinsatz stattfinden, unabhängig von der Anzahl der Einzelmodule, die für die Dienstleistungen ausgewählt wurden. Von den Kunden ist keine Akzeptanz hinsichtlich einer Vergütung der internen sekundären Prozesse zu erwarten, folglich ist es sinnlos, diese mit in den Modulumfang aufzunehmen. Auch unterscheiden sich die internen Prozesse von Unternehmen zu Unternehmen erheblich, je nachdem, wie der organisatorische Aufbau aussieht. Ist der prozessorientiert ausgerichtet, kann die Zuordnung von Kosten, die nur indirekt mit den Leistungen des Dienstleistungsmoduls zusammenhängen noch gelingen, bei einer klassischen Projektorganisation, wie sie für viele Serviceaufträge in Unternehmen zum Einsatz kommt, ist das kaum noch möglich.

Interne oder auch sekundäre Abläufe müssen daher aus dem Leistungs- und Prozessumfang der Dienstleistungsmodule ausgeklammert werden. In Abb. 2 ist dies dargestellt durch die Line of Visibility oder auch Line of internal interaction, die aus dem Ansatz des Service- Blueprinting[1] übernommen wurde. Deren Zweck war ursprünglich die verbesserte Gestaltung sogenannter Moments of Truth, der bewussten Planung der Kontakte zum Kunden. Sie eignet sich aber auch zur Filterung derjenigen Prozessanteile, die für den Kunden die eigentliche Dienstleistungswertschöpfung darstellen.

Diese Primärprozesse lassen sich weiter klassifizieren, so dass eine Bewertung der Module auf Basis festgelegter Attribute erfolgen kann. Die Signifikanz der Attributierung hängt dann von der jeweiligen Modulklasse ab. So ist z.B. für die Bereitstellung eines sog. „Expertenprozesses" die erforderliche Qualifikation des einzusetzenden Personals ausschlaggebend, während das Ausführen eines „Logis-

[1] Das Service-Blueprinting ist eine Visualisierungsform zur Darstellung von Serviceprozessen unter besonderer Berücksichtigung der Kundeneinbindung.

tikprozesses“ von der zurückgelegten Wegstrecke und dem beförderten Gut abhängt. Die Modulklasse hat von daher auf die weitere Verknüpfung, die zu aktivierenden Ressourcen und die Ermittlung des Kostensatzes prägenden Einfluss.

Für eine übergreifende Auftragsabwicklung bzw. Steuerung wird die Darstellung der sekundären Prozesse erforderlich sein, insbesondere vor dem Hintergrund möglicher Service-Kooperationen zwischen mehreren Lieferanten. Hier aussagekräftige Schlüssel zu finden, die eine Verteilung der anstehenden Gemeinkosten über ein gesamten Netzwerk, welches gemeinsam einen Serviceauftrag bewältigt, zu finden, stellt eine gesonderte Aufgabe dar und soll nicht Thema dieser Abhandlung sein. Zur Konfiguration von Dienstleistungsbündeln bzw. Gestaltung von Dienstleistungsprodukten sind zunächst die primären Prozesse ausreichend und werden für diese Aufgabe herangezogen.

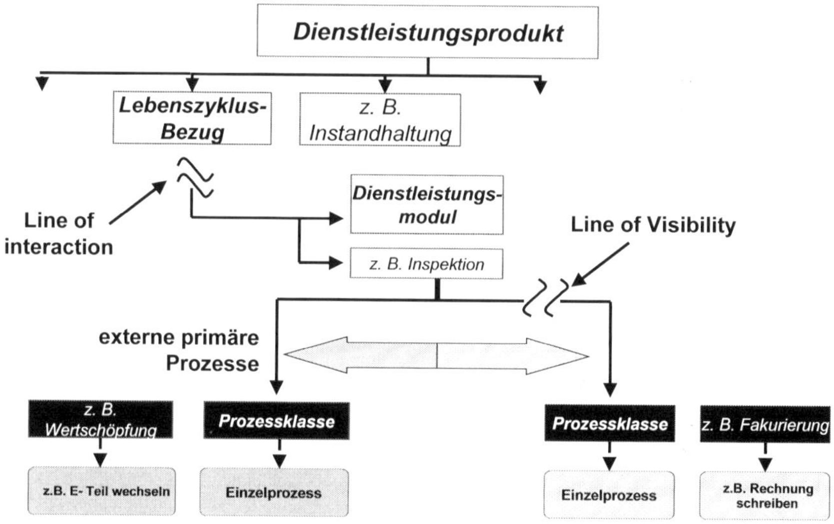

Abb. 2 Die Trennung von primären und sekundären Prozessen

Ein Charakteristikum von Dienstleistungen ist die notwendige Integration des externen Faktors. Hieraus entsteht die Tendenz, den Kunden auch bei der Erstellung der Dienstleistung stark einzubinden, was insbesondere bei der Gestaltung von Dienstleistungsinnovationen von Vorteil ist. Der Kunde agiert gewissermaßen als Co-Produzent.

In Abb. 2 wird dies dargestellt durch die sog. Line of Interaction, die festlegt, wie stark der Kunde in die Gestaltung der Dienstleistung integriert wird. Eine zu starke Kundeneinbindung birgt die Gefahr, dass auf Unternehmensbereiche Einfluss genommen wird, die nicht auf den direkten Kundenkontakt eingerichtet sind. Dienstleistungsmodule, die in ihrem Design bereits festgelegt sind und den Innovationszyklus bereits hinter sich haben, werden dadurch in ihren Leistungsumfängen u.U. verändert, was durch das Überspringen von Instanzen oder durch das Verändern von verankerten Erbringungsprozessen Redundanzen und erhöhte Koordination verursachen kann. Grundsätzlich kann die Empfehlung ausgesprochen werden, Kunden lediglich Einfluss auf die Produktstruktur zu gewähren. Keinesfalls darf ein Zugriff gar hinter die Line of Visibility auf die sekundären Prozesse erfolgen. Würde dies geschehen, ließe sich das modulare Konzept nicht durchsetzen.

3.2.2 Attributierung

Nachdem die Leistungsumfänge der Dienstleistungsmodule durch die prozessorientierte Betrachtung festgelegt wurden, sind zur hinreichenden Beschreibung Attribute zu identifizieren, durch die das Modul zunächst anwendungsneutral in einem Dienstleistungsbaukasten archiviert werden kann. Dieser Baukasten ist eine speziell auf den Servicebereich zugeschnittene Darstellung des Dienstleistungsportfolios. Hierbei werden, ausgehend vom typischen Lebenszyklus eines Sachgutes, die einzelnen Phasen von der Produktberatung bis zur Entsorgung mit den passenden Dienstleistungsmodulen flankiert. Diese Visualisierung erleichtert es den Unternehmen, sich strategisch mit dem Gesamtangebot an Einzeldienstleistungen aufzustellen, Handlungsfelder aufzudecken und durch die Verknüpfung einzelner Module neue Produktpakete zu erzeugen. Die Strukturierung ist zudem wichtig, da sie die Grundlage einer Angebotsgestaltung in Form kooperativer, unternehmensübergreifender Modulzusammenschließung bildet. Vergleichbar kann der Begriff des Templates für das Modul in diesem Beschreibungszustand herangezogen werden; der prinzipielle Prozessumfang steht fest, doch sind noch keine Daten angebunden, die zur vollständigen aussagekräftigen Beschreibung reichen würden. Das Modul befindet sich im Zustand der allgemeingültigen Attributierung.

Diese beinhaltet die Darstellung aller Eigenschaften, die zur anwendungsneutralen Beschreibung der Module erforderlich ist. Umfasst wird eine genaue Leistungsbeschreibung, die an die Namengebung des Moduls gebunden ist[2], eine eineindeutige Identifizierung über den Lebenzyklusbezug zum Sachgut sowie die Definition der kleinsten prozessualen Einheit, die zur Erbringung des Moduls erforderlich ist.

Durch die Verknüpfung mit der betreffenden Sachleistung gelingt die Übertragung dieses Moduls in den eigentlichen *Produktstatus*. Im Investionsgütersegment ist eine Dienstleistung nie für sich allein stehend. Die grundsätzliche Unterscheidung, ob die Dienstleistung am Kunden selbst, an seinen materiellen Objekten oder an immateriellen bzw. nominalen Objekten durchgeführt wird (vgl. Jaschinski 1998, S.62), ist für die vorliegende Problemstellung nicht von vorrangiger Bedeutung. Kennzeichnend ist vielmehr das Vorhandensein eines Sachgutes, auf das sich Kundeninteresse und Produktnutzen fokussiert. Gerade diese Sachleistungsgebundenheit kann dazu beitragen, reproduzierbare Dienstleistungen zu gestalten. Der Bezug erlaubt die exakte Beurteilung der, an sich nicht aussagekräftigen Dienstleistungsprozesse. So erklärt sich der Umfang z.B. einer Instandsetzung

[2] Ein Vorschlag zur Durchsetzung solcher allgemeingültigen Leistungsbeschreibungen wird im Beitrag „IT-gestützte Gestaltung kooperativer Dienstleistungen" von Schramm, Steinmann und Wichert in diesem Band dargestellt.

durch das Sachgut, an welchem sie durchgeführt werden soll. Dieser wird sich maßgeblich darin unterscheiden, ob die Arbeiten z. B. an einer kompletten Anlage oder einem einzelnen Bauteil durchgeführt werden. Gleiche Schlussfolgerung ergeben sich auch durch die hierzu erforderliche Personalqualifikation, die sich auf die Bedienung eines speziellen Anlage bezieht, usf. Die in diesem Zusammenhang erforderliche spezifische Attributierung beinhaltet folglich die Informationen, die zur konkreten Erbringung dieses Dienstleistungsproduktes vorhanden sein müssen.

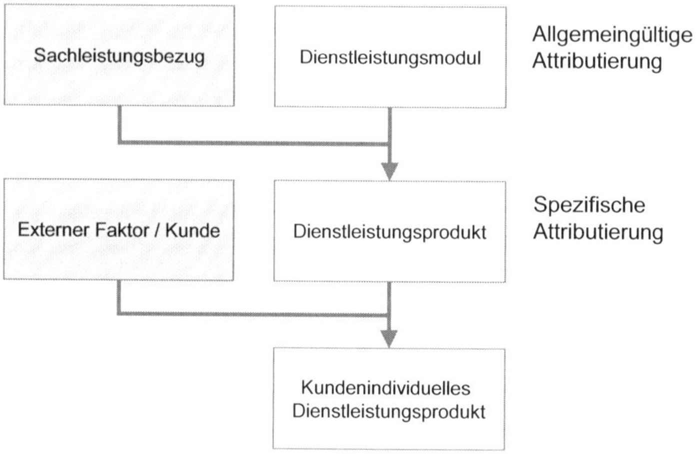

Abb. 3. Grundsätzliche Arten der Attributierung

Durch die Integration des externen Faktors wird sich eine Beeinflussung der Dienstleistungsmodule nicht ausschließen lassen und der Verkauf der „Dienstleistung von der Stange" vorerst eine Illusion bleiben. Unter den oben genannten Gesichtspunkten muss es daher gelingen, kundenindividuell bestehende Produkte anzupassen. Hierfür müssen die spezifischen Einsatzbedingungen, unter welchen die Erbringung stattfindet, beachtet werden. Auch sind persönliche Beziehungen oftmals für ein erfolgreiches Servicegeschäft von entscheidender Bedeutung. In diesem letzten Schritt der Attributierung wird sich daher zeigen, wie robust die einzelnen Dienstleistungsprodukte konzipiert sind. Lassen sich die Module nicht auf die jeweilige Kundensituation anpassen, ohne die Grundstruktur in Frage zu stellen, sollte der Aufbau der Einzelleistung nochmals überdacht werden.

3.2.3 Konfiguration von Dienstleistungsmodulen

Die Zerlegung der Dienstleistungsprozesse in diese Einzelmodule und die Zusammensetzung und Neuordnung dieser Module zu neuen Dienstleistungsprozessen und damit zu neuen Dienstleistungspaketen bedingt reibungslose und logische Schnittstellen. Nur so ist auch sichergestellt, das bei Dienstleistungskooperationen einzelne Bausteine im Dienstleistungsprozess von unterschiedlichen Dienstleistungsgebern ausgeführt werden können. Hier muss Sorgfalt auf die Konfiguration des Einzelbausteines und seine fachliche, zeitliche, organisatorische, logische und kommerzielle Abhängigkeit und Verknüpfung mit vorstehenden und nachstehenden Modulen aufgewendet werden.

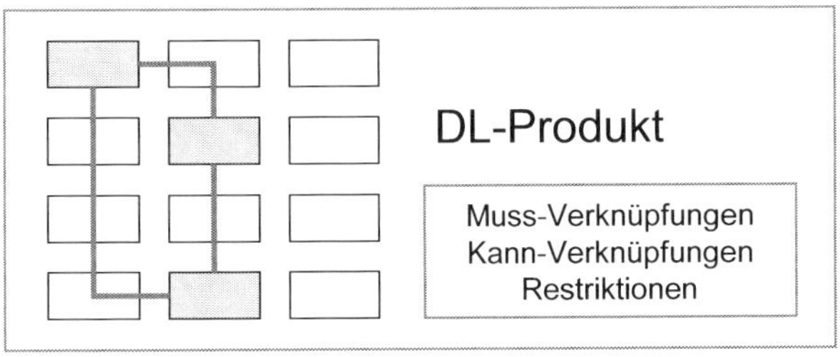

Abb. 4. Verknüpfung von Dienstleistungsmodulen

Während die Attributierung die Erfassung und Aggregation der notwendigen Informationen unterstützt, die zur Produktgestaltung, operativen Angebotserstellung und Dienstleistungserbringung erforderlich sind, ist die Verknüpfung der Module untereinander unter notwendigen ablaufbezogenen und optionalen Kann-Leistungsbezogenen Gesichtspunkten zu verankern. Jedes Modul hat folglich feststehende Beziehungen, die automatisch bei dessen Inanspruchnahme ausgelöst werden. Auf der anderen Seite ist es an Wenn-Dann-Abfragen gekoppelt, die eine Anpassung auf den Anwendungsfall durch das Aufrufen weiterer Module ermöglicht. Die Kundenindividualität ist auf diesem Wege gegeben, ohne den Weg des Baukasteneinsatzes zu verlassen. Dem Sachbearbeiter sind vielmehr klare Grenzen gesetzt, in denen er den Leistungsumfang im Sinne des Kunden variieren kann.

4 Aufbau kooperativ genutzter Dienstleistungsbaukästen

Großes Potenzial des dargestellten Ansatzes entfaltet sich über die Erfüllung der unter Punkt 2 genannten Prämissen hinaus in der Gestaltung kooperativer, unternehmensübergreifender Dienstleistungsprodukte. Nicht alle Elemente einer geforderten Dienstleistung entsprechen den Kernkompetenzen des jeweiligen Anbieters. Für viele Dienstleister ist die Belastung, die durch die Forderung nach immer umfangreicheren Servicepaketen entsteht, nicht mehr allein zu bewältigen, so dass die Bündelung von Leistungen über mehrere Unternehmen hinweg stattfinden muss. Mögliche Synergieeffekte, die eine Kooperation mit mehreren Lieferanten mit sich brächten, werden eindeutig von Lieferanten erkannt, jedoch ist die Umsetzung solcher Dienstleistungsnetzwerke kaum realisiert (vgl. Meier et al. 2002). Dies betrifft die Sicherung von Verfügbarkeiten einzelner Maschinen, mehr aber noch die Betreuung komplett verketteter Anlagen. Am weitesten verbreitet ist die Übernahme einer Generalunternehmerschaft, bezogen auf ein Konsortium mehrerer Dienleistungsgeber, was aber nicht die unternehmensübergreifende Verteilung und Koordination einzelner Einsätze und Tätigkeiten respektive Service-Module, sondern lediglich den Abschluss von Unterverträgen beinhaltet.

Solange Dienstleistungsgeber nicht in der Lage sind, ihr Angebot durch Outsourcing erheblich zu verschlanken und auf Kernkompetenzen zu reduzieren, ermöglicht der Baukastenansatz zwar ein effizienteres Dienstleistungsgeschäft des einzelnen Unternehmens, trägt aber noch nicht zum Abbau der operativen Schwierigkeiten bei der Erbringung bei.

Ziel ist es, dass Dienstleister sich ihr Wunschportfolio aus standardisierten Bausteinen zusammenstellen und ggf. um spezielle Bausteine externer Partner ergänzen können. Bei Einhaltung der aufgezeigten Struktur und der skizzierten Attirbutierung, kann dies in Anpassung an den eigenen Qualitätsanspruch geschehen.[3]

5 Anwendungsmöglichkeiten und Realisierungsbetrachtung

5.1 Vor- und Nachteile des Baukastensystems

Einer der wichtigsten Vorteile des Baukastensystems ist die Wiederverwendbarkeit von bereits ausgeführten Einzel-Dienstleistungen, deren operative und kommerzielle Umsetzung schon einmal erfolgreich stattgefunden hat. Auch können entsprechende Machbarkeitsuntersuchung und Risikobetrachtungen im Sinne einer Dienstleistungssimulation einfacher durchgeführt werden, wenn nur einzelne Module, die im Verlauf einer Serviceinnovation neu entworfen wurden, betrachtet werden. Abhängigkeiten zu verknüpften Dienstleistungsmodulen können ausgeblendet werden, so dass die Konzentration auf die wesentlichen beschreibenden Daten innerhalb der verschiedenen Attributierungsstufen besser untersucht werden können. Diskussionsrunden innerhalb des Projektes Invest-S haben ergeben, dass schon mit einer geringen Anzahl an Standardmodulen ein branchenspezifischer Baukasten abgebildet werden konnte, der auch die Basis für die kooperative Angebotsgestaltung bildete. Grundlagen müssen noch bei der Gestaltung schlank strukturierter Serviceverträge gelegt werden[4], die sich mit Textbausteinen, die an die betreffenden Module angehängt sind, befüllen lassen und so die automatisierte Erstellung von Serviceangeboten und -Verträgen ermöglichen. Des Weiteren sollte der Ansatz informationstechnisch in vorhandene Systeme implementiert werden, um die Überleitung von der Angebotsgestaltung zur Freigabe und operativen Abwicklung zu unterstützen.

Bei entsprechender Bestückung des Baukastens durch standardisierte Module mit eigenen aber auch fremden Leistungsinhalten und einer einheitliche Nutzung

[3] Vgl. hierzu den Betrag in diesem Band von Schramm, Steinmann und Wichert: „IT-gestützte Gestaltung kooperativer Service-Angebote".

[4] Vgl. hierzu den Beitrag von Seifert „Modulare Vertragkonzeption bis hin zur Realisierung von Betreibermodellen".

des Baukastens durch mehrere Kooperationspartner wird das eigene Dienstleistungsportfolio markt- und situationsgerecht erweitert ohne alle Ressourcen selbst vorhalten zu müssen und auf definierte Qualitätsstandards zu verzichten. Zur Abwicklung solcher Kooperationen bietet sich die Verwendung des Internets an. Da hier teilweise vertrauliche Daten ausgetauscht und authentifizierten Partnern zur Einsicht gegeben werden, können vertragliche Regelungen den Gebrauch regeln und einen Missbrauch einschränken.

Ein erwähnenswerter Nachteil des beschriebenen Ansatzes liegt sicher in der sehr umfangreichen und gewissenhaft durchzuführenden Erstkonfiguration des Dienstleistungsbaukastens einschließlich aller einzelner Module. Auch ist die Durchsetzung strategischer Zielvorgaben, die den eigenerbrachten Inhalt des Dienstleistungsportfolios festlegen, in einem Top-Down-Ansatz auf die operativ tätige Servicestellen zu transferieren. Hierdurch können u.U. Informationen und gewachsene Dienstleistungsvereinbarungen, die auf der operativen Ebene zwischen Servicemitarbeiter und Kunden bestehen, eliminiert werden, was zur partiellen Kundenunzufriedenheit führen kann.

5.2 IT- Unterstützung

Der Konfigurator-Ansatz kann nur seine Vorteile voll ausspielen, wenn die informationstechnische Unterstützung unter folgenden Prämissen geschieht:

- Zur Attributierung werden heterogene Daten zu identifizieren und zu sammeln sein. Dies sollte über Schnittstellen zu vorhandenen Systemen geschehen. Die manuelle Eingabe sollte vermieden werden.
- Die Konfiguration von Angeboten geschieht am besten anhand von Wenn-Dann-Abfragen. Dies ist insbesondere bei hohen Leistungsvereinbarungen von Relevanz, die die Inanspruchnahme bestimmter Module erforderlich macht. (z.B. Zusage von gewissen Verfügbarkeiten nur bei Inanspruchnahme gewisser „Wartungsmodule").
- Die eigentlichen Servicevereinbarungen sind zumeist in Vertragstexten hinterlegt. Diese Vereinbarungen sollten automatisch modular in das Gesamtangebot übernommen werden.
- Nach der Konfiguration müssen Daten in der Form aggregiert werden, dass einsatzbegleitende Informationen, wie z.B. die Qualifikation des einzusetzenden Personals vorab angezeigt werden. Auch die quantitative Abschätzung muss mit dem System unterstützt werden. Für eine detaillierte Ressourcenplanung ist das System nicht vorgesehen, da hierfür bereits am Markt Lösungen existierten.
- Die Fähigkeit des dienstleistungsbereitstellenden Unternehmens für die geforderte Leistung soll überprüft sowie vorhandene Prozessbrüche angezeigt werden.
- Ausgehend von den gewonnenen Daten bietet sich die Möglichkeit einer Überschlagskalkulation an, sofern innerhalb des Unternehmens die Prozesskosten-

rechnung eingeführt ist. Die Ergebnisse bieten eine frühe Grundlage für eine interne Kostenbewertung.

- Die Weiterleitung der Daten muss medienneutral an weiterführende Systeme erfolgen. Workflows zur internen Abwicklung können bei der Auftragsfreigabe ebenfalls initiiert werden.
- Die Verwaltung bereits erfolgreich abgewickelter Angebote muss unterstützt werden. So kann ein Archiv aufgebaut werden, aus dem sich Vorlagen auswählen und durch erneute Attributierung neuen Kundenbezügen anpassen lassen.

Bei der Planung eines Softwaresystems, dass diese Bedingungen erfüllen kann, ist darauf zu achten, einen engen Funktionsverbund zu bereits existierenden Service- Management- Systemen herzustellen. Nur so kann die Durchgängigkeit der planerischen und operativen Aufgaben mit der stetigen Verbesserung durch Rückkopplung aus abgewickelten Serviceaufträgen gewährleistet werden.

6 Zusammenfassung und Ausblick

Bei einer konsequenten Nutzung des Dienstleistungsbaukastens und einer damit einhergehenden weitreichenden Umsetzung der Modularisierung der einzelnen Dienstleistungen kann sich gerade bei der Entwicklung neuer Dienstleistungspakete durch Eigenerbringung oder Kooperationen ein deutliches Verbesserungspotential ergeben. Durch die transparente Darstellung unterliegen alle Einzelschritte des Dienstleistungsprozesses einer permanenten Kontrolle und damit auch gewissermaßen einem Service-KVP.

Darüber hinaus können standardisierte und transparente Dienstleistungsmodule als Einzelleistungen auf einem elektronischen Marktplatz angeboten und gehandelt werden und damit die Anzahl der potenziellen Kunden erheblich erhöhen. Ein gemeinsamer Auftritt mit Kooperationspartnern ermöglicht die Anpassung des eigenen Dienstleistungsportfolios an die Marktanforderungen. Es entsteht die Möglichkeit eines Dienstleistungs-GU, der als „one face to the customer“ auftritt und das hinter ihm stehende Servicenetzwerk vertrieblich und operativ vertritt.

Letztlich tragen diese Maßnahmen einen wichtigen Grundstein zur Manifestierung des Produktstatus von Dienstleistungen bei. Die konsequente Verfolgung dieses Ziels kann nur durch die Einhaltung beschriebener Produktcharakteristika geschehen. Hierfür müssen Werkzeuge gefunden werden, die eine schnelle branchenbezogene Einigung über die Produkteigenschaften zulassen. Normgebende Institutionen, die über die notwendige Autorität und Erfahrung in diesen Bereichen verfügen, sind auf der einen Seite die notwendige treibende Kraft, um auch im Service verlässliche Standards zu etablieren. Auf der anderen Seite müssen Geschäftsmodelle entwickelt werden, die während der Dienstleistungsgestaltung diesen Schritt dynamisch unterstützen und somit den Standardisierungsprozess beschleunigen. Da der Konfigurationsansatz grundsätzlich informationstechnisch abgebildet werden kann, können solche Geschäftsmodelle auf Basis kooperativ nutzbarer internetbasierter Plattformen aufgebaut werden.

Literatur

Meier H, Schramm J (2002a) Development of a Stage Model based Configurator to generate more customer-specific Services and to support cooperative Service – Networks, Cirp Conference of Intelligent Computation in Manufactoring Engineering, Ficiano Italy

Meier H, Schramm J, Werding A, Zuther M (2002b) Aktuelle Entwicklungen von Kunden-Lieferanten-Geschäftsbeziehungen für produktbegleitende Dienstleistungen bis hin zu Betreibermodellen, Service Today 5 : 5-10

Meier H, Massberg W, Schramm J (2003) Kundenindividuelle Services auf Basis modularisierter Dienstleistungen. In: Zäh H, Schuh G (Hrsg) Marktchance Individualisierung. Springer-Verlag, Berlin, S 65-72

Schuh G, Speth C (2002) Gestaltung von industriellen Dienstleistungen.

Hermsen M (2000) Ein Modell zur kundenindividuellen Konfiguration produktnaher Dienstleistungen. Shaker Verlag, Aachen

Scheer A-W, Grieble O, Kein R (2003) Modellbasiertes Dienstleistungsmanagement. In: Bullinger H-J, Scheer A-W (Hrsg) Service Engineering. Springer-Verlag, Berlin, S. 19-49

Deutsches Institut für Normung e.V. (2002) DIN Fachbericht 116: Standardisierung in der deutschen Dienstleistungswirtschaft – Potenziale und Handlungsbedarf. Beuth-Verlag, Berlin

Bullinger H-J (1999) Entwicklung innovativer Dienstleistungen. In: Bullinger H-J (Hrsg) Dienstleistungen: Innovationen für Wachstum und Beschäftigung. Herausforderungen des internationalen Wettbewerbs. Gabler, Wiesbaden

Fähnrich K-P (1998) Service Engineering: Perspektiven einer noch jungen Fachdisziplin. In: IM – Die Fachzeitschrift für Information Management & Consulting, 13. Jahrgang, Sonderausgabe „Service Engineering" 9 : 37-39

Bruhn M, Meffert H (2003) Dienstleistungsmarketing. Gabler, Wiesbaden

Fassot G (1995) Dienstleistungspolitik industrieller Unternehmen: Sekundärdienstleistungen als Marketinginstrument bei Gebrauchsgütern. Gabler, Wiesbaden

Wachstumsbewältigung durch Service-Reorganisation

Volker Mühleisen

Inhalt

1 Einleitung

Das Streben nach persönlichem Wohlstand ist die treibende Kraft in unserem fortschrittlichen, technisch orientierten Wirtschaftssystem. Heutzutage ist es undenkbar sämtliche in Industrie und Handwerk anfallenden Tätigkeiten in Handarbeit zu verrichten. Durch den hohen Zeitaufwand bei der Herstellung würde ein eklatanter Mangel an nachgefragten Produkten entstehen.

Deutschland ist ein Standort mit hohen Löhnen, hohen Kosten, hohen Umwelt- und Sozialstandards und negativen Prognosen, die das Wirtschaftsklima zusehends verdüstern. Jeder Kunde will seine Ziele schneller, besser und kostengünstiger erreichen und mit leistungsstarken Partner den eigenen Geschäftserfolg sichern. In dieser Situation kann nur bestehen, wer im internationalen Wettbewerb bessere Produkte und bessere Dienstleistungen in kürzeren Zeitabständen auf den Markt bringen kann. Kein Produkt kann heutzutage ohne die dazugehörige Dienstleistung bestehen.

In Zukunft können hochgesteckte Ziele nur noch mit großer Einsatzbereitschaft und Effizienz erreicht werden. Da die Mitarbeiter das herausragende Unterscheidungsmerkmal für Erfolg oder Misserfolg darstellen, sind sie der Erfolgsfaktor. Die Voraussetzung dafür sind Lernbereitschaft, Kreativität, Handlungsfähigkeit und Engagement. Nur durch ein positives Veränderungsklima wird eine Verbesserung der Unternehmensqualität erreicht. Sichtbarer Ausdruck für die neue Form des Miteinanders ist die neue Organisationsstruktur bei der Firma Felsomat, in der die Leistung des Einzelnen wieder stärker als bisher in den Vordergrund gestellt wird.

1.1 Historie Felsomat

Felsomat ist ein seit ca. 20 Jahren in Automation & Engineering erfolgreich tätiges Unternehmen. 1981 mit 10 Mitarbeitern gegründet wurde Felsomat als Systemanbieter bekannt, dessen Produktpalette vom Injektionsnadel-Montageautomaten über heute tonnenschwere Beschickungssysteme reicht. Felsomat ist ein international tätiges Unternehmen mit den Kernkomponenten Engineering und Automation. Speziell in der anspruchsvollen Powertrain-Komponentenfertigung konnte sich Felsomat als Wertschöpfungspartner positionieren. Als Know-how und dienstleistungsorientiertes Unternehmen entwickelt Felsomat hocheffiziente Produktionssysteme mit bedarfsorientiertem Materialfluss.

Zu Beginn der 90er Jahre begann das Unternehmen mit der Überarbeitung und Neustrukturierung seiner Produktpalette und wurde zu einem renommierten Automationsspezialisten. Der neugeprägte Begriff „Automationszellen" machte Felsomat weltweit bekannt.

1.2 Marktbedingungen

Der Wettbewerbsdruck für die im Maschinen- und Anlagenbau tätigen Unternehmen fordert immer bessere, preiswertere und aktuellere Produkte. Bei der Einführung neuer Produkte müssen zeitgleich auch die produktbegleitenden Dienstleistungen wie Schulung, Sicherheitseinweisung und Instandhaltung zur Verfügung stehen. In der Einführungsphase werden diese Dienstleistungen von qualifiziertem Felsomat-Personal erbracht. Im fortdauernden Produktlebenszyklus werden diese Aufgaben von verschiedenen Anbietern übernommen. Bei der Einbeziehung aller an der Produktion beteiligten Menschen in diesen sich stetig wandelnden Prozess sind noch Defizite zu verzeichnen. Die Integration der Mitarbeiter in den gesamtheitlichen Prozess sind in der Branche bei weitem noch nicht vollendet. Das optimale Zusammenspiel aller Produktionsfaktoren, einschließlich der Menschen, bieten ein gewaltiges Entwicklungspotenzial für die Zukunft.

Den Weg zur Erschließung eines Bruchteils des brachliegenden Potentials aufzuzeigen, soll Gegenstand dieses Artikels sein.

1.3 Auslöser der Reorganisation

Es ist für jedes Unternehmen notwendig, Bestehendes ständig in Frage zu stellen, unermüdlich nach Verbesserungen zu streben und neue Ansätze zu realisieren. Von Zeit zu Zeit ist eine Reorganisation unumgänglich, um der Erstarrung entgegenzuwirken und eingefahrene Organisationsstrukturen zu optimieren.

Der Schritt in den Mittelstand bedeutet für ein Unternehmen wie Felsomat in der Personalentwicklung den Blick weg vom Allrounder auf den Spezialisten zu richten. Folglich stellt die Wahl der dafür notwendigen Aufbauorganisation und den daraus resultierenden Abläufen ein unbedingtes Muss zur Neuorganisation eines Unternehmens dar.

2 Ausgangssituation

2.1 Aufbauorganisation

In der Firma Felsomat wurde der klassische Kundendienst in einer eigenen Abteilung ausgeübt. Mit der Einführung der Teamstruktur im Jahre 1996 wurde der selbständige Kundendienst als eigene Abeilung aufgelöst und in der Teamstruktur integriert. Die Verantwortung für eine Automationsanlage lag von der Kundenanfrage bis zur entgültigen Demontage einer Anlage im Projektteam, d.h. alle Servicetätigkeiten wurden durch das Projektteam ausgeführt. Die bestehende Abteilung Kundendienst wurde in den Jahren 1998 bis 2002 als selbstständige Abteilung wieder aufgebaut.

1998, mit Neueinführung der Kundendienstabteilung mit eigenem Personal, wurde der Verantwortlichkeitsbereich für eine Anlage ab Ende der Gewährleistungsphase bis zur Demontage dieser Abteilung zugeordnet. Abbildung 1 zeigt die Serviceorganisation, die losgelöst von den Projektteams operiert (Stand 2002).

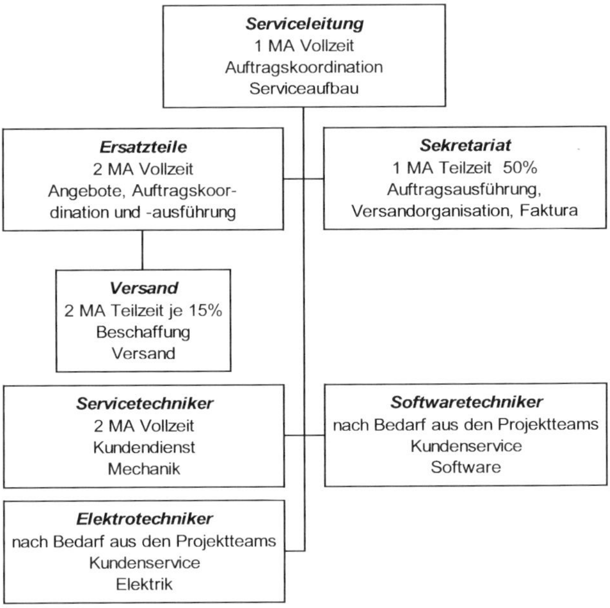

Abb. 1. Organigramm Felsomat Service 2002

Trotz des enormen Wachstums konnte das Unternehmen vom Vertrieb bis hin zur Auftragsabwicklung den Anforderungen der Kunden gerecht werden. Die bestehende Kundendienstabteilung, die losgelöst von der Teamstruktur operierte, konnte den externen Anforderungen allerdings nicht standhalten und passte nicht in das Schema der Projektteams, da der entsprechende Bereich nicht in gleichem Maße wie die einzelnen Projektteams gewachsen war. Messbare Größen, wie z.B. Umsatz, Anzahl Mitarbeiter, etc. konnten nicht in Relation mit den Projektteams gebracht werden. Aufgrund der Überlastung innerhalb der Kundendienstabteilung lief die Planung zum größten Teil in den Projektteams ab, wurde aber nicht explizit mit geeigneten Kennzahlen ausgewiesen.

2.2 Ablauforganisation/ Interne Aufgabenverteilung

Die ausgeführten Arbeiten der Mitarbeiter waren starr zugeordnet, sodass keine übergreifenden Tätigkeiten zwischen den Mitarbeitern stattfanden. Die anfallenden Aufgaben wurden nur personenbezogen abgearbeitet. Aufgaben, die durch Abwesenheit eines Mitarbeiters einen Kollegen erreichten, wurden wenn möglich verschoben. Das Arbeitsvolumen und die Kompetenz eines Aufgabengebiets hing ausschließlich an der entsprechenden Person.

2.3 Serviceprogramm/ Serviceumfänge vor der Reorganisation

vor der Umstrukturierung begann für die Abteilung Kundendienst der Verantwortungsbereich für eine Anlage nach Ablauf der Gewährleistungsfrist. Folgende Servicetätigkeiten wurden von der Abteilung Kundendienst für das operative Geschäft ausgeführt:

- Ersatzteilverkauf für alle ausgelieferten Automationen
- Reparatur von Komponenten im Werk nach Rücksendung durch den Kunden
- Servicesupport und Hotline für Kundenprobleme für alle Anlagen außerhalb der Gewährleistung in und außerhalb der normalen Geschäftszeit nach individueller Vereinbarung.
- Jährliche Preisverhandlungen der Verrechnungssätze für Montage- und Serviceeinsätze. Für jedes neue Geschäftsjahr werden die Verrechnungssätze neu festgelegt. Ab einem bestimmten Umsatzvolumen können mit den entsprechenden Partnern kundenindividuelle Preise verhandelt und festgelegt werden.
- Permanente Preisfindung für Ersatzteile. Durch Neueinführung von Produkten können starke Schwankungen in der Preisfindung bei Ersatzteilen auftreten. Nach der Einführungsphase werden Teile in der Regel in höheren Stückzahlen kostengünstiger eingekauft oder produziert. Der neue daraus kalkulierte Verkaufspreis wird umgehend an den Kunden weitergegeben, was als faire Preisfindung zu bezeichnen ist.
- Verwaltung Rabatt und Sonderkonditionen für Jahresabschlüsse oder Einzelaufträge, damit künftige Aufträge korrekt und unbürokratisch abgewickelt werden können.
- Notdienst für Ersatzteillieferungen. Diese können auch außerhalb der Bürozeiten per Kurier abgeholt werden.
- Instandsetzung von Anlagen nach Störfall oder als geplante Maßnahme
- Wartung von Anlagen

Zusätzliche Aufgaben für die Abteilung Kundendienst waren im administrativen Bereich angesiedelt:

- Verwaltung alter Dokumentationen im Dokumentenlager. Für alle alten, seit der Gründung von Felsomat ausgelieferten Anlagen existieren technische Unterlagen. In den Ordnern befinden sich Zeichnungen, Stücklisten, Schaltpläne etc. für alte Anlagen, die zum Teil noch nicht der EDV zur Verfügung stehen. Diese Dokumenten-Ordner werden in einem speziellen Regallager verwaltet, um auf das Know-how stets zurückgreifen zu können.
- Verwaltung der Kundendienst(KD)-Lager/ Konsignationslager beim Kunden. Das Kundendienstlager beinhaltet Ersatzteile, die nicht mehr in der laufenden Produktion eingesetzt werden und deshalb an einem separaten Lagerort aufbewahrt werden. Zur Zeit existieren 3 Konsignationslager bei Kunden, die in der SAP-Umgebung abgebildet sind. Die Teile gehen nach Beendigung der Gewährleistung der zugehörigen Anlage ins Eigentum des Kunden über.
- Verwaltung und Disposition des firmeneigenen Fahrzeug-Pools. Für alle Mitarbeiter steht ein Pool von 12 Fahrzeugen zur Verfügung. Die Aufgaben sind

Disposition der Fahrzeuge für die Benutzer, Reinigung und Pflege, Organisation der Regelinspektionen, Reifenwechsel bei Bedarf, Kontrolle der Fahrtenbücher ect.

- Aufbau einer Fehlerdatenbank in SAP für Managementbericht. Der Managementbericht umfasst zur Zeit nur Einsätze außerhalb der Gewährleistung, über den weiteren Aufbau wollen wir im Kapitel Ausblick berichten.
- Versandabwicklung, Zubehör- und Nachlieferungen wurden für Aufträge der Projektteams inklusive Verpackung der Materialien und Erstellung aller dafür benötigten Dokumente übernommen, da die Voraussetzungen für den Versand in den Projektteams nicht gegeben waren.

Im Maschinen- und Anlagenbau besteht gegenwärtig eine hohe Nachfrage nach Schulungsangeboten. Für die gelieferten Automationen der Firma Felsomat werden Schulungen in 5 Stufen angeboten. Für Bediener, Einrichter, Instandhalter Mechanik, Elektrik und Softwaretechniker.
In der Einführungsphase der Anlagen besteht sehr hoher Servicebedarf für den Kunden. Dies hat dann durch Schulungen und den daraus resultierenden Know-how-Transfer zur Folge, dass nach Ende der Gewährleistungsphase der klassische Service am Equipment fast ausschließlich vom Kunden selbst durchgeführt wird. Dieser Trend ist vor allem bei Kunden mit eigener Instandhaltung zu verzeichnen. Darüber hinaus ermöglicht die Verbesserung der Dokumentation dem Betreiber der Automationsanlagen auftretende Probleme eigenständig schnell zu lösen. So können benötigte Ersatzteile aus speziell erstellten Stücklisten mit zugehörigen Zeichnungen leicht ermittelt und beim Hersteller angefordert werden. Aus Ersatz- und Verschleißteillisten lassen sich Empfehlungen für eine Lagerhaltung vor Ort ableiten.
Mit der zunehmenden Transparenz der Ersatz- und Verschleißteillisten, wobei Lieferantennamen eine immer bedeutendere Rolle spielen, wird sich das Geschäftsfeld verändern. Wo früher mehrfach hohe Margen in der Lieferkette die Regel waren und dadurch enorme Zuschlagsfaktoren entstanden, wird sich in Zukunft das Geschäft auf den Primärhersteller und seinen kalkulierten Marktpreis verlagern. Überteuerte Ersatzteile werden künftig als lukrativer Serviceanteil verschwinden.

Der mit Sicherheit größte Anteil an Serviceleistungen wurde durch die Mitarbeiter der Projektteams ausgeführt. Weil die entsprechenden Serviceleistungen mit der Neuanlage zum Festpreis verkauft und deshalb nicht explizit ausfgewiesen wurden, kann keine Aussage über das tatsächliche Volumen in geleisteten Stunden oder Kosten rückwirkend gemacht werden. Der Service durch die Projektteams umfasste folgende Dienstleistungen:

- Sicherheitseinweisung und Schulung aller Bediener nach Inbetriebnahme der Automationen. Bediener und Einrichter werden von Felsomat-Mitarbeitern zum Betreiben der Anlage eingewiesen um die Anlage betriebssicher fahren zu können.
- Produktionsbegleitung bei Anlauf der Teilefertigung an neu installierten Anlagen oder Umbauten. Der Bediener wird während der Produktion von Felsomat-

Mitarbeitern angewiesen, wie z.B. Störungen beseitigt werden. Produktionsbegleitung ist der Feinschliff für das Bedienen der Anlage.

- Instandsetzung der Anlagen nach Störfall während der Gewährleistung. Bei diesen Aktionen nehmen Felsomat-Mitarbeiter die Arbeiten unverzüglich auf, um vertragliche Vereinbarungen an den Gewährarbeiten zu erfüllen.
- Umbauten mit konstruktiven Änderungen von bestehenden Anlagen
- Erweiterungen von Anlagen auf neue Werkstücke
- Softwareoptimierungen der Abläufe nach Produktionsstart um Taktzeiten zu reduzieren

3 Zielsetzung

Ein Ziel der Reorganisation war, die Abteilung Kundendienst für die Zukunft als Service-Center aufzubauen, um den hohen Anforderungen der anspruchsvollen Kunden gerecht zu werden. Das von dieser Abteilung zu erbringende Dienstleistungsangebot wurde im Vergleich zum existierenden Angebot erweitert. So sind Schulungen für Bediener und Instandhalter, Produktionsbegleitungen, kundenspezifische Ersatz- und Verschleißteilpakete und Konsignationslagerverträge in das Dienstleistungsangebot aufgenommen worden. Ein Schwerpunkt der Dienstleistungserbringung wird in Zukunft auf die Phase der Inbetriebnahme der Anlagen liegen. Für die Betriebsphase ermöglichen permanent verbesserte Dokumentationen den Betreibern der Automationen die klassischen Servicetätigkeiten wie Wartung und Instandhaltung nach erfolgtem Know-how-Transfer selbst auszuführen.

Das notwendige Servicefundament bilden die installierten und neu zu installierenden Felsomat-Anlagen beim Kunden. Das in den Teams eingesetzte Servicepersonal, das total unabhängig voneinander am Markt operiert, wird im gesamten Pool von Servicetechnikern zusammengezogen und geplant eingesetzt.

4 Wandel zu einem mittelständischen Unternehmen

Ein typisches Merkmal für Kleinbetriebe in Industrie und Handwerk ist, dass viele Mitarbeiter die anstehenden Projekte in Gesamtverantwortung leiten. Der Verantwortungsbereich erstreckt sich von Vertrieb über Engineering, Produktionsmanagement, Vorabnahme, Versand bis hin zur Erbringung von Leistungen in After Sales Bereichen. Nicht selten werden die operativen Aufgaben zusätzlich durch administrative ergänzt, wie z.B. Datenerfassung für Lohn- und Gehaltsabrechnung, Zuordnung von Projektkosten, Verwaltung von Werkzeugen, etc. Im extremsten Fall ist das Projektcontrolling auch noch in diesem Bereich angesiedelt.

Mit zunehmendem Wachstum eines Unternehmens können diese Aufgaben nicht mehr von Einzelpersonen mit zufrieden stellender Qualität erledigt werden. Um das Niveau der Arbeitsqualität nicht nur zu halten, sondern zu verbessern, müssen Aufgaben verlagert bzw. delegiert werden.

Die Positionierung und Neuausrichtung der Geschäftsleitung spielt im Wandel eines Unternehmens eine führende Rolle. In einem Kleinbetrieb befasst sich ein Geschäftsführer verstärkt auch mit operativen Aufgaben. In einem mittelständischen Unternehmen ist eine derartige Ausrichtung der Geschäftsführung sehr selten anzutreffen, in einem Großunternehmen undenkbar.

Der Geschäftsführer ist generell für die positive Entwicklung des Gesamtunternehmens verantwortlich, sodass in einem gut funktionierenden Unternehmen nur selten die Notwendigkeit aufkommen sollte, ihn in das operative Geschäft zu integrieren. Um dieses Ziel optimal zu erreichen, muss er permanent Vorgaben aufstellen und Kontrollen durchführen. Mit folgenden Zielen muss die Entwicklung der Firma vorangetrieben werden:

- Marktführerschaft erreichen durch Entwicklung neuer Produkte
- Projektierte Anlagen müssen technisch ausreichend ausgelegt werden
- Personal Know-how und Personalzufriedenheit müssen auf höchstem Niveau sein
- Servicedienstleistungen werden professionell und zeitnah durch eine qualifizierte Servicemannschaft ausgeführt

Alle Vorgaben und Kontrollfunktionen werden an Hauptabteilungsleiter delegiert und nur die Ergebnisse bewertet.
Um Vorgaben machen und daraus resultierende Ergebnisse bewerten zu können, bedarf es moderner Hilfsmittel der IT-Branche. So ist die Auswahl des zentralen Management-Informationssystems der vielleicht wichtigste Schritt für den Wandel zum Mittelstand.

4.1 Übergang zu einer funktionalen Organisationsform

Sondermaschinenbau und Anlagenbau sind in den Merkmalen Kundenauftragsorientierung, Komplexität des Produktes, Globalität, hoher Planungs- und Koordinationsbedarf und Änderungsvielfalt ähnlich ausgeprägt. Diese Unternehmen sind in der Regel auch gleichartig organisiert.

Beim Sondermaschinenbau spielen Fertigungstypenvielfalt und dispositive Vielfalt eine dominierende Rolle. Der Automatisierungstechnologe Felsomat muss für seine Kunden ganzheitliche Systemlösungen liefern, was als Konsequenz mit sich bringt, dass verschiedene Fertigungstypen vorkommen können:

- Sonderanlagen, die nur für einen Kunden und nur in einem Projekt verwendet werden,
- Einzelgefertigte Komponenten, die aus bestehenden Stücklisten entwickelt und dann unverändert oder aber kundenspezifisch mit geringen Änderungen unregelmäßig produziert werden,
- Wiederholanlagen, für deren Fertigung auf bestehende Stücklisten und Arbeitspläne zurückgegriffen wird und somit das Endprodukt meist kundenspezifisch aufbereitet wird.

Aufgrund der dispositiven Vielfalt sind für den Sondermaschinenbau vielfältige Aufgaben zu lösen. Die richtige Planungs- und Dispositions-Strategie für die richtigen Komponenten zu finden, ist ein schwieriges Unterfangen. Das Gelingen ist von Faktoren, wie Produktentwicklung, Marketing, Engineering, Produktion, Materialwirtschaft und Beschaffung abhängig. Das Optimieren dieser Faktoren bildet die Basis im Übergang zur funktionalen Organisationsform.

4.2 Vor- und Nachteile der vollzogenen Reorganisation

Mit dem Übergang von der Teamstruktur auf die Center-Struktur wurden die Aufgabengebiete zusammengelegt, um eine höhere Konzentration für Projekte zu erreichen. Die neue Struktur basiert auf 3 grundlegenden Säulen:

- Kundencenter
- Auftragscenter
- Produktions- und Logistikcenter

Im Kundencenter konzentrieren sich alle Aktivitäten der Zusammenarbeit mit dem Kunden. Von der Akquirierung bis zum After-Sales Service, der erst mit der Demontage der Anlage endet. Im Auftragscenter wird der mit dem Kunden abgestimmte Auftrag für die physische Erstellung vorbereitet. Der Verantwortungsbereich umfasst die Konstruktion bis hin zur abschließenden Gesamtdokumentation. Im Produktions- und Logistik-Center werden alle Teile einer kompletten Stückliste für eine Anlage beschafft oder produziert und komplett endmontiert. Die aus der Baugruppenübersicht montierte Anlage wird für die Inbetriebnahme zur Verfügung gestellt.
Neben den 3 Säulen der Felsomat-Organisation sind Stabsstellen angesiedelt. Produktentwicklung, Softwareentwicklung, Controlling/Finanzen, Personalwesen und Informationstechnologie sind direkt der Geschäftsleitung unterstellt.
Für den Bereich Service/Inbetriebnahme, der im Kundencenter angesiedelt ist, ergeben sich aus organisatorischer Sicht folgende Vor- und Nachteile:

Vorteile:

- Direkter Kontakt zum Vertrieb über die gesamte Projektdauer
- Servicekapazitätsplanung kann sich sehr früh an Vertriebsvorgaben orientieren
- Vertriebs- und Serviceinteressen werden intern abgestimmt und dann dem Kunden übermittelt
- Montagen und Inbetriebnahmen werden zwischen Vertrieb und Service abgestimmt
- Bei Vertriebsgesprächen werden zurück gemeldete Serviceinteressen mit Kunden kommuniziert
- Service kann schon beim Entstehen des Hallenlayouts Ideen einbringen
- Neue Geschäftsfelder für Service werden früh übermittelt z.B. Schulung

Nachteile:

- Abgrenzung Vertriebs- und Serviceverantwortung nicht eindeutig und für Kunden nicht transparent
- Das Aufgabengebiet des Service wird groß und kann unüberschaubar werden
- Konzentration auf Kernaufgaben geht verloren

4.3 Ablauforganisation / Interne Aufgabenverteilung

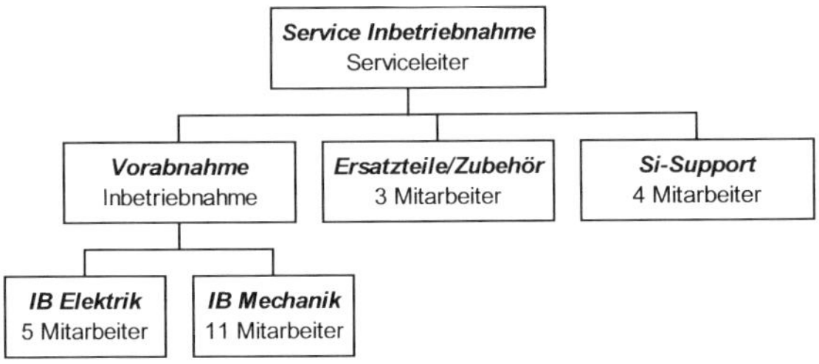

Abb. 2. Organigramm Felsomat Service 2003

Durch die Einführung der neuen Struktur bei Felsomat wurde das personenbezogene Zuordnen von Aufgaben abgeschafft. Wartezeiten für Kunden durch bloße Abwesenheit von Mitarbeitern konnten nicht weiter akzeptiert werden. Den neu entstandenen Gruppen wurden weniger Aufgaben als vorher zugeordnet. Das Volumen an Aufgaben, die die Gruppe zu erledigen hat, ist allerdings angestiegen. Eingehende Aufgaben werden nun permanent von verschiedenen Personen abgearbeitet. Idealfall für die Organisation ist natürlich eine First-In-Frist-Out-Strategie, wobei alle Vorgänge schnellstens abgearbeitet werden sollten. In der Praxis ist das leider sehr schwer umsetzbar, wegen der stark schwankenden Auftragsvolumina. Ein Engpass bei Felsomat ist das Fehlen von qualifizierten Konstrukteuren. Dies konnte jedoch durch das Zusammenlegen der Mitarbeiter aus den Projektteams zu einem großen Team deutlich entschärft werden.

4.4 Problembereiche

Der Notdienst stellt für Felsomat als mittelständisches Unternehmen eine große Herausforderung dar. Die Einteilung kann wie folgt dargestellt werden:

- Für den Notdienst Mechanik spielt die Kenntnis der Anlage eine große Rolle, so dass spezifische Anlagenkenntnisse, vor allem bei Telefon-Support meist viel schneller zum Erfolg führen.
- Die für die Elektrik verwendeten Bauteile und Kabel sind für viele Anlagen gleichwertig.

- Bei Problemen in der Software muss in den meisten Fällen auf den jeweiligen internen oder externen Programmierer zurückgegriffen werden.
- Der organisatorische Aufbau eines 24stündigen Notdienstes für die 3 Kategorien ist sehr schwierig aufzubauen und aufgrund der 100 % personellen Abhängigkeit im Bereich Software nicht vollständig realisierbar.

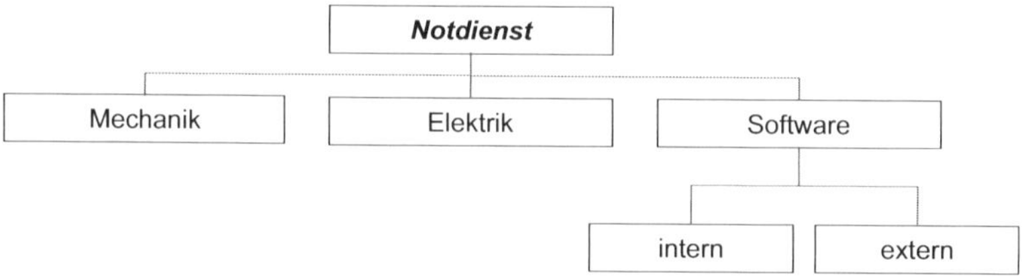

Abb. 3. Strukturierung des Notdienstes

5 Ausblick

Einen positiven Betrat kann der Service für ein Unternehmen nur dann nachhaltig erzielen, wenn die Voraussetzungen dafür geschaffen und permanent verbessert werden. Dabei muss das Zusammenspiel von Produktpalette, Markteinflüsse, Know-how der Mitarbeiter und die eingesetzte Informationstechnologie für die integrierten Geschäftsprozesse stetig harmonieren. Durch die Gründung des Kundencenters wurden alle Mitarbeiter zusammengezogen, die über die gesamte Projektphase Kundenkontakte pflegen. Die Verantwortung jedes Mitarbeiters des Kundencenters endet nicht zu einem Zeitpunkt der Betriebsphase. So wirkt z. B. der Vertriebsmitarbeiter auch noch bei der Beseitigung von Mängeln in der Gewährleistungsphase mit und erstellt auch Angebote für Umbauten mit konstruktiven Änderungen nach Ablauf der Gewährleistung.

Zum Erfolg führen nur klare Zielsetzungen in der Produktstrategie, im Ausbau des Mitarbeiter-Qualifikation und in der Organisation der Geschäftsprozesse. Sind diese Voraussetzungen erfüllt, so kann sich ein mittelständisches Unternehmen auch in komplexen Betreiber-Netzwerk-Strukturen etablieren. Von besondere Bedeutsamkeit ist dabei, dass qualifizierte Mitarbeiter nur qualifizierte Arbeiten durchführen können, wenn im Umfeld die richtigen Hilfsmittel zur Verfügung stehen und das kann heutzutage nur mit Hilfe von IT-Lösungen geschehen. Mit der Qualifizierung zum Baustellenleiter wird die Erfassung von Servicedaten per Laptop unumgänglich. Baustellenberichte, Abnahmeprotokolle und die Montagezeiten für Lohnerfassung werden heute noch auf Papier niedergeschrieben und von administrativem Personal in EDV-Systeme übertragen. In Zukunft wird der Mitarbeiter im operativen Bereich seine Aufzeichnungen selbst in das System übertragen und dann nur wenn notwendig einen Papierbeleg erzeugen. Doppelte Arbeiten durch eintippen handschriftlicher Aufzeichnungen entfallen. Beispielsweise werden Stundenerfassungen für Lohn- und Gehaltsabrechnungen nicht nur im

Stammhaus am SAP-Rechner durchgeführt, sondern durch gezieltes Login von jedem Ort, wo Arbeiten verrichtet werden, möglich sein.

Nicht nur das Erfassen von Informationen wird unumgänglich sein, viel wichtiger ist das Abrufen von Informationen aus einem gefüllten System. Der Aufbau einer Fehlerdatenbank in der SAP-Umgebung ist der Schlüssel für die Bereitstellung wichtiger Informationen, die jedem Mitarbeiter zugänglich sind. In naher Zukunft werden alle Servicetätigkeiten von Felsomat-Anlagen in SAP erfasst und ausgewertet. Die Erfassung erfolgt auf die Servicenummer der Anlage, wobei sich eine lückenlose Historie jeder Anlage aufbaut und auch sofort nach Erfassung abgefragt werden kann. Fehleintragungen können somit leicht erkannt werden und Gegenmaßnahmen eingeleitet werden. Der Austausch von Informationen unter den Mitarbeitern wird somit forciert. Die wichtigste Frage „Wer war zuletzt an der Anlage ?" kann schnell beantwortet werden und der Kontaktaufnahme mit dem entsprechenden Mitarbeiter steht nichts mehr im Wege.

Um dieses Idealziel zu erreichen, muss das kostbarste Gut in einem Unternehmen – der Mensch – sein Rollenspiel in der Organisation optimal ausführen.

Flexible Konfiguration von Betreibernetzwerken

Magnus Zuther

Inhalt

1 Einleitung

Dauerhafte Zufriedenheit des Kunden resultiert primär aus einem wirtschaftlichen Betrieb der zumeist sehr kapitalintensiven Anlagen. Dabei gilt es, eine hohe Fertigungsqualität, Mengenleistung und Flexibilität der Anlagen bei geringst möglichen Fertigungs- und Instandhaltungskosten in Einklang zu bringen. So wird die größte Bedeutung neben einer hohen Prozesssicherheit dem Parameter „Verfügbarkeit" beigemessen (vgl. Maßberg 1997, S.349, Bullinger 2000, S.7, Diesch 1999, S.8). Die wirtschaftliche Sicherstellung dieser Verfügbarkeit oder gar der Betrieb der Anlagen wird infolge zunehmender Komplexität immer häufiger von den Anlagenherstellern erwartet. Einer Studie von Roland Berger zufolge ergibt sich in der jüngsten Vergangenheit ein zunehmendes Nachfragepotenzial durch Unternehmen, z.B. aus den Bereichen Automobil, Chemie, Nahrungsmittel sowie Transport und Logistik, die sich auf ihre Kernkompetenzen konzentrieren und bestimmte Funktionen auslagern bzw. auf externe Zulieferer übertragen (Biermann 2000, Hauck 2000). Eine einheitliche Auffassung solcher Betreibermodelle im Maschinen- und Anlagenbau existiert derweil nicht. Die vorhandene Begriffsverwendung ist vielschichtig und reicht bis zu „In-Plants", wie sie bei MCC verwirklicht wurden (vgl. Arnold 1998, S.72).

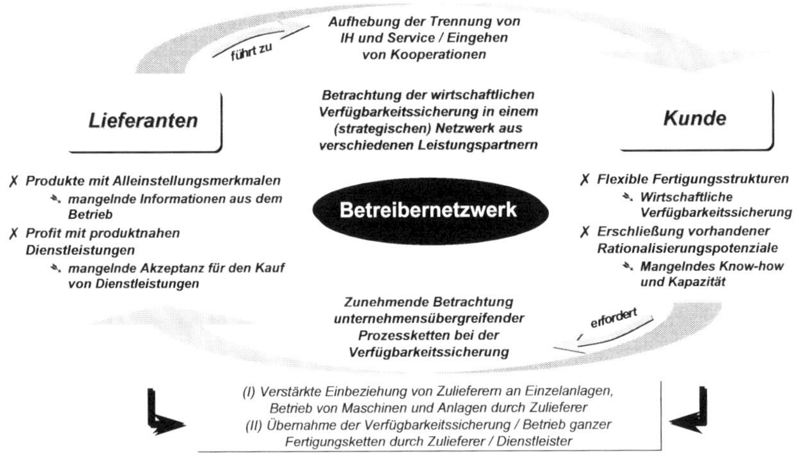

Abb. 1. Motivation zum Aufbau von Betreibernetzwerken (Zuther 2002, S.3)

Mit der Anwendung solcher Geschäftsmodelle auf produktionstechnische Anlagen ergibt sich u.U. ein Netzwerk verschiedener Leistungspartner (vgl. Abb. 1). Je nach vertraglicher Gestaltung kann dabei die Führung und zentrale Koordination durch einen Generalunternehmer oder den Kunden selbst erfolgen. Visionen gehen dahin, dass der Kunde nur noch die Fertigungsstückzahlen sowie die Qualitätsstandards der zu liefernden Anlage definiert. Die Abrechnung erfolgt nach unterschiedlichen Varianten, z.B. pro produzierter Einheit oder Produktionsstunde. Finanzierung, weltweite Verfügbarkeitsgarantie und Weiterverkauf der Anlage werden in den Händen der Anlagenhersteller oder kompetenter Kooperationspartner verbleiben. Diese Dienstleistungen können bis zu einer dynamischen Aktualisierung der Produktionseinrichtungen des Kunden reichen (Meier 2000). Im Zuge innovativer Betriebs-, Wartungs- und Finanzierungskonzepte ist der Lieferant u.U. Betreiber, Instandhalter, Finanzierer, Entsorger, Einrichter, Planer, Tuner und Personalsteller (vgl. Hoffmann 1994).

1.1 Die Notwendigkeit, Betreibermodelle kooperativ zu erbringen

Eine Expertenbefragung im Maschinen- und Anlagenbau ergab, dass sich mehr als ein Drittel der Kunden und Lieferanten bereits über Betreibermodelle informiert haben (vgl. Zuther 2002, S.40/). Dennoch scheuen viele Lieferanten den Weg in dieses Geschäftsmodell, da ihre „kritische Masse" oft nicht ausreicht, um diese Aufgabe zu bewältigen. Ein Angebot von Betreibermodellen ohne vor- und nachgelagerte Partner würde bereits bestehende organisatorische und wirtschaftliche Defizite bei der Verfügbarkeitssicherung noch deutlicher hervortreten lassen. (vgl. Zuther 2002, S.33ff). Es ist daher sinnvoll, sich mit geeigneten Partnern zusammenzuschließen, um kapazitive Engpässe oder Know-how-Defizite zu überwinden. Die Leistungsfähigkeit des resultierenden Verbundes bzw. Netzwerks bestimmt damit unmittelbar den wirtschaftlichen Erfolg des Anlagenbetreibers (Bullinger 2000, S.8). Die Umsetzung von Betreibernetzwerken wird daher in der Praxis unterschiedlichste Formen annehmen (vgl. Zuther 2002, S.84ff). Es spannt sich ein weites Feld individueller Aufgabenverteilungen, Kooperationsgrade und Schnittstellen zwischen Kunden, Lieferanten und externen Dienstleistern, so dass eine eindeutige Einordnung in bestehende Kooperationsdefinitionen nur schwer möglich ist. Eine endgültige Klassifizierung wird immer erst nach Abschluss der spezifischen Konfiguration vorgenommen werden können.

Mit der Aufteilung von Aufgaben auf Leistungsträger in einem Netzwerk ergibt sich das Problem der Koordination arbeitsteilig erstellter Leistungen. Netzwerkmanagement und Selbstorganisation stellen entscheidende Mittel zur Umsetzung der Koordination dar, in deren Rahmen folgende Aufgaben zu bewältigen sind (vgl. Luczak 1999, S.28):

- Gestaltung der unternehmensinternen und –übergreifenden Prozesse,
- Integration der betroffenen Mitarbeiter,
- Prüfung der Kosten- und Risikoverteilung in der Kooperation,
- Informations- und Kommunikationsstrukturen,
- Lösung der juristischen Problemstellungen.

Die durchgeführte Expertenbefragung zeigte auch, dass insbesondere Modellierungsansätze zur Bewältigung dieser Planungsaufgaben fehlen. Zur Ableitung eines geeigneten Modells wird daher zunächst die hier vertretene Auffassung von Betreibernetzwerken näher spezifiziert.

1.2 Definition von Betreibernetzwerken

Ein Vergleich mit vorhandenen Netzwerkstrategien (vgl. Littmann 2000, S.78) zeigt, dass das Betreibernetzwerk Merkmale unterschiedlicher bereits existierender Netzwerkansätze aufweisen kann. Diese hängen nicht zuletzt davon ab, aus welcher Motivation heraus und von welchem Partner das Netzwerk initiiert wird. So lässt die Initiierung und Koordination durch einen dominanten Kunden (z.B. Automobilhersteller) den Rückschluss auf ein strategisches Netzwerk zu. Die Initiierung durch mehrere Lieferanten auf gleicher Wertschöpfungsebene hat Züge einer strategischen Allianz, während die Koordination über einen unabhängigen Dienstleister Brokerstrukturen besitzen kann. Darüber hinaus ist das Innenverhältnis des Netzwerkes weitgehend durch die Kooperation der Partner untereinander gekennzeichnet und kann dadurch starke Virtualisierungstendenzen beinhalten.

Aus den durchgeführten Untersuchungen ist folgende Definition hervorgegangen (Zuther 2002, S.28)

Ein Betreibernetzwerk ist eine kundenintegrative, problembezogene Kooperation aus rechtlich selbständigen Unternehmen und Einzelpersonen, die ihre Kernkompetenzen bündeln (Ressourcenbündelung), um dem Kunden ein Systemangebot (Sach- und Dienstleistungen) über den gesamten Produktlebenszyklus anbieten zu können (Übernahme der Gesamtverantwortung). Dabei nimmt die kooperative Sicherstellung der Verfügbarkeit komplexer Investitionsgüter eine Schlüsselrolle ein. Die Determinanten des Leistungsangebots unterliegen einer expliziten vertraglichen Vereinbarung. Das Netzwerk verfügt über eine formale Struktur und formale Rollenzuweisungen. Die Führung des Netzwerkes (Kontrollinstanz) wird dabei in der Regel einem Netzwerkpartner übertragen, wobei die operative Abwicklung eine weitgehende Autonomie der einzelnen Partner voraussetzt. Darüber hinaus können gemeinsam bestimmte Broker zur Projektsteuerung eingesetzt werden. Die kooperative Abwicklung kann einen Kapazitäts- und Kompetenztausch der Partner beinhalten, wobei die Leistungsverrechnung den Partnerunternehmen obliegt. Der Koordinations- und Abstimmungsbedarf sollte durch geeignete Informationstechnologien ermöglicht werden.

2 Einflussparameter der Netzwerkorganisation

Eine wesentliche Voraussetzung für die erfolgreiche Umsetzung von Betreibermodellen ist die organisatorische Ausgestaltung des Netzwerkes, die von zahlreichen Randbedingungen abhängt. Einige dieser Einflussparameter, denen eine Modellbildung Rechnung tragen muss, werden nachfolgend thematisiert.

2.1 Kooperationspartner

Auf der Ebene eines Betreibernetzwerkes entstehen Leistungsverflechtungen zur Verfügbarkeitssicherung zwischen verschiedenen Kooperationspartnern, deren Bezeichnung und Aufgaben Abb.2 entnommen werden können. Darüber hinaus können in einer erweiterten Systembetrachtung auch Teile-, Rohmateriallieferanten und Entsorger Aufnahme in die Modellbildung finden. Im Sinne der vorliegenden Betrachtung werden diese aber vernachlässigt. Gleiches gilt z.B. auch für Logistik-, Personal- oder IT-Dienstleister. Der Einsatz reiner Dienstleistungsunternehmen sichert zum einen den Wettbewerbsfaktor im Rahmen von Betreiberkooperationen, da diese auf Grund von räumlicher Nähe oder Volumeneffekten Dienstleistungen u.U. preisgünstiger anbieten können. Zum anderen kann ein externer Dienstleister, die entsprechende Qualifikation und das notwendige Vertrauen vorausgesetzt, die erforderliche Redundanz zum Kapazitätsausgleich bei Auftragsspitzen und damit in entscheidendem Maße die Anlagenverfügbarkeit sicherstellen.

Kooperationspartner	Ausprägung
Kunde	Produktionsunternehmen, das i.d.R. über eine eigene (Rest-) Instandhaltung verfügt.
Hersteller: Anlagen-, Maschinenlieferant	Hersteller und Lieferant (komplexer und verketteter) Produktionsanlagen. Er ist damit auch Integrator von Systemen und Modulen vorgelagerter Lieferanten.
System-/Modullieferant	Entwicklung und Lieferung von speziellen, in sich abgeschlossenen Modulen, die sowohl als Anlagenbestandteile an den Hersteller als auch direkt an den Kunden geliefert werden. Bei letzterer Form handelt es sich vor allem um Funktionseinheiten, die zwei Anlagen miteinander verbinden. Der Systemlieferant integriert seinerseits Komponenten.
Komponentenlieferant	Hersteller von Komponenten, der vor allem System- und Anlagenhersteller beliefert. In Service-Fällen ist auch eine Direktlieferung und Dienstleistung an den Endkunden möglich.
(Service-/IH-) Dienstleister	Hierbei handelt es sich um einen auf Service und Instandhaltung spezialisierten Dienstleister, der Expertenwissen auf Anlagen-, System- oder Komponentenebene besitzt. Im Extremfall ist der Dienstleister eine Einpersonenunternehmung. Der Dienstleister führt auch Vor-Ort-Montagen durch. Als Dienstleister können in diesem Zusammenhang auch Planungsbüros oder Applikationsentwickler betrachtet werden.

Abb. 2. Ausgewählte Kooperationspartner im Rahmen eines Betreibernetzwerkes

2.2 Randbedingungen der Kooperationsentstehung

Entscheidend für die Gestaltung und Ausprägung des Betreibernetzwerkes sind die vorhandenen Randbedingungen auf Kunden- wie auch auf Lieferantenseite.
Die einzelnen Kriterien sind dabei nicht losgelöst voneinander zu betrachten. Vielmehr ergeben sich erst durch die Kombination mehrerer Kriterien Hinweise auf eine denkbare Ausprägung des betreffenden Netzwerkes. Nachfolgend sind einige Kriterien zusammenfassend dargestellt (vgl. Zuther 2002, S.87ff).

2.2.1 Die Kundenseite

Den Ausgangspunkt der Betrachtung bilden die kundenseitigen Voraussetzungen. Neben strategischen Aspekten, wie der Konzentration auf Kernkompetenzen oder der Finanzierbarkeit des Firmenwachstums, stehen operative Aspekte für die organisatorische Umsetzung im Fokus. Größeren Anlagen mit einem sehr spezifischen Verfahren und einer komplexen Struktur in Kombination mit einem geringen kundenseitigen Know-how sind – Wirtschaftlichkeit vorausgesetzt – generell größere Chancen einzuräumen als einer einzelnen Serienmaschine. Die Art des Betrachtungsobjektes in Kombination mit der Struktur der vorhandenen Instandhaltung stellen somit ein Kriterium dar. Ein weiteres Differenzierungsmerkmal stellt der Verkettungsgrad des Objektes dar – entweder flexibel über den Materialfluss oder starr über Handlingsysteme und die Art der Einbindung in eine Fertigungslinie. Des Weiteren sind die Anforderungen an die Verfügbarkeit der Anlagen entscheidend für die Ausprägung, Umsetzung und Wirtschaftlichkeitsbeurteilung des Betreibermodells. Die Umsetzung von Betreibermodellen bei Nebenanlagen (z.B. Druckluftversorgung) stellt andere Anforderungen an den Lieferanten als eine Hauptanlage. Die Vereinbarung einer Arbeitsteilung z.B. zwischen Kunden und Lieferanten im Betreibermodell gestaltet sich beispielsweise um so riskanter, je häufiger und umfangreicher gerüstet werden muss oder je mehr Bearbeitungsverfahren auf der Anlage laufen. In diesen Fällen steigen die potenziellen Fehlerquellen und damit die Gefahr des Lieferanten, z.B. zugesagte Verfügbarkeiten nicht einhalten zu können.

Folgende Punkte sollten daher bei der Beurteilung berücksichtigt und bewertet werden (vgl. Zuther 2002, S.87ff):

- Vorhandenes Know-how und Wirtschaftlichkeit der eigenen Instandhaltung,
- Komplexität des Sachgutes,
- Verfügbarkeitsanforderungen und daraus resultierende organisatorische und technologische Konsequenzen sowie
- Umfang des einbezogenen Fertigungsbereiches und Randbedingungen des Fertigungsprozesses.

2.2.2 Die Lieferantenseite

Ob Lieferanten in ein Betreibermodell Aufnahme finden und wie flexibel die Kooperation zwischen den Lieferanten gestaltet werden kann, hängt wesentlich davon ab, welche Qualifikationen, Kapazitäten und Wettbewerbsverhältnisse im Netzwerk bestehen. Die Art der Zusammenarbeit zwischen den Lieferanten und die resultierende Kooperation wird darüber hinaus entscheidend von der Lieferstruktur beeinflusst. Ausgehend von einer gemeinsamen Planung ist auch in der Betriebsphase von einer günstigen Voraussetzung für eine weitere Zusammenarbeit auszugehen. Existiert ein Integrator am Markt, der in der Lage ist, den gesamten Betrachtungsumfang zu liefern, besteht die Möglichkeit, diesen auch als Generalunternehmer für die Betriebsphase einzusetzen. Anderenfalls ist über den

Einsatz eines Lieferanten oder externen Dienstleisters als Netzwerkführer zu entscheiden.

2.2.3 Kooperationsumfang im Netzwerk

Die Kooperation zwischen den Netzwerkpartnern ist zu einem maßgeblichen Teil Gestaltungsgegenstand der Planungsphase des Betreibernetzwerkes. Da der Kunde als externer Faktor in die Integration der Dienstleistungsgestaltung – in mehr oder weniger großem Umfang – einbezogen ist, kann das Betreibernetzwerk als Kooperation zwischen ihm und weiteren Partnern angesehen werden, zwischen denen zusätzliche Leistungsverflechtungen bestehen. Der Kooperationsumfang wird entsprechend variieren. Hierbei ist entscheidend, in wie weit die Partner den Nutzen von Synergieeffekten untereinander erkennen und durch eine gegenseitige Leistungsverrechnung auch umsetzen wollen. In diesem Sinne sollte statt von einer restriktiven vertraglichen Regelung eher von einer partnerschaftlichen Zusammenarbeit ausgegangen werden. Je nach Anwendungsfall kann die Verteilung der Koordination der Aufgabendurchführung – in Abhängigkeit des Betrachtungsumfanges und der Ausnutzung der jeweiligen Kernkompetenzen der Partner – auch auf mehrere Teil-Koordinationszentren aufgeteilt werden.

2.3 Variantenbildung: Grundszenarien von Betreibernetzwerken

Aus der Analyse der Randbedingungen der Netzwerkentstehung lassen sich Grundszenarien von Betreibernetzwerken mit steigendem Komplexitätsgrad ableiten. Die Szenarien stellen die Grundlage für die anschließende Ableitung des Netzwerkmodells dar. Der Komplexitätsgrad steigt dabei sowohl über den Betrachtungsumfang auf Fertigungsebene – von der Betrachtung einer einzelnen Maschine bis zur Einbeziehung mehrer Fertigungslinien – als auch über Anzahl der Kooperationspartner und Kooperationsumfang im Netzwerk. Vereinfachend werden hier vier von insgesamt 16 Szenarien vorgestellt.

Die Basis bildet ein Netzwerk zwischen einem Kunden, einem Lieferanten und ggf. weiteren Komponentenlieferanten. Im Mittelpunkt der *Szenarien 1 und 2* (vgl. Abb.3) steht eine einzelne, unverkettete Maschine (Schwerpunktanlage), wobei im Rahmen von *Szenario 1* zunächst von einer Serienmaschine (z.B. Standard-Werkzeugmaschine) mit einem vergleichsweise geringen Investitions- und Umsatzvolumen ausgegangen wurde. Zusätzlich wurde angenommen, dass es sich bei dem Fertigungsverfahren um ein bekanntes und allgemein beherrschtes Prinzip handelt.

Zur Umsetzung eines Betreibermodells in dieser Konstellation sind beispielsweise monatliche Zahlungen an den Lieferanten für eine bereitgestellte Verfügbarkeit denkbar. Einfache Arbeiten werden untereinander aufgeteilt und gegenseitig verrechnet. Die Abstimmung von Wartungsarbeiten an der Anlage unter Berücksichtigung der Bedürfnisse der Fertigung untersteht dem Kunden. Daher obliegt ihm die Gesamtkoordination der Verfügbarkeitssicherung. Verfügbarkeit ist zugleich immer eine Frage der Reaktionszeit des Lieferanten. Bei kleineren

Einheiten wird sich die Bereitstellung von IH-Personal vor Ort oder gar eines Maschinenbedieners i.d.R. nicht rechnen. Verfügbarkeitsgarantien sind somit unmittelbar vom Standort des Lieferanten (räumliche Nähe) und der eingesetzten Informationstechnologie (z.B. TeleService) abhängig. Eine derartige Konstellation lässt sich vor allem dann realisieren,

- wenn es sich für den Lieferanten um einen strategisch wichtigen Kunden handelt, mit dem sich Folgegeschäfte realisieren lassen (Ausweitung des Betreibermodells) oder
- wenn sich für den Lieferanten durch eine spätere Rücknahme und den anschließenden Weiterverkauf der Maschine ein Zusatzgewinn erwirtschaften lässt.

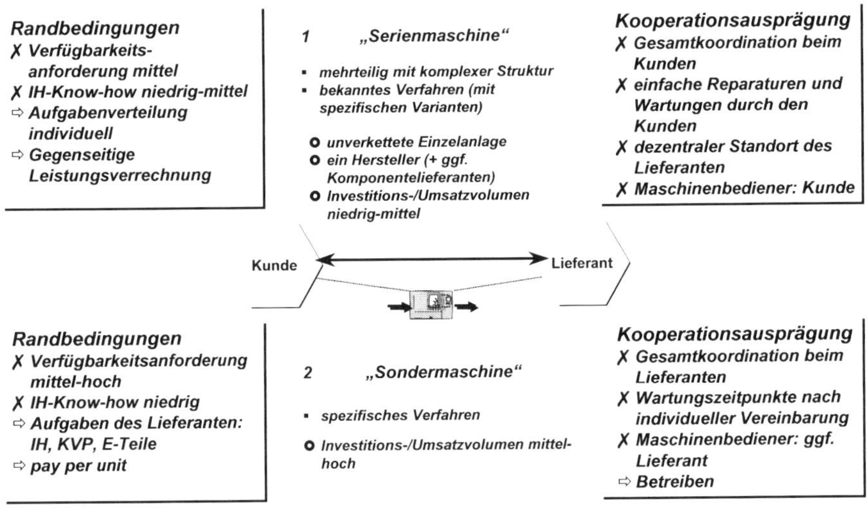

Abb. 3. Grundszenarien 1-2

Szenario 2 verdeutlicht den Fall einer Sondermaschine mit einem spezifischen und ggf. neuen Verfahren sowie einem entsprechend hohen Investitions- und Umsatzvolumen. Aus den vorhandenen Randbedingungen wird deutlich, dass sich gänzlich andere Formen der Aufgabenteilung, -übertragung und organisatorischen Eingliederung ergeben und sich damit auch die Anforderungen an die Flexibilität des zu entwickelnden Netzwerkes erkennen lässt. In diesem Szenario ist der Lieferant für einen wesentlichen Teil der verfügbarkeitssichernden Prozesse verantwortlich und stellt ggf. IH-Personal und Bediener. Er koordiniert die durchzuführenden Arbeiten an der Anlage in Abstimmung mit dem Kunden.

In einer größeren Fertigung finden sich häufig mehrere Maschinen oder Anlagen desselben Lieferanten in unterschiedlichen Fertigungslinien. Eine korrespondierende Erweiterung des ersten Szenarios verdeutlicht *Szenario 3*. In dieser Konstellation wird noch vereinfachend davon ausgegangen, dass nur ein Lieferant in die Kooperationsbetrachtung einbezogen wird, d.h. alle weiteren Maschinen und Anlagen durch die Instandhaltung des Kunden abgedeckt werden. Zwar verändern sich die wirtschaftlichen Voraussetzungen für den Lieferanten in eine entsprechende Kooperation einzutreten, die koordinative Abstimmung der notwendigen Einzelmaßnahmen in Bezug auf die Linie, verbleibt allerdings notwendigerweise beim Kunden.

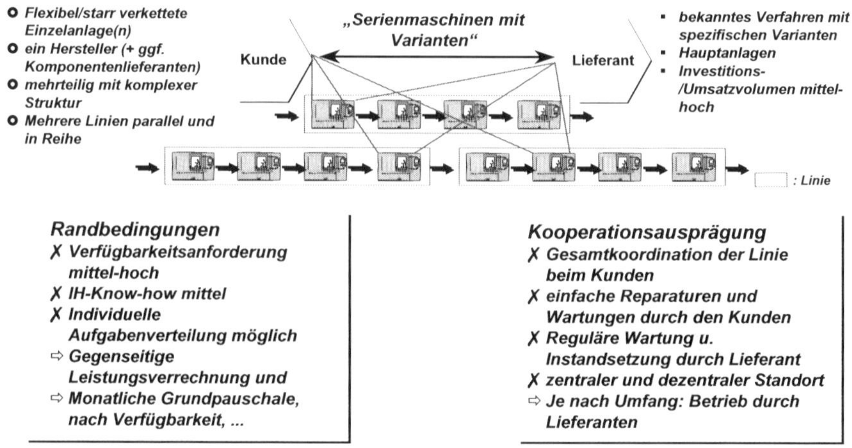

Abb. 4. Grundszenario 3

Wie die empirischen Untersuchungen gezeigt haben, werden zukünftige Anforderungen aus Kundensicht durch die oben beschriebenen Szenarien sowie notwendige Zwischenstufen nicht gelöst. Vielmehr wird deutlich, dass neben der Betrachtung von Schwerpunktanlagen zukünftig auch ganze Prozessketten durch Lieferantennetzwerke abzudecken sind. *Szenario 4* trägt dieser Anforderung Rechnung (vgl. Abb. 5).

Beispielhaft wird in diesem Szenario davon ausgegangen, dass es sich um eine Linie bzw. mehrere in Reihe angeordnete Linien handelt, die von einem Lieferantenkonsortium in Form eines Betreibermodells abgedeckt werden. Es existieren unterschiedliche Arten von Kooperationspartnern, die sowohl auf gleicher Ebene (z.B. von Maschinen- zu Maschinenlieferant) als auch auf nachgelagerter Ebene (Maschinenlieferant-Komponentenlieferant) intensiv im Sinne einer optimalen Anlagenverfügbarkeit kooperieren. Um schnelle Reaktionszeiten zu gewährleisten oder um Spezial-Know-how einzubinden, werden auch externe Dienstleister zum Netzwerk gerechnet. Der Kooperationsumfang variiert entsprechend. Es ist davon auszugehen, dass die Netzwerkführung durch einen Kooperationspartner übernommen wird. Dieser koordiniert nicht nur die Aktivitäten innerhalb der Linie, sondern fungiert auch als zentraler Ansprechpartner gegenüber dem Kunden („Auftragsmanager").

Auf monetärer Ebene kann somit eine einheitliche Abrechnung gegenüber dem Kunden erfolgen (z.B. pro Monat) und die Gewinnerwirtschaftung innerhalb des Netzwerkes weiter verrechnet werden.

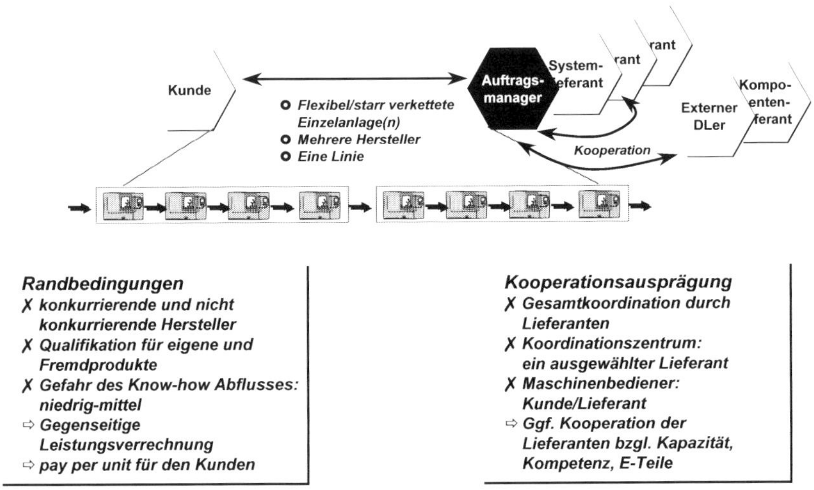

Abb. 5. Grundszenario 4

3 Ein Modell zur Konfiguration von Betreibernetzwerken

Die vereinfachend dargestellten Szenarien zeigen bereits, dass sich verschiedene Rollen identifizieren lassen. In der Regel wird sich ein Partner als Netzwerkführer etablieren. Die Rolle, die den entsprechenden Aufgabenkomplex zusammenfasst, wird im Rahmen der Modellbildung als *„Kontrolleinheit"* definiert. Die Kontrolleinheit kann im Betreibernetzwerk nur einmal zugeordnet werden. Alle anderen Einheiten (Leistungsobjekte) sind theoretisch beliebig oft modellierbar. Zu den Aufgaben der Kontrolleinheit gehört die Verhandlung von Zielvorgaben im Netzwerk sowie die Überwachung und Beurteilung. Die Kontrolleinheit sichert die Abstimmung der Netzwerkleistungen mit den Kundenanforderungen und löst ggf. Konflikte im Netzwerk.

Des Weiteren kann angenommen werden, dass ein entsprechender Umfang des Betreibernetzwerkes die Etablierung von Teilkoordinationszentren nahe legt. Dieser Aufgabenbereich wird durch *„Auftragseinheiten"* beschrieben. Die Auftragseinheit übernimmt die Koordination der Auftragsabwicklung zwischen den Partnern einer Fertigungslinie sowie die Abstimmung mit anderen Auftragseinheiten und ist somit entscheidend für eine weitgehend dezentrale Koordination. Auftragseinheiten „aktivieren" Teilnetzwerke indem sie die relevanten Netzwerkpartner für die jeweilige Problemstellung einbinden.

Sowohl industrielle Dienstleister als auch Maschinen- oder Komponentenlieferanten müssen die Auftragsbearbeitung für Fertigungsobjekte, die in ihrem Verantwortungsbereich liegen, koordinieren. Die Identifikation, Planung und Veranlassung von Maßnahmen, bezogen auf das jeweilige Betrachtungsobjekt, wird in diesem Sinne auf *„Dienstleistungseinheiten"* abgebildet. Die Durchführung wesentlicher Aufgaben dieser Einheiten untersteht der individuellen (autonomen), internen Abwicklung der Partner. Zusätzlich werden auf diese Einheiten Aufgaben abgebildet, die situativ für den Tausch von Kapazitäten und Kompetenzen zwischen verschiedenen Dienstleistungseinheiten, sowie für die Koordination auf Netzwerkebene mit anderen Einheiten, erforderlich sind.

Eine wesentliche Rolle zur Identifikation und Lösung von Problemen spielen die *„Experteneinheiten"*. Experteneinheiten besitzen umfassendes Diagnosewissen und kooperieren auch untereinander zur raschen Problemlösung. Sie repräsentieren daher sowohl Spezialabteilungen oder einzelne Stellen von Lieferanten als auch industrielle Dienstleister (z.B. Ingenieurbüros, etc.). Die Zuordnung von Experteneinheiten im Rahmen der Modellbildung wird primär über die benötigten Kompetenzen vorgenommen.

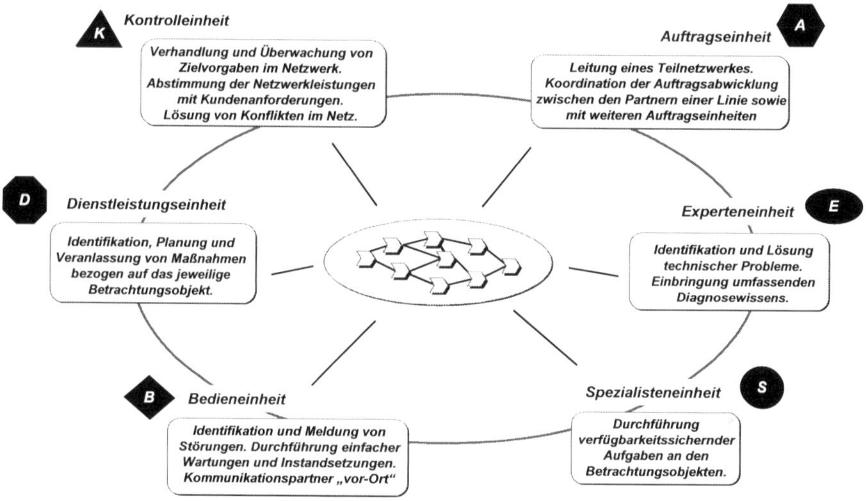

Abb. 6. Zusammenfassende Beschreibung der Leistungsobjekte

Auf der Ebene des Betreibernetzwerkes besitzen nicht nur Instandhalter des Kunden oder mobile Servicetechniker des Lieferanten die notwendigen Fähigkeiten zur Durchführung verfügbarkeitssichernder Maßnahmen. Vielfach erfüllen gerade spezialisierte Dienstleister diese Tätigkeiten innerhalb wesentlich kürzerer Reaktionszeiten. *„Spezialisteneinheiten"* bilden hierzu die relevanten Leistungsprozesse sowie die notwendigen Informations- und Kommunikationsprozesse ab.

Der letzte Netzwerkteilnehmer, der eine zentrale Rolle in der Abwicklung der verfügbarkeitssichernden Prozesse spielt, findet sich in der *„Bedieneinheit"*. Der Bediener ist ein wesentlicher Kommunikationspartner „vor-Ort" wenn es um die Identifikation und Meldung von Störungen oder um die Durchführung einfacher Aufgaben geht. Bedieneinheiten können prinzipiell unterschiedlichen Netzwerkpartnern (Kunden, Lieferanten, Dienstleistern, ...) zugeordnet werden. Abb.6 fasst die identifizierten Objekte zusammen.

Die beschriebenen Objekte stellen den Kern eines umfassenden Informations- und Prozessmodells dar, das entsprechend der individuellen Randbedingungen der jeweiligen Planungsaufgabe konfiguriert werden kann. Hierzu sind die Detailprozesse pro Leistungsobjekt zur Leistungsdurchführung und Koordination innerhalb des Netzwerkes sowie die Zugriffe auf die hinterlegten Informationsbestände (vgl. Zuther 2002, S.123ff) abgebildet. Durch die individuelle Konfiguration des Modells entsteht ein konsistentes Soll-Modell des Netzwerkes, das auf die beteiligten Partner übertragen werden kann.

4 Vorgehen zum Aufbau von Betreibernetzwerken

Die Konfiguration eines Betreibernetzwerkes ist ein komplexes Planungsvorhaben, das wesentliche Elemente aus drei Planungsbereichen integriert. Hierzu gehört zunächst die *Kooperationsplanung*, zum Zweiten die *Planung von Produktionssystemen* und zum Dritten die *Planung der Verfügbarkeitssicherung*. Zu den Adressaten gehören die in der Planungsphase des Netzwerkes beteiligten Partner, die das Modell als Grundlage für den gegenseitigen Informationsaustausch in der Planungsphase und als spätere Implementierungsgrundlage benutzen können. Es wird davon ausgegangen, dass die verantwortliche Planung durch eine unabhängige Planungsgesellschaft in Form eines Projektauftrages (Dienstleistung) oder durch einen Generalunternehmer vorgenommen wird, der auch als fokales Unternehmen in der Betriebsphase des Netzwerkes auftritt. Als Generalunternehmer kommen sowohl reine Dienstleistungsunternehmen wie auch Systemlieferanten in Betracht. In Ausnahmefällen kann natürlich auch der Kunde als Generalunternehmer und somit hauptverantwortlicher Modellnutzer gesehen werden[1].

Insgesamt werden 9 Planungsphasen zum Aufbau eines Betreibernetzwerkes identifiziert, die in Abb.7 zusammenfassend dargestellt sind[2].

Ausgangspunkt zur Planung eines Betreibernetzwerkes stellt die Entscheidung des Kunden dar, eine Planungsanfrage zu stellen. Als Grundlage zur Entscheidungsfindung kann eine erste unternehmensspezifische Gewichtung und Bewertung (z.B. durch eine Nutzwertanalyse) der vorgestellten Kriterien herangezogen werden. Des Weiteren ist eine möglichst hinreichende Spezifikation des zu vergebenden Leistungsumfangs zu erstellen, in dessen Abhängigkeit ein geeigneter Planungspartner (Planer) identifiziert und eine Anfrage gestellt werden kann. Gemeinsam mit dem Planer wird in den meisten Fällen ein Projektteam festgelegt, das wesentliche Entscheidungsträger des Kunden aus den betroffenen Bereichen umfassen sollte (z.B. Beschaffung, Instandhaltung, Fertigung, Fabrikplanung, ...), um von Anfang an eine hohe Akzeptanz für die Planung herbeizuführen. Darüber hinaus liefern die Know-how-Träger entscheidende Informationen zur Integration und Anpassung des Betreibermodells an die Kundenprozesse.

[1] Dies hängt vom Umfang ab, mit dem der Kunde sowohl in die Planung als auch die operative Umsetzung integriert wird.

[2] Zur detaillierten Darstellung der einzelnen Phasen vgl. Zuther 2002, S.143ff

Gegenstand der *Phase I* ist die gemeinsame Analyse der Ausgangssituation, die sowohl grundlegende Rahmenbedingungen als auch die Analyse der eigentlichen Fertigungsaufgabe beinhaltet. Die Analysephase liefert wesentliche Erkenntnisse über die Art des erforderlichen und umsetzbaren Betreibermodells. Ggf. ist an dieser Stelle eine Entscheidung herbeizuführen, ob sich ein Betreibermodell überhaupt sinnvoll umsetzen lässt. Die Analysephase ist mit besonderer Sorgfalt durchzuführen, da Fehleinschätzungen bekanntermaßen zu ungenauen oder nicht verwertbaren Planungsergebnissen führen.

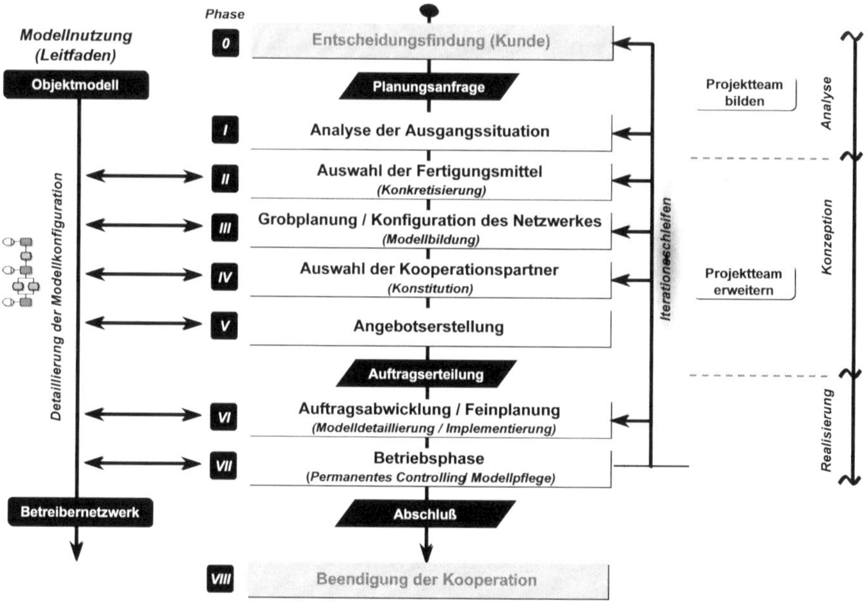

Abb. 7. Vorgehensmodell (Leitfaden) zur Konfiguration von Betreibernetzwerken

In *Phase II* (Konkretisierung) erfolgt eine erste Auswahl benötigter Fertigungsmittel. Diese Auswahl wird dabei nicht nur unter technologischen Gesichtspunkten oder dem reinen Kaufpreis der Objekte durchgeführt. Vielmehr ist in einem ganzheitlichen Ansatz auch eine erste Einschätzung der Integrationsfähigkeit des Herstellers oder eines für das Betrachtungsobjekt kompetenten Dienstleisters vorzunehmen. Ein Auswahlkriterium zur Fertigungsobjektbestimmung kann auch darin bestehen, in wie weit sich der Kunde selbst (sowie ggf. das planende fokale Unternehmen) sinnvoll[3] in Bezug auf das Betrachtungsobjekt in die Betriebsphase einbringen kann.

Die Grobplanung der Fertigungsobjekte sowie darauf aufbauend der Leistungsobjekte (vgl. Abb. 6) ist Schwerpunkt der *Phase III*. Die Modellbildung dient ebenso als Basis für die Ausschreibung von Teilaufgaben im Betreibernetzwerk

[3] sinnvoll in Bezug auf Kompetenz, Kapazität und Wirtschaftlichkeit.

und bildet eine Voraussetzung zur Auswahl der Kooperationspartner *(Phase IV)*. Im Zuge der sukzessiven Auswahl von Partnern, d.h. der Konstitution des Netzwerkes,. ist ein Rücksprung in frühere Planungsphasen möglich, da sich im Gespräch mit den Kooperationspartnern sowohl technologische als auch organisatorische Änderungen ergeben können. Gleichzeitig wird das vorhandene *Projektteam* um Mitarbeiter der Partnerunternehmen erweitert. Im Verbund der identifizierten Netzwerkpartner wird schließlich ein Angebot für den Kunden erstellt *(Phase V)*.

Phase VI beinhaltet die Feinplanung des Netzwerkes sowie die Installation der Maschinen und Anlagen vor Ort. Darüber hinaus ist die notwendige organisatorische Infrastruktur zum Betrieb des Netzwerkes aufzubauen. Mit der Betriebsphase *(Phase VII)*, die vor allem eine kontinuierliche Pflege des Netzwerkmodells umfasst, endet das Planungsvorgehen.

Abb. 7 zeigt darüber hinaus auch die Beendigung der Kooperation *(Phase VIII)*. Das Ende der Kooperation bzw. das mögliche Ausscheiden einzelner Partner ist bereits von Anfang an mit zu berücksichtigen. Dies betrifft insbesondere die Vereinbarungen zur Strukturierung und Speicherung der Informationsbestände, um einen existenzgefährdenden Know-how-Abfluss auszuschließen. Im Zuge der Vertragsvereinbarung ist daher gründlich zu prüfen, welche Maßnahmen bei Austritt eines Partners sowie nach Ende der Gesamtvertragslaufzeit des Betreibermodells zu treffen sind.

5 Zusammenfassung

Sowohl für Kunden als auch für Lieferanten produktionstechnischer Anlagen haben sich die Randbedingungen des Wirtschaftens in den letzten Jahren fundamental gewandelt. Das oft zitierte „Turbulente Umfeld" hat dazu geführt, dass die Anforderungen an eine effiziente Leistungserstellung gestiegen sind. Kundenseitig lässt sich diese Herausforderung nur durch flexible, hoch verfügbare und kontinuierlich optimierte Produktionssysteme bewältigen. Die wirtschaftliche Sicherstellung der Verfügbarkeit stellt Kunden aber nicht zuletzt auf Grund der gestiegenen Komplexität der Investitionsgüter vor große Herausforderungen. Diese Situation hat dazu geführt, dass Kunden vermehrt die Sicherstellung der Verfügbarkeit oder gar den Betrieb der Anlagen von ihren Lieferanten verlangen.

Aus Lieferantensicht eröffnen sich in diesem Zuge Zusatzgeschäfte durch produktbegleitende Dienstleistungen, die schwindende Gewinnmargen im Produktgeschäft kompensieren können. Zugleich bieten produktionsnahe Dienstleistungen die Chance eines kontinuierlichen, konjunkturunabhängigen und verpreisbaren Absatzes des Dienstleistungsangebotes.

Die konsequente Weiterentwicklung dieser Tendenz kann zum Aufbau von Betreibernetzwerken führen, in denen – gemeinsam mit Kunden – Maschinen-/Anlagenlieferanten und industrielle Dienstleister kooperativ die Verfügbarkeit der Anlagen sichern oder sogar deren Betrieb übernehmen.

Expertenbefragungen und durchgeführte Praxisevaluierungen verdeutlichen das Potenzial für Betreibermodelle im Maschinen- und Anlagenbau. Demgegenüber stehen jedoch auch Risiken, die es durch eine sorgfältige Planung zu minimieren gilt. Mit dem vorgestellten Ansatz wurde eine Planungsgrundlage geschaffen, um diesen vielversprechenden Weg im Maschinen- und Anlagenbau zu unterstützen.

Literatur

Arnold U (1998) Marktlich integrierte Kooperationen: Netzwerke und Allianzen in Beschaffung und Absatz. In: Gassert H, Prechtl M, Zahn E (Hrsg) Innovative Dienstleistungspartnerschaften – Neue Formen der Zusammenarbeit zwischen Industrie und Dienstleistern. Schäffer-Poeschel, Stuttgart

Biermann J, König C (2000) Betreibermodelle – Marktchance in Investitionsgütermärkten. Roland Berger, Interwies, Desk-Research

Bullinger HJ (Hrsg), Gudszent T (2000) IT-Lösungen für Kompetenznetzwerke in Instandhaltung und Service. IRB-Verlag, Fraunhofer-Institut Raum und Bau, Stuttgart

Diesch R (1999) Steigerung der organisatorischen Verfügbarkeit von Vertigungszellen. Herbert Utz Verlag, München

Hauck O (2000) Provider überwachen die Fabrik der Zukunft – Best-Brand-of-Solutions von Siemens: Umgebungen, in denen so gut wie alles durch Software gesteuert wird, erfordern neue Leistungen. VDI-Nachrichten 25: 8

Hoffmann W (1994) Anlagenhersteller als Anbieter von Fremdinstandhaltungsleistungen. In: Becker W (Hrsg) Modernes Instandhaltungs-Management. Wiesbaden

Littmann P , Jansen SA (2000) Oszillodox – Virtualisierung – die permanente Neuerfindung der Organisation. Klett-Cotta, Stuttgart

Luczak H (Hrsg) (1999) Servicemanagement mit System: erfolgreiche Methoden für die Investitionsgüterindustrie. Springer, Berlin, Heidelberg

Maßberg W (1997) Beherrschung der Komplexität in der Produktion. wt Werkstattstechnik 87: 349-354

Meier H, Zuther M (2000) Innovative produktnahe Dienstleistungen in Kunden-Lieferanten-Netzwerken der Investitionsgüterindustrie, Betreibermodelle – Dienstleistungen mit Zukunftschancen. wt Werkstattstechnik 9

Zuther M (2002): Flexible Konfiguration von Betreibernetzwerken. Dissertation, Shaker, Aachen

Kooperationen innerhalb der Service-Chain

Axel Kaiser, Jürgen J. Schramm

Inhalt

1 Einleitung

Im Werkzeugmaschinen- und Anlagenbau sehen sich Unterlieferanten im Servicegeschäft oftmals schwierigen strategischen Entscheidungen gegenübergestellt, da die zu bedienenden Kundengruppen sehr unterschiedliche Ziele verfolgen. Üblicherweise lassen sich mit den Original Equipment Manufacturer (OEM) und den Endkunden zwei Kundengruppen klassifizieren. Es spannt sich eine sogenannte Service-Chain zwischen dem Endkunden, dem OEM und dem Zulieferer auf, in der die Rollen und die zu pflegenden Kontakte einer gewissen Chronologie der Sachgutlieferung unterworfen sind. Für den Unterlieferanten stellt sich die Frage, wie er sich am besten mit seinem Service positionieren kann, ohne Zielkonflikte auszulösen. Das Bestreben muss es sein, stetig für die Erweiterung des Kundenstammes zu sorgen. Die Aussicht, beim Endkunden Dienstleistungen lukrativ abzusetzen, birgt allerdings die Gefahr, das Verhältnis zum OEM zu belasten, da direkt in dessen Geschäftsfeld eingedrungen wird. Die auftretende Konkurrenzsituation kann dazu führen, dass sich dieser bei der zukünftigen Auswahl seiner Anlagenkomponenten gegen die bestehende Partnerschaft stellt. Dies bedeutet, dass u.U. bei einer Erstausrüstung der Anlagen ein anderer Lieferant bevorzugt wird – der Absatz der Kernleistung würde folglich negativ beeinflusst.

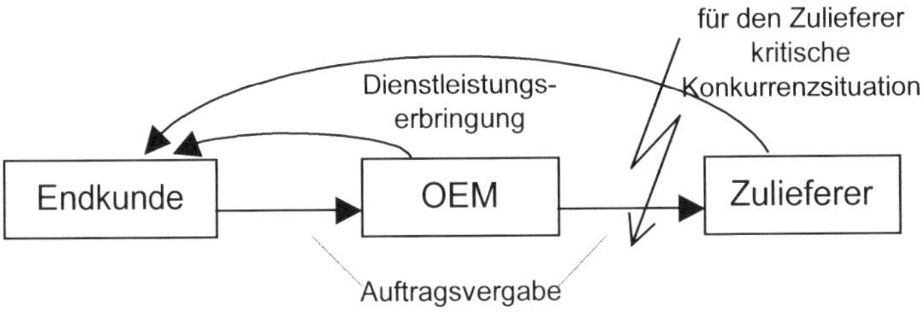

Abb. 1. Konkurrenz innerhalb der Service Chain

Ein direktes Zugehen auf den Endkunden scheint also nicht unproblematisch, teilweise sogar in den Folgen nicht abschätzbar. Hieraus resultiert der Nachteil, dass nur wenig Informationen über Wünsche und Anforderungen der Endkunden zuverlässig gewonnen werden können und entsprechende Dienstleistungsangebote folglich nur aufgrund von Vermutungen entwickelt werden. Dies betrifft sowohl den Bereich des Service als auch, und das ist noch viel gravierender, die Produktentwicklung, da diese auf Aussagen über den Nutzungseinsatz dringend angewiesen ist. Ahnungslosigkeit herrscht meist auch bezüglich des zur Verfügung stehenden Produkt- und Serviceportfolios auf der Kundenseite, da der Informationsfluss hinsichtlich angebotener Services und Produkte eingeschränkt ist. So sind folgende Aussagen zu den Kundenwünschen zwar genereller Natur aber nicht minder gravierend:

- Aufgrund der hohen Spezialisierung moderner Anlagen ist das Personal des Kunden meist zur optimalen Betreuung nicht mehr in der Lage. Der Kunde möchte daher, dass die Problemlösung und Durchführung des Service durch den am besten qualifizierten Partner erfolgt.

- Die Forderung, nur noch einen Ansprechpartner vorzufinden wird immer lauter. Auf der anderen Seite werden Preisaufschläge nur für die reine Vermittlung von Unteraufträgen selten hingenommen. U.U. entschließt sich der Endkunde, sobald einmal der Kontakt zum Unterlieferanten hergestellt wurde, beim nächsten Serviceauftrag diesen direkt anzufordern. Meist ist er dann auch mit dem erbrachten Service zufriedener, da die Zeit, die die Vermittlung des Auftrages durch den OEM beansprucht, entfällt. Der Zulieferer befindet sich wieder in der oben angesprochenen ungewollten Konkurrenz, obschon sie nicht von ihm ausgelöst wurde.
- Die Endkunden sind oftmals mit der Ersatzteilversorgung nicht zufrieden, was ebenfalls auf dem Zuständigkeitsproblem und mangelnder Informationen innerhalb der Service Chain beruht.

Im Folgenden soll dargestellt werden, wie sich die beteiligten Partner in einer solchen Service Chain aufstellen können, ohne angesprochene Konflikte auszulösen. Der Weg zum Endkunden am OEM vorbei scheint hierfür nicht in Frage zu kommen, es wird folglich zu untersuchen sein, welche Möglichkeiten zu Angebotsgestaltung dem Zulieferer offen stehen. Exemplarisch werden die Überlegungen für ein Netzwerk der Getränkeindustrie angestellt. Bei den beteiligten Unternehmen handelt es sich um einen Hersteller von Getriebemotoren (Zulieferer), einem Hersteller von kompletten Abfüllanlagen (OEM) und einem Getränkeabfüller, der die Kundensicht repräsentiert. Hierfür werden, ausgehend von den Kundenanforderungen untersucht, ob und unter welchen Umständen kooperative Angebote Win-win Situationen für alle Beteiligten darstellen können. Aufbauend auf der Anforderungsanalyse können somit optimale und realisierbare Serviceangebote und die dazu notwendigen Kooperationen aufgezeigt werden. Diese Ausgangssituation stellt eine vereinfachte Konstellation der unterschiedlichen beteiligten Unternehmen bei einer Dienstleistungserbringung dar. Die möglichen Kombinationen der Dienstleistungserbringung sind aber gleich denen, die in komplexeren Netzwerken mit mehreren Zulieferern und OEMs entstehen.

Hierbei sollen im Speziellen folgende Ziele für die einzelnen Partner verfolgt werden:

- Endkunde:
  - Verbesserung des Serviceangebotes durch spezialisiertes Servicepersonal
  - Beschleunigung des Service
  - Entlastung der eigenen Ersatzteilvorhaltung
  - Reduzierung der Ansprechpartner

- OEM:
  - Entlastung der Ressourcenvorhaltung
  - Erhöhung der Servicequalität
  - Vermeidung der Konkurrenzsituation zum Lieferanten
  - Beibehaltung und Verbesserung des Kundenkontaktes

- Lieferant:
  - Herstellen des Endkundenkontaktes, Gewinnen von Nutzungsinformationen

- Kooperative Serviceerbringung mit dem OEM
- Vermeidung von Konkurrenzsituationen zum OEM, Schonung des Produktverkaufs
- Erweiterung des Serviceprogramms
- Partizipation am Servicepool des OEM

2 Kooperationen innerhalb der Service-Chain

Wie bereits dargestellt, sind Kunden oftmals an einem Sorglos-Paket interessiert, das ihnen die optimale Betreuung ihrer Anlage gewährleistet und die Koordination der erforderlichen Einzeldienstleistungen abnimmt. Um den Service qualitativ überzeugend erbringen zu können, müssen hierfür die Kontakte innerhalb der Service-Chain genutzt werden, wobei die Fähigkeiten der Kundeninstandhaltung mit in die Überlegungen einzubeziehen ist. Bei alleiniger Übernahme durch einen Dienstleister ist die nicht über alle Bereiche gleichbleibend hohe Kompetenz des Einzelnen (z.B. Defizite im Know-How für die Antriebstechnik beim OEM) ein entscheidender Nachteil. Die Gefahr ist vakant, sich mit solch einem Vorgehen einen schlechten Ruf aufzubauen.

Prinzipiell ist zunächst die Verteilung der Aufgaben innerhalb eines Service-Netzwerkes zu klären. Neben den wertschöpfenden Tätigkeiten, die auch für den Gewinn sorgen, dürfen auch administrative Tätigkeiten nicht vernachlässigt werden. Die Dienstleistungswertschöpfung lässt sich nach den Aspekten der optimalen Kompetenz und Ressourcenverteilung relativ leicht den betreffenden Unternehmen zuordnen. Die Frage der Administration gestaltet sich da schon schwieriger, da sie lediglich Kosten verursacht und sich schlecht in einem Netzwerk monetär verrechnen lässt. Um die Art der kooperativen Dienstleistungserbringung genauer eingrenzen zu können, soll sie durch folgende Punkte spezifiziert werden:

2.1 Ansprechpartner und Koordination

Ein Dienstleistungsangebot, das die betrachtete Service-Chain überspannt, kann über eine verschiedene Anzahl an Kontaktstellen abgewickelt werden. Beschränkt man sich auf einen Ansprechpartner, der in der Regel der OEM sein wird, gibt es die Möglichkeiten, die Kooperation im Hintergrund für den Kunden nicht sichtbar ablaufen zu lassen, d.h. nur ein Dienstleister tritt offiziell als Ansprechpartner und Ausführender beim Endkunden auf und engagiert bei Bedarf die entsprechenden Zulieferer. Gleiches gilt auch bei weitestgehend autarker Serviceerbringung durch den Zulieferer in einem für ihn abgeschlossenen Bereich (der OEM stellt z.B. den alleinigen Ansprechpartner für den Endkunden, der Zulieferer übernimmt aber einen Servicebereich bei der Wartung komplett). Diese beiden Möglichkeiten sind als nicht ideal einzuschätzen, da sich die Kooperation nur auf bestimmte Bereiche der gesamten Dienstleistungserbringung konzentriert und so ein effizientes Vorgehen durch die nicht klar festgelegten und situationsabhängigen Schnittstellen schwer zu realisieren ist. Entscheidungen und Beratungen werden von einer Partei geführt, die für die eigentliche Ausführung der Arbeiten nicht verantwortlich ist. Es ist daher nicht verwunderlich, dass Kunden zwar an einer reibungslosen Koordination der Arbeiten interessiert sind, aber bei der Beratung mehrere Ansprechpartner bevorzugen, die ihnen eine sofortige, kompetente Betreuung gewährleisten (kein zwischengeschaltetes anderes Unternehmen). Dies bestätigte auch eine Expertenbefragung bei mehreren Getränkeabfüllern.

2.2 Aufteilung der operativen Tätigkeiten

Die gemeinsame Dienstleistungserbringung bietet eine Vielfalt an möglichen Konstellationen in der Service Chain, die durch die Art und Umfang der Arbeit und die Verantwortung für deren Ausführung gekennzeichnet sind. Da speziell im Anlagenbau vielfach Sonderlösungen anzutreffen sind, ist die Verteilung der Verantwortlichkeiten anhand der bestehenden Technik an die jeweilige Situation des Endkunden anzupassen und nicht generell vorauszusagen. Im Folgenden werden daher zunächst die sogenannten *Servicebereiche* mit der beim Kunden vorzufindenden Technik gleichgesetzt. Es lassen sich drei Servicebereiche identifizieren:

1. Servicebereich (1.SB): OEM-Produkte
   Dieser Bereich umfasst die Produkte, die ausschließlich vom OEM produziert werden und meist für spezielle Anwendungen geeignet sind (z.B. Abfüllanlagen, Montagelinien). Eine allgemeingültige Anwendung ist meist nicht üblich. Im betrachteten Beispiel der Getränkeindustrie handelt es sich hierbei um die Abfüllanlage des Endkunden. Hier ist die Kernkompetenz des OEM.
2. Servicebereich (2.SB): Schnittstellentechnologie zur Verbindung der Zuliefer- und OEM-Produkte, hier unter „allgemeine Technik" zusammengefasst.
   Der Bereich allgemeine Technik stellt das Bindeglied zwischen den Produkten der Servicebereiche 1 und 3 dar. Meist handelt es sich um einfache mechanische Lösungen. Im Bereich der Kopplung Antriebstechnik / Anlagentechnik umfasst dieser Bereich u.a. Wellen, Ketten oder Kupplungen, die zur Kraftübertragung dienen.
3. Servicebereich (3.SB): Zulieferprodukte
   Hierbei handelt es sich um reine Zulieferprodukte, die sowohl vom OEM als auch vom Kunden zugekauft werden können. Meist verfügen sowohl Kunde als auch OEM über ein Basiswissen, dass ihnen einfache Dienstleistungen an den Produkten ermöglicht. Spezielles Fachwissen liegt jedoch ausschließlich beim Zulieferer, das ihn zu höherwertigen Dienstleistungen befähigt. Im betrachteten Beispiel handelt es sich um die gesamte Antriebstechnik.

Varianten der kooperativen Dienstleistungserbringung beruhen auf der unterschiedlichen Verteilung der Zuständigkeiten bzw. Verantwortung der Kooperationspartner für diese Servicebereiche. Eine eindeutige Zuordnung ist bei den Servicebereichen 1 und 3 möglich, da hier auch die Kernkompetenz der jeweiligen Partner verankert ist. Oftmals versucht sich auch der OEM im SB3, jedoch wird hier das Optimum selten ausgeschöpft. Als interessant und dennoch oftmals vernachlässigt gestaltet sich der zweite Servicebereich, der die allgemeine Technik beherbergt und nicht eindeutig einem Dienstleister zuzuordnen ist. Da es sich hier meistens um relativ einfache und vielfältig verwendete Bauteile handelt und kein spezifisches Know-How notwendig ist, sind sowohl OEM als auch Zulieferer fähig, notwendige Arbeiten auszuführen. Die Anforderungen scheinen von daher nicht besonders hoch, dennoch kommt es insbesondere im SB2 oftmals zu ungeplanten Ausfällen, da die Übertragung der Verantwortung nicht explizit auf einen Partner stattgefunden hat.

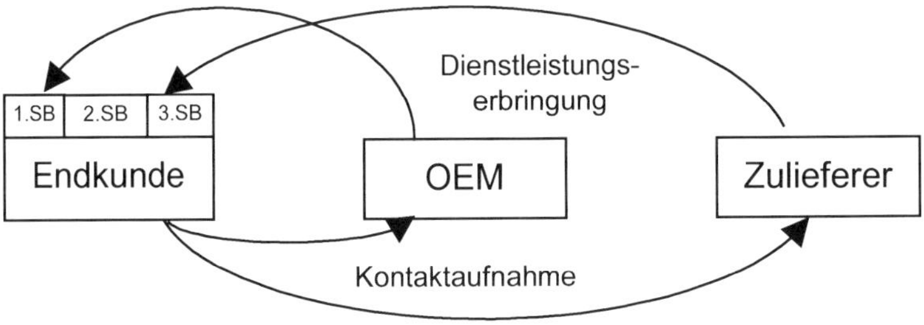

Abb. 2. Übliche Verantwortlichkeitsverteilung in der Service-Chain

2.3 Der Service-Encounter

Je mehr Partner unterschiedlicher Hierarchie und Intentionen an einem Netzwerk beteiligt sind, um so schwieriger gestaltet sich die Koordination des Kundenkontaktes. Die Schnittstelle, die das Konglomerat zum Kunden herstellt, wird auch als Service-Encounter bezeichnet. Hier ist besondere Vorsicht geboten, da der Kunde in solchen „moments of truth" einen großen Anteil der Servicequalität wahrnimmt oder auf Fehler aufmerksam wird. Fällt die Bewertung in diesen Zeitpunkten positiv aus, hat das Netzwerk gute Chancen, sich insgesamt positiv zu positionieren.

Obwohl die Gestaltung des Service Encounter sich nicht in der Kürze darstellen lässt und sehr von individuellen Randbedingungen abhängt, können grobe Determinanten aufgestellt werden, die eine Einteilung der Kundensituation erleichtern und die Anforderungen an den Service-Encounter verdeutlichen:

1. Frequentierung der Kundenschnittstellen - Ist die Dienstleistung eher sporadisch oder kontinuierlich zu erbringen?
2. Kundengruppen - Ist die Konzentration des Angebotes eher regional oder branchenspezifisch begrenzt?

Exemplarisch für die erste Determinante können Diagnosemethoden genannt werden, die eine kontinuierliche und sporadische Dienstleistungserbringung erfordern. Es handelt sich somit um Methoden, die entweder gezielt bei Serviceeinsätzen vor Ort beim Kunden durchgeführt werden (z.B. Thermografie als Diagnose für einen Antrieb) oder um durchgehende eingesetzte Methoden. Bei Letzteren handelt es sich z.B. um den Einsatz von IT-Tools zur Fernüberwachung eines OEM-Produktes (im betrachteten Netzwerk der Getränkeindustrie eine Abfüllanlage).

Die zweite Determinante bestimmt, ob sich die angebotenen Serviceleistungen auf eine Region oder auf eine Branche beziehen. Hier findet eine Konzentration auf die Abnahme der Dienstleistung, sprich auf die Kundengruppe statt. Das Unterscheidungskriterium ist hier die regionale Verteilung mehrerer Endkunden bzw. deren räumliche Dichte. Einerseits kann die Serviceleistung von verschiedenen Endkunden, die sich alle in einer bestimmten Region konzentrieren, genutzt werden. Andererseits kann die Serviceleistung auch auf eine Kundengruppe, bestehend aus Endkunden, die alle einer Branche angehören und nicht nur in einer Region angesiedelt sind, ausgerichtet sein. Der Fokus liegt hier folglich auf Betreuungsszenarien, die ein Dienstleister anwendet, um den entsprechenden Kundenkreis zufrieden zu stellen.
Durch die beiden Determinanten wird folgende Matrix aufgespannt, in anhand derer die Gestaltung der Kundenschnittstellen vorgenommen werden kann.

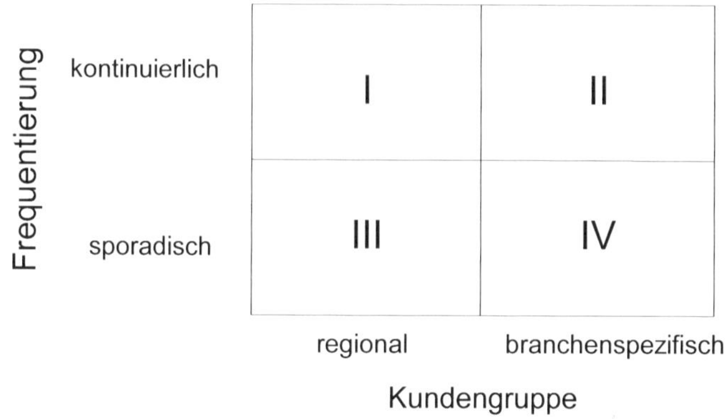

Abb. 3. Determinanten der Service-Encounter-Gestaltung

3 Varianten der kooperativen Dienstleistungserbringung

3.1 Szenarienbildung

Anhand der identifizierten Servicebereiche können Szenarien der kooperativen Dienstleistungserbringung diskutiert werden. Es existieren insgesamt sechs Variationen, die alle für diverse Unternehmenskonstellationen innerhalb der Service Chain eine praktikable Lösung darstellen. Hierbei wird zwischen unterschiedlichen Zuständigkeitsbereichen der Dienstleister, hier Servicebereiche die die Betreuung und/oder die Verantwortung beinhalten, unterschieden. Betreut ein Dienstleister einen Servicebereich (mit) ist in diesem sein Personal tätig. Hat ein Dienstleister die Verantwortung für einen Servicebereich, ist er für das Ergebnis der gesamten Serviceerbringung in diesem Bereich verantwortlich, er kontrolliert somit diesen Bereich inkl. der Arbeiten des Personals des anderen Dienstleisters. Die Ausprägungen der einzelnen Varianten stellen sich wie folgt dar:

1. OEM übernimmt den ersten und zweiten Servicebereich; der Zulieferer den dritten. Es findet keine direkte Kooperation statt und die Zusammenarbeit beschränkt sich auf gemeinsamen Kundenkontakt.
   Diese Variante eignet sich für OEM-Zulieferer-Paarungen, bei denen eine direkte Kooperation bei der Dienstleistungserbringung wenig Sinn macht. U.a. ist diese Variante bei zu stark differierenden Arbeitsweisen, wie Detailorientierung (z.B. jede Schraube kontrollieren) im Vergleich zu der Orientierung an der Gesamtfunktion (eine fehlende Schraube ist vertretbar, wenn die Verbindung insgesamt in Ordnung ist) sinnvoll. Durch seine Zuständigkeit für zwei Servicebereiche, hat der OEM hier die größere Verantwortung für den Erfolg der gesamten Servicedurchführung.
2. OEM übernimmt den ersten Servicebereich; der Zulieferer den zweiten und dritten. Die Verantwortung beschränkt sich auf die jeweiligen Zuständigkeitsbereiche. Auch diese Variante findet Anwendung, wenn eine Kooperation der Dienstleister nicht möglich ist (siehe 1.Variante). Der Unterschied besteht in der größeren Verantwortung und Zuständigkeit des Zulieferers. Die Anwendung diese Szenarios beschränkt sich auf personalstarke Zulieferer, bei personalschwachen OEMs oder wenn der Zulieferer sich als kompetenter in der Betreuung des .Servicebereichs erweist.
3. OEM übernimmt den ersten Servicebereich; der Zulieferer den dritten Servicebereich; zur Erfüllung der Aufgaben, die im zweiten Bereich anliegen, wird eine Zusammenarbeit angestrebt. Die Verantwortung der Partner beschränkt sich auf ihre Zuständigkeitsbereiche. Der OEM hat zusätzlich noch die Verantwortung und somit die Kontrolle der Arbeiten im Bereich der allgemeinen Technik (2.SB).
   Bei dieser Variante ist im Vergleich zu den Varianten 1 und 2 eine Kooperation der Dienstleister möglich. Durch Beschränkung der Kooperation auf den 2. Servicebereich stellen die Dienstleister sicher, dass kein Know-How-Transfer für die Betreuung dieses Servicebereichs zum anderen Dienstleister stattfindet. D.h. die Dienstleister agieren hier generell kooperativ, schotten aber den Bereich ihrer Kernkompetenz komplett gegen einen möglichen Konkurrenten ab. Diese Variante bietet sich für stark konkurrierende Dienstleister an, die trotzdem Synergieeffekte nutzen wollen.
   Neben der Anwendung bei starker Konkurrenz der Dienstleister ist diese Variante bei ersten Kooperationen zweier Dienstleister sinnvoll, wenn die beiden noch keine Erfahrung mit ihrem Kooperationspartner gesammelt haben bzw. ihre unterschiedlichen Fähigkeiten zu Problemen bei einer sofortigen kooperativen Abwicklung der Dienstleistungserbringung führen würden. Ihre eigene Technologie betreuen die Dienstleister selbst, hier müssen Sie sich nicht auf Personal des anderen Rücksicht nehmen und können die Serviceleistungen wie gewohnt durchführen. Erste Erfahrungen in der Kooperation und Nutzung von Synergieeffekten können aber im zweiten Servicebereich gesammelt werden. Insgesamt kann diese Variante später noch ausgebaut werden.
4. Siehe 3., nur dass der Zulieferer die Verantwortung für den zweiten Servicebereich übernimmt. Auch hier kann diese Variante, ähnlich der Variante 2, nur an-

gewendet werden, wenn der Zulieferer personalstärker als der OEM ist, oder sich als kompetenter in der Betreuung des zweiten Servicebereichs erweist.

5. OEM und Zulieferer arbeiten in allen Servicebereichen zusammen. Der OEM übernimmt die Verantwortung für den ersten und zweiten Servicebereich, der Zulieferer die für den dritten. In den Verantwortungsbereichen haben die Dienstleister entsprechend auch die Weisungsbefugnis. Diese Variante ist genau wie die folgende sechste Variante nur bei einem partnerschaftlichen Verhältnis der Dienstleister anwendbar. Bei einem eher konkurrenz-orientiertem Verhältnis bietet diese Variante zu viel Reibungsflächen zwischen den Dienstleistern. Ein Dienstleister könnte theoretisch das Know-How des anderen erwerben und dann die alleinige Dienstleistungserbringung anstreben. Dieses Szenario bietet aber das Potenzial der umfangreichen Nutzung von Synergieeffekten durch Zusammenarbeit in allen Servicebereichen. Das Personal und somit die Kosten bei der Dienstleistungserbringung können hier von beiden Dienstleistern reduziert werden, ohne die Leistung (kompetente Betreuung und entsprechende Personalstärke sind gewährleistet) zu vermindern. Der OEM verantwortet hier durch seine übergreifende Kompetenz mehr Servicebereiche.
6. OEM und Zulieferer arbeiten in allen Servicebereichen zusammen. Der OEM übernimmt die Verantwortung für den ersten Servicebereich, der Zulieferer die für die beiden anderen. In den Verantwortungsbereichen haben die Dienstleister entsprechend auch die Weisungsbefugnis. Anwendbar bei personalstarkem Zulieferer oder wenn der OEM weniger Leistungen im Servicebereich erbringen möchte.

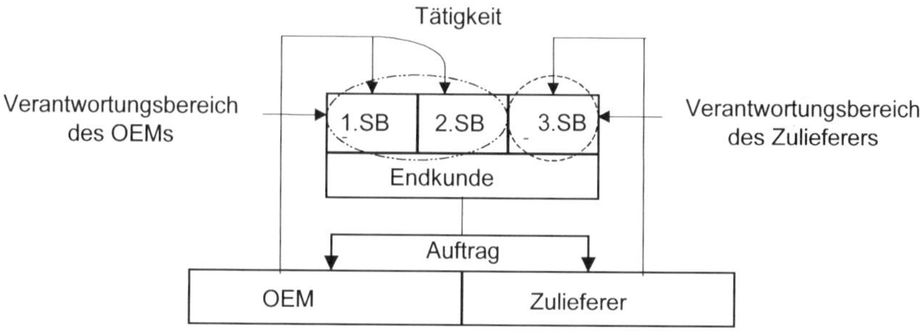

Abb. 4. Exemplarische Darstellung einer Variation der kooperativen Dienstleistungserbringung (hier: Variante 1) in der Service Chain

Die aus den bisherigen Überlegungen gewonnenen Szenarien müssen hinsichtlich ihrer Anwendbarkeit und der Übertragbarkeit auf die unternehmensspezifischen Randbedingungen untersucht werden. Hierfür werden folgende Kriterien aufgestellt:

- **Personalstärke:** Wie hoch ist der personelle Aufwand, der zur Dienstleistungserbringung erforderlich ist?
- **Kompetenz:** Dieses Kriterium umfasst die notwendigen Kenntnisse zur Ausübung der entsprechenden Rolle bei der kooperativen Dienstleistungserbringung. Je mehr

Servicebereiche übernommen werden, desto übergreifender muss die Kompetenz des Dienstleisters sein.

- **Koordination:** Dieses Kriterium betrifft die Verantwortungsübernahme in den einzelnen Szenarien. Je mehr Servicebereiche in den Zuständigkeitsbereich eines bestimmten Lieferanten fallen, desto höher ist auch der Einfluss auf die Gesamtkundenzufriedenheit. Somit muss der entsprechende Partner dieser Verantwortung auch gerecht werden und entsprechenden Fähigkeiten aufweisen (Koordinationfähigkeit, hohe Zuverlässigkeit, etc.)

In Abb.5 lässt sich erkennen, welche Anforderungen die einzelnen Varianten an die Lieferanten im Einzelnen stellen. Je nachdem, wie sich die Teilnehmer strategisch innerhalb der Service-Chain positionieren wollen, haben sie die angegebenen Mindestanforderungen zu erfüllen.

Spezifische Kooperationsszenairen	OEM			Zulieferer		
	Personalstärke	Kompetenz	Koordination	Personalstärke	Kompetenz	Koordination
Variante 1	Hoch	Übergreifende K. außer Zuliefertechnik	Hoch	Mittel	Kernkompetenz	Mittel
Variante 2	mittel	Kernkompetenz	Mittel	Hoch	Fachkompetenz / übergreifende K.	hoch
Variante 3	Mittel	Übergreifende K. außer Zuliefertechnik	Hoch	Mittel	Fachk. und allg. Kenntnisse	Mittel
Variante 4	Mittel –nied.	Kernkompetenz	Mittel	Mittel-hoch	Fachkompetenz / übergreifende K.	hoch
Variante 5	Niedrig –mittel	Übergreifende K. außer Zuliefertechnik	Hoch	Niedrig bis mittel	Fachkompetenz / übergreifende K.	Mittel
Variante 6	Niedrig bis mittel	Übergreifende K. außer Zuliefertechnik	Mittel	Niedrig bis mittel	Fachkompetenz / übergreifende K.	hoch

Abb. 5. Charakteristische Merkmale der spezifischen Kooperationsszenarien für die Dienstleister

3.2 IT-Einsatz im Bereich des Service Encounter

Zur Optimierung der Kundenschnittstelle im direkten Bezug auf die kooperative Dienstleistungserbringung bieten sich IT-Lösungen zur Unterstützung der Kooperationsszenarien an. Sie stellen das Bindeglied zwischen der Koordination und der kooperativen Dienstleistungserbringung durch beide Dienstleister dar. Hierbei ist die Art der Implementierung eines Softwaretools von Bedeutung. Man kann zwischen Lösungen beim Endkunden oder Portalen unterscheiden.

Ein Portal würde von beiden Dienstleistern getragen und ermöglicht diversen Endkunden die Kontaktaufnahme mit den Dienstleistern. Für die Endkunden ist dies ein akzeptable Lösung, da auf ein bestehendes System zugegriffen werden kann, ohne für die Pflege Aufwand betreiben zu müssen. Eine Entscheidungslogik wertet hier die Daten aus und sendet sie dem verantwortlichen Dienstleister innerhalb der Service Chain zu. Des Weiteren ist sichergestellt, dass alle Partner der Service-Chain erreicht werden können.

Die IT-Lösung beim Endkunden übernimmt die gleiche Funktionalität wie das Portal, beschränkt die Anwendung aber auf einen Kunden. Der Endkunde kann sich diese Lösung zwar individueller gestalten und unabhängig von den Dienstleistern einsetzen (z.B. Daten an andere Konkurrenten der Dienstleister außerhalb der Service Chain senden, um deren Leistungsfähigkeit zu überprüfen), jedoch ist die Pflege und Verbreitung solcher proprietärer Lösungen aufwendig und schwierig.

4 Anwendung auf das betrachtete Beispiel

Sehr anschaulich lassen sich die bisherigen Überlegungen am erwähnten Beispiel des Getränkeabfüllers erörtern. Stellvertretend für viele Dienstleistungen wurden zunächst folgende konkreten Wünsche an die Service-Chain gestellt:

- Kontinuierliche Überwachung der Anlage. Die Netzwerkpartner müssen entsprechende Diagnosemethoden einsetzen und die Intervalle der Überwachung festlegen. Durch diese Überwachung können Wartungseinsätze optimiert und Defekte schneller bzw. frühzeitiger erkannt werden.
- Konsignationslager beim Kunden. Das Konsignationslager hat für den Endkunden den Vorteil der Risikoreduzierung, da er keine Ersatzteile vor Gebrauch erwirbt. Ebenso kann er, bei Nutzung des Lagers durch mehrere Endkunden, die Produkte indirekt vergleichen (welche Produkte werden am meisten von allen benötigt, etc.). Der Dienstleistungsgeber hat den Vorteil, dass alle Endkunden, die das Lager nutzen, ausschließlich auf seine Produkte zugreifen. Nachteilig ist der Aufwand, mit dem ein solches Konsignationslager betrieben werden muss.

Diese beispielhaft genannten Kundenwünsche machen deutlich, dass die Art der Kundenbetreuung und der Verteilung von koordinativen und operativen Aufgaben durchaus von den Serviceanforderungen abhängt und nicht nur eine Frage der räumlichen Verteilung der Servicecenter der Dienstleistungsgeber ist. Im Vergleich zur generellen Betrachtung in Dienstleistungsnetzwerken ist dies in einer Service-Chain noch gravierender, da die Aufgaben nicht auf einer horizontalen Ebene organisatorisch verteilt werden können.

4.1 Eigenschaften der idealen Netzwerkvariante

Für das angeführte Beispiel der Getränkeindustrie stellte die Variante 6 die optimale Realisierung einer Service-Chain dar. Hier sind kooperative Dienstleistungserbringung und Service Encounter in allen Servicebereichen vorgesehen. Der OEM übernimmt die Verantwortung für die Anlagentechnik (SB1), der Zulieferer betreut den Bereich der allgemeinen Technik (SB2) sowie die Antriebstechnik (SB3). Die Vorteile dieser Variante liegen in der Optimierung des Personaleinsatzes durch das gemeinsame Ausführen von operativen Tätigkeiten aller Servicebereiche. Der Zulieferer verfügt über die dichtere Personaldecke, weshalb in unserem Fall die Verantwortung für zwei Servicebereiche ihm übertragen werden kann (Dominanz des Kriteriums „Personalstärke"). Somit erhöht sich durch diese Aufteilung die Wahrscheinlichkeit einer besseren Dienstleistungserbringung zur Zufriedenheit des Endkunden. Für diese Form der Zusammenarbeit ist ein gute Kooperation(-sbereitschaft) der Dienstleister Grundvoraussetzung, da stetig Informationsaustausch und Koordination der zu erfolgenden Arbeiten stattfinden muss. Hier ist auch eine der Schwächen dieses Modells zu suchen.

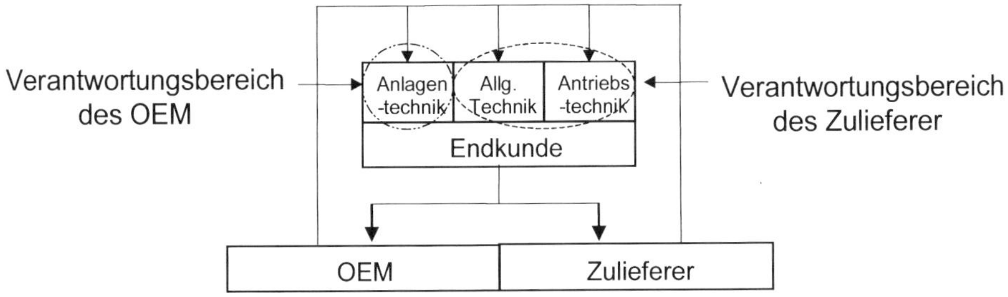

Abb. 6. Variante 6 als Optimum im betrachteten Servicefall

Des Weiteren berücksichtigt diese idealisierte Betrachtung auch nicht die individuellen Stärken der einzelnen Partner, so dass Arbeiten mitunter nicht mit optimaler Effizienz und Qualität ausgeführt werden.

4.2 Gestaltung des Service-Encounter

Die Betreuung wäre insgesamt am besten branchenspezifisch abzuwickeln, da eine regionale Ausrichtung in diesem speziellen Fall einen zu hohen Aufwand an das Servicenetzwerk stellen würde. An unserem konkreten Beispiel lässt sich jedoch erkennen, dass die geäußerten Kundenwünsche unterschiedliche Anforderungen an den Service Encounter stellen, die auch zum großen Teil logistische Folgen für die Gestaltung der Serviceorganisation haben. Während die Anlagenüberwachung kontinuierlich stattfinden muss und technisch eher branchenspezifische Anforderungen stellt, kann die Pflege eines Konsignationslagers beim Kunden sporadisch geschehen. Hier ist jedoch auf eine räumliche Nähe Wert zu legen, um den logistischen Aufwand gering zu halten und eine schnelle Verfügbarkeit erforderlicher Teile zu gewährleisten. Folglich kann auch der regionale Aspekt nicht ganz vernachlässigt werden. Bei der Anlagenüberwachung ist dies nicht von hoher Relevanz, da moderne Teleservice-Systeme eine Betreuung aus der Ferne ermöglichen.[1]

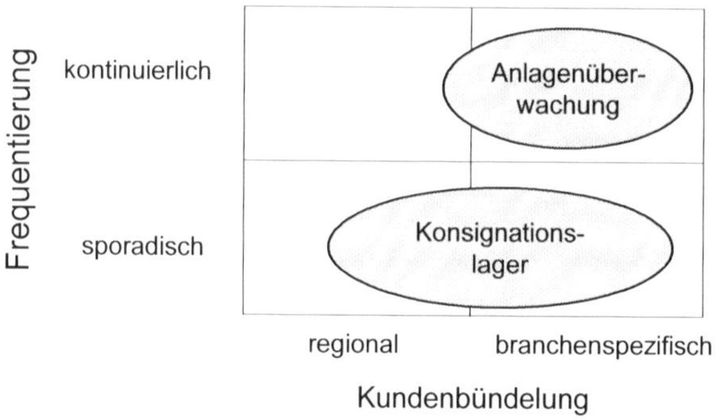

Abb. 7. Anforderungen der Beispielservices an den Service Encounter

4.3 Auswahl einer praktikablen Variante

Trotz der Bezeichnung als ideale Lösung weist die Variante 6 Schwächen auf, die durch die Verwendung der praktikableren Variante 3 vermieden werden können. Sie sieht die kooperative Dienstleistungserbringung für den Servicebereich allgemeine Technik, separate Dienstleistungserbringung für die Anlagentechnik und Antriebstechnik sowie einen gemeinsamer Service Encounter vor. Der OEM übernimmt die Verantwortung für die Servicebereiche Anlagentechnik und allgemeine Technik, der Zulieferer die für die Antriebstechnik. Somit wird gewährleistet, dass die Tätigkeiten, die in den entsprechenden Servicebereichen zu erbringen sind, der jeweiligen Kernkompetenz entsprechen. Aufgrund der unterschiedlichen Koordinationsfähigkeit (Reaktionsfähigkeit, Zuverlässigkeit) der Dienstleister werden die Bereiche auch separat betreut, so dass keine Probleme bei der Zusammenarbeit entstehen.
Gemeinsame Tätigkeiten finden nur im Bereich der Schnittstelle zwischen den beiden Bereichen Anlagen- und Antriebstechnik, der allgemeinen Technik statt, da hier Einflüsse der SB1 und 2 berücksichtigt werden müssen. Veranwortlich ist hier der OEM, da er über mehr Projekt- und auch Branchenerfahrung verfügt (Dominanz des Kriteriums „Koordination“). Auch diese Variante hält Vorteile für alle Beteiligten parat. Der Zulieferer kann sich endkundenspezifisches Wissen aneignen und der

[1] Siehe hierzu auch den Beitrag „Entwicklung und kooperative Nutzung eines modernen Teleservice-Systems“ von Bernd Kirsch in diesem Band

OEM hat Unterstützung bei der operativen Umsetzung. Der Endkunde profitiert hier von der fachkompetenten Betreuung, die hier durchgehend gewährleistet ist (kein Dienstleister betreut Bereiche ohne Erfahrung in diesen zu haben).

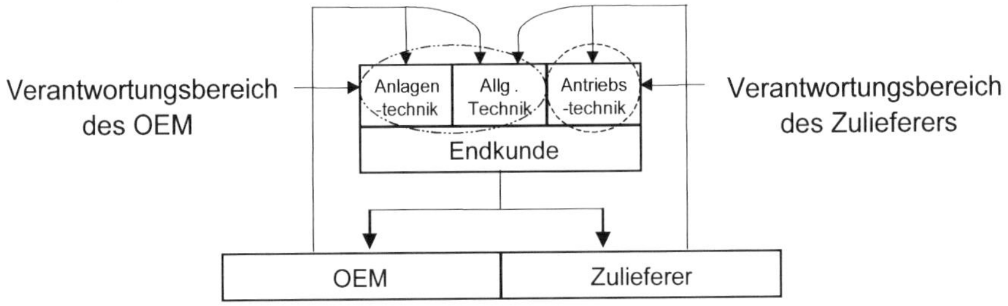

Abb. 8. Praktikable Lösung für die Beispielanwendung, Szenario 3

5 Zusammenfassung

Abhängigkeiten und Hierarchien können zur schnelleren Lösungsfindung führen, da immer ein Partner der bestimmende und letztlich entscheidende ist. Sie begrenzen aber auch den Spielraum desjenigen, der in dem Abhängigkeitsverhältnis steht. Hier ist der große Unterschied einer Service-Chain zu einer „gewöhnlichen" Kooperation zu suchen. Die organisatorische Verteilung von Aufgaben und lukrativen Geschäften geschieht für gewöhnlich nicht auf einer horizontalen Ebene, da der OEM über die Erstausrüstung seiner Anlagen entscheidet. Da aber der OEM ebenfalls an einer umfassenden und zur Zufriedenheit führenden Betreuung seiner Kunden interessiert ist, stellt die Kooperation mit einem Zulieferer in manchen Bereichen eine vielversprechende Alternative zur Kundenbetreuung in kompletter Eigenregie dar.

Ist der Entschluss gefallen, sich und die gewonnenen Partner in einem stabilen Netzwerk als Service-Chain zu präsentieren, müssen zwei Aufgabenbereiche bewältigt und festgelegt werden. Zunächst ist die Abwicklung der kooperativen Dienstleistungserbringung zu beleuchten und die einzelnen Umfänge an operativen Tätigkeiten, Koordination und Ergebnisverantwortung sinnvoll zu verteilen. Kriterien, die dabei zu beachten sind, betreffen die jeweilige Personalstärke, Kompetenz bzw. Qualifikation und Erfahrungen des Projektgeschäftes. Herrscht in einem Punkt eine Dominanz bei einem Unternehmen vor, sollte dieser, sofern möglich auch nachgegeben werden. Des Weiteren müssen strategische Überlegungen übergreifend für die gesamte Service-Chain gestellt werden, um die Kundenschnittstellen im Sinne eines optimierten Service Encounters bewusst zu entwickeln und anzubieten. Je nachdem, ob die Kundenstämme unter branchenbezogenen oder regionalen Gesichtspunkten gestaltet werden, kann dann über die gemeinsame Nutzung einer IT-Unterstützung nachgedacht werden.

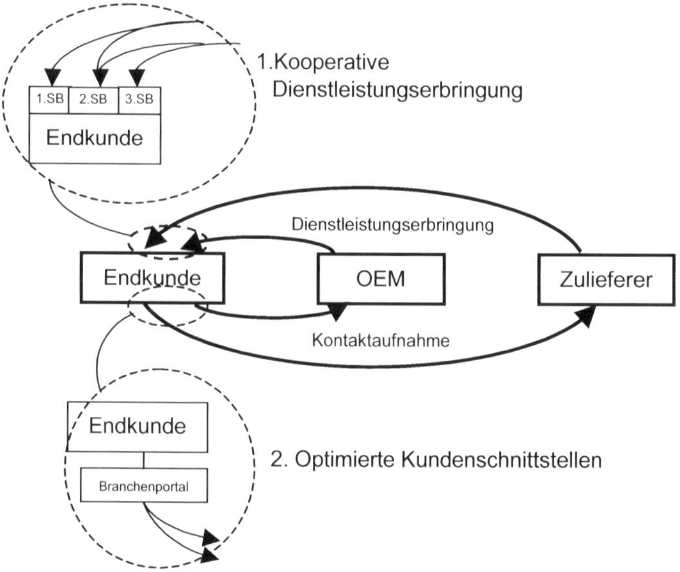

Abb. 9. Kooperative Dienstleistungserbringung und Optimierung der Kundenschnittstellen

Die Ausführungen haben gezeigt, dass sich allgemeingültige Aussagen nur schwer treffen lassen, da die strategischen Ziele der Unternehmen oft sehr spezifisch sind. Anhand des Beispiels ist aber zu erkennen, dass die strukturierte Aufbereitung von Stärken und Schwächen einzelner Netzwerkpartner Beachtung bei der Verteilung der Aufgaben innerhalb der Service-Chain finden muß, um eine hohe Kundenzufriedenheit zu erreichen.

Literaturverzeichnis

Fitzsimmons J A, M J (1994) Service management for competitive advantage. McGraw Hill Inc.
Normann R (1984) Service Management. John Wiles & Sohn, New York
Porter M E (1980) Generic Competitive Strageties Free Press, New York

Infrastruktur

Die Wirtschaftlichkeitsanalyse von dienstleistungsorientierten Geschäftsmodellen als Herausforderung für das Controlling

Martin Reckenfelderbäumer

Inhalt

1 Betreibermodelle und ihre Vorstufen als technische und wirtschaftliche Herausforderung im Maschinen- und Anlagengeschäft

Der Begriff des *Geschäftsmodells* wird sehr unterschiedlich verwendet. Hier sei darunter ein Modell verstanden, „das bezogen auf die Geschäftstätigkeit

- die beteiligten Akteure, ihre Rollen und ihren Beitrag zur Wertschöpfung (*Architektur der Wertschöpfung*),
- den Nutzen, den Kunden oder andere Akteure aus der Geschäftstätigkeit ziehen können (*Value Propositions*), und
- die Einnahmequellen, die die Geschäftstätigkeit eröffnet (*Ertragsmodell*), abbildet" (Rentmeister u. Klein 2003, S.19).

In vielen Bereichen des Maschinen- und Anlagenbaus hat sich bezüglich der zur Anwendung kommenden Geschäftsmodelle in jüngerer Zeit ein Wandel ergeben: Es kommen *umfassende Service-Konzepte* zum Einsatz – bis hin zu komplexen Ansätzen, die unter dem Stichwort „Betreibermodelle" zusammengefasst werden können und als Alternative zum bislang dominierenden Geschäftsmodell des Kaufs bzw. Verkaufs von Maschinen und Anlagen zu sehen sind. Derartige dienstleistungsorientierte Geschäftsmodelle im Allgemeinen, vor allem jedoch Betreibermodelle im Besonderen bringen erhebliche betriebswirtschaftliche Herausforderungen mit sich, die u.a. Fragen der Vermarktung, der Organisation, des Personalwesens, der Vertragsgestaltung,[1] nicht zuletzt aber auch des Controlling betreffen. Daher bildeten Überlegungen zum Service-Controlling, speziell zur Wirtschaftlichkeit, einen wichtigen Schwerpunkt innerhalb des *Projektes Invest-S*. Im Rahmen des vorliegenden Beitrags werden neben grundlegenden Problemen und Lösungsansätzen des Service-Controlling im Investitionsgüterbereich daher vor allem auch Perspektiven für die weitere Entwicklung eines Controlling von Betreibermodellen aufzuzeigen sein. Dieser Blick in die Zukunft ist angesichts der gegenwärtig noch vergleichsweise geringen, in nächster Zeit aber sicherlich zunehmenden Verbreitung von dienstleistungsorientierten Geschäftsmodellen bis hin zu Betreibermodellen unerlässlich, um den veränderten Anforderungen gerecht werden zu können. Dabei werden projektspezifische Erkenntnisse mit allgemeinen, über das Projekt hinausgehenden Überlegungen verknüpft, um möglichst auch verallgemeinerbare Aussagen ableiten zu können.

Da der Terminus „Betreibermodell" als Ausdruck eines besonderen Geschäftstyps noch vergleichsweise neu ist, sei er für die Zwecke des vorliegenden Beitrags zunächst kurz inhaltlich präzisiert, um insbesondere die auch für das Controlling entscheidenden *Unterschiede zum herkömmlichen Geschäftsmodell des Maschinen-/Anlagen(ver)kaufs* zu verdeutlichen (Freiling 2002, S.210f.):

[1] Siehe dazu die entsprechenden Beiträge in diesem Band.

- Die Anlage, die bei traditionellen Geschäftsmodellen im Mittelpunkt steht, geht bei Betreibermodellen nicht in das Eigentum des Kunden über. Das Interesse des Nachfragers richtet sich nicht auf die Anlage als solche, sondern auf die mit deren Einsatz verbundene *Leistungsfähigkeit*. Insofern verpflichtet sich der Anbieter, innerhalb eines definierten Zeitraums ein bestimmtes Leistungsvolumen verfügbar zu machen („performance contracting"; Freiling 2001, S.457ff.).
- Die *Zahlungen des Kunden* erfolgen nicht auf Basis des Anlagenwertes im Sinne eines Kaufpreises, sondern auf Basis der mit Hilfe der Maschine erbrachten Leistungen („paying for performance").
- Der Anbieter offeriert dem Kunden ein umfangreiches *Bündel von Service-Leistungen* „rund um die Anlage", das im Einzelfall unterschiedlich zusammengesetzt sein kann, nicht zuletzt jedoch Betrieb, Wartung und Instandhaltung der Anlage umfasst. Insofern sind Betreibermodelle auf eine *intensive und langfristige Zusammenarbeit* von Anbieter und Nachfrager ausgerichtet.
- Sehr häufig ist ein einzelner Anbieter nicht in der Lage, die erforderlichen Services allein zu erbringen, so dass sich *Anbieterkooperationen* zusammenfinden, um das gesamte Leistungsspektrum abdecken zu können. Aufgrund der besonderen Bedeutung von Finanzierungsleistungen sind dabei regelmäßig Finanzierungspartner eingebunden.
- Zur Absicherung der Zusammenarbeit werden umfangreiche und komplexe *Vertragswerke* abgeschlossen, die die Leistungsbedingungen, vor allem aber auch die Konsequenzen bei Nichterfüllung der zugesicherten Leistungsumfänge betreffen.

In der Praxis - dies hat sich auch im Rahmen des Projektes Invest-S nachhaltig herausgestellt - ist häufig zu beobachten, dass Betreibermodelle nicht sofort in der oben skizzierten Extremform praktiziert werden, sondern dass Anbieter und Nachfrager sich schrittweise in diese neuen Geschäftsmodelle hineinbegeben, indem immer mehr Leistungsanteile auf den Anbieter verlagert werden[2]. Dieses schrittweise Vorgehen ist deutliches Indiz für die *hohe technische und wirtschaftliche Unsicherheit*, die nicht selten sowohl Anbieter als auch Nachfrager beim Einstieg in die Implementierung dienstleistungsorientierter Geschäftsmodelle empfinden. Die Neuartigkeit dieser Form der Geschäftsabwicklung bringt es mit sich, dass beiderseits nach Möglichkeiten gesucht wird, die angedachten Lösungen „rechenbar" zu machen, woraus sich für das Service-Controlling entsprechende Herausforderungen ergeben. Wenn nach Controlling-Konzepten gesucht wird, kann allerdings nicht unmittelbar an den komplexen Betreibermodellen angesetzt werden, sondern es bedarf in den meisten Unternehmungen einer sehr viel grundsätzlicheren Vorgehensweise: Es muss überhaupt erst einmal ein systematisches Service-Controlling aufgebaut werden.

[2] Siehe hierzu insbesondere den Beitrag von Leins u. Brost in diesem Band.

2 Anforderungen an das Controlling von dienstleistungsorientierten Geschäftsmodellen unter besonderer Berücksichtigung grundlegender Defizite des Service-Controlling in der Praxis

2.1 Problemfelder des Service-Controlling im Überblick

Die letzte Aussage im vorhergehenden Abschnitt leitet zu einem wichtigen Sachverhalt über: Betreibermodelle als gleichermaßen innovative wie komplexe Service-Konzepte können controllingseitig nicht losgelöst von *grundlegenden Schwachstellen* im Service-Controlling behandelt werden, die sich in vielen Unternehmungen des Investitionsgüterbereichs gegenwärtig (noch) finden. Daher sei zunächst kurz auf die wichtigsten dieser Defizite eingegangen, die sich empirisch immer wieder bestätigen und daher als typisch angesehen werden können (Engelhardt u. Reckenfelderbäumer 1999, S.258ff.; Paul 1998, S.135ff.).

In vielen Unternehmungen fehlt es an der gezielten *Erfassung der Kosten* von Service-Leistungen: Mit Services in Zusammenhang stehender Arbeitsaufwand wird nicht gesondert festgehalten und dokumentiert. Dies hängt auch damit zusammen, dass sich oft keine auf die Erbringung der Services spezialisierten organisatorischen Einheiten finden, sondern die entsprechenden Dienstleistungen gleichsam „nebenher" durch die produktverantwortlichen Bereiche, insbesondere den Vertrieb erbracht werden[3]. Ohne *klare organisatorische Zuständigkeiten* fällt aber auch die Zurechnung der Service-Kosten schwer, wenn nicht hinreichend differenzierte Kostenerfassungsmethoden eingesetzt werden. Dabei sei deutlich darauf hingewiesen, dass eine derartige differenzierte Erfassung auch die Möglichkeit der Zurechnung von Kosten auf einzelne Service-Arten ermöglichen muss, damit sich ein aussagekräftiges Bild ergibt.

Häufiger als eine differenzierte Erfassung der Service-Kosten findet sich jedoch der Fall, dass diese Kosten nicht explizit ausgewiesen werden, sondern im Block der *(Produkt)Gemeinkosten* enthalten sind, der entweder gar nicht oder nur im Rahmen mehr oder weniger ungenauer Schlüsselungen den Kalkulationsobjekten zugerechnet wird. Als Kalkulationsobjekte dienen dabei aber vor allem die materiellen Produkte, viel seltener die Services, obwohl letzteres zu fordern ist. Von einer *Kostentransparenz* hinsichtlich der einzelnen Services kann insofern keine Rede sein.

Auf der Erlösseite stellt sich die Controlling-Problematik nicht zuletzt deshalb, weil viele Dienstleistungen entweder *ohne direktes Entgelt* („unentgeltlich") erbracht werden oder als Bestandteil im *Gesamtpreis der Anlage* enthalten sind, aber nicht explizit ausgewiesen werden. Insofern handelt sich zum einen um ein Problem der generellen *Erlösfähigkeit* von Services, zum anderen um ein Problem der detaillierten *Erlöszurechenbarkeit* auf einzelne Services. Letzteres ist im Anlagengeschäft besonders groß, da mit einer Anlage per se eine Vielzahl unterschied-

[3] Dies bestätigen auch die Ergebnisse einer aktuellen Studie (Jacob 2002, S.7).

licher Dienstleistungen verbunden ist, von der Beratung und Projektierung über die Montage bis hin zu After-Sales-Services einschließlich Wartung und Instandhaltung, nicht zu vergessen Finanzierungsleistungen. Die Erlöse des Gesamtprojektes auf einzelne Elemente des Leistungsbündels zuzurechen, fällt mithin außerordentlich schwer. Da die wenigsten Anlagenanbieter mit *modularen Preiskonzepten* arbeiten, bei denen jeder Service „seinen Preis" hat, kann auch dieser Aspekt als anlagenbautypisch gelten.

Insgesamt ist zu konstatieren, dass die Controlling-Instrumente in vielen Unternehmungen nach wie vor relativ einseitig auf die *Kalkulation der „Hardware"* ausgerichtet sind, obwohl die Service-Leistungen einen ganz erheblichen Beitrag zur betrieblichen Wertschöpfung und zum Unternehmungserfolg leisten. Die Folge ist eine fehlende Transparenz in Bezug auf die Service-Kosten und -Erlöse, so dass auch ein etwaiger Service-Erfolg (oder -Misserfolg) nicht hinlänglich bestimmt werden kann. Daher müssen die meisten Anbieter mit erheblicher Unsicherheit bezüglich der Wirtschaftlichkeit der aktuellen und potenziellen Service-Angebote leben, so dass Entscheidungen über die Elimination und Modifikation bestehender sowie die Einführung neuer Service-Angebote eher intuitiv, um nicht zu sagen zufällig, als systematisch und ökonomisch fundiert getroffen werden – mit oft unabsehbaren, aber auch nicht bezifferbaren Folgen. Um so unverständlicher ist es im Grunde, dass in der Praxis nach wie vor regelmäßig erhebliche Widerstände anzutreffen sind, wenn Vorschläge zur Verbesserung des Service-Controlling unterbreitet werden: Der Aufwand, der damit verbunden ist, wird unter Verweis auf die Belastungen des Tagesgeschäftes oftmals gescheut. Auch wenn diese Belastungen ohne Zweifel gegeben sind: Es stellt sich die Frage, ob diese Begründung für fehlende Controlling-Instrumente nicht das eine oder andere Mal zu häufig herangezogen wird.

Die geschilderten Aspekte sind wie gesagt nicht allgemeingültig, finden sich aber eben doch sehr häufig: Im Rahmen des *Projektes Invest-S* zeigten sich beispielsweise bei den beteiligten Unternehmungen bereits im Hinblick auf das allgemeine Controlling sehr heterogene Ausbaustufen, so dass sich folgerichtig auch für das Service-Controlling ein unterschiedlicher Handlungsbedarf ergibt. Servicespezifische Auswertungen stellen in den beteiligten Unternehmungen allerdings eher die Ausnahme dar; vielmehr dominieren produkt- und/oder projektbezogene Berechnungen. Zudem findet sich in den meisten Fällen eine Stundensatzkalkulation auf Vollkostenbasis, die nur selten mit differenzierten Zuschlagssätzen arbeitet und daher regelmäßig zu diskussionswürdigen Ergebnissen führt. Schwierigkeiten bereitet angesichts des wenig ausgebauten Instrumentariums für das Service-Controlling insbesondere die Vorkalkulation neuer Service-Leistungen und -Konzepte. Die Problematik wird schließlich oftmals dadurch noch verschärft, dass selbst die vorhandenen Wirtschaftlichkeitsinformationen nicht systematisch aufbereitet und innerhalb der Unternehmung verbreitet werden.

2.2 Betreibermodellspezifische Anforderungen an das Service-Controlling

Die oben beschriebenen grundlegenden und projektspezifisch ermittelten Defizite des Service-Controlling sind schon im Hinblick auf eher konventionelle Service-Angebote in mehr oder weniger starkem Maße zu beobachten. So kann es nicht überraschen, dass *Komplexität, Individualität, Neuartigkeit und Langfristigkeit von Betreibermodell-Konzepten* dafür sorgen, dass sich die entsprechenden *Probleme tendenziell noch erheblich verstärken*. Darauf aufbauend lassen sich für das Betreibermodell-Controlling die folgenden *spezifischen Anforderungen* formulieren, die zum Teil aus dem Projekt Invest-S abgeleitet worden sind, zum Teil aber im Sinne der Verallgemeinerbarkeit auch ganz bewusst und notwendigerweise über diesen vergleichsweise engen Rahmen hinausgehen:

- Als zentrales Anliegen der Praxis kann das *Streben nach einer Reduzierung* der mit der Etablierung von Betreibermodellen verbundenen *wirtschaftlichen Unsicherheit* gesehen werden. Insbesondere interessiert die Schaffung von Transparenz hinsichtlich der *Vergleichbarkeit wirtschaftlicher Kenngrößen* von Betreibermodellen mit entsprechenden Werten für herkömmliche Formen der Geschäftsabwicklung im Maschinen- und Anlagenbau. Sowohl aus Anbieter- als auch aus Nachfragersicht sollen Mehr- und Minderkosten und -erlöse erkennbar werden, um wirtschaftlich fundierte Entscheidungen pro oder contra Betreibermodelle fällen zu können.
- Eine große Bedeutung hat die wirtschaftliche Analyse der einzelnen *Phasen des Anlagenlebenszyklus*: Eine phasenbezogene Planung, Erfassung und Dokumentation der Kosten und Erlöse, die in Verbindung mit Betreibermodellen stehen, ist wiederum aus Anbieter- wie auch aus Nachfragersicht geboten. Nur so kann dem Langfristcharakter der Zusammenarbeit im Rahmen von Betreibermodellen Rechnung getragen werden.
- Gerade in der Praxis nicht immer problemlos zu vermitteln ist ein Aspekt, der damit zusammenhängt, dass es sich bei dem Einstieg in Betreibermodelle um eine spezielle Art von Investition handelt: eine *Investition in ein neues Geschäftsmodell.* Die Schwerpunktlegung auf den kurzfristigen Erfolg im Tagesgeschäft bringt es mit sich, dass teilweise schon die erste Realisierung eines Betreibermodells „zum Erfolg verdammt" wird: Wenn dieser „Prototyp" keinen positiven Erfolgsbeitrag liefert, droht die Etablierung des neuen Geschäftstyps zu scheitern, bevor sie überhaupt richtig begonnen hat. Akzeptiert man allerdings den Investitionscharakter der Verwirklichung eines neuen Geschäftsmodells, so ist folgerichtig davon auszugehen, dass bestimmte Kosten nur *einmalig* anfallen (z.B. Ausarbeitung eines Rahmenvertrags, Schulungen) oder aber doch zumindest mit steigender Zahl realisierter Betreibermodelle immer weiter *zurückgehen* (z.B. Partnersuche, Angebotserstellung). „Pilotprojektkosten" und „Normalkosten" von Betreibermodellen können insofern deutlich auseinanderklaffen, was durch das Controlling deutlich gemacht werden muss, um vorschnelle Entscheidungen zu verhindern.

- Noch schwerer als der letztgenannte Aspekt fällt die Umsetzung einer weiteren Anforderung: In die Bewertung von Betreibermodellen müssen streng genommen auch *„soft facts"* einfließen, die oft nicht oder zumindest *nicht exakt monetär bewertet* werden können. Hier sind beispielsweise Kundenbindungseffekte zu nennen, die aus der Realisierung von Betreibermodellen resultieren können, aber auch die Nutzbarkeit von Betreibermodellen als Referenzobjekte oder zur Imagebildung. Vor dieser Herausforderung schrecken viele Unternehmungen zurück, weil „Zahlen auf den Tisch sollen" – wohl wissend, dass damit wichtige Entscheidungskriterien ausgeblendet werden und Entscheidungen über Betreibermodelle somit auf einem unvollständigen Fundament stehen.
- Schließlich lautet eine wichtige Forderung, die aus der Praxis heraus kommt, dass das Betreibermodell-Controlling *mit bestehenden Controlling-Instrumenten verknüpft* werden soll, damit nicht sofort eine komplette Neuausrichtung des Controlling erforderlich wird. Dies hat dann allerdings – und darauf sei ausdrücklich hingewiesen – zur Folge, dass nicht immer die am besten geeigneten Instrumente zum Einsatz gelangen: So wird etwa nicht selten auf die Einführung der weiter unten behandelten Prozesskostenrechnung verzichtet, obwohl diese prinzipiell für das Service-Controlling im Allgemeinen sowie das Betreibermodell-Controlling im Besonderen außerordentlich geeignet erscheint.

Diese Anforderungen bedeuten für viele Unternehmungen in mehrfacher Hinsicht Neuland, das nur zögernd betreten wird: Das *Dilemma* zwischen dem Wunsch nach zuverlässigen Informationen auf der einen, dem zeitlichen und kostenseitigen Aufwand der Schaffung des dafür erforderlichen Instrumentariums auf der anderen Seite ist hier unübersehbar und führt gegenwärtig noch zu vielfach eher halbherzigen als konsequenten Controlling-Konzepten. Eine der zentralen Herausforderungen für die nächste Zeit wird es daher sein, diesen „Spagat" zu bewältigen. Die nachfolgend dargestellten Ansätze eines auf dienstleistungsorientierte Geschäftsmodelle ausgerichteten Controlling-Instrumentariums sollten daher noch sehr viel stärker aufgegriffen und auf die unternehmungsspezifischen Bedürfnisse zugeschnitten werden, als es bisher der Fall gewesen ist.

3 Instrumente für das Controlling dienstleistungsorientierter Geschäftsmodelle

3.1 Die Verbindung der Perspektiven von Anbieter und Nachfrager

Die Unsicherheit bezüglich der Wirtschaftlichkeit von Service-Konzepten besteht grundsätzlich, wie schon aufgeführt, sowohl seitens der Anbieter als auch seitens der Nachfrager. Im Rahmen des vorliegenden Abschnitts werden die relevant erscheinenden Controlling-Instrumente aus Gründen der Anschaulichkeit aus der *Perspektive des Anbieters* erläutert. Dies erscheint deshalb sinnvoll, weil es zu einem Angebot komplexer Service-Konzepte bis hin zum Betreibermodell nur dann kommen wird, wenn sich der Anbieter darüber im Klaren ist, welche Kosten für ihn mit einem entsprechenden Vorgehen verbunden sind. Auf diese Weise lässt sich dann nämlich auch ermitteln, zu welchem Preis ein Service-Konzept „kostendeckend" angeboten werden kann. Ist ein derartiger Preis am Markt durchsetzbar, d.h. wird er durch den Kunden akzeptiert, wird ein dienstleistungsorientiertes Geschäftsmodell für den Anbieter wirtschaftlich attraktiv. Der Kunde wiederum kann die Attraktivität derartiger Geschäftsmodelle aber insofern erst dann beurteilen, wenn ihm ein konkretes Angebot vorliegt: Erst wenn er weiß, zu welchem Preis er die Service-Leistungen beziehen kann, ist er in der Lage, ihre Wirtschaftlichkeit mit anderen Formen der Leistungserbringung, insbesondere der Selbsterstellung von Services für zuvor erworbene Maschinen und Anlagen, zu vergleichen. Voraussetzung dafür ist allerdings, dass auch auf der Kundenseite ein Controlling-Instrumentarium existiert, das eine zuverlässige Kalkulation der intern erbrachten Service-Leistungen erlaubt. In diesem Fall ist der Kunde (speziell z.B. eine interne Instandhaltungsabteilung) – wenn man so will – selbst der *(unternehmungsinterne) Service-Anbieter*. Mithin können grundsätzlich die gleichen Instrumente zum Einsatz gelangen wie bei einem Anbieter, der seine Leistungen gegenüber externen Abnehmern erbringt. Daher wird - wie einleitend schon gesagt - die Anbieterperspektive nachfolgend im Vordergrund stehen.

Ein Schwerpunkt der Überlegungen wird zunächst auf der *Kostenseite* liegen. Es sei jedoch ausdrücklich erwähnt, dass – gerade aus Anbietersicht – für eine umfassende Wirtschaftlichkeitsanalyse auch die Erlöskomponente keinesfalls aus den Augen gelassen werden darf. Daher werden zu diesem Themenbereich im Anschluss an die kostenbezogenen Überlegungen zumindest einige grundlegende Gestaltungshinweise für das *Erlös-Controlling* gegeben. Schließlich sollen auch die im vorhergehenden Abschnitt genannten *„weichen" Faktoren* wie Kundenbindungseffekte etc. nicht völlig außer Acht gelassen werden, denn umfassende Controlling-Konzepte dürfen nicht dort enden, wo die exakte Quantifizierbarkeit wirtschaftlicher Erfolgsgrößen nicht mehr möglich ist.

3.2 Ansatzpunkte für das Kosten-Controlling von Service-Konzepten

3.2.1 Mängel traditioneller Kostenrechnungsverfahren als Folge der Leistungsbesonderheiten von Services

Industrielle Service-Leistungen sind – etwas vereinfacht ausgedrückt – dadurch gekennzeichnet, dass sie vom Ergebnis her weitgehend *immateriell* sind und nicht ohne die Mitwirkung des Kunden durch das Einbringen so genannter *„externer Faktoren"* (auch als „Integrativität" bezeichnet) erstellt werden können (ausführlich Engelhardt u. Reckenfelderbäumer 1999, S.192ff.). Diese externen Faktoren können im Wesentlichen als Informationen (der Kunde sagt, welche Leistungen er genau benötigt), Objekte (z.B. die zu wartende Maschine) oder Personen (Inanspruchnahme einer Schulung durch Mitarbeiter des Kunden) auftreten. Mit diesen in der Literatur vielfach diskutierten und analysierten Leistungsmerkmalen gehen wichtige Konsequenzen für die Kostenrechnung und das Kosten-Management einher, die in Tabelle 1 zusammenfassend dargestellt sind (Engelhardt u. Reckenfelderbäumer 1999, S.260ff.; Reckenfelderbäumer 1995, S.40ff.; Schweikart 1997, S.30ff.).

Tabelle 1. Leistungsbesonderheiten und ihre Konsequenzen für das Service-Controlling

	Vorherrschende Leistungsbesonderheiten	Konsequenzen für die Kostenrechnung
1.	Hoher Anteil der Bereitschaftskosten (Personal, techn. Ausstattung)	Fixkostenproblem Gemeinkostenproblem
2.	Zeitliche schwankende Nachfrage	Kapazitätsfestlegungsproblem Leerkostenproblem
3.	Mitwirkung des Nachfragers („Integrativität")	Planungsproblem Steuerungsproblem Dokumentationsproblem
4.	Heterogenität, Individualität, ggfs. auch Komplexität der Service-Bündel	Kostenträgerproblem Quantifizierungsproblem

Auf die einzelnen Leistungsmerkmale und die aus ihnen resultierenden Problemfelder wird im folgenden noch etwas ausführlicher eingegangen:

- Im Service-Bereich dominieren regelmäßig die *Kosten der Leistungsbereitschaft*: Der Anbieter muss die erforderlichen Service-Potenziale aufbauen, verbunden mit den entsprechenden Investitionen in bauliche und technische Ausstattung sowie der Zuordnung entsprechender Mitarbeiter. Die Kosten der Leistungserstellung i.e.S., die zusätzlich variabel für jede erstellte „Einheit" einer bestimmten Service-Leistung anfallen, sind vergleichsweise niedrig. Die Kosten der Leistungsbereitschaft jedoch sind weitgehend kurzfristig nicht abbaubar und fallen unabhängig von der Zahl der tatsächlich erbrachten Leistungseinheiten an, so dass sie *Fixkostencharakter* besitzen. Gleichzeitig handelt es sich häufig um *Gemeinkosten*, da die entsprechenden Potenziale für eine Mehrzahl von Services eingesetzt werden, so dass die Kosten bestimmten Services nur indirekt – über Schlüsselungen – zugerechnet werden können.
- Die Inanspruchnahme von Service-Leistungen ist nachfragerseitig bedarfsorientiert und damit *zeitlich* oft starken *Schwankungen* unterworfen. Daraus resultiert für den Anbieter die Frage, ob er sich bei der Bemessung seiner *Service-Kapazitäten* am potenziellen Spitzenbedarf ausrichten will und damit bei schwächerer Nachfrage *Leerkosten* in Kauf nehmen muss oder ob er von einer eher durchschnittlichen Nachfragemenge ausgehen soll, wodurch er jedoch der Gefahr unterliegt, in Zeiten starker Nachfrage einzelne Kunden nicht bedienen zu können, was möglicherweise deren Abwandern zur Konkurrenz zur Folge hätte.
- Die Folgen der Kundenmitwirkung sind dann besonders bedeutsam, wenn der Abnehmer *aktiv* in die Prozesse des Anbieters eingreift und sein Beitrag zur Leistungserstellung damit über ein eher passives Hinnehmen der Leistung hinausgeht. Die Verhaltensweisen der Mitarbeiter einer Kundenunternehmung sind oft unvorhersehbar und daher nur schwer plan- und durch den Anbieter beeinflussbar. Die aus der Kundenmitwirkung resultierenden *Kosteneffekte* sind zudem nur schwer zu erfassen und zu dokumentieren, seien sie positiver, seien

sie negativer Natur. Dieses Problem wird im traditionellen Rechnungswesen oft völlig ignoriert.

- Als viertes Problemfeld verbleibt die *Heterogenität* oder sogar *Individualität* der einzelnen Services, die eine *Quantifizierbarkeit* erschwert, damit aber auch Auswirkungen auf die Wahl geeigneter *Kostenträger* hat: Kundenspezifische Service-Pakete werden oft mit der „Ausbringungsmenge eins" erbracht, so dass als Kostenträger nicht mehr die Leistungsbündel insgesamt (als Absatzobjekte) in Frage kommen, sondern eher deren einzelne Bausteine, die sich dann in eine stufenweise zu verdichtende Kostenträgerrechnung einbinden lassen.

Zu den Problemen, die aus den dienstleistungsspezifischen Besonderheiten resultieren, treten die „allgemeinen", Mängel, die die traditionellen Kostenrechnungsverfahren aufweisen und die ebenfalls – und oftmals auch insbesondere – im Bereich des Service-Controlling zu schwerwiegenden Konsequenzen führen: die traditionelle Vollkostenrechnung birgt Schlüsselungs- und Proportionalisierungsprobleme in sich, während die Teilkostenrechnungsverfahren wesentliche Kostenblöcke vernachlässigen. Beides führt zu erheblichen Problemen im Dienstleistungsbereich, der, wie bereits erwähnt, zu einem großen Teil aus Gemeinkosten besteht.

Diesen hier nur kurz umrissenen Problemen ist bei der Ausgestaltung der Controlling-Instrumente Rechnung zu tragen. Nachfolgend wird aufgezeigt, wie dies geschehen kann. Dabei wird sich herausstellen, dass es nicht ausreicht, sich auf reine Instrumente der *Kostenkalkulation* zu konzentrieren, sondern dass die Grundlagen für ein umfassendes *Kosten-Management* zu schaffen sind, das auch eine *Kostenbeeinflussung* ermöglicht, denn auch auf diese Weise kann die Wirtschaftlichkeit innovativer Service-Konzepte verbessert werden.

3.2.2 Service-Blueprinting und Prozesswertanalyse als Basisinstrumente

Zentrale *Zielsetzungen von Blueprinting*[4] *und Prozesswertanalyse*, die zwei eng miteinander verwandte Instrumente darstellen, lassen sich im Rahmen der vorliegenden Problematik in mehrfacher Hinsicht identifizieren, wobei deutlich wird, dass hier nicht nur Bezüge zum Kosten-Controlling i.e.S., sondern auch darüber hinausgehend bestehen:

- Schaffung von *Transparenz* bezüglich der zur Erstellung bestimmter Services erforderlichen Teilprozesse und ihrer strukturellen Beziehungen untereinander;
- Verdeutlichung von Art und Umfang der *Mitwirkung der Kunden* an der Leistungserstellung;
- *Bewertung* der einzelnen Teilprozesse unter Qualitäts-, Zeit- und Kostengesichtspunkten;
- Analyse des Status Quo und Herausarbeiten von *Verbesserungsmöglichkeiten*.

---

[4] Siehe dazu auch den Beitrag zum Service-Engineering in diesem Band.

Dabei können Gegenstand der Anwendung der Instrumente zum einen *bestehende Leistungen* sein, die zu verbessern sind (qualitativ und/oder wirtschaftlich), zum anderen ist aber auch ein Einsatz bei der *Neugestaltung* von Service-Angeboten möglich und sinnvoll. Aufbauend auf den Grundgedanken der Netzplantechnik erlauben Blueprinting und Prozesswertanalyse eine kunden-, aber auch effizienzorientierte Planung, Steuerung und Kontrolle von Service-Leistungen. Insofern weisen beide Verfahren neben ihrer engen Verbindung zur Wirtschaftlichkeitsanalyse auch bei der Herausarbeitung der Kundenanforderungen an die Dienstleistungsangebote eine grundlegende Eignung auf und stellen damit wichtige Controlling-Instrumente dar.

Sowohl das Blueprinting als auch die Prozesswertanalyse können auf sinnvolle Art und Weise nur unter intensiver Einbeziehung der Kunden angewendet werden, wenngleich beide Verfahren sich vor allem für solche Dienstleistungen eignen, die einen vergleichsweise hohen Grad an *Standardisierung* ermöglichen, da ansonsten verallgemeinernde Aussagen zum Prozess der Dienstleistungserstellung nicht getroffen werden können. Eine autonome Vorgehensweise seitens eines Anbieters oder einer Anbieterkooperation scheidet allerdings dennoch aus, da hierdurch wichtige Informationen nicht erfasst würden. Dieses wird deutlich, wenn die einzelnen Schritte im Rahmen der beiden Verfahren näher betrachtet werden, was im Folgenden geschieht.

Das *Blueprinting* läuft in einer sehr grundsätzlichen Form[5] üblicherweise in fünf Schritten ab:

1. *Zerlegung der Service-Leistung in Teilprozesse*: In diesem ersten Schritt werden die vorhandenen Dienstleistungen in ihre Bestandteile zerlegt, d.h. alle in einer Leistung enthaltenen Teilprozesse werden identifiziert und strukturiert, indem sie in einem Ablaufdiagramm in ihrer zeitlichen Abfolge angeordnet werden. Dabei ist anhand der so genannten „Line of Visibility" zu verdeutlichen, welche der betreffenden Teilprozesse für den Kunden wahrnehmbar sind, welche dagegen nicht. Zudem sind die einzelnen Teilprozesse darauf hin zu untersuchen und kenntlich zu machen, ob und in welchem Umfang die Mitwirkung des Kunden erforderlich ist. Insofern wird deutlich, dass Blueprints tatsächlich nur in Zusammenarbeit mit dem Kunden erstellt werden können, da dessen Wahrnehmung einzelner Teilprozesse und Aussagen zu seiner Mitwirkungsfähigkeit und –bereitschaft unabdingbare Informationen für die Exaktheit des Blueprint sind. Ein Beispiel für ein Ergebnis, das am Ende dieses ersten Schritts stehen sollte, zeigt Abbildung 1.

[5] Zu Verfeinerungen und Erweiterungen, auf die hier nicht eingegangen werden soll, siehe insbesondere Fließ 2001, S.43ff.

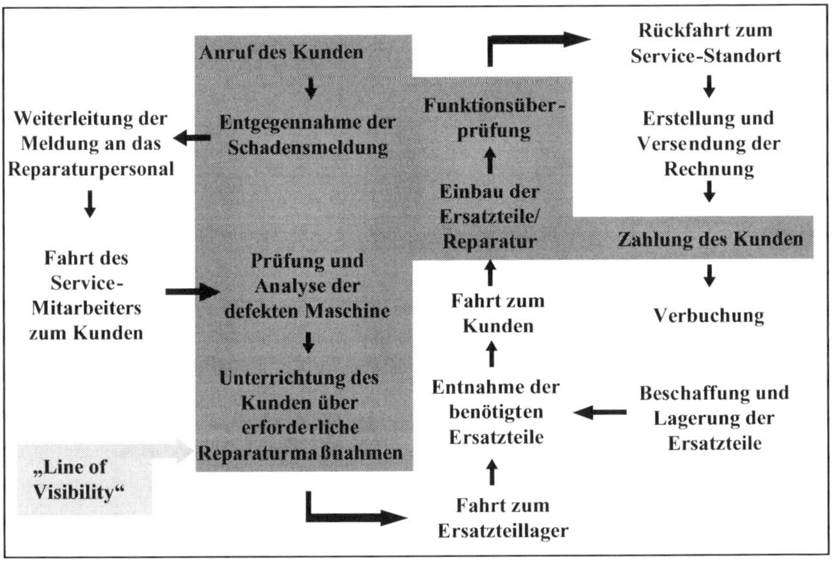

Abb. 1. Service-Blueprinting am Beispiel einer Maschinenreparatur

2. *Herausarbeitung möglicher Fehlerquellen*: Der zweite Schritt dient der Identifikation von Fehlerquellen, die den Prozess der Leistungserstellung beeinträchtigen und damit auch Auswirkungen auf die Kosten haben können. Die Antizipation dieser Fehlerquellen, die auf jeder Stufe des Service-Prozesses denkbar sind, muss Eingang in die Planungen finden, um Fehler von Vornherein möglichst zu vermeiden und damit einen Beitrag auch zum Qualitäts-Management zu leisten.
3. *Festlegung zeitlicher Standards und Toleranzen für die Teilprozesse*: In einem dritten Schritt werden für jeden Teilprozess zeitliche Standards festgelegt. Daneben sind Toleranzen einzuplanen, die angeben, um wieviel der vorgegebene Standard über- oder unterschritten werden darf, ohne dass der Gesamtprozess gestört wird. Wichtig ist, dass diese Toleranzen auch seitens der Kunden akzeptiert werden, so dass wiederum die Notwendigkeit der Einbeziehung der Abnehmer in die Erstellung der Blueprints offenkundig ist.
4. *Überprüfung der Wirtschaftlichkeit*: Nicht zuletzt durch die (Arbeits)Zeiten, die mit jedem Teilprozess verbunden sind, werden auch die Kosten der einzelnen Prozessschritte bestimmt. Dabei sind in diesem vierten Schritt, der kostenmäßigen Bewertung der einzelnen Teilprozesse, die Verbindungen zu der weiter unten zu behandelnden Prozesskostenrechnung evident. Nicht nur die Services bzw. Service-Pakete insgesamt sind dabei zu bewerten, sondern auch die jeweils im Detail erforderlichen Teilprozesse sind bezüglich der mit ihnen verbundenen Kostenbelastung zu überprüfen, um zu fundierten Aussagen zur Wirtschaftlichkeit des Dienstleistungsangebotes gelangen zu können.
5. *Modifizierung der Dienstleistung*: Alle genannten Schritte lassen sich auf bestehende sowie auf geplante Services beziehen. Dies gilt auch für die letzte Stu-

fe des Blueprinting, die dann konsequenterweise die Modifizierung der Leistungen unter Berücksichtigung der zuvor herausgearbeiteten Qualitäts-, Zeit- und Kosteninformationen zum Gegenstand hat. Die ausgewogene Berücksichtigung der drei Erfolgsfaktoren unter expliziter Verknüpfung der Kundenanforderungen mit Wirtschaftlichkeitsüberlegungen im Rahmen des Blueprinting stellt insofern ein wichtiges Raster gleichermaßen für die Dienstleistungsgestaltung wie für das Service-Controlling dar.

Die enge *Beziehung zwischen Blueprinting und Prozesswertanalyse* ist unübersehbar, wenn man die Ablaufschritte der Letztgenannten näher betrachtet (Beischel 1990; Jehle u. Willeke 1998):

1. Darstellung der Leistungserstellung in Ablaufdiagrammen;
2. Definition der Teilprozesse als werterhöhend oder nicht-werterhöhend;
3. Analyse der Notwendigkeit jedes Teilprozesses;
4. Verteilung der Kosten auf die Teilprozesse;
5. Verteilung der Kosten auf die Services;
6. Aufbereitung der Prozess- und Kosteninformationen für das Management;
7. Identifikation von alternativen Vorgehensweisen.

Wie das Blueprinting beginnt die Prozesswertanalyse in einem ersten Schritt mit der *Zerlegung einer bestehenden oder gedachten Leistung* in ihre einzelnen Teilschritte, die in Form eines Ablaufdiagramms darzustellen sind. Um neben einem inhaltlichen auch ein zeitliches Bild der Leistung zu erhalten, bietet sich auch hier die zeitliche Fixierung der einzelnen Teilprozesse an. An dieser Stelle ergeben sich Verbindungen zur im Rahmen des Aufbaus einer Prozesskostenrechnung erforderlichen Tätigkeitsanalyse, auf die später noch einzugehen ist. Die *integrierte Entwicklung* der im vorliegenden Abschnitt zu behandelnden Instrumente des Service-Controlling ist insofern unabdingbar, um Schnittstellenprobleme zu vermeiden.

Die Einbeziehung des Kunden in die Prozesswertanalyse spielt dann in ihrem zweiten Schritt eine zentrale Rolle, wenn es darum geht zu ergründen, ob einzelne Teilprozesse einer Service-Leistung aus Sicht des Kunden einen *Nutzen stiften* und damit für ihn werterhöhend sind oder nicht. Letzteres ist der Fall, wenn der Wegfall des betreffenden Teilprozesses für den Kunden mit keinerlei Nutzeneinbußen einhergeht. Diese Beurteilung kann je nach Kunde bzw. Kundengruppe durchaus unterschiedlich ausfallen, ist sie doch in hohem Grade subjektiver Natur. Daher ist darauf zu achten, dass ein möglichst repräsentatives Kundenspektrum befragt wird.

Auf Basis des Wertbeitrags der einzelnen Teilprozesse kann in einem nächsten Schritt über deren *grundsätzliche Notwendigkeit* befunden werden. Insbesondere die nicht-werterhöhenden Prozesse sind hinsichtlich ihrer Existenzberechtigung zu hinterfragen. Dabei ist allerdings zu beachten, dass die Kundeneinschätzung allein noch keine zuverlässigen Informationen liefert, denn oft sind die Abnehmer gar nicht in der Lage zu beurteilen, welche Prozesse hinter der „Line of Visibility" zwingend erforderlich sind, um die unmittelbar nutzenstiftenden Prozesse zu unterstützen und damit überhaupt erst zu ermöglichen. Das im ersten Schritt erarbeitete Ablaufdiagramm muss helfen, die entsprechenden Zusammenhänge zu verdeutlichen. Dennoch kann als generelle Maxime die *möglichst weitgehende Reduzierung der nicht-werterhöhenden Teilprozesse* gelten, um einen positiven Beitrag zur Wirtschaftlichkeit zu bewerkstelligen.

Im vierten Schritt der Prozesswertanalyse ist wiederum eine Verzahnung mit der Prozesskostenrechnung vorzunehmen, denn die *einzelnen Teilprozesse* bedürfen der Bewertung anhand der ihnen zuzurechnenden Kosten. Die Verbindung zur Prozesskostenrechnung gilt im Besonderen dann für den nächsten Schritt, da nunmehr die teilprozessbezogenen Kostengrößen zu *gesamtleistungsbezogenen Kostenwerten* je Service aggregiert werden müssen. Im sechsten Schritt sind die prozessbezogenen Daten für das Management aufzubereiten und in ein *Management-Informationssystem* einzubinden, das als Unterstützung bei Führungsentscheidungen dienen kann, z.B. wenn es um den Aufbau neuer oder um die Elimination bestehender Service-Angebote geht. Die Prozesswertanalyse endet wie das Blueprinting mit der Suche nach *verbesserten Vorgehensweisen*, z.B. in Form der Vereinfachung von Abläufen, der Reduzierung der Zahl von Prozessvarianten, aber auch der Zusammenlegung oder Synchronisation von bestimmten Teilprozessen.

Insgesamt bietet somit auch die Prozesswertanalyse Möglichkeiten einer auf qualitätsverbessernde wie auch kostensenkende Maßnahmen gerichteten Ausgestaltung der Service-Angebote, womit sie ein vielseitig verwendbares Controlling-Instrument darstellt.

3.2.3 Die Prozesskostenrechnung als Kernelement des Service-Kosten-Controlling

Auf die Prozesskostenrechnung wurde im vorhergehenden Abschnitt bereits mehrfach verwiesen. Tatsächlich kann sie als das Kostenrechnungsinstrument gelten, das den in Abschnitt 3.2.1. formulierten Problemfeldern, die sich aus den Leistungsmerkmalen von Services ergeben, in besonderem Maße und vielfach besser als jedes andere Verfahren gerecht wird[6]. Die wichtigsten *Gründe für diese Einschätzung* sind die folgenden:

- Services haben Prozesscharakter, dem herkömmliche Kalkulationsverfahren vielfach keine Aufmerksamkeit zukommen lassen.
- Die Prozesskostenrechnung erlaubt flexible und vielschichtige Auswertungen (z.B. kundenbezogen, servicepaketbezogen).
- Die Einführung der Prozesskostenrechnung zwingt zur Analyse der Service-Strukturen und sorgt damit für mehr Transparenz.
- Aus den Prozesskosteninformationen lassen sich Ansätze für die Optimierung der Service-Prozesse ableiten.

---

[6] In diesem Zusammenhang sei darauf verwiesen, dass prozessorientierte Ansätze auch in den – langsam an Zahl zunehmenden – Veröffentlichungen zum Dienstleistungscontrolling im Allgemeinen an Bedeutung gewinnen (Fischer 2000; Witt 2003).

Insofern wird es sich in den meisten Fällen durchaus lohnen, den mit der Einführung einer Prozesskostenrechung unzweifelhaft verbundenen Aufwand in Kauf zu nehmen, zumal sich für KMU durchaus „kleine" Lösungen unternehmungsspezifisch entwickeln lassen, die den Implementierungsaufwand in Grenzen zu halten vermögen.

Die *Grundlagen der Prozesskostenrechnung* sollen an dieser Stelle nicht noch einmal dargelegt werden, da sie mittlerweile als in der Literatur ausreichend behandelt gelten können (Horváth & Partner GmbH 1998; Männel 1995; Reckenfelderbäumer 1998). Die üblicherweise bei der Einführung des Verfahrens zu durchlaufenden Schritte sind folgende:

1. Einführungsentscheidung;
2. Auswahl geeigneter Unternehmungsbereiche;
3. Tätigkeitsanalyse innerhalb der relevanten Kostenstellen;
4. Verdichtung der Tätigkeiten zu (kostenstelleninternen) Teilprozessen und Bestimmung der Cost Driver (Kostenantriebskräfte);
5. Verdichtung der Teilprozesse zu (kostenstellenübergreifenden Service-Prozessen;
6. Kalkulation der Service-Kosten auf der Grundlage der Teilprozesskosten und -mengen.

Da sich die Prozesskostenrechnung zwar häufig, aber eben doch nicht immer, für das Service-Controlling eignet, sollte eine Unternehmung zunächst anhand der folgenden Vorfragen die Vorteilhaftigkeit einer Einführung des Verfahrens prüfen:

- *Genauigkeit des Informationssystems*: Wie exakt und realistisch sind die Kosteninformationen, die das bestehende Kostenrechnungssystem zu liefern vermag?
- *Kosten von Fehlern*: Welche Kosten (incl. Erlösschmälerungen) ziehen auf Basis unzureichender oder irreführender Kostenrechnungsdaten gefällte Fehlentscheidungen nach sich?
- *Diversität der Produkte*: Wie stark unterscheiden sich die angebotenen Produkte hinsichtlich der Inanspruchnahme der betrieblichen Ressourcen, insbesondere in den Service-Bereichen?

Hat eine Unternehmung sich auf Basis dieser Vorfragen einmal für die Einführung des Verfahrens entschieden, so sollte es zunächst vor allem im Bereich der *„produktnahen" Dienstleistungen* implementiert werden, die vor dem Hintergrund dienstleistungsorientierter Geschäftsmodelle im Maschinen- und Anlagenbau von besonderer Bedeutung sind. Dies gilt vor allem dann, wenn in diesen Bereichen ein hohes Gemeinkostenvolumen zu beobachten ist. Für ein *umfassendes Kosten-Management* ist dann aber zwingend ein weiterer Ausbau der Prozesskostenrechnung erforderlich, der sich im Wesentlichen innerhalb der Arbeitsschritte 3 bis 6 vollzieht. Im Rahmen dieser Arbeitsschritte muss eine Unternehmung sich im Einzelnen mit den folgenden Fragen auseinandersetzen, um *systematisch die Grundlagen einer Prozesskostenrechnung* zu schaffen:

- Welche Service-Leistungen werden in den für die Einführung der Prozesskostenrechnung ausgewählten Bereichen erbracht?
- Welche Kostenstellen sind an der Erbringung der einzelnen Services beteiligt?
- Welche Tätigkeiten fallen in den einzelnen Kostenstellen an?
- Zu welchen kostenstelleninternen Teilprozessen lassen sich die Tätigkeiten zusammenfassen (ggfs. auch Identität von Kostenstellen und Teilprozessen)?
- Welche Kostentreiber (Cost Driver) lassen sich zur Quantifizierung und späteren Weiterverrechnung der Teilprozesse identifizieren?
- Wie oft werden die einzelnen Teilprozesse in einer Periode durchgeführt (Prozessmengen)?
- Wie sieht die Kostenartenstruktur (Anteile der Kostenarten an den Kostenstellengesamtkosten) in den einzelnen Kostenstellen aus?
- Welche Kosten lassen sich bestimmten Services vorab unmittelbar als Einzelkosten zurechnen (nur falls Umfang bedeutend ist)?
- Wie verteilt sich die Kapazität (insbesondere Personal) der einzelnen Kostenstellen auf die dort ablaufenden Teilprozesse?
- Wie verteilen sich dementsprechend die Gesamt(gemein)kosten der Kostenstelle auf die einzelnen Teilprozesse (Prozesskosten)?
- Was kostet die einmalige Durchführung eines Teilprozesses (Prozesskostensatz)?
- Lassen sich die Teilprozesse unmittelbar zu den Service-Leistungen zusammenfassen (Identität von Hauptprozessen und Services), oder ist – ausnahmesweise – ein Zwischenschritt über die explizite Definition von Hauptprozessen erforderlich?
- In welchem Umfang sind die einzelnen Teilprozesse zur Erbringung der unterschiedlichen Services erforderlich (ggfs. unter Berücksichtigung der Hauptprozesse als Zwischenschritt)?
- Welche Prozesskosten sind den einzelnen Services dementsprechend zuzurechnen?

Dieser Fragenkatalog kann bei der praktischen Einführung einer Prozesskostenrechnung gleichermaßen als *Leitfaden* wie als *Checkliste* herangezogen werden und bedarf jeweils der unternehmungsspezifischen Beantwortung. Ein kurzes *Beispiel für eine Prozesskostenrechnung* sei aus Gründen der Anschaulichkeit nachfolgend skizziert. Es handelt sich dabei um den Service *„Entstörung"* der aus Vereinfachungsgründen identisch sei mit einem Hauptprozess. Als Kostentreiber wurde die *„Anzahl der (Entstörungs-)Einsätze"* identifiziert.

Tabelle 2 zeigt, dass sich der Hauptprozess „Entstörung" aus insgesamt fünf Teilprozessen zusammensetzt, die in drei verschiedenen Kostenstellen ablaufen. Jeder Teilprozess setzt sich wiederum aus verschiedenen Tätigkeiten zusammen (insgesamt 16 solcher Tätigkeiten wurden im Rahmen der Tätigkeitsanalyse auf der Kostenstellenebene ermittelt).

Tabelle 2. Zusammensetzung des Hauptprozesses „Entstörung“

Kostenstelle	Teilprozesse	Tätigkeiten
KS I „Service Center“	TP I „Auftragsannahme“	Entgegennahme der Störmeldung (T1) Fehlerdiagnose mit Klärung und Erfassung von Störungsdetails (T2)
	TP II „Klärung der Zuständigkeit“	Qualifikationsprüfung (T3) Verfügbarkeitsprüfung (T4)
	TP III „Auftragserteilung“	Weiterleitung der Fehlermeldung sowie der Störungsdetails (T5) Auftragserfassung/Dokumentation (T6)
KS II „Instandhaltung“	TP IV „Auftragsdurchführung“	Vorbereitende Maßnahmen (T7) Anfahrt (T8) Entstörungseinsatz (T9) Externe Berichterstattung (T10) Rückfahrt (T11) Interne Berichterstattung/Dokumentation (T12)
KS III „Rechnungswesen“	TP V „Nachbearbeitung“	Fakturierung (T13) Rechnungsstellung (T14) Prüfung des Zahlungseingangs (T15) Mahnung (T16)

Beispiele für weitere denkbare Hauptprozesse, durch die die genannten Kostenstellen berührt würden, wären etwa die in Tabelle 3 mit ihrem jeweiligen Cost Driver aufgeführten Prozesse bzw. Services.

Tabelle 3. Beispiele für weitere Hauptprozesse

Kostenstelle	Exemplarischer Hauptprozess	Cost Driver
KS I „Service Center“	HP „Service Hotline“	„Anzahl der Anrufe“
KS II „Instandhaltung“	HP „Wartung“	„Anzahl der Wartungseinsätze“
KS III „Rechnungswesen“	HP „Ersatzteilverkauf“	„Anzahl der Aufträge“

Die Ermittlung der *Kosten der einmaligen Durchführung des Hauptprozesses „Entstörung“* bedarf zunächst einer Verteilung der in jeder Kostenstelle in einer Periode anfallenden Kostenstellenkosten auf die dort identifizierten Tätigkeiten und Teilprozesse, die in der Regel für mehrere Arten von Hauptprozessen benötigt werden. Daher scheidet eine Zurechnung der kompletten Kosten einer Kostenstelle auf einen Hauptprozess bzw. auf eine Service-Leistung meistens aus. Tabelle 4 zeigt, welche *anteiligen Kostenstellenkosten* im vorliegenden Beispiel für die einzelnen Teilprozesse ermittelt wurden. Als Summe ergeben sich die Kosten, die der Hauptprozess „Entstörung“ insgesamt verursacht.

Tabelle 4. Haupt- und Teilprozesskosten des Hauptprozesses „Entstörung“

Kostenstelle	Teilprozesse	Höhe der anteiligen Kostenstellenkosten
KS I „Service Center“	Auftragsannahme (TP I)	200.000,- €
	Klärung der Zuständigkeit (TP II)	50.000,- €
	Auftragserteilung (TP III)	70.000,- €
KS II „Instandhaltung“	Auftragsdurchführung (TP IV)	1.700.000,- €
KS III „Rechnungswesen“	Nachbearbeitung (TP V)	1.000.000,- €
Summe Hauptprozess „Entstörung“		**2.120.000,- €**

Um die Kosten für die einmalige Durchführung des Hauptprozesses zu erhalten, sind die Gesamtkosten im nächsten Schritt zu der für die Betrachtungsperiode ermittelten (insbesondere geplanten) *Prozessmenge* in Beziehung zu setzen. Diese lässt sich mit Hilfe des Kostentreibers „Anzahl der Einsätze“ quantifizieren und betrage im vorliegenden Beispiel 800. Dividiert man die Gesamtkosten des Hauptprozesses durch diese Prozessmenge, so ergibt sich ein *Hauptprozesskostensatz* von 2.650,- € . Dieser Hauptprozesskostensatz sagt, was die einmalige Durchführung einer Entstörung kostet und bildet gleichzeitig gegebenenfalls die Basis für die Weiterverrechnung der Kosten auf andere Kostenträger, insbesondere komplexe Service-Pakete. Um diese kalkulieren zu können, muss zunächst der entsprechende Leistungsumfang festgelegt werden, den ein Anbieter für einen Kunden erbringen soll. Sodann ist zu prüfen, welche Hauptprozesse für dieses Leistungsbündel in welchem Umfang in Anspruch genommen werden müssen. So könnte beispielsweise ein Instandhaltungsvertrag ein Leistungsbündel umfassen, das eine präventive Wartung alle zwei Monate (und somit sechsmal pro Jahr den HP „Wartung“) vorsieht. Hauptprozesse, die unregelmäßig durchgeführt werden (z.B. bei Bedarf) und deren Mengen daher vertraglich vorab nicht genau festgelegt werden können (z.B. der HP „Entstörung“), müssen unter Zuhilfenahme von Erfahrungen aus der Vergangenheit geschätzt werden. Wurden die relevanten Hauptprozesse sowie die zu erwartenden Prozessmengen ermittelt, kann das Service-Paket als Leistungsbündel kalkuliert werden (siehe Tabelle 5).

Tabelle 5. Exemplarische Kalkulation eines Instandhaltungsvertrages für eine Maschine

In Anspruch genommene HP	Prozessmenge (pro Periode)	Kosten pro HP (Prozesskostensatz)	Gesamtkosten (je Periode)
HP „Service Hotline“	5	90,- €	450,- €
HP “Wartung”	6	2.375,- €	14.250,- €
HP “Entstörung”	4	2.650,- €	10.600,- €
Summe			**25.300,- €**

Die kalkulierten *Kosten des Leistungsbündels* „Instandhaltung“ für die hier betrachtete Maschine betragen somit 25.300,- € pro Jahr. Eine Prozesskostenrechnung, die nach diesem relativ einfachen Grundmuster aufgebaut ist, erlaubt eine sehr viel gezieltere Ermittlung der Kosten für einzelne Services, aber auch für Service-Bündel unterschiedlicher Komplexität bis hin zu Betreibermodellen, als es bei vielen anderen Kostenrechnungsverfahren der Fall ist. Die Prozesskostenrechnung bildet insofern zwar den Kern eines serviceorientierten Kosten-Managements, allein reicht sie allerdings für eine umfassende Lösung der Problematik nicht aus, so dass mit dem Target Costing und dem Life Cycle Costing zwei weitere Konzepte zumindest in ihren Grundzügen skizziert seien, die die Prozesskostenrechnung ergänzen können.

3.2.4 Target Costing als marktorientiertes Instrument des Kosten-Management

Das Target Costing – dies dokumentiert schon die übliche deutsche Übersetzung als „*Zielkosten-Management*" – ist mehr als ein reiner Kostenrechnungsansatz; vielmehr handelt es sich um ein umfassendes Kostenplanungs-, -steuerungs- und -kontrollinstrument (Niemand 1996; Paul 1998; Seidenschwarz 1993). Es verbindet Elemente bestehender und bekannter Instrumente des Kosten-Management mit der Notwendigkeit einer Ausrichtung der gesamten Unternehmung auf die Marktanforderungen: Das Target Costing sorgt für die *Marktorientierung*, während alle anderen Instrumente der Kostenrechnung – u.a. die Prozesskostenrechnung – eher Erreichungs- und Erfüllungscharakter haben. Beim Target Costing wird die traditionelle Fragestellung „Was wird eine Dienstleistung kosten?" abgelöst durch die an den Marktgegebenheiten ansetzende Frage „Was darf ein Service kosten?". Ausgehend von dem am Markt erzielbaren Preis werden Rückschlüsse auf die intern zu realisierenden Kostenstrukturen gezogen und Kostenvorgaben abgeleitet. Das Target Costing sollte schon bei der *Entwicklung* neuer Service-Angebote ansetzen, denn dort liegen erfahrungsgemäß die größten Möglichkeiten der Kostenbeeinflussung. Aber auch bei schon existierenden Dienstleistungen kann das Target Costing zur Überprüfung und Optimierung der Kostenstrukturen dienen, so dass es einen wichtigen Beitrag zur *vorausschauenden Wirtschaftlichkeitsanalyse* und *wirtschaftlichen Ausgestaltung dienstleistungsorientierter Geschäftsmodelle* zu leisten vermag. Die Vorgehensweise des Target Costing gestaltet sich wie folgt:

1. Ermittlung der Zielkosten;
2. Bestimmung der Funktionsstruktur der Service-Leistung;
3. Gewichtung der Service-Funktionen;
4. Entwicklung des Grobentwurfs für die Service-Leistung;
5. Kostenschätzung für die Service-Teilprozesse;
6. Gewichtung der Service-Teilprozesse;
7. Bestimmung des Zielkostenindex der Service-Teilprozesse;
8. Optimierung des Zielkostenindex mit Hilfe des Zielkostenkontrolldiagramms;
9. Einleitung weiterer Kostensenkungsmaßnahmen.

Die *Ermittlung der Zielkosten* (Schritt 1) sollte idealerweise an dem für eine Service-Leistung erzielbaren *Marktpreis* (abzüglich eines Gewinnaufschlags) ansetzen, der sich nach Möglichkeit aus der Zahlungsbereitschaft der Nachfrager ermitteln lassen sollte. Dies ist allerdings oft schwierig, da die Nachfrager gerade bei noch gar nicht real existierenden oder hochgradig individuellen Service-

Konzepten das Problem haben, eine konkrete Zahlungsbereitschaft formulieren zu müssen, dies aber aufgrund fehlender Erfahrungen nicht können (Paul 1998, S.94ff.). Hier sei nur auf die Schwierigkeiten verwiesen, die bei der Abschätzung der Wirtschaftlichkeit dienstleistungsorientierter Geschäftsmodelle auf Seiten der Nachfrager bestehen, denn dieser Sachverhalt ist mit der Formulierung einer Zahlungsbereitschaft eng verknüpft. Dennoch sollten bei der Festlegung der Zielkosten, die für eine Service-Leistung angestrebt werden, so weit wie möglich die nachfragerseitigen Informationen Berücksichtigung finden, ergänzt um Informationen über etwaige Konkurrenzpreise. Interne Kostendaten sollten in dieser Phase nur im Notfall herangezogen werden, da sie die Gefahr bergen, zu großzügige Kostenvorgaben abzuleiten, um nicht vermeintlich unnötigen Druck auf die zur Kostensenkung anzuhaltenden Bereiche auszuüben. In jedem Fall ist eine bestimmte Service-Leistung grundsätzlich nur dann als wirtschaftlich anzusehen, wenn sie zu Kosten angeboten werden kann, die unter dem am Markt erzielbaren Preis liegen. Mit Hilfe des Target Costing kann das Verhältnis zwischen Preis und Kosten grundsätzlich von Beginn der Dienstleistungsentwicklung an überwacht und gesteuert werden.

Die Schritte 2 bis 9 lassen sich auch zusammenfassend als „*Kostenspaltung*“ bezeichnen (Fröhling 1994, S.421). Hierbei geht es darum, die Gesamtzielkosten einer Service-Leistung auf die zu deren Erstellung erforderlichen Teilprozesse herunterzubrechen, um so differenzierte Vorgaben und Verbesserungsansätze für jeden Teil der Leistung zu erhalten. Bei der Kostenspaltung ist in höchstem Maße die *Berücksichtigung der Kundenanforderungen* von Nöten, denn letztlich wird darauf abgezielt, dass jeder Teilprozess nach Möglichkeit höchstens in dem Maße zu den Kosten einer Dienstleistung beitragen sollte, wie er auch einen entsprechenden Nutzen beisteuert. Dieser vordergründig relativ einfache Gedanke ist allerdings in der Praxis nicht leicht umzusetzen und bedarf umfassender Arbeiten im Detail, die nachfolgend wiederum nur vergleichsweise knapp skizziert werden können. Dass bei der Umsetzung in der Praxis die eine oder andere Vereinfachung durchaus denkbar ist, um den Aufwand in vertretbaren Grenzen zu halten, sollte an dieser Stelle selbstverständlich sein.

Über Markt- und Kundenanalysen ist im zweiten Schritt des Target Costing das *Leistungs- und Nutzenanforderungsprofil* der Dienstleistung zu ermitteln, d.h. es ist festzulegen, welche Funktionen sie erfüllen soll. Mittels Kundenbefragungen muss dann im dritten Schritt analysiert werden, welche *Wichtigkeit den einzelnen Funktionen* seitens der Abnehmer zugemessen wird, d.h. welchen prozentualen Anteil die jeweilige Funktion an den gesamten Anforderungen an die Service-Leistung ausmacht. Je enger der Kontakt zu den Kunden ist, desto eher lassen sich durch den Anbieter derartige Informationen erheben. Diese Gewichtung ist Voraussetzung für die *Verteilung der Zielkosten*. Als methodisches Hilfsmittel wird dabei immer wieder die Conjoint-Analyse empfohlen (Seidenschwarz 1993, S.199ff.), die allerdings recht aufwändig in der Anwendung ist und zum Teil sehr kritisch gesehen wird (Woratschek 1998).

Im Rahmen des Grobentwurfs der Leistung (Schritt 4) werden die *Teilprozesse definiert*, die zur Erfüllung der vorher herausgearbeiteten Funktionen erforderlich sind. Für diese Teilprozesse werden die entsprechenden *Prozesskosten* (hier findet sich eine wichtige Verknüpfung mit der Prozesskostenrechnung) absolut und relativ im Hinblick auf die Gesamtkosten der Service-Leistung abgeschätzt (Schritt 5). Im sechsten Schritt wird dann ermittelt, wie wichtig jeder Teilprozess für die mit der Dienstleistung insgesamt angestrebten Funktionsnutzenelemente ist. Dieser *Beitrag zum Gesamtnutzen* der Service-Leistung stellt dann den Maßstab für den *Anteil an den Gesamtkosten* dar, der auf den betreffenden Teilprozess idealerweise entfallen sollte. Zur Überprüfung dieses Sachverhalts wird im siebten Schritt für jeden Teilprozess ein *Zielkostenindex* als Quotient aus dem prozentualen Beitrag des Teilprozesses zum Gesamtnutzen der Leistung im Zähler und dem prozentualen Anteil des Teilprozesses an den Gesamtkosten der Service-Leistung im Nenner ermittelt. Dieser Index gibt an, welche Teilprozesse im Vergleich zu den angestrebten Zielkosten derzeit „zu teuer", welche Teilprozesse möglicherweise „zu billig" sind, wobei geringfügige Abweichungen vom theoretischen Idealwert 1 als zulässig definiert werden können. Grafisch lässt sich der Zielkostenindex in einem *Zielkostenkontrolldiagramm* darstellen, das durch die Gegenüberstellung des Zielkostenanteils und des Anteils an den gegenwärtigen Kosten einen schnellen Überblick bezüglich der aktuellen Kosten-Nutzen-Situation erlaubt (Fischer u. Schmitz 1994, S.427ff.). Im achten Schritt müssen dann Maßnahmen angedacht und eingeleitet werden, die den Zielkostenindex je Teilprozess in den zulässigen Bereich führen können, d.h. insbesondere *kostensenkende* Aktivitäten; bei „zu billigen" Teilprozessen ist aber auch an *qualitätspolitische* Optionen zu denken. Im neunten und letzten Schritt können dann noch über die Optimierung der Zielkostenindizes hinausgehende *Kostensenkungsbemühungen* angestellt werden, die sich eventuell auf Basis anderer Instrumente des Prozess-Managements (z.B. Prozesswertanalyse) ergeben haben.

Ergänzend sei angemerkt, dass neben dem Zielkostenkontrolldiagramm auf der Teilprozessebene gerade bei komplexen Dienstleistungsangeboten auch ein Diagramm ins Auge gefasst werden kann, in dem die einzelnen Services abgebildet werden, so dass dann im Unterschied zur Ursprungsform der einzelne Service die Rolle der Teilprozesse übernimmt, während das Leistungsbündel der „Gesamtleistung" entspricht. Auf diese Weise erhält der Betrachter zumindest einen groben Eindruck, in welchem Verhältnis die Kosten einzelner Services zu dem ihnen seitens der Nachfrager zugewiesenen Nutzen stehen.

Es zeigt sich, dass die Analyse der Markt-, speziell der Kundenanforderungen mit dem Target Costing unabdingbar verbunden sein muss, ebenso wie mit dem Blueprinting und der Prozesswertanalyse. Gleichfalls sind Prozesskosteninformationen als ein integraler Bestandteil sowohl des Blueprinting als auch der Prozesswertanalyse anzusehen, die Prozesskostenrechung insgesamt ist wiederum erforderlich, um die Spaltung der Zielkosten bei Service-Leistungen im Rahmen des Target Costing auf sinnvolle Art und Weise überhaupt erst möglich zu machen. Damit wird noch einmal deutlich, dass der Einsatz der verschiedenen Instrumente keinesfalls isoliert in Angriff genommen werden kann, sondern dass hier eine in hohem Maße abgestimmte und integrierte Vorgehensweise erforderlich ist. Gerade darauf wird in der Praxis jedoch allzu häufig verzichtet.

3.2.5 *Wirtschaftlichkeitsanalyse auf Basis des Life Cycle Costing – eine große Herausforderung im Maschinen- und Anlagengeschäft*

Weitere Akzente im Rahmen eines fundierten Service-Kosten-Management können gesetzt werden, wenn in das Service-Controlling eine *dynamische Komponente* integriert wird, die sich insbesondere im Rahmen lebenszyklusorientierter Kosten-, genau genommen auch Erlösrechnungsansätze äußert. Die Betrachtung aller im Laufe des Lebenszyklus einer Anlage anfallenden Kosten und Erlöse ist gerade bei betreibermodellnahen Service-Konzepten sehr bedeutsam, denn sowohl Anbieter als auch Nachfrager sind daran interessiert, die – vereinfacht ausgedrückt – Geschäftsmodelle „Kauf" und „Betreiben" in ihrer Gesamtheit miteinander zu vergleichen, um die Vorteilhaftigkeit ermitteln zu können. Dabei wird – obwohl der Begriff Life Cycle Costing dies nicht unbedingt vermuten lässt – der Boden der Kostenrechnung i.e.S. verlassen, denn *Zahlungsgrößen* und auch *investitionsrechnerische Aspekte* treten in den Vordergrund, wenn etwa aus Kundensicht die folgenden Fragen zur Beantwortung anstehen (Coenenberg, Fischer u. Schmitz 1994, S.30):

- Welche Ein- und Auszahlungen (z.B. für Anschaffung, Betrieb, Wartung und Entsorgung) entstehen?
- Wann und in welcher Höhe fallen diese Zahlungen an?
- Wie lange dauert der Lebenszyklus für diese Anlage, verbunden mit den entsprechenden Ein- und Auszahlungen?
- Mit welchem Zinssatz sind die Zahlungen zu diskontieren?

Das Lebenszykluskostenmodell bietet somit die Möglichkeit, den *Investitionscharakter* zu berücksichtigen, der für Anbieter und Nachfrager mit dem Einstieg in neue Formen von Geschäftsmodellen verbunden ist. Dieses wird auch deutlich, wenn man berücksichtigt, dass sich Lebenszykluskosten in *Anfangs-* und *Folgekosten* zum einen, zum anderen in *wiederkehrende* und *einmalige Kosten* unterscheiden lassen (Günther u. Kriegbaum 1997, S.900).

Streng genommen muss man bei dienstleistungsorientierten Geschäftsmodellen *zwei Arten von Lebenszyklen* analysieren, was jedoch meist übersehen wird: Zum einen stellt jedes Projekt für sich gesehen ein Analyseobjekt dar, bei dem die mit einer konkreten Anlage im Zeitablauf verbundenen Erfolgswirkungen betrachtet werden müssen. Zum anderen aber kann auch ein neuartiges Geschäftsmodell – z.B. das Grundkonzept eines Betreibermodells – als „Produkt" interpretiert werden, dessen Lebenszyklus es zu analysieren gilt. Die Notwendigkeit dieser Perspektive wird deutlich, wenn man sich vor Augen führt, dass *Betreibermodelle* ja letzten Endes eine bestimmte *Form von Service-Bündeln* und damit *Leistungsangeboten* („Produkten") darstellen. Insofern sollten sowohl die Anbieter als auch die Nachfrager, die sich mit Betreibermodellen beschäftigen, berücksichtigen, dass die erstmalige Implementierung eines derartigen Konzepts hinsichtlich seiner Wirtschaftlichkeit *niemals repräsentativ* für die weiteren Betreibermodellkonzepte sein kann, denn bestimmte Kosten stellen - wie schon gesagt - eine einmalige Investition in dieses neue Geschäftsmodell dar, andere Kostenblöcke reduzieren sich mit der Zahl der umgesetzten Konzepte immer weiter, eine dritte Gruppe von Kosten wiederum wird mit jedem zusätzlich eingerichteten Betreibermodell immer wieder anfallen. In Abschnitt 4 wird allerdings zu zeigen sein, wie schwierig das Abschätzen dieser Kostenentwicklungen in der Praxis ist, insbesondere dann, wenn sie exakt quantifiziert werden sollen. Insofern stößt das prinzipiell von seinem Ansatz her sehr positiv zu bewertende Life Cycle Costing an dieser Stelle auf enge Grenzen.

Ganz allgemein werden häufig die folgenden *Arten von Lebenszykluskosten* unterschieden (Günther u. Kriegbaum 1997, S.900f.), die im weiteren Verlauf dieses Beitrags für die Zwecke dienstleistungsorientierter Geschäftsmodelle noch etwas zu modifizieren sein werden, hier aber aus Überblicksgründen zunächst genannt seien:

Kundenperspektive:

- Kosten der Informationsbeschaffung,
- Anfangsausgaben incl. Kosten für Training, Tests und Transport,
- Wartungs- und Instandhaltungskosten,
- Betriebskosten,
- Entsorgungskosten,
- Opportunitätskosten (z.B. entgangene Erlöse bei Maschinenausfällen).

Anbieterperspektive:

- technologische, vertriebliche und sonstige Vorlaufkosten,
- Anpassungs- und Änderungskosten,
- Einführungskosten,
- laufende Kosten,
- Anlaufkosten,
- Wartungs-, Reparatur- und Garantiekosten,
- Entsorgungskosten.

Eine umfassende Abschätzung dieser Kosten sowie eine Einbeziehung der damit verbundenen Zahlungsgrößen in investitionsrechnerische Kalküle stellt einen Sachverhalt dar, der bei dienstleistungsorientierten Geschäftsmodellen derzeit noch ganz erhebliche Probleme bereitet, da selbst die dafür erforderlichen elementaren Grundlagen des Service-Controlling, die weiter vorne in diesem Beitrag angesprochen wurden, vielfach noch fehlen. Insofern bleibt auch in diesem Bereich für die Zukunft noch erheblicher Handlungsbedarf, der hier nur angedeutet werden konnte.

3.3 Erlöse – die oft noch stärker vernachlässigte Seite des Service-Erfolgs

Eine Wirtschaftlichkeitsanalyse von Service-Konzepten sollte niemals allein die Kostenseite betrachten, denn ohne die Überprüfung der aktuellen und potenziellen Erlöse, die mit Dienstleistungen erzielt werden können, bleibt eine Bewertung des

Service-Erfolgs zwangsläufig einseitig. Dabei finden sich in der Praxis jedoch sehr häufig nur unzureichende oder kaum vorhandene Lösungen für ein Controlling der Service-Erlöse, was auf verschiedene Ursachen zurückzuführen ist, die hier zumindest kurz behandelt werden sollen (Engelhardt u. Reckenfelderbäumer 1999, S.258ff.).

Erlöse stellen prinzipiell das *geplante bzw. erzielte Entgelt für die an den Markt abzugebenden bzw. abgegebenen Leistungen* dar (Männel 1993, S.564f.). Zentrale *Problemfelder* des Erlös-Controlling wurden in diesem, aber auch in anderen Beiträgen im Rahmen des vorliegenden Bandes schon mehrfach angesprochen. So führt die *unentgeltliche Abgabe* vieler Services dazu, dass Service-Erlöse überhaupt erst gar nicht entstehen, den Service-Kosten also keine entsprechenden positiven Erfolgsbeiträge gegenüber gestellt werden können. Die Erlöstransparenz wird aber auch durch die Praxis der *Preisbündelung* stark eingeschränkt, die zur Folge hat, dass den einzelnen Services oftmals keine separaten Erlöse zuzuordnen sind. Weitere Probleme der Erlösrechnung bestehen - und das ist beispielsweise für Betreibermodelle von besonderer Relevanz – in der *Periodisierung* von im Rahmen langfristiger Geschäftsbeziehungen oder sich über mehrere Jahre erstrekkender Projekte anfallenden Erlösen.

Darüber hinaus steht die Erlösrechnung ohnehin traditionell innerhalb des Rechnungswesens im Schatten der Kostenrechung. Die Gründe dafür sind jedoch nicht unbedingt nur im Verantwortungsbereich des Rechnungswesens zu suchen, denn der obige Erlösbegriff bringt es mit sich, dass die Erlöse einen unmittelbaren *Bezug zum Marketing*, speziell zum Instrument der Preis- bzw. Entgeltpolitik aufweisen: sie sind wesentlich durch die absatzpolitischen Aktivitäten bestimmt und werden letztendlich auch durch absatzwirtschaftliche Entscheidungen fixiert. Aus dieser Perspektive heraus liefert die Erlösrechung insofern kein Abbild innerbetrieblicher Gegebenheiten – dies obliegt weiten Teilen der Kostenrechnung -, sondern ein *Spiegelbild der marktbezogenen Entgeltpolitik* auf der einen Seite, das dann auf der anderen Seite seine Entsprechung im internen Rechnungswesen findet. Insofern ist die Erlösrechnung als ein *Aufgabengebiet zwischen Marketing und Rechnungswesen zu sehen*, das nur durch das Zusammenwirken beider Bereiche bewältigt werden kann (Engelhardt u. Reckenfelderbäumer 1997). Damit – und an dieser Stelle schließt sich der Kreis der Probleme – hängt die Aussagekraft der Erlösrechnung eben auch in starkem Maße von der Preispolitik für die industriellen Services ab, die schon zu Beginn dieses Beitrags als wichtiges Problemfeld herausgestellt wurde.

Nähert man sich den Fragen der Erlösrechnung aus dieser Marketing-Perspektive, so sollte sich ein Anbieter bei der Gestaltung seiner Preise (und damit eben auch seiner Erlöse) zunächst an seinen Nachfragern und Konkurrenten, möglichst jedoch nicht an den eigenen Kosten orientieren. Diese sollten eher den Charakter einer Kontrollgröße haben. Gerade bei sehr individuellen Service-Konzepten jedoch bereitet die *Bestimmung der Preisbereitschaft* die schon im Rahmen des Target Costing angesprochenen Probleme (Paul 1998, S.94ff.). Für den industriellen Service-Bereich ist es jedoch vor allem interessant, die preislichen Spielräume bei den fakultativen Services zu ermitteln, da diese regelmäßig größer sind als bei den aus Sicht des Kunden obligatorischen Dienstleistungen, mit denen dann oftmals tatsächlich keine zusätzlichen Erlöse erzielt werden können.

Eine Orientierung der Preis- und Erlösgestaltung an der *Konkurrenz* ist im Hinblick auf dienstleistungsorientierte Geschäftsmodelle ebenfalls nur eingeschränkt möglich, da es hierfür zumindest annähernd vergleichbarer Leistungen bzw. Leistungspakete bedarf. Gerade aber z.B. mit Betreibermodellen versuchen die Anbieter, sich von den Wettbewerbern abzuheben und eine Nicht-Vergleichbarkeit herbeizuführen. Damit ist auch diese marktliche Orientierungsmöglichkeit allenfalls sehr bedingt gegeben. Insofern kann konstatiert werden, dass eine Preispolitik i.e.S. gerade für *obligatorische* Services oft gar nicht stattfindet, während sie für *fakultative* Dienstleistungen durch das Streben nach Individualität erheblich erschwert wird. Noch einmal erwähnt sei, dass eine servicespezifische Erlösrechnung vielfach auch dadurch be- oder sogar verhindert wird, dass die Services in Bündeln mit der Hardware vermarktet werden. Dieses Problem allerdings lässt sich zumindest partiell lösen, wenn Betreibermodelle zum Einsatz gelangen, bei denen die Maschine oder Anlage an sich nicht mehr in das Eigentum des Nachfragers übergeht.

Trotz der geschilderten Probleme sollte ein Erlös-Controlling so weit wie möglich auf- bzw. ausgebaut und genutzt werden, denn nur so wird eine Wirtschaftlichkeitsbeurteilung von Service-Konzepten tatsächlich möglich und sinnvoll. In vielen Bereichen, in denen sich ein Service-Controlling bislang kaum findet, wäre sein Einsatz durchaus möglich. Dies wird unmittelbar deutlich, wenn man sich einige Aspekte vor Augen führt, die zeigen, auf welche Weise mit einem gezielten Preis- und Erlös-Management zum Service-Erfolg beigetragen werden kann. Gerade bei langfristigen Service-Verträgen, etwa im Bereich der Instandhaltung, lassen sich regelmäßige Erlöse erzielen, die den Charakter von *Fixerlösen* aufweisen und damit erheblich zur Planungssicherheit des Anbieters beizutragen vermögen. Überall dort, wo derartige Fixerlöse realisierbar sind, sollten sie daher auch ausgeschöpft werden, wobei eine etwaige Anpassung der Erlöse aufgrund veränderter Rahmenbedingungen (nach oben wie nach unten) von vornherein geregelt werden sollte, um spätere Konflikte zu vermeiden. Bislang wird die Erlösseite des Service-Geschäfts noch zu sehr vernachlässigt, so dass hier beim weiteren Ausbau des Controlling-Instrumentariums für dienstleistungsorientierte Geschäftsmodelle noch einiges zu tun verbleibt.

3.4 „Weiche“ Faktoren als Gegenstand des Service-Controlling

Die Analyse der schon zuvor angesprochenen „weichen“ Faktoren zählt zwar nicht zur Wirtschaftlichkeitsanalyse i.e.S., bei der die Erfolgswirkungen exakt quantifiziert und monetär bewertet werden. Für ein umfassendes Service-Controlling ist sie aber dennoch unabdingbar, denn bestimmte erfolgsrelevante Konsequenzen von Service-Angeboten lassen sich eben nicht exakt berechnen, sind aber dennoch von erheblicher Bedeutung für die Marktposition der Unternehmung. Daher sei hier zumindest darauf hingewiesen, ohne dass entsprechende Instrumente im Detail behandelt werden könnten.

Vor allem im Bereich des Konsumgütermarketing haben derartige Ansätze inzwischen schon einen beachtlichen Entwicklungsstand und Reifegrad erreicht: Das Controlling von Größen wie Kundenzufriedenheit und -bindung, aber auch Reputation und Image ist vielfach zu einer Selbstverständlichkeit geworden, wenngleich sich sicherlich noch immer Verbesserungspotenziale finden lassen. Für den Investitionsgüterbereich stellt sich die Herausforderung, entsprechende Instrumente für das Controlling dienstleistungsorientierter Geschäftsmodelle nutzbar zu machen, wobei es insbesondere von Interesse sein dürfte, unter Nutzung vorhandener Grundlagenarbeiten (etwa Homburg et al. 1998, Bauer 2000) den Einfluss der mit derartigen Konzepten verbundenen engen Geschäftsbeziehungen auf die Zufriedenheit der Abnehmer zu analysieren, um darauf aufbauend weitere Fragestellungen untersuchen zu können. Diese sind weitgehend dem Gebiet des Marketing-Controlling für das Maschinen- und Anlagengeschäft (Remy 2001) zuzuordnen und könnten sich – um ohne Anspruch auf Vollständigkeit nur einige wenige Punkte zu nennen - auf die folgenden Aspekte beziehen:

- Integrations- und Mitwirkungsverhalten der Kunden bei der Abwicklung der Service-Leistungen,
- aus dienstleistungsorientierten Geschäftsmodellen resultierende Kundenbindungseffekte,
- Nutzbarkeit realisierter Service-Konzepte als Referenz für die Gewinnung weiterer Kunden,
- Lerneffekte, die sich auf Anbieter- und Nachfragerseite bei der mehrmaligen Abwicklung entsprechender Geschäftsmodelle einstellen.

Weitere Fragestellungen werden sich in der Praxis je nach Einzelfall ergeben. Sie sollten dann angesichts der damit verbundenen Bewertungsprobleme nicht verdrängt, sondern möglichst einer Lösung zugeführt werden. Die durchaus vorhandenen Ansätze[7] sind dafür aufzugreifen und weiter auszubauen.

4 Ein pragmatischer Ansatz für die praktische Umsetzung: Vorgehensweise beim schrittweisen Auf- und Ausbau eines Instrumentariums für das Betreibermodell-Controlling

Während im vorhergehenden Kapitel vor allem Wert auf die konzeptionellen Grundlagen eines Controlling von Service-Leistungen und dienstleistungsorientierten Geschäftsmodellen gelegt wurde, steht im vorliegenden Kapitel die Beschreibung *eines* denkbaren Vorgehens im Vordergrund, das durch die in der Praxis häufig erforderlichen Zugeständnisse geprägt ist, die oftmals gemacht werden müssen, um die erforderlichen Prozesse des Aufbaus eines Service-Controlling

[7] Theoretische Grundlagen und praxisorientierte Beispiele finden sich etwa in den Sammelbänden von Bruhn u. Homburg (2000) sowie Simon u. Homburg (1998).

überhaupt erst einmal in Gang setzen zu können. Dabei fließen in besonderem Maße die Erfahrungen ein, die im Rahmen des Projektes Invest-S gemacht werden konnten. Wichtig ist in jedem Fall ein *abgestuftes* und *systematisches* Vorgehen, das es den Unternehmungen ermöglicht, sich in die neue Thematik einzuarbeiten.

In einem *ersten Schritt* ist in den an der erstmaligen Umsetzung von Betreibermodellen interessierten Unternehmungen das *vorhandene Controlling-Instrumentarium zu analysieren*, wobei insbesondere eventuell schon vorhandene Konzepte des Service-Controlling von Interesse sind. Es stellt sich jedoch die Frage, inwieweit diese Instrumente den in Abschnitt 2 formulierten Anforderungen gerecht werden. Dabei wird sich von Unternehmung zu Unternehmung ein individuelles Bild ergeben, je nachdem wie intensiv sich dort schon früher dem Thema Service-Controlling gewidmet wurde. In einem *zweiten Schritt* gilt es, sowohl auf der Anbieter- wie auch auf der Nachfragerseite zu analysieren, welche *Kostenarten* den verschiedenen *Phasen des Lebenszyklus* eines Betreibermodells zuzurechen sind. Dabei kann auf die Erfahrungen aus den schon angesprochenen *Lebenszyklusrechnungsmodellen* aus dem Bereich des Anlagengeschäfts zurückgegriffen werden, die in der Literatur zum Teil dokumentiert sind (Riezler 1996). Allerdings ist eine unternehmensspezifische Anpassung in jedem Fall sinnvoll. Bezüglich der Phasen reicht zunächst vielfach eine *relativ grobe Einteilung* in Anbahnungs-, Realisierungs- und Nachbearbeitungsphase aus. Wiederum aus *Anbietersicht* seien wichtige Kostenpositionen nachfolgend kurz skizziert.

Die *Anbahnungsphase* umfasst kostenseitig nicht zuletzt die Vorbereitungs- und Informationskosten (z.B. Suche nach geeigneten Kooperationspartnern, Erarbeitung eines Vermarktungskonzeptes für Betreibermodelle), Angebots- und Verhandlungskosten (u.a. Angebotserstellung und –anpassung, Besuchskosten, bilanzielle und steuerliche Überprüfung, Erarbeitung eines Finanzierungskonzeptes), Kosten der Vertragsgestaltung (mit dem Kunden, aber auch mit Kooperationspartnern) sowie Organisationskosten (für die Schaffung der erforderlichen kommunikationsbezogenen und logistischen Infrastruktur, im Extremfall bis hin zur Errichtung spezieller Betreibermodellgesellschaften).

In der *Realisierungsphase* fallen zunächst die Produktionskosten (i.e.S.) der Maschine bzw. Anlage an, aber auch Implementierungskosten (z.B. für Verpakkung und Transport, Aufbau und Montage). Eine große Rolle im Kontext von Betreibermodellen spielen sodann naturgemäß die Service-Kosten (u.a. regelmäßige Wartungs- und Instandhaltungseinsätze, schadensbedingte Instandsetzungen, bei idealtypisch ausgebauten Betreibermodellen bis hin zu den Kosten für das Betreiben der Anlage). Hier kann die oben skizzierte Prozesskostenrechnung als Planungs- und Kontrollinstrument zum Einsatz kommen. Hinzu kommen gegebenenfalls Pönale für Stillstandszeiten, Finanzierungskosten sowie Kosten für sonstige projektbegleitende Tätigkeiten, etwa im Rahmen der Projektkoordination.

In der *Nachbearbeitungsphase* schließlich können je nach Vertragsgestaltung Kosten im Zusammenhang mit dem Abbau und Rücktransport der Maschine und Anlage anfallen, aber es sind auch positive oder negative Erfolgswirkungen denkbar, die sich aus der Weiterverwertung der Maschine oder Anlage ergeben.

Wichtig ist es, dass bei der Erarbeitung entsprechender Kostenraster in der Praxis diese zunächst einen *vorläufigen Charakter* haben sollten und unter Berücksichtigung der bei der Umsetzung von dienstleistungsorientierten Geschäftsmodellen gesammelten Erfahrungen weiterentwickelt und verfeinert werden müssen. Vielfach konzentrieren sich Unternehmungen bei der Kostenerfassung zu stark auf die Realisierungsphase, da den „Produktionskosten" als Kennzahl traditionell eine starke Bedeutung zukommt. Zudem herrscht der Wunsch nach möglichst schnell greifbaren Ergebnissen vor, die in der Realisierungsphase in der Regel leichter zu gewinnen sind, da die Kostenzurechnung wesentlich differenzierter erfolgt als in der Anbahnungsphase, die zahlreiche Tätigkeiten umfasst, die dem Gemeinkostenblock zuzuordnen sind. Selbstverständlich ist auch eine Einbeziehung der entsprechenden *Erlöse* in die Erfolgsbewertung zwingend erforderlich. Dieses bereitet jedoch hinsichtlich der Gesamterlöse in der Regel keine nennenswerten Schwierigkeiten, da die entsprechenden Zahlungen zwischen Anbieter und Nachfrager vertraglich vereinbart werden.

Auf Basis einer derartigen Systematisierung der Kostenarten kann zunächst eines erreicht werden: Transparenz für Anbieter und Nachfrager bezüglich der Kostenblöcke, die bei der Beurteilung von Betreibermodellen überhaupt berücksichtigt werden sollten, denn dieses Wissen ist oft zu wenig ausgeprägt, so dass allein schon der *Prozess der Strukturierung* für mehr Klarheit sorgen kann.

In einem *nächsten Schritt* können dann als erste Anhaltspunkte für die Vorbereitung einer Entscheidung über die Durchführung von Betreibermodellen *Hypothesen formuliert* werden, die die *vermuteten Kosteneffekte beim Wechsel* von herkömmlichen Geschäftsmodellen hin zu Betreibermodellen umreißen. Dabei sind aufgrund der noch unzureichenden Datenlage zunächst nur *Tendenzaussagen* möglich, die teils auf ersten Erfahrungen, teils auf Plausibilitätsüberlegungen beruhen. Folgende Aspekte etwa sollten in diesen Zusammenhang einfließen:

- Die *Anbahnungskosten* sind sowohl auf Seiten des Anbieters als auch auf Seiten des Nachfragers höher als bei herkömmlichen Geschäftsmodellen, da sehr viel mehr Regelungen getroffen werden müssen, für die es entsprechender Informationsbeschaffungs- und –verarbeitungsprozesse bedarf.
- Zahlreiche Kostenblöcke stellen gerade in der Anbahnungsphase *einmalige Kosten* beim Einstieg in das neue Geschäftsmodell dar (z.B. Erarbeitung eines Vermarktungskonzepts, Schulung der Mitarbeiter), andere *reduzieren* sich mit steigender Zahl umgesetzter Betreibermodelle. Derartige *Erfahrungseffekte* sind z.B. bei der Suche nach geeigneten Kooperationspartnern, bei der Erstellung von Finanzierungskonzepten oder auch bei der Vertragsgestaltung zu erwarten.
- Folglich ist für den Anbieter wie für den Nachfrager mit *im Zeitverlauf spürbar sinkenden Projektierungs- und Abwicklungskosten* je nach Betreibermodell zu rechnen.
- Aus Sicht des Anbieters ergeben sich *positive Erfolgswirkungen* jedoch auch im Bereich der *nicht direkt quantifizierbaren Faktoren*: Kundenbindungseffekte, Reputationsaufbau, Qualitätsverbesserungen durch intensive Kooperation und Kommunikation mit den Abnehmern etc. Diese Verbundeffekte sind jedoch schwer exakt abschätzbar, wobei es sich um ein altes Problem der Betriebswirtschaftslehre handelt (siehe schon Engelhardt 1976). Plausibilitätsüber-

legungen und ein *„Nicht-Kosten-Controlling"* müssen hier an die Stelle exakter Berechnungen treten (siehe Abschnitt 3.4).

In einem *nächsten Schritt* müssen die Unternehmungen sich mit der Frage auseinandersetzen, *welche der identifizierten Kostenarten wie erfasst und monetär bewertet werden können*. Damit eng verbunden ist die Frage der *Zurechenbarkeit* der entsprechenden Kosten auf konkrete Betreibermodellprojekte. Ein Teil der Kosten ist sicherlich als Einzelkosten erfass- und zurechenbar, andere Kostenblöcke stellen Gemeinkosten dar und sind dann allenfalls nur indirekt über Schlüsselungen und Umlagen dem einzelnen Projekt zuzuordnen. Sollte der letztgenannte Kostenanteil vergleichsweise hoch sein, so ist dies ein deutlicher Hinweis auf einen Bedarf für die *Überarbeitung und Umgestaltung des bestehenden Kostenrechnungssystems*, um den Anforderungen von Betreibermodellen besser gerecht werden zu können. Die bestehenden Systeme reichen dann eben doch nicht aus, und es zeigt sich, dass das Zurückgreifen darauf bei der dauerhaften Implementierung von Betreibermodellkonzepten nicht mehr als eine vorläufige Zwischenlösung sein kann. Dabei muss schon an der Form der Kostenerfassung angesetzt werden, die häufig dafür verantwortlich ist, dass bestimmte Kostenblöcke einzelnen Betreibermodellen nicht zugerechnet werden können.

Der zuletzt angesprochene Aspekt der Kostenerfassung mag zunächst relativ unbedeutend klingen, in der Praxis aber erweist er sich nicht selten als großer *Stolperstein*. Daher sei hier als *nächster Schritt* beim Aufbau eines Betreibermodell-Controlling die *Notwendigkeit der Erstellung angemessener Formulare für die Kostenerfassung* herausgestellt. Dies gilt sowohl für die Anbieter- als auch für die Nachfragerseite. So sollten entsprechende Vordrucke *schon in der Anbahnungsphase* Verwendung finden, gerade dort aber fehlt es nicht selten an einer projektspezifischen Kostenerfassung, wenn von der Angebotserstellung i.e.S. einmal abgesehen wird. Zu beachten ist bei der Formulargestaltung allerdings auch, dass ein angemessenes *Gleichgewicht zwischen Exaktheit und Erfassungsaufwand* gefunden wird, da ansonsten die Akzeptanz der für die Kostenerfassung anfallenden Zusatzarbeit seitens der betroffenen Mitarbeiter in Frage gestellt ist. Praktikabilität ist insofern ein wichtiger Faktor, der bei der Formularerstellung zu berücksichtigen ist. Zudem sollten die Mitarbeiter mit den Formularen intensiv vertraut gemacht werden, wobei auch die Vorteilhaftigkeit der Erfassung hervorzuheben ist.

Im *Anschluss an diesen Schritt* beginnt die eigentliche *Umsetzung* in den Unternehmungen, d.h. die neuen Erfassungs- und Verrechnungskonzepte werden eingeführt und zum Einsatz gebracht. Dabei ist es erforderlich, die betroffenen Mitarbeiter rechtzeitig zu informieren und einzubeziehen, um von Beginn an bestmögliche Rahmenbedingungen zu gewährleisten. Diese Phase, die mit regelmäßigen Diskussionen, Erläuterungen und Umdenkprozessen verbunden ist, hat *entscheidende Bedeutung für das Controlling dienstleistungsorientierter Geschäftsmodelle*, wird aber letzten Endes in jeder Unternehmung anders ablaufen müssen. Wichtig ist, dass schon in dieser Phase die Weichen dafür gestellt werden, dass der weitere Ausbau des Betreibermodell-Controlling unweigerlich auch mit einer weiteren Veränderung, Ergänzung und Verfeinerung der Controlling-

Instrumente im Sinne der oben diskutierten Konzepte verbunden sein muss. Die Akzeptanz für derartige Maßnahmen sollte sich nach und nach einstellen, wenn die Zahl realisierter Betreibermodelle zunimmt.

Sind die instrumentellen Voraussetzungen geschaffen, können die *betreibermodellspezifischen Kosten und Erlöse analysiert* werden, um eine *Entscheidungsgrundlage* für die Inangriffnahme weiterer entsprechender Projekte zu haben, die derzeit in den meisten Unternehmungen noch fehlt. Allein dieses sollte Grund genug für die betroffenen Unternehmungen sein, Zeit und Kosten für den Aufbau des Controlling-Instrumentariums in Kauf zu nehmen, denn ansonsten würde die Unsicherheit bezüglich der Wirtschaftlichkeit von Betreibermodellen sowohl auf Seiten der Anbieter als auch auf Seiten der Nachfrager auch zukünftig erhalten bleiben. Bei dieser Analyse sollte aber ergänzend die *Qualität und Aussagekraft der Ergebnisse* kritisch hinterfragt werden, um Erkenntnisse für die Notwendigkeit des schon mehrfach angesprochenen weiteren Ausbaus des Instrumentariums zu erhalten. Das gegenwärtige Vorgehen stellt hier in vielen Unternehmungen nur einen ersten Schritt dar.

5 Leitlinien für den weiteren Ausbau des Controlling von dienstleistungsorientierten Geschäftsmodellen

Abschließend seien einige Perspektiven für die weitere Auseinandersetzung mit der Thematik in knapper Form aufgezeigt, die gleichzeitig die wichtigsten Erkenntnisse, die im Rahmen der bisherigen Ausführungen vorgestellt wurden, noch einmal zusammenfassen.

Die im Zuge derzeitiger Projekte entwickelten Kalkulationskonzepte können nur ein erster Schritt sein, der zwar wichtige Informationen, aber noch keine abschließende Sicherheit für die Wirtschaftlichkeitsbeurteilung von Betreibermodellen liefern kann. Erforderlich ist eine detaillierte Erfassung der Kosten schon in der Anbahnungsphase, für die jedoch in den meisten Unternehmungen die erforderlichen Voraussetzungen fehlen. Eine umfassende Auseinandersetzung mit dienstleistungsorientierten Geschäftsmodellen erfordert hier ein Umdenken und die Bereitschaft, den (einmaligen) Aufwand der Implementierung neuer Kostenerfassungs- und –verrechnungskonzepte in Kauf zu nehmen. Insofern stellt eine Kalkulation von Betreibermodellen auf Basis der bestehenden Kostenrechnungssysteme vielfach nur den Einstieg dar: der ergänzende Ausbau spezifischer Konzepte, die im Rahmen des vorliegenden Beitrags skizziert wurden (z.B. Life Cycle Costing, Prozesskostenrechnung) ist erforderlich. Dieser ist dann nicht nur durch die betroffenen Unternehmungen mehr oder weniger halbherzig anzukündigen, sondern auch konkret anzugehen. Anbieter und Nachfrager müssen erkennen, dass im Normalfall nicht gleich das erste Betreibermodell (bei dessen isolierter Betrachtung) wirtschaftlichen Erfolg bringen wird: viele der Kosten haben Investitionscharakter und können sich erst im Zeitverlauf amortisieren.

Das Controlling von Betreibermodellen erfordert insbesondere auf der Nachfragerseite eine Ergänzung von etablierten, aber doch oft einseitigen Kennzahlen (z.B. Stückkosten der auf der Maschine bzw. Anlage gefertigten Produkte). Die Bereitschaft, sich auch mit den regelmäßig schwieriger zu erschließenden, unter strategischen Gesichtspunkten jedoch äußerst bedeutsamen „weichen" Erfolgsfaktoren auseinander zu setzen, ist angesichts des stark beanspruchenden Tagesgeschäfts vielfach (noch?) nicht ausgeprägt genug. Anzustreben ist letzten Endes ein umfassendes Kennzahlensystem im Sinne einer *Balanced Scorecard* (Kaplan u. Norton 1997), das alle relevanten Perspektiven und Untersuchungsbereiche abdeckt und zueinander in Beziehung setzt.

Eine weitere, im Rahmen des vorliegenden Beitrags noch nicht berücksichtigte Nuance der Thematik liegt in der Tatsache, dass dienstleistungsorientierte Geschäftsmodelle vielfach nicht nur von einem Anbieter und einem Nachfrager getragen werden, sondern häufig Unternehmungsnetzwerke beteiligt sind, um das komplexe Leistungsspektrum abdecken zu können. Daraus erwachsen noch einmal zusätzliche Herausforderungen für das Controlling.

Zusammenfassend lässt sich konstatieren: Wer verbesserte und zuverlässige Kosten- und Erlösinformationen anstrebt, muss die Tatsache akzeptieren, dass diese nicht zum Nulltarif zu haben sind, sondern kurzfristig einen Mehraufwand verursachen, der jedoch einen entsprechenden Mehrnutzen nach sich zieht. Das Controlling von Betreibermodellen und verwandten Konzepten dienstleistungsorientierter Geschäftsmodelle steht noch am Anfang: Wissenschaft und Praxis werden gemeinsam nach neuen Lösungen suchen müssen, um den Herausforderungen dieser neuen Geschäftsmodelle auf Dauer gerecht werden zu können. Die Wissenschaft muss dabei entsprechende Vorschläge unterbreiten; die Aufgabe der Praxis ist es, diese Vorschläge aufzugreifen, zu prüfen und zu funktionsfähigen Einzellösungen weiterzuentwickeln.

Literaturverzeichnis

Bauer M (2000) Kundenzufriedenheit in industriellen Geschäftsbeziehungen. Gabler, Wiesbaden

Beischel ME (1990) Improving Production with Process Value Analysis. Journal of Accountancy 17 (Sept): 53-57

Bruhn M, Homburg C (Hrsg) (2000) Handbuch Kundenbindungsmanagement. 3. Aufl. Gabler, Wiesbaden

Coenenberg AG, Fischer T, Schmitz J (1994) Target Costing und Life Cycle Costing als Instrumente des Kostenmanagements. Zeitschrift für Planung 5: 1-38

Engelhardt WH (1976) Erscheinungsformen und absatzpolitische Probleme von Angebots- und Nachfrageverbunden. Zeitschrift für betriebswirtschaftliche Forschung 28: 77-90

Engelhardt WH, Reckenfelderbäumer M (1997) Gestaltungsperspektiven des Erlös-Management. In: Becker W, Weber J (Hrsg) Kostenrechnung. Gabler, Wiesbaden, S 127-166

Engelhardt WH, Reckenfelderbäumer M (1999) Industrielles Service-Management. In: Kleinaltenkamp M, Plinke W (Hrsg) Markt- und Produktmanagement. Springer, Berlin et al., S 181-280

Fischer R (2000) Dienstleistungs-Controlling. Gabler, Wiesbaden

Fischer TM, Schmitz JA (1994) Informationsgehalt und Interpretation des Zielkostenkontrolldiagramms im Target Costing. Kostenrechnungspraxis 38: 427-433

Fließ S (2001) Die Steuerung von Kundenintegrationsprozessen. Gabler, Wiesbaden

Freiling J (2001) Contracting als innovatives Instrument des Marketing industrieller Services und seine Implikationen bezüglich der Interaktionsgestaltung zwischen Anbieter- und Nachfragerseite. In: Bruhn M, Stauss B (Hrsg) Dienstleistungsmanagement Jahrbuch 2001. Gabler, Wiesbaden, S 457-477

Freiling J (2002) Der Wandel vom industriellen Produkt- zum Dienstleistungsgeschäft – dargestellt am Beispiel von Betreibermodellen im mitteleuropäischen Maschinenbau. In: Mühlbacher H, Thelen E (Hrsg) Neue Entwicklungen im Dienstleistungsmarketing. Gabler, Wiesbaden, S 203-222

Fröhling O (1994) Zielkostenspaltung als Schnittstelle zwischen Target Costing und Target Cost Management. Kostenrechnungspraxis 38: 421-425

Günther T, Kriegbaum C (1997) Life Cycle Costing. Das Wirtschaftsstudium 26: 900-912

Homburg C, Rudolph B, Werner H (1998) Messung und Management von Kundenzufriedenheit in Industriegüterunternehmen. In: Simon H, Homburg C (Hrsg) Kundenzufriedenheit. 3. Aufl. Gabler, Wiesbaden, S. 321-347

Horváth & Partner GmbH (Hrsg) (1998) Prozesskostenmanagement. 2. Aufl. Vahlen, München

Jacob F (2002) Aktuelle Herausforderungen des Servicemanagements im Technischen Vertrieb – Ergebnisse einer empirischen Studie des IMT. Unterlagen zum Vortrag im Rahmen des Forums 2002 des TV Alumni e.V., Berlin

Jehle E, Willeke M (1998) Prozesswertanalyse als Instrument des Controlling. In: Lachnit L, Lange C, Palloks M (Hrsg) Zukunftsfähiges Controlling. Vahlen, München, S 129-151

Kaplan R, Norton D (1997) Balanced Scorecard – Strategien erfolgreich umsetzen. Schäffer Poeschel, Stuttgart

Männel W (1993) Erlösrechnung. In: Chmielwicz K, Schweitzer M (Hrsg) Handwörterbuch des Rechnungswesens, 3. Aufl. Schäffer Poeschel, Stuttgart, Sp 562-580

Männel W (Hrsg) (1995) Prozesskostenrechnung. Gabler, Wiesbaden

Niemand S (1996) Target Costing für industrielle Dienstleistungen. Vahlen, München

Paul M (1998) Preis- und Kostenmanagement von Dienstleistungen im Business-to-Business-Bereich, Gabler, Wiesbaden

Reckenfelderbäumer M (1995) Marketing-Accounting im Dienstleistungsbereich. Gabler, Wiesbaden

Reckenfelderbäumer M (1998) Entwicklungsstand und Perspektiven der Prozesskostenrechnung, 2. Aufl. Gabler, Wiesbaden

Remy W (2001) Marketingcontrolling im industriellen Anlagengeschäft. In: Reinecke S, Tomczak T, Geis G (Hrsg) Handbuch Marketingcontrolling. Ueberreuter, Frankfurt/Wien, S 748-772

Rentmeister J, Klein S (2003) Geschäftsmodelle – ein Modebegriff auf der Waagschale. Zeitschrift für Betriebswirtschaft, Ergänzungsheft 1/2003: 17-30

Riezler S (1996) Lebenszyklusrechnung. Gabler, Wiesbaden

Schweikart J (1997) Integrative Prozesskostenrechnung. Gabler, Wiesbaden

Seidenschwarz W (1993) Target Costing. Vahlen, München

Simon H, Homburg C (Hrsg) (1998) Kundenzufriedenheit. 3. Aufl. Gabler, Wiesbaden

Witt F-J (2003) Dienstleistungscontrolling. Vahlen, München

Woratschek H (1998) Conjoint Measurment – Ein Durchbruch bei der Preisentscheidung im Dienstleistungsbereich? In: Engelhardt WH (Hrsg) Perspektiven des Dienstleistungsmarketing. Gabler, Wiesbaden, S 23-45

Modulare Vertragskonzeption bis hin zur Realisierung von Betreibermodellen

Peter Seifert

Inhalt

1 Einleitung

Vertragliche Festlegungen sind unter Kaufleuten üblich, sie dienen der Rechtssicherheit und sind erforderlich, weil nicht nur die Verhandlungspartner sie kennen müssen sondern alle, die anschließend in der Praxis damit zu tun. Speziell im Bereich der Dienstleistungen lassen sich bestehende Verträge nur selten auf neue Problemstellungen übertragen, auch wenn die Anwendungsfälle augenscheinliche Ähnlichkeit aufweisen. Die Vorgehensweise zur Klärung der auftretenden Fragestellungen wiederholt sich jedoch, so dass die folgenden Darstellungen als anwendungsnahe Hilfe bei der Gestaltung transparenter Serviceverträge anzusehen sind.

2 Vertragskonstellation

Der Realisierung liegt eine Vertragskonstellation zugrunde, bei welcher mindestens vier Vertragspartner beteiligt sind:

- Der Hersteller/Lieferant einer Maschine oder Anlage, mit welcher der Betreiber seine Leistungen (Service-Leistungen) erbringt,
- eine Leasing-Gesellschaft, die zur Finanzierung der Maschine/Anlage eingeschaltet wird,
- der Vermieter oder Betreiber der Maschine/Anlage, der die Service-Leistung anbietet und
- der Mieter oder Nutzer der Maschine/Anlage, der die Service-Leistung abnimmt.

Abbildung 1 macht deutlich, welche Aufgabenverteilung die vier Vertragspartner miteinander verbindet und welche Funktionen sie im Vertragskonzept übernehmen.

Die vom Vermieter/Betreiber eingeschaltete Leasing-Gesellschaft erwirbt vom Hersteller/Lieferanten Eigentum an der Maschine/Anlage. Dazu schließt sie mit dem Hersteller einen Kaufvertrag ab. Den Inhalt des Kaufvertrages bestimmt weitestgehend der Betreiber, der die technischen Spezifikationen und alle Vertragsdetails liefert. Dabei wird sich der Betreiber streng an die Vorgaben des Nutzers halten und dessen Anforderungen und Wünsche berücksichtigen. Denn beide, Nutzer und Betreiber, legen im Betreiber-Vertrag fest, welche Service-Leistungen auf der Anlage erbracht werden sollen. In allen drei Verträgen muss es sich deswegen um ein und dieselbe Maschine/Anlage mit identischer Objektbeschreibung handeln, die

- die Leasing-Gesellschaft vom Hersteller erwirbt (Kaufvertrag),
- die Leasing-Gesellschaft dem Betreiber mit dem Recht der Untervermietung verleast (Leasing-Vertrag) und

- die der Betreiber dem Nutzer zur Nutzung überlässt (Betreiber-Vertrag gemäß der im Folgenden dargestellten Vertragsmodule).

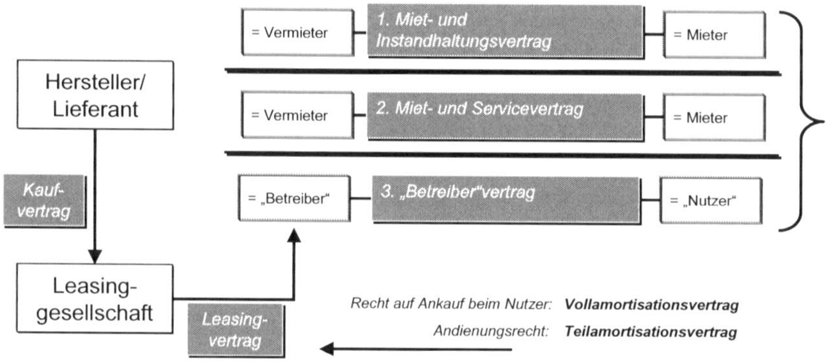

Abb. 1. Vertragskonzeption

Außer der Objektbeschreibung müssen in allen drei Verträgen auch Lieferdatum, Lieferumfang, Transport- und Abnahme-Modalitäten, Gefahrtragung und Gewährleistung, Verzugsfolgen usw. so geregelt sein, dass sich die einzelnen Bestimmungen nicht widersprechen oder gar gegenseitig ausschließen.

Die zeitliche Abfolge der Vertragsabschlüsse muss dementsprechend koordiniert werden und dürfte in der Praxis meist so ablaufen, dass sich

- zunächst Betreiber und Nutzer über den Inhalt ihres Betreiber-Vertrages einigen, sie sodann
- mit dem Hersteller/Lieferanten die Modalitäten des Kaufvertrages festlegen, zumeist sogar denselben schließen, so dass
- der Leasing-Vertrag abgeschlossen werden kann, aufgrund dessen die Leasing-Gesellschaft in den vom Betreiber und Nutzer bereits ausgehandelten, geschlossenen Kaufvertrag anstelle des Betreibers mit dem Hersteller eintritt. Dieser Ablauf entspricht der üblichen Praxis bei Einschaltung einer Leasing-Gesellschaft und stellt zugleich sicher, dass die Vertragsinhalte bezüglich der Objektbeschaffenheit aufeinander abgestimmt sind. Die Durchführung der geschlossenen Verträge folgt in der Form, dass der Hersteller/Lieferant die Anlage nicht beim Käufer (Leasing-Gesellschaft) abliefert, sondern sie unmittelbar zum Betreiber transportiert, ggf. dort aufbaut; der Betreiber nimmt sie vereinbarungsgemäß für die „kaufende" Leasing-Gesellschaft ab. Beim Betreibermodell können die Vertragspartner auch vereinbaren, dass die Anlage gar nicht erst zum Betreiber transportiert, sondern unmittelbar beim Nutzer installiert wird.
- Zu ein und dem selben Zeitpunkt wird also durch Lieferung und Installation der Maschine
- der Kaufvertrag zwischen Lieferant und Leasing-Gesellschaft erfüllt,

- kommt die Leasing-Gesellschaft ihrer Überlassungspflicht gegenüber dem Betreiber nach, so dass die Leasing-Dauer gemäß Leasing-Vertrag beginnt und
- der Nutzer die Nutzungsmöglichkeit gemäß Betreiber-Vertrag erhält.

Die geschilderte Vertragskonstellation und die Abwicklung der Verträge zwischen Lieferant, Leasing-Gesellschaft und Leasing-Nehmer entsprechen im Leasing weitgehend üblicher Praxis. Hinzu kommt beim Betreibermodell der zwischen Betreiber und Nutzer geschlossene „Betreiber-Vertrag", der inhaltlich so gestaltet werden muss, das er in das Gesamtkonzept passt und sich in die geschlossenen Verträge inhaltlich, aber auch rechtlich und steuerlich einfügt. Hierbei dürfen sich Leasing- und Betreiber-Vertrag insbesondere hinsichtlich des Eigentums (keine Erwerbsrechte beim Betreiber und Nutzer) an der Maschine, der Laufzeit der Verträge und Regelungen zur Instandsetzung und -haltung nicht widersprechen.

Die gleiche Vertragsgestaltung wird bei sogenannten slb-Geschäften (sale-and-lease-back) mit dem Recht zur Untervermietung gewählt, wenn Lieferant und Betreiber identisch sind. Dann erwirbt die Leasing-Gesellschaft vom Lieferanten/Betreiber das Eigentum am Gerät (Kaufvertrag) und verleast es ihm sogleich wieder (slb-Leasing-Vertrag), damit er es dem Nutzer zur Verfügung stellen kann.

3 Charakterisierung der Vertragsmodule

Im Leasing-Vertrag vereinbaren Leasing-Geber und Leasing-Nehmer (hier der Betreiber), dass dem Leasing-Nehmer die umfassende Nutzung des Leasing-Objektes zusteht. Leasing-typisch wird im Leasing-Vertrag ein weitest möglicher Gewährleistungsausschluss vereinbart und dadurch für den Leasing-Nehmer kompensiert, dass der Leasing-Geber dem Leasing-Nehmer alle Gewährleistungsansprüche abtritt, die ihm gegenüber den Lieferanten zustehen. Der Leasing-Nehmer kann etwaige Mängelansprüche dann aus abgetretenem Recht unmittelbar gegen den Hersteller geltend machen.

Die Sach- und Preisgefahr, d. h. das Risiko des Untergangs oder einer Beschädigung des Leasing-Objektes durch Zufall oder Dritteinwirkung, übernimmt der Leasing-Nehmer. Ihn treffen auch alle Instandhaltungs- und Unterhaltungspflichten. Dem Leasing-Nehmer können bei Vertragsende Optionsrechte zustehen: Er kann das Leasing-Objekt zu den im Leasing-Vertrag vereinbarten Bedingungen vom Leasing-Geber erwerben (Kaufoption) oder eine Verlängerung des Leasing-Vertrages verlangen (Verlängerungsoption).

Der Leasing-Vertrag ist damit rechtlich zwar in erster Linie als Mietvertrag anzusehen, er weist aber gegenüber dem gesetzlichen Leitbild eines Mietvertrages wesentliche und wichtige Besonderheiten (wie die vorgenannten Vertragsmerkmale) auf.

Wie passen die drei Vertragsmodule eines „Betreiber-Vertrages" in diese Vertragskonstellation und welche Rechte und Pflichten ergeben sich für die Vertragspartner (Betreiber und Nutzer) insbesondere, soweit es über die mietvertragliche Nutzungsüberlassung hinaus um die Verteilung von Service-Aufgaben geht?

Wie dargestellt und wie aus dem Schaubild ersichtlich wurden drei Alternativen eines "Betreiber-Vertrages" entworfen, nämlich

- einen Miet- und Instandhaltungsvertrag,
- einen Miet- und Service-Vertrag,
- einen „Betreiber-Vertrag".

Wie grenzen sich diese drei Vertragsmodule von einander ab und worin stimmen sie überein: Der Miet- und Instandhaltungsvertrag sowie des Miet- und Service-Vertrag lassen schon im Namen erkennen, worum es bei diesen Verträgen geht und wo die inhaltlichen Unterschiede liegen. Beide Verträge sind rechtlich aus dem Leitbild eines Mietvertrages abgeleitet. Identisch ist der Vertragsgegenstand, der durch eine möglichst genaue Beschreibung der Maschine, deren Normalausrüstung, Einsatzmöglichkeiten, Verfügbarkeiten usw. gekennzeichnet sein muss. Sie kann beim Miet- und Service-Vertrag detaillierter ausfallen als beim Miet- und Instandhaltungsvertrag (vgl. Anlagen 1 und 2 zu beiden Verträgen). Auch Lieferung/Aufstellung, Inbetriebnahme und Abnahme unterscheiden sich in den beiden Verträgen nur durch eine unterschiedliche Detaillierung der jeweiligen technischen Festlegungen. Unterschiedlich sind die Regelungen in den beiden Verträgen, soweit sie mit den vereinbarten Service-Leistungen zusammen hängen:

Im Vertrag mit Wartung und Instandhaltung ist als Grundsatz eine befristete Gewährleistung des Vermieters im Falle von Mängeln der Anlage vorgesehen, während der Vermieter im Vertrag mit Service-Leistung auch verpflichtet sein kann (Alternative b), den Mietgegenstand während der gesamten Vertragsdauer auf eigene Kosten in betriebsfähigem Zustand zu halten und die Einhaltung der versicherten Eigenschaften zu gewährleisten.

Auch der Beginn der Mietzeit, die betriebsbereite Übergabe sowie eine etwaige Vorabnahme/Vor- und Endmontage sind im Service-Vertrag (Anlage 4) viel detaillierter geregelt als im Wartungs- und Instandhaltungsvertrag.

Besonders der Umfang der übernommenen Service-Leistungen in der Anlage 3 der beiden Verträge ist unterschiedlich: Der Vermieter im Service-Vertrag übernimmt nicht nur Wartung und Instandhaltung, sondern garantiert die vereinbarte Maschinenverfügbarkeit, die durch Auswertung von Messergebnissen nachgewiesen wird, er sichert den technischen Nutzungsgrad gemäß VDI-Richtlinie zu, er beseitigt auftretende Störungen am Gerät bzw. Abweichungen von den Verfügbarkeitskennzahlen kurzfristig und ersetzt gegebenenfalls dem Mieter einen Schaden im Falle von Ausfallzeiten. Gegenstand des Vertrages mit Service ist deswegen nicht nur die Überlassung einer funktionierenden Anlage, sondern darüber hinaus die Zusage von Service-Leistungen im Zusammenhang mit der Maschine, die der Nutzer der Anlage aufgrund vertraglicher Festlegung vom Vermieter in Anspruch nehmen will.

Beide Verträge gehen aber vom Abschluss eines Mietvertrages aus, der mit zusätzlichen Service-Leistungen des Vermieters angereichert wird.

4 Der Betreiber-Vertrag und seine unterschiedlichen Leistungsvergütungen

Der Betreiber-Vertrag ist schon seiner Überschrift nach kein Mietvertrag, selbst wenn der Betreiber seine Service-Leistungen mit den vom Betreiber gestellten Maschinen erbringt. Der Betreiber-Vertrag ist vielmehr als individuell gestalteter Dienstleistungsvertrag zu verstehen, aufgrund dessen der Betreiber bestimmte Leistungen zu erbringen hat und der Nutzer diese Leistungen abnimmt und vergütet. Vertragsgegenstand ist also nicht die Überlassung einer Maschine, sondern sind die vom Nutzer nachgefragten und vom Betreiber zu erbringenden Dienstleistungen. Für die Beschreibung der vom Betreiber zu erbringenden Dienstleistungen allerdings sind die verwendeten Maschinen mit heranzuziehen. Dementsprechend gibt es beim Betreiber-Vertrag neben der Leistungsbeschreibung (Anlage 1) auch noch die Maschinenbeschreibung zur Leistungserbringung (Anlage 2).

Der Betreiber schuldet die vereinbarte Dienstleistung, jegliche Störungen an der Maschine sind von ihm auf eigene Kosten zu beseitigen. Er ist auch für Unterhaltung und Instandhaltung des Gerätes verantwortlich. Die dem Nutzer geschuldeten Leistungen erbringt der Betreiber grundsätzlich nicht nur mit seiner Anlage, sondern auch mit seinem eigenen Personal. Der Nutzer hat nach den von uns konzipierten Entwürfen lediglich bestimmte Mitwirkungspflichten (§ 3 des Betreiber-Vertrages) und stellt die Räumlichkeiten zur Verfügung, in denen der Betreiber tätig wird.

Die Art der zu erbringenden Leistung und den dafür zu zahlenden Preis haben die Vertragspartner individuell zu vereinbaren. Wir haben hierfür vier verschiedene Alternativen vorgesehen, die sich entsprechend den als Anlage 3 beigefügten grafischen Darstellungen wie folgt beschreiben lassen:

- Alternative 1: Pauschalpreisvereinbarung
  Es wird das Betriebsmittel (Maschine/Anlage) und das zur Nutzung erforderliche Personal bereitgestellt. Hierfür ist eine Pauschale vom Nutzer unabhängig von der Auslastung der Maschine zu entrichten. Somit trägt der Nutzer das Mengenrisiko. Der Pauschalpreisvereinbarung liegt als Bemessungsgrundlage eine im Vorfeld fixierte Vertragsdauer zu Grunde. Sie ist Grundlage für die Kalkulation eines monatlichen Pauschalpreises, der vom Nutzer zu entrichten ist. Die Kosten, die seitens des Anbieters bei seiner Kalkulation zu berücksichtigen sind, sind in der Anlage 3 zum Betreiber-Vertrag aufgeführt.
  Die Pauschalpreisvereinbarung ist besonders in der IT-Branche verbreitet. So werden zum Beispiel Rechnernetzwerke von IT-Dienstleistern für Kunden betrieben und die Leistungserstellung pauschal abgerechnet. Diese Form der Preisvereinbarung ist sinnvoll, da es einen materiellen Output, wie z.B. Zahnräder bei einer Werkzeugmaschine, nicht gibt. Die Verfügbarkeit des Rechnernetzwerkes selbst stellt bereits die vornehmlich zu erbringende Leistung dar.
- Alternative 2: Festpreisvereinbarung
  Es wird das Betriebsmittel und das zur Nutzung erforderliche Personal bereitgestellt. Darüber hinaus wird eine maximale Produktionsmenge und zu dieser korrespondierend ein Gesamtpreis vereinbart. Die maximale Produktionsmenge

ist nicht verbindlich vom Nutzer abzunehmen. Es ist ihm freigestellt auch geringere Mengen abzunehmen, allerdings bleibt der zu entrichtende Gesamtpreis unverändert. Im Vergleich zu der Alternative 1 ergibt sich diese Abwandlung in der Regel dadurch, dass das Betriebsmittel und der Output der Leistungserstellung sich nicht dazu eignen, pauschal abgerechnet zu werden.

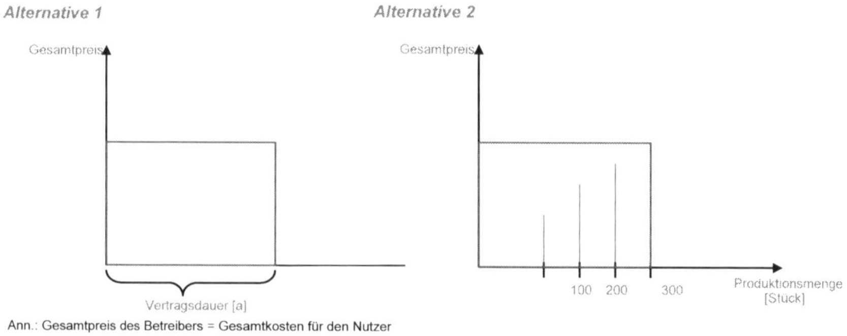

Abb. 2. Alternative 1 – Pauschalpreisvereinbarung/ Alternative 2 - Festpreisvereinbarung

- Alternative 3: Staffelpreisvereinbarung
  Es wird das Betriebsmittel und das zur Nutzung erforderliche Personal bereitgestellt. Der Nutzer wird verpflichtet eine Mindestnutzungsdauer zu akzeptieren bzw. eine Mindestmenge abzunehmen. Eine darüber hinaus in Anspruch genommene Nutzungsdauer bzw. abgenommene Produktionsmenge wird in Staffelpreisen abgerechnet. Hierdurch ergibt sich eine teilweise Verlagerung des Mengenrisikos vom Nutzer auf den Betreiber.
  Es existiert eine Obergrenze, über die hinaus der Betreiber nicht in der Lage ist, zu produzieren.

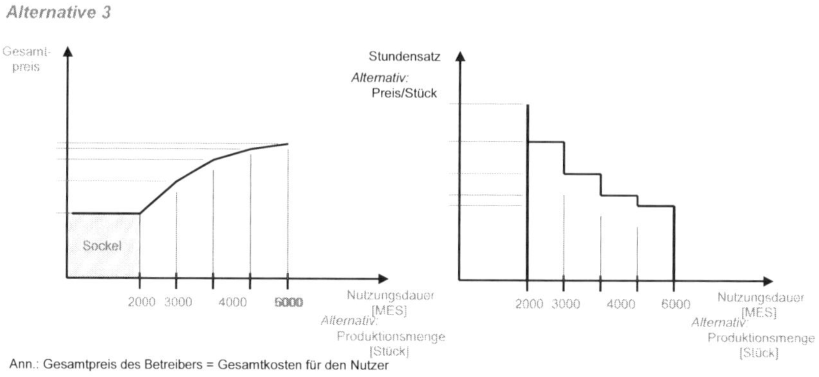

Abb. 3. Alternative 3 – Staffelpreisvereinbarung

- Alternative 4:
  Bei der Alternative 4 handelt es sich um eine Idealvorstellung für eine „pay-on-production"-Leistungsvergütung. Im Vergleich zur Alternative 3 existiert keine Mindestnutzungsdauer bzw. -produktionsmenge, die vom Nutzer abzunehmen wäre. Somit wird das Mengenrisiko vom Nutzer auf den Betreiber verlagert. Grundlage für diese Preis-Leistungsvereinbarung ist eine Prognose bzw. Absichterklärung des Nutzers bzgl. der Nutzungsdauer bzw. Produktionsmenge. Aus ihr ist eine entsprechende Preisuntergrenze für den Gesamtpreis aus Sicht des Betreibers ableitbar.

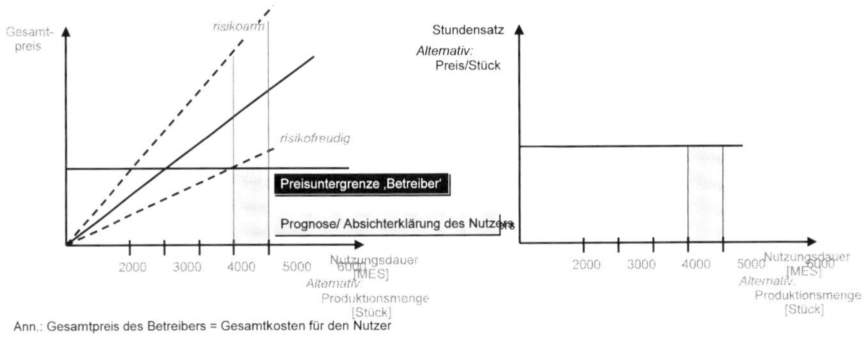

Abb. 4. Alternative 4 – „pay-on-production"-Leistungsvergütung

Diese Alternativen sind als Beispielsfälle zu verstehen und bei Vertragsabschluss individuell zwischen den Vertragspartnern zu vereinbaren. Sie müssen modifiziert, mit weiteren Details ergänzt, gegebenenfalls miteinander kombiniert oder durch eine garantierte Mindestvergütung komplettiert werden. Der Vertragsfreiheit der Partner von Betreiber-Verträgen sind insoweit keine Grenzen gesetzt.

5 Finanzierung und Bilanzierung von Betreibermodellen

5.1 Alternativen der Finanzierung

Eine Finanzierung größerer Investitionen ausschließlich mit Eigenmitteln ist in der heutigen Zeit für ein Unternehmen keine realistische Alternative mehr. Um so mehr haben sich im Wirtschaftsleben neben der herkömmlichen Finanzierung durch Banken andere Formen der Fremdfinanzierung durchgesetzt. Dazu gehört maßgeblich das Finanzierungsinstrument Leasing, weil hierbei Fremdmittel bis zu 100 % der Investitionskosten eingesetzt werden können. Gerade bei größeren Investitionsvolumina hat sich Leasing als geeignetes Finanzierungsmittel seit langem bewährt. Diese Form der Fremdfinanzierung verschafft dem Leasing-Nehmer häufig zusätzliche steuerliche und bilanzielle Vorteile. Es wurde deswegen auch im Rahmen der Finanzierung von Betreibermodellen die Einschaltung einer Leasing-Gesellschaft als Regelfall vorgesehen. Die vorgesehene Vertragskonstellation bei Beteiligung einer Leasing-Gesellschaft ist oben in Abschnitt 4.1 dargestellt.

5.2 Handels- und steuerrechtliche Beurteilung von Leasing-Verhältnissen

Die gesetzliche Grundlage für die steuerrechtliche Beurteilung von Leasing-Verhältnissen findet sich in § 39 der Abgabenordnung (AO). Danach ist für steuerliche Zwecke das so genannte wirtschaftliche Eigentum maßgebend. Wirtschaftlicher Eigentümer ist grundsätzlich der zivilrechtliche Eigentümer (§ 39 Abs. 1 AO). Das wirtschaftliche Eigentum wird aber auch demjenigen zugerechnet (§ 39 Abs. 2 AO), der den zivilrechtlichen Eigentümer auf Dauer von jeder Einwirkung auf das Wirtschaftsgut ausschließen kann. Auf dieser gesetzlichen Basis haben die Erlasse der Finanzverwaltung speziell für Leasing genauere Abgrenzungskriterien festgelegt. Bei Einhaltung dieser Erlassregelung wird das wirtschaftliche Eigentum dem Leasing-Geber zugerechnet, so dass der Leasing-Nehmer alle steuerlichen Vorteile in Anspruch nehmen kann: Der Leasing-Geber bilanziert das Leasing-Objekt und der Leasing-Nehmer kann alle gezahlten Leasingraten bei sich voll als Betriebsausgaben absetzen. Damit reduziert der Leasing-Nehmer seine Körperschaft- oder Einkommensteuerzahlungen und vermeidet die bei herkömmlicher Finanzierung von [illegible] Gewerbesteuern.

Dem Erlass des Bundesfinanzministeriums vom 19. April 1971 regelt diese Zurechnung des wirtschaftlichen Eigentums für Vollamortisationsverträge, bei denen die vom Leasing-Nehmer gezahlten Leasingraten die vollen Anschaffungs- oder Herstellungskosten des Leasing-Objektes decken. Der so genannte Teilamortisations-Erlass vom 22.12.1975 regelt die Zurechnung des wirtschaftlichen Eigentums für Teilamortisationsverträge, bei denen die Anschaffungs- oder Herstellungskosten des Leasing-Gebers durch die Leasingraten nur zum Teil gedeckt werden.

Für beide Vertragsarten ist wesentlich, dass die Laufzeit des Leasing-Vertrages zwischen 40 % und 90 % der betriebsgewöhnlichen Nutzungsdauer (AfA-Dauer) liegt. Bei Vollamortisationsverträgen dürfen dem Leasing-Nehmer nur die im Erlass enthaltenen Optionsrechte eingeräumt werden. Bei Teilamortisationsverträgen sind im Erlass von 1975 ebenfalls genaue Zurechnungskriterien enthalten, die je nach Vertragsmodell festlegen, welche vertragliche Regelung zum Schluss des Leasing-Vertrages gewählt werden kann.

Die Leasing-Gesellschaften haben diese steuerlichen Erlasse und die hierzu ergangene Rechtsprechung in ihren Vertragstexten berücksichtigt und können deswegen sogenannte „erlasskonforme“ Leasing-Verträge anbieten, bei denen davon auszugehen ist, dass alle steuerlichen Vorteile dem Leasing-Nehmer zu Gute kommen.

5.3 Handels- und steuerrechtliche Beurteilung der Vertragsmodule

Die Grundsätze zur Zurechnung des wirtschaftlichen Eigentums bei Leasing-Verträgen können weitestgehend auch für die Beurteilung der entworfenen Vertragsmodule im Betreibermodell herangezogen werden. Dies gilt insbesondere für die Mietverträge mit Instandhaltung und Wartung und die Mietverträge mit Service. Ebenso wie Leasing-Verträge sind diese beiden Vertragsmodule in erster Linie Mietverträge, bei denen der Vermieter zusätzliche Service-Leistungen erbringt und damit seine Vermieterposition noch verstärkt. Diese Vertragsmodule lassen keine steuerlichen Besonderheiten erkennen, die dazu führen könnten, das wirtschaftliche Eigentum dem Mieter/Nutzer zuzurechnen.

Beim Betreiber-Vertrag kann erst recht kein Zweifel daran bestehen, dass das wirtschaftliche Eigentum keinesfalls beim Nutzer anzusiedeln ist. Der Betreiber setzt das Gerät im Rahmen seiner Dienstleistungen für den Nutzer ein, jeglicher Zugriff des Nutzers auf die Anlage selbst in rechtlicher wie in tatsächlicher Hinsicht ist ausgeschlossen.

Eine steuerliche Zurechnung der Maschine beim Nutzer ist deswegen ebenfalls und somit bei allen drei Vertragsmodulen auszuschließen. Der Nutzer leistet seine Zahlungen steuerlich, ebenso wie der Leasing-Nehmer seine Leasingraten, als Betriebsausgaben, die er als Aufwandsposition in seiner Gewinn- und Verlustrechnung steuerlich absetzen kann. Diese Betrachtung ergibt sich relativ unproblematisch, wenn man die Vertragsmodelle für sich separat betrachtet, sie also nur im Verhältnis zwischen Vermieter/Betreiber und Mieter/Nutzer beurteilt. Was bedeutet das für die steuerliche Beurteilung der Vertragsmodule im Rahmen der vorgesehenen Vertragskonstellation?

5.4 Auswirkungen der Leasing-Zuordnung auf die Vertragsmodule

Wie in Abschnitt 5.3 dargestellt, enthalten die Vertragsmodule, so wie sie im Entwurf vorliegen, keine Regelungen, die separat betrachtet dazu führen könnten, den Nutzer (Mieter) als wirtschaftlichen Eigentümer anzusehen. Das wirtschaftliche Eigentum wird damit der Leasing-Gesellschaft zugerechnet, die aufgrund des Kaufvertrages zivilrechtlicher Eigentümer der Anlage ist. Der Abschluss des Leasing-Vertrages ändert daran nichts: Wie im Leasing üblich bleibt die Leasing-Gesellschaft zivilrechtlicher und wirtschaftlicher Eigentümer, der Betreiber nutzt das Leasing-Objekt als Leasing-Nehmer, der zur Weitervermietung an den Nutzer berechtigt ist. Der Nutzer ist zivilrechtlich als „Untermieter" des Leasing-Nehmers/ Betreibers zur Nutzung berechtigt. Da der Betreiber nicht wirtschaftlicher Eigentümer ist, wird es durch den Betreiber-Vertrag auch der Nutzer nicht, denn erstens leitet er seine Rechtsposition aus der des Betreibers ab und zweitens hat der Nutzer keine tatsächliche Verfügungsgewalt über die Maschine.

Wichtig für die steuerliche Beurteilung ist aber, dass im Betreiber-Vertrag keine zusätzlichen Vereinbarungen getroffen werden, die zur Zurechnung des wirtschaftlichen Eigentums beim Nutzer führen könnten. Dazu gehört insbesondere die Laufzeit des Betreiber-Vertrages, die ebenso wie der Leasing-Vertrag die 40/90-%-Grenze nicht überschreiten darf.

Die Laufzeit des Betreiber-Vertrages sollte also zwischen 40 % und 90 % der betriebsgewöhnlichen Nutzungsdauer für die Anlage liegen und auch keine Optionsrechte, Erwerbsrechte oder Regelungen zu Gunsten des Nutzers enthalten, die dem Betreiber nicht seinerseits als Leasing-Nehmer von der Leasing-Gesellschaft eingeräumt worden sind. Insoweit gilt der alte Grundsatz: Es kann niemand mehr Rechte übertragen als ihm selbst zustehen. Angewandt auf das Betreibermodell bedeutet dies: Der Betreiber kann dem Nutzer nicht mehr Rechte übertragen als ihm selbst in seiner Eigenschaft als Leasing-Nehmer zustehen. In der Praxis wird im Regelfall die Leasing-Gesellschaft im eigenen Interesse darauf achten, dass derartige Regelungen nicht in den Betreiber-Vertrag aufgenommen werden.

Ein abschließendes Wort zur Höhe der vom Leasing-Nehmer/Betreiber einerseits und vom Nutzer andererseits zu zahlenden Vergütung:

Der Betreiber zahlt, wie im Leasing üblich, fast immer eine gleichbleibende, linear kalkulierte Leasingrate an die Leasing-Gesellschaft. Im Gegensatz dazu erhält er jedoch vom Nutzer die Zahlung, die sich je nach Vereinbarung im Betreiber-Vertrag entsprechend dem konkreten Nutzungsumfang ergibt und monatlich verändert. Diese Zahlung kann höher als die monatliche Leasingrate, sie kann aber auch niedriger sein. In der Praxis werden Betreiber und Nutzer darauf zu achten haben, dass eine etwaige Unterdeckung (Leasingrate höher als Betreibervergütung) beim Betreiber nicht zu einem unkalkulierbaren Risiko führt. Umgekehrt wird die Leasing-Gesellschaft im Hinblick auf die vor Abschluss des Leasing-Vertrages zu treffende Bonitätsentscheidung darauf achten, dass der Betreiber-Vertrag so kalkuliert ist, dass von einem störungsfreien, gleichbleibenden Zahlungsverlauf auszugehen ist. Entsprechendes gilt auch für die vereinbarte Laufzeit des Betreiber-Vertrages im Verhältnis zur Laufzeit des Leasing-Vertrages. Dies ist jedoch keine Frage von steuerlicher Relevanz als vielmehr eine unter Risikogesichtspunkten zu treffende kaufmännische Entscheidung.

Unverbindliche Vertragsentwürfe

Unverbindlicher Entwurf: Maschinenmiet- und Instandhaltungsvertrag

zwischen Firma

....

....

- nachstehend Vermieter genannt –

und Firma

....

....

- nachstehend Mieter genannt -

Präambel

Vermieter vermietet Maschinen, die der Mieter im Rahmen seines Gewerbebetriebs einsetzt. Dies vorausgeschickt, schließen die Vertragspartner folgenden Maschinenmietvertrag mit Wartung und Instandhaltung ab.

§ 1 Vertragsgrundlagen

Die Pflichtenhefte sind wesentliche Bestandteile der Vertragsgestaltung, die Leistungstiefe, ergänzend zum reinen Maschinenvermietung wird im Wesentlichen durch die Anlage 3 (Instandhaltung) definiert.

Maßgebend für die Art und den Umfang des Vertragsgegenstandes sowie für die ordnungsgemäße Durchführung des Vertrages sind in der nachstehenden Reihenfolge:

- der vorliegende Vertrag
- Maschinenbeschreibung in Anlage 1
- Pflichtenheft in Anlage 2
- Instandhaltung in Anlage 3
- Werknormen *(Ggf. eingeschränkt nach Wiederverwendbarkeit, Vermarktung, etc.) ...*
- Umweltrichtlinien *(Ggf. zu spezifizieren) ...*

– die gesetzlichen Vorschriften der Bundesrepublik Deutschland und der Europäischen Gemeinschaften über ....

Sollten sich einzelne Regelungen der vorstehend als Vertragsgrundlagen bezeichneten Regelwerke widersprechen, hat jeweils das in der obigen Reihenfolge vorstehende Regelwerk Vorrang.

Die Vertragspartner sind sich darüber einig, dass die Allgemeinen Geschäftsbedingungen der Vertragspartner nur insoweit ergänzend Anwendung finden wie in vorgenannten Vertragsgrundlagen keine abweichende Regelung getroffen wurde.

§ 2 Vertragsgegenstand

1. Vermieter vermietet an Mieter folgende Maschine:
   (es folgt die genaue Beschreibung gemäß Anlage 1)
2. Der Mietgegenstand ist für die Herstellung von ... und von ... bestimmt.
   a) Mieter ist auch berechtigt, mit dem Mietgegenstand andere Teile zu fertigen.
   b) Mieter ist nur mit Zustimmung des Vermieters berechtigt, mit dem Mietgegenstand andere Teile zu fertigen.

§ 3 Art des Gebrauchs durch den Mieter

1. Der Mieter wird nur nach ausdrücklicher schriftlicher Zustimmung des Vermieters Dritten die Nutzung des Mietgegenstandes überlassen, den Mietgegenstand weiter vermieten oder Rechte aus diesem Vertrag abtreten.
2. Der Mieter wird den Mietgegenstand
   a) während seiner Betriebszeiten
   b) im ... - Schichtbetrieb nutzen.
3. Der Mieter wird den Mietgegenstand im Rahmen der im Pflichtenheft (Anlage 2) vorgegebenen technischen Beschreibungen nutzen.
4. Der Standort des Mietgegenstandes ist ....

§ 4 Lieferung, Aufstellung

Die Regelung der INCOTERMS, die in Kaufverträgen gelten, können für Mietverträge ergänzend zur Anwendung gebracht werden.

1. Die Lieferung des Mietgegenstandes erfolgt nach INCOTERMS 2000
   a.) exw (ab Werk)
   b.) cip (frei Verwendungsstelle)
   c.) andere Möglichkeiten
2. Die Aufstellung des Mietgegenstandes erfolgt ...(*wird individuell geregelt, z.B. Infrastruktur, Kosten, vgl. ergänzend Pflichtenheft in Anlage 2*)

§ 5 Inbetriebnahme, Schulungen

Die Festlegung der Termine in den §§5 und 6 folgt der üblichen betrieblichen Praxis.

1. Der Vermieter führt die Inbetriebnahme gemäß Terminplan (Anlage 4) durch und teilt dem Mieter die Abnahmebereitschaft mit.
2. Der Vermieter schult das Personal des Mieters (gem. Anlage 2)
   a) auf eigene Kosten.
   b) auf Kosten des Mieters.

§ 6 Abnahme, Übergabe

Die Abnahme und Übergabe des Mietgegenstandes gemäß Pflichtenheft (Anlage 2) werden protokolliert.

§ 7 Gewährleistung, Instandhaltung

1. Die Gewährleistungsfrist beträgt ..... Monate.
   Während der Gewährleistungsfrist wird der Vermieter auf eigene Kosten sämtliche am Mietgegenstand auftretenden Mängel, Fehler und Störungen beseitigen, es sei denn, der Mieter hat den Schaden oder Fehler verursacht. Ergänzend gelten die zwischen Vermieter und Mieter getroffenen Vereinbarungen in Anlage 3.
   Die Kosten der Instandhaltung sind
   a) während der Gewährleistungsfrist vom Vermieter zu tragen.
   b) nach Ablauf der Gewährleistungsfrist vom Mieter zu tragen.
   c) während der gesamten Nutzungsdauer vom Vermieter zu tragen.
2. Auftretende Störungen, Fehler und Schäden sind dem Vermieter unverzüglich gemäß Anlage 3 zu melden.

§ 8 Zufälliger Untergang, Versicherung

a) Die Gefahr des Untergangs oder der Beschädigung des Mietgegenstandes aus Gründen, die kein Vertragspartner zu vertreten hat (einschließlich der Gefahr des zufälligen Untergangs) trägt der Vermieter, der sich gegen branchenübliche Risiken auf eigene Kosten versichert.

Der Mieter ist verpflichtet, auf seine Kosten für den Mietgegenstand zu Gunsten des Vermieters für die Dauer der Mietzeit eine Maschinenversicherung zum Neuwert einschließlich aller Nebenkosten abzuschließen und für den nach den Allgemeinen Maschinen-Versicherungsbedingungen zu vereinbarenden Selbstbehalt den tariflichen Mindestselbstbehalt zu Grunde zu legen. Er ist dafür verantwortlich, dass zu Gunsten des Vermieters Deckung auch für die durch eine Feuerversicherung versicherbaren Gefahren besteht, sei es, dass er eine

Zusatzvereinbarung zu der Maschinenversicherung trifft oder den Mietgegenstand in seine Betriebsfeuerversicherung einschließt.

b) Die Gefahr des Untergangs oder der Beschädigung des Mietgegenstandes aus Gründen, die kein Vertragspartner zu vertreten hat (einschließlich der Gefahr des zufälligen Untergangs) trägt der Mieter, der alle branchenüblichen Versicherungen auf eigene Kosten abschließt.

§ 9 Mietzeit

Der Mietvertrag beginnt am ... und wird auf die Dauer von ... Monaten abgeschlossen.

Am Ende der Mietzeit wird der Mietgegenstand dem Vermieter in ordnungsgemäßem, gereinigtem und kompletten Zustand zur Abholung in .... zur Verfügung gestellt. Der Rücktransport erfolgt auf Kosten und Gefahr
a) des Mieters
b) des Vermieters.

§ 10 Miete

1. Die monatliche Miete beträgt ... nebst der jeweils gültigen Umsatzsteuer. In der Miete sind, soweit nicht anders vereinbart, alle Kosten der vom Vermieter übernommenen Verpflichtungen enthalten.
2. Die Miete wird quartalsmäßig in Rechnung gestellt und ist in der Quartalsmitte des jeweiligen Quartals zur Zahlung fällig.

§ 11 Änderungen des Mietgegenstandes

1. Der Mieter ist
   a.) ohne Zustimmung des Vermieters nicht berechtigt,
   b.) berechtigt,
   Änderungen oder Ergänzungen am Mietgegenstand vorzunehmen.
2. Am Ende des Mietverhältnisses ist der Mieter verpflichtet, auf Verlangen des Vermieters den ursprünglichen Zustand wiederherzustellen.

§ 12 Schutzrechte Dritter / Nebenpflichten

Den Vertragspartnern ist bekannt, dass Firma (Leasing-Gesellschaft) Eigentümerin und Vermieterin des Mietgegenstandes und der Vermieter berechtigt ist, den Mietgegenstand unterzuvermieten. Im Übrigen sichert der Vermieter zu, dem Mieter den Mietgegenstand frei von Rechten Dritter zur Nutzung zu überlassen, insbesondere frei von Ansprüchen Dritter in Bezug auf den Mietgegenstand, in ihm verwendete Materialien oder angewandte Verfahren sowie in Bezug auf Patente, Gebrauchsmuster, Geschmacksmuster, Urheberrechte, Marken u. ä. Rechte.

Werden Ansprüche oder gerichtliche Klagen auf solcher Grundlage gegen den Mieter erhoben, so ist der Vermieter verpflichtet, den Mieter von derartigen Ansprüchen freizustellen.

§ 13 Besichtigungsrecht

Der Mieter ist verpflichtet, dem Vermieter oder vom Vermieter benannten Dritten nach gemeinsamer Absprache die Besichtigung des Mietgegenstandes zu gestatten.

§ 14 Schlussbestimmungen

Änderungen bzw. Ergänzungen dieses Vertrages bedürfen der Schriftform. Mündliche Nebenabreden wurden nicht getroffen.

Sollte eine Bestimmung dieses Vertrages unwirksam sein oder werden, so bleibt der Vertrag im Übrigen unberührt. Für diesen Fall verpflichten sich die Vertragspartner, die unwirksam gewordene Bestimmung unverzüglich durch eine Regelung zu ersetzen, die dem wirtschaftlichen Zweck der unwirksamen Bestimmung am nächsten kommt. Dasselbe gilt, soweit eine Regelung undurchführbar ist oder der Vertrag eine Lücke aufweist.

Gerichtsstand für alle Streitigkeiten im Zusammenhang mit diesem Vertragsverhältnis ist .... in der Bundesrepublik Deutschland.

......................., den.........................	................................., den...............
(Vermieter)	(Mieter)

Unverbindlicher Entwurf:
Maschinenmiet- und Servicevertrag

zwischen Firma

....

....

- nachstehend Vermieter genannt –

-

und Firma

....

....

- nachstehend Mieter genannt –

Präambel:

Vermieter ist Hersteller von Maschinen, die der Mieter im Rahmen seines Gewerbebetriebes einsetzt. Dies vorausgeschickt schließen die Vertragspartner folgenden Maschinenmiet- und Service-Vertrag ab.

§ 1 Vertragsgrundlagen

Maßgebend für die Art und den Umfang des Vertragsgegenstandes sowie für die ordnungsgemäße Durchführung des Vertrages und die Rechte und Pflichten der Vertragspartner sind in der nachstehenden Reihenfolge:

- der vorliegende Vertrag
- Maschinenbeschreibung in Anlage 1
- Pflichtenheft in Anlage 2
- Maschinenverfügbarkeit in Anlage 3
- Terminplan in Anlage 4
- Werknormen (Ggf. eingeschränkt nach Wiederverwendbarkeit, Vermarktung, etc.) ...
- Umweltrichtlinien (Ggf. zu spezifizieren) ...
- die gesetzlichen Vorschriften der Bundesrepublik Deutschland und der Europäischen Gemeinschaften über die ....

Sollten sich einzelne Regelungen der vorstehend als Vertragsgrundlagen bezeichneten Regelwerke widersprechen, hat jeweils das in der obigen Reihenfolge vorstehende Regelwerk Vorrang.

Die Vertragspartner sind sich darüber einig, dass für diesen Vertrag ausschließlich die oben genannten Vertragsgrundlagen gelten. Allgemeine Geschäftsbedingungen der Vertragspartner finden keine Anwendung, auch wenn die Vertragspartner bereits in einer Geschäftsverbindung stehen und dabei ausdrücklich durch schlüssiges Handeln die Geltung Allgemeiner Geschäftsbedingungen vereinbart haben.

§ 2 Vertragsgegenstand

1. Vermieter vermietet an Mieter folgende Maschine
   (es folgt die genaue Beschreibung gemäß Anlage 1)
2. Der Mietgegenstand ist gemäß Pflichtenheft (Anlage 2)
   a.) zur Herstellung von ... bestimmt.
   b.) zur Durchführung folgender Arbeiten ... bestimmt.
   c.) zur Verwendung für ... bestimmt.
3. Der Mieter ist nur mit Zustimmung des Vermieters berechtigt, den Mietgegenstand abweichend von der Zweckbestimmung gemäß Absatz 2. einzusetzen. Andernfalls sind die zugesicherten Eigenschaften nicht mehr gültig bis eine neue Vereinbarung zwischen den Vertragspartnern getroffen ist.

§ 3 Art des Gebrauchs durch den Mieter

1. Zur Nutzung ist ausschließlich der Mieter berechtigt.
2. a.) Innerhalb der Mietzeit (vgl. § 10) unterliegt die Benutzung keiner zeitlichen Begrenzung.
   b.) Innerhalb der Mietzeit (vgl. § 10) erfolgt die Benutzung im X-Schicht-Betrieb.
3. Der Aufstellungsort des Mietgegenstandes ist ...
   Eine Änderung des Aufstellungsortes ist nur mit Zustimmung des Vermieters zulässig.

§ 4 Lieferung, Aufstellung

1. Die Lieferung des Mietgegenstandes erfolgt nach INCOTERMS 2000
   a.) ab Werk
   b.) frei Werk
   c.) andere Möglichkeiten
2. Die Aufstellung des Mietgegenstandes erfolgt ...(*wird individuell geregelt, z.B. Infrastruktur, Kosten, vgl. ergänzend Pflichtenheft in Anlage 2*)

§ 5 Inbetriebnahme, Schulungen

1. Der Vermieter führt die Inbetriebnahme gemäß Terminplan (Anlage 4) durch und teilt dem Mieter die Abnahmebereitschaft mit.

2. Der Vermieter schult das Personal des Mieters. (gem. Anlage 2)

§ 6 Abnahme, Übergabe

Die Abnahme und Übergabe des Mietgegenstandes gemäß Pflichtenheft (Anlage 2) werden protokolliert.

§ 7 Termine

In dem als Anlage 4 beigefügten Terminplan sind alle Termine für die ordnungsgemäße Vertragsdurchführung verbindlich festgelegt. (Die Voraussetzungen einer termingerechten Vertragserfüllung sind ebenso wie etwaige Vertragsstrafen individuell zu vereinbaren.)

§ 8 Gewährleistung, Haftung

a) Der Vermieter hält den Mietgegenstand während einer Gewährleistungsfrist von .... Monaten ab Abnahme auf eigene Kosten in betriebsfähigen Zustand.
Nach Ablauf übernimmt der Mieter die Kosten (gesetzlich geregelt)

b) Der Vermieter hält den Mietgegenstand während der Dauer des Mietverhältnisses auf eigene Kosten in betriebsfähigem Zustand.

c) Der Vermieter gewährleistet während der Dauer des Mietverhältnisses die Einhaltung der zugesicherten Eigenschaften gemäß den Anlagen 2 und 3 *(oder weitere Anlagen)*.

Der Mieter trägt die Kosten für die Beseitigung von Fehlern und Schäden, die er zu vertreten hat.

§ 9 Zufälliger Untergang, Versicherung

a) Die Gefahr des Untergangs oder der Beschädigung des Mietgegenstandes aus Gründen, die kein Vertragspartner zu vertreten hat (einschließlich der Gefahr des zufälligen Untergangs) trägt der Vermieter, der sich gegen branchenübliche Risiken auf eigene Kosten versichert.

Der Mieter ist verpflichtet, auf seine Kosten für den Mietgegenstand zu Gunsten des Vermieters für die Dauer der Mietzeit eine Maschinenversicherung zum Neuwert einschließlich aller Nebenkosten abzuschließen und für den nach den Allgemeinen Maschinen-Versicherungsbedingungen zu vereinbarenden Selbstbehalt den tariflichen Mindestselbstbehalt zu Grunde zu legen. Er ist dafür verantwortlich, dass zu Gunsten des Vermieters Deckung auch für die durch eine Feuerversicherung versicherbaren Gefahren besteht, sei es, dass er eine

Zusatzvereinbarung zu der Maschinenversicherung trifft oder den Mietgegenstand in seine Betriebsfeuerversicherung einschließt.

b) Die Gefahr des Untergangs oder der Beschädigung des Mietgegenstandes aus Gründen, die kein Vertragspartner zu vertreten hat (einschließlich der Gefahr des zufälligen Untergangs) trägt der Mieter, der alle branchenüblichen Versicherungen auf eigene Kosten abschließt.

§ 10 Mietzeit

1. Der Mietvertrag beginnt zu dem im Terminplan bestimmten Zeitpunkt
   a.) Betriebsbereite Übergabe *(siehe Meilensteine gemäß Anlage 4)*
   b.) Lieferung *(siehe Meilensteine gemäß Anlage 4)*
   c.) Vorabnahme *(siehe Meilensteine gemäß Anlage 4)*
   und wird auf die Dauer von mindestens .... Monaten/Jahren abgeschlossen.
   Er verlängert sich um weitere .... Monate/Jahre falls er nicht mit einer Frist von .... Monaten vor Ablauf gekündigt wird.
2. Am Ende der Mietzeit wird der Mietgegenstand dem Vermieter in ordnungsgemäßem, gereinigtem und kompletten Zustand zur Verfügung gestellt. Die Rücklieferung erfolgt nach INCOTERMS 2000
   a.) ab Werk
   b.) frei Werk
   c.) andere Möglichkeiten.
   zu Lasten
   a.) Vermieter
   b.) Mieter.
3. Beide Vertragspartner können den Vertrag ohne Einhaltung einer Kündigungsfrist aus wichtigem Grund kündigen.

§ 11 Miete

1. Die monatliche Miete beträgt ... nebst der jeweils gültigen Umsatzsteuer.
2. Die Miete wird quartalsmäßig in Rechnung gestellt und ist in der Quartalsmitte des jeweiligen Quartals zur Zahlung fällig.

§ 12 Änderungen des Mietgegenstandes

1. Der Mieter ist
   a.) ohne Zustimmung des Vermieters nicht berechtigt,
   b.) berechtigt,
   Änderungen oder Ergänzungen am Mietgegenstand vorzunehmen.

2. Am Ende des Mietverhältnisses ist der Mieter verpflichtet, auf Verlangen des Vermieters den ursprünglichen Zustand wiederherzustellen.

§ 13 Schutzrechte Dritter/ Nebenpflichten

Den Vertragspartnern ist bekannt, dass Firma (Leasing-Gesellschaft) Eigentümerin und Vermieterin des Mietgegenstandes und der Vermieter berechtigt ist, den Mietgegenstand unterzuvermieten. Im Übrigen sichert der Vermieter zu, dem Mieter den Mietgegenstand frei von Rechten Dritter zur Nutzung zu überlassen, insbesondere frei von Ansprüchen Dritter in Bezug auf den Mietgegenstand, in ihm verwendete Materialien oder angewandte Verfahren sowie in Bezug auf Patente, Gebrauchsmuster, Geschmacksmuster, Urheberrechte, Marken u. ä. Rechte.

Werden Ansprüche oder gerichtliche Klagen auf solcher Grundlage gegen den Mieter erhoben, so ist der Vermieter verpflichtet, den Mieter von derartigen Ansprüchen freizustellen.

§ 14 Besichtigungsrecht

Der Mieter ist verpflichtet, dem Vermieter oder vom Vermieter benannten Dritten nach gemeinsamer Absprache die Besichtigung des Mietgegenstandes zu gestatten.

§ 15 Schlussbestimmungen

Änderungen bzw. Ergänzungen dieses Vertrages bedürfen der Schriftform. Mündliche Nebenabreden wurden nicht getroffen.

Sollte eine Bestimmung dieses Vertrages unwirksam sein oder werden, so bleibt der Vertrag im Übrigen unberührt. Für diesen Fall verpflichten sich die Vertragspartner, die unwirksam gewordene Bestimmung unverzüglich durch eine Regelung zu ersetzen, die dem wirtschaftlichen Zweck der unwirksamen Bestimmung am nächsten kommt. Dasselbe gilt, soweit eine Regelung undurchführbar ist oder der Vertrag eine Lücke aufweist.

Gerichtsstand für alle Streitigkeiten im Zusammenhang mit diesem Vertragsverhältnis ist .... in der Bundesrepublik Deutschland.

......................., den.........................	.................................., den ....
(Vermieter)	(Mieter)

Unverbindlicher Entwurf:
Betreiber-Vertrag

zwischen Firma

....

....

- nachstehend Betreiber genannt –

und Firma

....

....

- nachstehend Nutzer genannt –

Präambel:

Betreiber ist Hersteller/Vermieter von Maschinen, die er zur Leistungserbringung in Gewerbebetrieben einsetzt. Dies vorausgeschickt schließen die Vertragspartner folgenden Betreiber-Vertrag ab:

§ 1 Vertragsgrundlagen

Maßgebend für die Art und den Umfang des Vertragsgegenstandes sowie für die ordnungsgemäße Durchführung des Vertrages sind in der nachstehenden Reihenfolge:

- Der vorliegende Vertrag
- Leistungsbeschreibung und Pflichtenheft in Anlage 1
- Maschinenbeschreibung zur Leistungserbringung in Anlage 2
- Vereinbarungen über Preis und Zahlung in Anlage 3

Sollten sich einzelne Regelungen der vorstehend als Vertragsgrundlage bezeichneten Regelwerke widersprechen, hat jeweils das in der o.g. Reihenfolge vorstehende Regelwerk Vorrang.

Die Vertragspartner sind sich darüber einig, dass für diesen Vertrag ausschließlich die o. genannten Vertragsgrundlagen gelten. Allgemeine Geschäftsbedingungen der Vertragspartner finden keine Anwendung, auch wenn die Vertragspartner bereits in einer Geschäftsverbindung stehen und dabei ausdrücklich durch schlüssiges Handeln die Geltung Allgemeiner Geschäftsbedingungen vereinbart haben.

§ 2 Gegenstand des Vertrages

Vertragsgegenstand ist die Erbringung der in Anlage 1 definierten Leistungen seitens des Betreibers durch Nutzung der in Anlage 2 beschriebenen Maschinen. Der Einsatz der Maschinen erfolgt:

1. zur Komplettherstellung von Produkten/Teilen/Komponenten
2. durch einzelne Arbeitsgänge/ zur Fertigung von Halbfabrikaten.

§ 3 Leistungserbringung

1. Der Betreiber garantiert die Erbringung der in §2 genannten Leistungen gem. Leistungsbeschreibung / Pflichtenheft (Anlage 1).
2. Zur Leistungserbringung verwendet der Betreiber ....Maschinen / Anlagen gem. Anlage 2, die er in eigener Verantwortung plant, errichtet und unterhält.
3. Der Nutzer hat folgende Mitwirkungspflichten:
   a) Materialbereitstellung
   b) Werkzeuge
   c) Hilfs- und Betriebsstoffe
   d) sonstige
4. Der Nutzer garantiert die für die Leistungserbringung erforderliche Infrastruktur. Er stellt dem Betreiber die zum Betrieb der Anlage erforderliche Versorgung mit Energie (Erdgas, Strom, Wasser usw.) unentgeltlich/gegen gesonderte Vergütung zur Verfügung. Die Kosten für den Energieverbrauch übernimmt der Nutzer.

§ 4 Betrieb und Instandhaltung / Eigentumsverhältnisse

1. Den Betrieb und die Instandhaltung der zur Leistungserbringung eingesetzten Geräte/Maschinen (der „Anlage") führt der Betreiber mit eigenem Personal und auf eigene Kosten durch. Ebenso beseitigt er sämtliche während der Vertragsdauer auftretende Fehler und Schäden. Vom Nutzer verursachte Schäden oder Fehler beseitigt der Betreiber gegen Kostenerstattung.
2. Die Anlage mit den dazugehörigen Leitungen wird nur für einen vorübergehenden Zweck gemäß
   § 95 BGB mit dem Grundstück verbunden und geht nicht in das Eigentum des Nutzers über.

§ 5 Ort der Leistungserbringung

1. Der Nutzer überlässt dem Betreiber einen zur Leistungserbringung geeigneten Raum/geeignete Räume auf seinem Anwesen in ....: die Nutzungsüberlassung erfolgt unentgeltlich. Die Nutzungsberechtigung umfasst insbesondere die Errichtung und den Betrieb der Anlage gemäß §§ 2 und 3 (vgl. auch Anlage 1 zu diesem Vertrag) sowie den jederzeitigen ungehinderten Zutritt zu den Räumen des Nutzers, soweit dies zur Betreibung der Anlage erforderlich ist.
2. Der Raum, in dem der Betrieb der Anlage erfolgt, ist durch noch zu vereinbarende geeignete Vorrichtungen (Sicherheitsschlösser usw.) gegen Zutritt durch Unbefugte zu schützen.
3. Auf Verlangen des Betreibers wird der Nutzer die Eintragung einer beschränkten persönlichen Dienstbarkeit zu Gunsten des Betreibers im Grundbuch beantragen und bewilligen, die bei Beendigung des Vertrages zu löschen ist.

§ 6 Zuständigkeiten

Der Betreiber der Anlage ist verantwortlich für die Einhaltung aller im Zusammenhang mit der Anlage zu beachtenden gesetzlichen Vorschriften sowie der hierfür geltenden öffentlich rechtlichen und zivilrechtlichen Bestimmungen. Er wird insbesondere etwa erforderliche baurechtliche, gewerberechtliche und immissionsschutzrechtliche Genehmigungen einholen und die einschlägigen Vorschriften beachten, auch soweit sie Verpflichtungen für den Nutzer betreffen.

§ 7 Preis und Zahlung

Der Preis für die vom Betreiber erbrachten Leistungen einschließlich einer gegebenenfalls garantierten Mindestvergütung ergibt sich aus der Preisvereinbarung gemäß Anlage 3.

Der Preisvereinbarung liegen zugrunde:

- bei Alternative 1: ein Pauschalpreis und die Annahme einer 100 %tigen Auslastung
- bei Alternative 2: ein Festpreis mit vereinbarter Abnahmegarantie
- bei Alternative 3: eine Staffelpreisermittlung nach Nutzungsdauer/Maschineneinsatzstunden (=MES) oder Produktionsmenge, wobei Mindestnutzung bzw. Mindestmenge garantiert wird
- bei Alternative 4: eine Staffelpreisermittlung ohne Mindestnutzung oder Mindestmenge

Die jeweiligen Alternativen müssen bei Vertragsabschluss von den Vertragspartnern ausgewählt und vereinbart werden.

§ 8 Vertragsdauer

1. Der Vertrag beginnt mit dem zwischen den Vertragspartnern vereinbarten Beginn der Leistungen gemäß Anlage 2
2. Der Vertrag endet am ....

§ 9 Schlussbestimmungen

Änderungen bzw. Ergänzungen dieses Vertrages bedürfen der Schriftform. Mündliche Nebenabreden wurden nicht getroffen.

Sollte eine Bestimmung dieses Vertrages unwirksam sein oder werden, so bleibt der Vertrag im Übrigen unberührt. In diesem Fall verpflichten sich die Vertragspartner, die unwirksam gewordene Bestimmung unverzüglich durch eine Regelung zu ersetzen, die dem wirtschaftlichen Zweck der unwirksamen Bestimmung am nächsten kommt. Dasselbe gilt, soweit eine Regelung undurchführbar ist oder der Vertrag eine Lücke aufweist.

Gerichtsstand für alle Streitigkeiten im Zusammenhang mit diesem Vertragsverhältnis ist ....Bundesrepublik Deutschland.

..............................., den	..............................., den ....
....	....
Betreiber	Nutzer

IT- gestützte Gestaltung kooperativer Dienstleistungen

Jürgen J. Schramm, Michael Steinmann, Wolfgang Wichert

Inhalt

5 Systemanforderungen
- 5.1 Technologischer Hintergrund
- 5.2 Systemvoraussetzungen
- 5.3 Client Rechner
- 5.4 Server

6 Beschreibung der Software-Module
- 6.1 Basismodule
  - 6.1.1 Datenbank
  - 6.1.2 Mandantenverwaltung
  - 6.1.3 Rechteverwaltung
  - 6.1.4 Attributsverwaltung
  - 6.1.5 Verwaltung von Dienstleistungsprodukten
  - 6.1.6 Verwaltung von Texten, Bildern und Tabellen
  - 6.1.7 Ausgabe-Generator
- 6.2 Applikationsmodule
- 6.3 User-Interface

7 Zusammenfassung

1 Einleitung

Wir befinden uns im Wandel vom Käufer zum Verkäufermarkt – Ist dem wirklich so? Im Bereich des Dienstleistungshandels darf angezweifelt werden, ob für den Maschinen- und Anlagenbau jemals ein Markt mit vom Käufer nachgefragten Produkten existierte.

Der internationale Dienstleistungshandel stellt in der längerfristigen Entwicklung den größten Wachstumsbereich dar (vgl. BmWA 2003). So werden produktnahe Dienstleistungen von vielen Unternehmen als Möglichkeit zur Wettbewerbsdifferenzierung, Standortsicherung und Ausweitung der Geschäftstätigkeit erkannt. Dennoch sind Dienstleistungen trotz ihres hohen Anteils am Weltbruttosozialprodukt hierzulande als Handels- und Exportgut unterrepräsentiert (DIN02, S.16). Als ein Grund hierfür kann die Tatsache genannt werden, dass die Positionierung von Dienstleistungen als Produkt insbesondere in Deutschland, wo die Erwartungen noch sehr sachgutbezogen sind, schwer durchzusetzen ist. Bereiche, in denen eine Etablierung gelungen ist, zeichnen sich vornehmlich durch ihren immateriellen Charakter aus (z.B. Finanzdienstleistungen, Versicherung, Telekommunikation). Das Investitionsgütersegment, in welchem Kunden wie auch Lieferanten gewohnt sind, sich an feststehenden Bewertungskriterien zu orientieren, steht die Dominanz der Sachleistung der Veräußerung von Dienstleistungsprodukten offensichtlich im Wege. Bei der Suche nach geeigneten Methoden und Werkzeugen, die einen effizienten Handel unterstützen, müssen daher die Rahmenbedingungen beachtet werden, die momentan im deutschen Maschinen- und Anlagenbau vorherrschen und das bestehende Dienstleistungsgeschäft in Richtung einer Add-on- Charakteristik beeinflussen. Viele im Dienstleistungsgeschäft unerfahrene Unternehmen sehen sich schon mit der Frage nach dem Status quo des eigenen Dienstleistungsportfolios überfordert und verwenden viele Ressourcen auf die Gestaltung einzelner, nicht auf mehrere Kunden übertragbarer Individualangebote. Die Übertragbarkeit von Leistungsaussagen markiert aber den entscheidenden Punkt, der auf dem Weg zu einem vermarktungsfähigen Dienstleistungsprodukt zu bewältigen ist. So ist zum einen zu analysieren, welche Eigenschaften eine Dienstleistung zum Produkt macht. Auf der anderen Seite gilt es, diese Eigenschaften bewertbar zu gestalten, indem Standards, die zur Definition der Leistungen herangezogen werden können und die Kompatibilität von Leistungen gewährleisten, ermittelt werden.

Das nachfolgend vorgestellte Vorgehen zur IT- gestützten Gestaltung kooperativer Dienstleistungsangebote beinhaltet daher nicht nur die softwaretechnische Realisierung, sondern beachtet angesprochene Rahmenbedingungen, indem gleichzeitig ein Geschäftsmodell erläutert wird, das den Aufbau von dynamischen Dienstleistungsnetzwerken unterstützt.

1.1 Die Erfüllung des Produktanspruches

Die Vermarktung von Dienstleistungsprodukten erweist sich bis dato als schwierig, da eigentliche Produktmerkmale, wie sie für Sachgüter üblich sind, fehlen. Es verwundert deshalb nicht, dass Kunden beim Betrieb ihrer Investitionsgüter oft auf die Inanspruchnahme extern erbrachter Dienstleistungen verzichten (Meier u. Schramm 2003). Dies hängt zum einen mit der beschriebenen Unübersichtlichkeit der Angebote und der indifferenten Leistungsgrenzen zusammen. Zum anderen bestehen oftmals Zweifel an der Kompetenz des Dienstleistungsgebers und der Wirtschaftlichkeit seiner Arbeitsweise. Zwar wird großer Ehrgeiz entwickelt, den Lieferanten Dienstleistungen als Add-on bei einem Anlagenkauf abzuringen. Die Bereitschaft, für diese Leistungen auch zu zahlen, ist allerdings kaum zu erkennen – es sei denn, es handelt sich um unverzichtbare und nicht vom Betreiber-Unternehmen zu erbringende Kompetenzen. Lieferanten müssen folglich die eigene und die Sichtweise des Kunden dahingehend zu ändern, Serviceleistungen als eigenständiges Produkt anzuerkennen. Im Sachgutbereich ist die Identifikation und Akzeptanz einer Leistung als Produkt eindeutiger. Der Kunde hat die Möglichkeit, seine Kriterien am stofflichen Objekt zu diskutieren. Dennoch können solche Kriterien, die Produkten im üblichen Sinne zugeschrieben werden, auf die Problematik der Dienstleistungen übertragen werden.

Leistungen des Technischen Kundendienstes (TKD) gelten als Serviceprodukte, wenn sie einen bestimmten Serviceinhalt haben, Kundengruppen unter bestimmten Vertragsbedingungen und Preisen angeboten werden und über festgelegte Prozessketten produziert werden. (Harms 1999, S.112). Demnach sollten sie sich, vergleichbar mit Software und Sachgütern, entwickeln und vermarkten lassen (vgl. Bullinger 2000, S.25). Wir determinieren daher Dienstleistungsprodukte anhand folgender fünf Merkmale:

- Produktstruktur:
  Die Etablierung von Produkten setzt voraus, dass sie über eine klare Struktur verfügen. Wichtig ist hierbei die Beachtung einer möglichst geringen inneren Varianz. Durch sie werden auf der einen Seite Vorteile für die Vermarktbarkeit der Dienstleistungsprodukte deutlich, indem dem Kunden ein klar konfigurierbares Sortiment an Basismodulen angeboten wird. Auf der anderen Seite bewirkt eine eindeutige Struktur die Steigerung der Erbringungseffizienz beim Lieferanten.
- Festgelegter Leistungserstellungsprozess:
  Hauptbestandteil einer wirtschaftlich vermarktbaren Leistung ist ein vereinbarter Nutzen, den der Kunde als wichtig erachtet und der ihm mit dem Produktkauf gewährleistet wird. Die Erfüllung der Anforderungen lassen sich im Rahmen der Sachgutproduktion anhand technischer Kennwerte nachvollziehen, für deren Erfüllung eine bestimmte Prozessfolge Voraussetzung ist. Dem Kunden steht in diesem Fall ein indirektes Kontrollinstrument zur Verfügung, welches ihm bei der Bewertung von Dienstleistungen fehlt. Hier bildet der Prozess per se das zu überwachende Kriterium. Des Weiteren zeichnen sich Leistungen und damit auch Produkte im industriellen Umfeld durch ihre Reproduzierbarkeit

aus. Reproduzierbarkeit ist eine Folge stabiler, festgelegter Prozesse. Dies trifft verschärft auf Dienstleistungsprodukte zu, da hier Mängel in der Leistungserbringung aufgrund des uno actu-Prinzips[1] sofort publik werden.

- Monetäre Bewertbarkeit:
  Ein Produktkriterium ist die Darstellung des für die Leistung notwendigen Kostenaufwandes. Die Eigenständigkeit einzelner Dienstleistungen wird durch ihre monetäre Bewertung unterstrichen. Voraussetzung ist dafür eine systematische Erfassung von Dienstleistungskosten und die Einrichtung eines dienstleistungsorientierten Controlling.
- Qualitätsmerkmale:
  Anbietern von tangiblen Gütern gelingt es, Qualität mit immer größerer Präzision zu definieren und zu messen (Garvin 1984). Die Schaffung solcher Fakten, die zur Vermarktung genutzt werden können, ist dem Dienstleistungsbereich noch nicht gelungen. Die offensichtliche Schwierigkeit liegt darin, das vom Kunden definierte Anforderungsniveau nicht zu unterschreiten. Dienstleistungsqualität kann daher auch als Ausmaß der Diskrepanz zwischen den Erwartungen und Wünschen der Kunden und ihren Eindrücken von der tatsächlichen Leistung betrachtet werden.[2]
- Repräsentation:
  Aufgrund der Intangibilität von Dienstleistungen ist meist ein Trägermedium zur Darstellung der Potenzial- und Ergebnisdimension erforderlich (vgl. Maleri97, S.104). Im Investitionsgüterbereich ist das Ergebnis einer Dienstleistung meist an der Nutzenstiftung oder der Veränderung der ökonomischen Eigenschaften des Sachgutes ablesbar. Die Verwendung von Übertragermedien für die Darstellung des Dienstleistungspotenzials und des damit verbundenen Angebotes ermöglicht erst den Handel und die Vermarktung des Dienstleistungsproduktes.

Im weiteren Verlauf wird der Begriff des Produktes nicht lediglich mit einer Sachleistung gleichbedeutend verstanden. Sobald eine Dienstleistung genannte Produktmerkmale erfüllt, ist sie vom Status dem üblichen Produktverständnis zuzuordnen. Ist explizit eine Sachleistung gemeint, so wird diese auch als solche bezeichnet werden.

1.2 Die Gestaltung von Dienstleistungsangeboten

Die Tatsache, dass investive Dienstleistungen noch nicht den Produktstatus erlangt haben, hat auch Einfluss auf die Angebotsgestaltung. Im Vordergrund wird meist die Arbeitsleistung des Lieferanten gesehen, was dazu führt, dass die Abrechnung bevorzugt nach Aufwand geschieht. Nichts desto trotz lassen sich Unternehmen zunächst Angebote erstellen, in der Hoffung, Vergleiche zwischen mehreren Anbietern herstellen zu können oder durch die Zusammenfassung von Einzelleistun-

[1] Gleichzeitigkeit von Erstellung und Konsum (Bruhn 2000)
[2] vgl. hierzu das GAP-Modell (Zeithaml, Leonard u. Berry 1988)

gen Bundlingvorteile zu erhalten. Dienstleistungsgeber investieren aus diesem Grund viel Zeit in die Erstellung von Angeboten, die auf Einzelanfragen basieren und kaum auf andere Kunden übertragbar sind. Teilweise gelingt es dem Sachbearbeiter, z. B. Passagen aus vorhandenen Dokumenten zu übernehmen. Dies kann dann allerdings nicht als eine modulare Produktgestaltung bezeichnet werden. Zudem ist der Erfolg dieser Vorgehensweise höchst fraglich. Im deutschen Maschinen und Anlagenbau beträgt der durchschnittliche Anteil erfolgreich eingegangener Aufträge zu abgegebenen Angeboten 5-10%. Dies sind alarmierende Zahlen, da die Angebotserstellung durch den hohen manuellen Aufwand erhebliche Kosten verursacht (vgl. Krause et al 2002). Um die Erfolgsquote zu erhöhen, muss zum einen die Transparenz der Angebote dem Kunden gegenüber verbessert werden. Das Angebot muss als Produkt, zu dem sich nicht sofort die Alternative der aufwandsbezogenen Abrechnung herleiten lässt, erkennbar sein. Zum anderen ist der Vorgang der Angebotserstellung durch die Verwendung modularer Servicebausteine[3] zu vereinfachen.

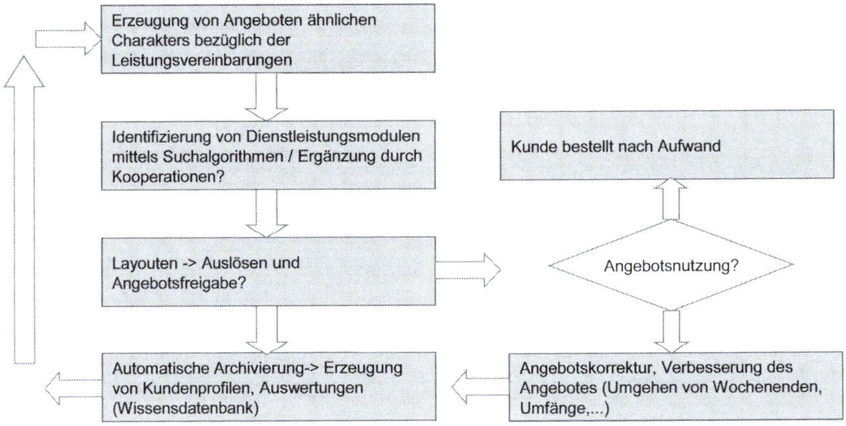

Abb. 1. Herausforderungen bei der Angebotserstellung

Bei der Durchsetzung dieses Vorgehens und der Realisierung eines informations-technischen Konzeptes sind folgende Anforderungen zu stellen:

- Um ein ausgewähltes Spektrum an Dienstleistungen entsprechend kundengerecht zu konzipieren und zu konfigurieren ist es notwendig, im Unternehmen verteilte Daten und Leistungen zu brauchbaren Arbeitsgrundlagen zusammenzufassen. Dieser Informationssammelvorgang muss medienneutral, d.h. unabhängig von der jeweiligen Quelle geschehen.
- Dienstleistungsprodukte sollten modular aufgebaut sein. Einzelne Bausteine können während der Produktkonfiguration über Suchalgorithmen identifiziert

[3] vgl. hierzu den Betrag von Schramm u. Pallentien „Entwicklung und Handhabung modularer Dienstleistungsbaukästen“ in diesem Band

werden. Hierfür müssen Suchmerkmale für Dienstleistungen definiert und vergeben werden. Dies hat im Bereich des Maschinen- und Anlagenbaus noch nicht stattgefunden.

- Leistungsumfänge, die nicht durch eigene interne Ressourcen bewältigt werden können oder sollen, werden kooperativ bezogen und in die Angebote eingebunden. Hierfür müssen alle Geschäftspartner ein einheitliches Verständnis bezüglich der Dienstleistungsbeschreibung haben. (z.B. Leistungsumfang eines bestimmten Dienstleistungsmoduls)
- Die Angebotsfreigabe muss nach positivem Feedback des Kunden automatisiert z. B. über eine IT- Plattform ausgelöst werden.
- Die Archivierung der Kundendaten muss automatisch geschehen. Dadurch kann eine Historie der, vom Kunden in Anspruch genommenen, Leistungen aufgebaut werden, was die Abschätzung seiner zukünftigen Erwartungen und seines Verhaltens erleichtert.

In vielen Unternehmen ist der Übergang von Angebot beziehungsweise Bestellung zum Auftrag bis heute noch nicht informationstechnisch gelöst. (Hüllenkremer 2002) So sind bereits im Sachgutbereich innerhalb der CRM- Systeme Vertriebskonfiguratoren im Einsatz, die den Vertriebsmitarbeiter in Beratung und Verkauf unterstützen. Auch innerhalb der ERP- Systeme existieren seit Jahren Variantenkonfiguratoren, die aus dem Bereich der Stücklistenerzeugung kommen. Die Verknüpfung beider Systeme über Tools und Schnittstellen ist zwar grundsätzlich möglich, setzt dann allerdings die Pflege von zwei Regelwerken voraus. Um dieses Manko im Dienstleistungsbereich nicht erst entstehen zu lassen, muss die gesamte Prozesskette von der strategischen Definition des Portfolios bis hin zur operativen Angebotsgestaltung über ein System abgewickelt werden. Insbesondere kleine Unternehmen (<50MA) verfügen in der Regel nicht über eine Infrastruktur, die die Verwaltung expansiver Softwaresysteme rechtfertigt. Mittels einer internetbasierten zentralen Lösung kann ihnen eine Plattform bereitgestellt werden, auf der ein eigenes Serviceangebot aufgebaut, Angebote gestaltet und auf Kooperationen eingegangen werden kann. Der Betrieb und die Verwaltung dieser Plattform, kann z. B. durch einen OEM geschehen, der seinen Brancheneinfluss geltend machen will. Klartext: Kleinstbetriebe, die noch kein umfangreiches Serviceangebot aufgestellt haben, dies aber wollen, sollten in Erwägung ziehen, das mit der Unterstützung und unter der Aufsicht eines starken Partners zu tun, der ihnen ein Schema zur branchengerechten Strukturierung vorgibt und die Aufgabe der informationstechnischen Verwaltung übernimmt.

1.3 Die Werthaltigkeit kooperativer Service- Angebote

Neben dem Aspekt des Ressourcenausgleichs gibt es für kleine mittelständische Unternehmen viele Gründe, Kooperationen anzustreben. Nicht alle Elemente einer Dienstleistung entsprechen den Kernkompetenzen des jeweiligen Anbieters. So stellt z.B. das in letzter Zeit oft geforderte Betreibermodell (contracting model) in der Investitionsgüterindustrie ungleich höhere Anforderungen an Umfang und

Komplexität im Vergleich zu bisherigen Angeboten. Ein Betreibermodell umfasst im Maschinenbau sämtliche Maßnahmen und Vorkehrungen seitens des Anbieters zum reibungslosen Betrieb seiner Anlagen beim Kunden gemäß der spezifizierten Menge und Qualität des herzustellenden Produktes. Es kann unterschiedlichste Ausprägungen bezüglich seines Aufgabenumfanges annehmen und stellt somit neue Anforderungen an die Zusammensetzung der erforderlichen DL-Bausteine beim Zulieferer. Für viele Dienstleister ist solch eine zusätzliche Belastung nicht mehr allein zu bewältigen, so dass die Bündelung von Leistungen über mehrere Unternehmen hinweg stattfinden muss.

Anhand dieses Beispiels lässt sich erkennen, dass eine der wichtigsten Fragestellungen sein wird, wie sich Services verwalten lassen, die sich aus Einzelleistungen mehrerer Partner zusammensetzen. Hierfür müssen Datenbestände verschiedener Standorte und Unternehmen abgebildet und verwaltet werden, um ein Angebot aus einem unternehmensübergreifenden Dienstleistungspool zu konfigurieren, das dem Kunden geschlossen präsentiert werden kann. Diese Forderung ist wichtig, da zu einem wesentlichen Punkt des Problemlösungsgedankens die Bereitstellung einer zentralen Schnittstelle zum Kunden, unabhängig von der Anzahl der beteiligten Partner, zählt.

1.4 KMU und ihre Einstellung zur Service-Software

Unabhängig von der Unternehmensgröße hat die informationstechnische Unterstützung der Serviceabteilungen noch nicht den Durchdringungsgrad, wie es für andere Unternehmensbereiche wie z.B. der Konstruktions- und der Produktionsplanung bereits der Fall ist. Der schnelle Rückgriff auf die vielfältigen Informationen aus dem technischen und kaufmännischen Dienstleistungsbereich wird zunehmend zur Schlüsselfunktion, um einen kompetenten und schnellen Service gewährleisten zu können. Um ein ausgewähltes Spektrum an Dienstleistungen entsprechend verwalten und in einem weiteren Schritt kundengerecht zu konfigurieren, ist es notwendig, in den einzelnen Unternehmen verteilte Daten aufzuspüren und zu brauchbaren Arbeitsinformationen zusammenzufassen. Diese müssen für die unternehmensinterne Weiterverarbeitung, die Gestaltung von konkreten Dienstleistungsangeboten oder für den Aufbau netzwerkartiger Unternehmensbeziehungen zur Verfügung stehen (vgl. Meier u. Schramm 2002). Wie bereits dargestellt, muss verhindert werden, zusätzliche ausufernde IT-Systeme in den Unternehmen zu implementieren. Das Angebot, welches durch die im Folgenden beschriebene Softwarelösung als das repräsentierende Dienstleistungsproduktmerkmal erstellt werden soll, setzt sich aus vielfältigsten Informationen zusammen, die im Unternehmen meist schon in Datenform hinterlegt sind. Die Herausforderung besteht daher vornehmlich in der überzeugenden Modellierung und der Gestaltung notwendiger Schnittstellen, nicht in dem Aufbau komplett neuer Parallelsysteme und verteilter Datenbanken.

2 Dienstleistungsportale als Basis neuer Geschäftsmodelle

Zur Unterstützung der Angebotsphase innerhalb des Dienstleistungsgeschäfts bieten sich Lösungen an, die auf internet-basierten Technologien beruhen. Erfolgversprechende Ansätze wurden bereits im Bereich des business to consumer (b2c) erreicht und Studien bescheinigten für das Jahr 2002 wirtschaftlich steigende Umsätze und eine zunehmende Bedeutung des e-commerce, wobei sich der Fokus immer mehr in Richtung kollaborativer Plattformen verschiebt (IT 2002). Leider zeigte sich, dass aufgrund der negativen Erfahrungen mit zahlreichen dotcoms, die durch dubiose Börsengänge und wenig durchdachte Geschäftsmodelle Schatten auf die einst florierende Branche geworfen haben, das Wachstum nicht den Erwartungen entspricht. Richtig ist aber sicher die Prognose, dass Unternehmen für ihren Business to Business (b2b) Bereich die Entwicklungen und technischen Möglichkeiten insbesondere für den Aufbau kooperativ gestalteter Handelsbeziehungen beobachten und Einsatzmöglichkeiten im Feld der Auftragsabwicklung, Distribution sowie Controlling suchen. E-Technologien eignen sich bestens für das Management von Fähigkeiten, so dass erste Überlegungen diesbezüglich schon für die Unterstützung des Supply Chain Management angestellt wurden (Wildemann 2000).

So verlockend die Aussichten auf eine Nutzung des Internets als Distributionskanal sind, der Einsatz als reines Informationsmedium wird im Falle der Veräußerung von Dienstleistungen nicht ausreichen. Durch die spezifischen Eigenschaften von Dienstleistungen, wie Immaterialität, Kunden- sowie Sachgutgebundenheit ist die bidirektionale Interaktion mit den beteiligten Partnern erforderlich. Welches sind die Suchmerkmale, nach denen der Kunde seine Leistungen auswählt? Wie kann ein Dienstleistungsgeber sich über die Gegebenheiten beim Kunden informieren und ein passendes Angebot erstellen? Und allem voran: Wie glaubwürdig sind die Angaben des Anbieters hinsichtlich Qualität und Leistungsumfang? Die Kommunikation, die zur Klärung dieser Fragestellungen notwendig ist, kann technisch über ein Dienstleistungsportal abgewickelt werden.

Portale bilden die zentralen Informationseinheiten für die Zusammenarbeit und Kommunikation über das Internet und dienen als Verbindung zwischen Prozessbeteiligten (Spur 2000). Sie bieten den Rahmen, der für den strukturierten Austausch aktueller Informationen erforderlich ist. Die Betonung und der besondere Reiz beim Aufbau eines Dienstleistungsportals liegt hier in der Strukturierung. Sein Einsatz als Markting- Instrument kann dazu beitragen, den Wildwuchs an Individualangeboten einzudämmen und Kundenerwartungen schon dahingehend zu lenken, die Dienstleistungsprodukte in Anspruch zu nehmen, die sich auch effizient erbringen lassen. Über sie ist zudem eine Verknüpfung von Leistungen (Dienstleistungsmodule) mehrerer Beteiligter zu einem Dienstleistungsbündel möglich, ohne dass der Kunde koordinierend eingreifen oder mehrere Schnittstellen pflegen muss.

2.1 Notwendige Strukturierung von produktnahen Dienstleistungen

Die Erstellung des kooperativen Dienstleistungsangebotes und damit des Produktnachweises gemäß der vorab definierten Merkmale unterscheidet sich im Vorgehen danach, ob es sich um eine anbieter- oder nachfragerseitige Initiierung handelt.

Nachdem das einzelne Unternehmen seine Fähigkeiten und Module einem Netzwerk zur Verfügung gestellt hat, erfolgt *anbieterinduziert* die komplementäre Bündelung der Einzelleistungen zu einem kooperativen, unternehmensübergreifenden Angebot. In diesem Fall ist zu gewährleisten, dass sich Einzelleistungen modular zusammenfügen lassen.

Im Gegenzug führen Kundenanforderungen zur Selektion geeigneter Dienstleistungsmodule aus einem Pool potenzieller Lieferanten. Neben der reinen Auswahl ist die Koordination der Datenverteilung auf dieses Lieferantennetzwerk zu bewältigen. Dieses Szenario entspräche der *nachfragerinduzierten* Angebotsgenerierung, in deren Verlauf Produktansprüche in Dienstleistungsmodule zerlegt und auf die Partner des Netzwerkes verteilt werden.

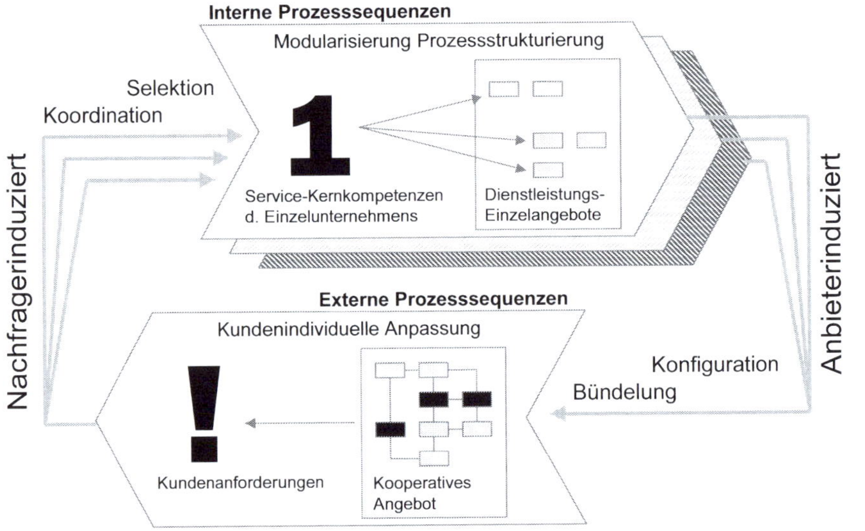

Abb. 2. Nachfrager- und anbieterinduzierte Angebotsgestaltung

Trotz der unterschiedlichen Anwendungen sind die Voraussetzungen, die an die Struktur und Schnittstellen der Einzeldienstleistungen gestellt werden, gleichen Ursprungs. In beiden Fällen finden Operationen zwischen internen und externen Prozesssequenzen statt, die eine einheitliche Modulstruktur erfordern. Interne Sequenzen laufen bei den einzelnen Unternehmen ab und betreffen den Aufbau eines, den Kernkompetenzen entsprechenden und die strategischen Ziele repräsentierenden Dienstleistungsportfolios.[4] Externe Prozesssequenzen verfolgen den Abgleich der Kundenanforderungen mit dem vorhandenen Leistungsspektrum und sind prinzipiell davon unabhängig, ob es sich um ein Anbieterkonsortium oder um einzelne Partnern handelt. Sowohl im internen als auch externen Bereich müssen für den reibungslosen Ablauf Vorgaben der Produktstrukturierung und der Schnittstellengestaltung eingehalten werden. So ist es für kooperationsbereite Unternehmen erforderlich, dass bei der jeweiligen Gestaltung der Dienstleistungsbaukästen gleiche Basismodelle Verwendung finden.

Benötigt wird ein sogenanntes generisches[5] Modell, durch das Standards für das Unternehmensnetzwerk geschaffen werden. Diese gewährleisten eine branchenbezogene Einigung über die Struktur und den Leistungsprozess der Dienstleistungsmodule. Bei der monetären Bewertung und der Vermittlung der Produktqualität handelt es sich um Merkmale, die einer Skalierung bedürfen, um aussagekräftig zu sein. Sie stellen ebenfalls wichtige Schnittstellen und Entscheidungskriterien dar, so dass ihre Verankerung im generischen Modell berücksichtigt werden muss.

2.2 Aufbau eines generischen Modells

Das Zusammenstellen der Einzelmodule zu einem Gesamtangebot, das den Kundenerwartungen am besten entspricht, kann nur funktionieren, wenn eine einheitliche Syntax und Semantik eingeführt wurde. An dieser haben sich nicht nur die Dienstleistungsgeber zu orientieren, sondern auch die Kunden, die nach gewissen Vorgaben ihre Anforderungen formulieren. Ziel ist es, die Sucheigenschaften des Produktes hervorzuheben. Dies ist dann der Fall, wenn bereits vor Vertragsabschluss die Eigenschaft der Leistung beurteilt werden kann (vgl. Meffert u. Bruhn 2003, S.80). Für Dienstleistungen sind bisher Eigenschaften, die aufgrund von Erfahrungen oder von Vertrauen ausschlaggebende sind, typische Entscheidungsgeber.

Referenzmodelle zum Aufbau von Dienstleistungsstandards, die ergänzend zum Vorgehen des Service- Engineering entwickelt wurden (vgl. DIN 2002, S.37ff), erläutern hierfür das systematische Vorgehen anhand eines Phasenmodells. Im Fokus der Betrachtung liegt neben der Festlegung von Prozessstandards die Behandlung des Produktes „Dienstleistung", für welches Richtlinien hinsichtlich Struktur und Aufbau ermittelt werden müssen. Anwendungsbeispiele können in Bereichen der Produktbeschreibungen, Produktmodelle oder in Bezug auf den elektronischen Geschäftsverkehr elektronische Kataloge sein. Zur Standardisierung des Dienstleistungspotenzials sollten Eigenschaften des humanen Faktors und notwendiger technischer Peripherie in Form von geeigneten Ressourcenmodellen bzw. Qualifikationsmodellen, näher beleuchtet werden. Letztlich dienen die Mittel zur Herstellung einer einheitlichen Terminologie bzw. Klassifikation. Die

[4] vgl. Beitrag Schramm u. Pallentien „Aufbau und Nutzung modularer Dienstleistungsbaukästen" in diesem Band

[5] generisch: „eine Gattung betreffend, allgemein gültig" (Duden 1997)

praktische Durchführung nach solchen Schemata erfordert die Bearbeitung in einem Projektplan und umfangreiche Recherchen. Um den sofortigen Einstieg in die IT- gestützte Angebotsgenerierung zu ermöglichen, sollte daher die Möglichkeit einer *dynamischen Standardisierung* gegeben sein, die ein frühzeitiges Arbeiten auf einer gemeinsamen Plattform erlaubt. Parallel hierzu können Standards nach dem Referenzmodell festgesetzt werden, die begleitend in die dynamische Standardisierung einfließen.

Für die Arbeit auf dem Portal ist zunächst die Frage zu beantworten, wie eine generische Modellierung zu erfolgen hat, so dass mit hoher Wahrscheinlichkeit Portalteilnehmer Dienstleistungen verwalten und zu Angeboten zusammenstellen und vor allem unter festen Kriterien identifizieren können. Als wichtiger Teil der Dienstleistungsmodulbeschreibung kann die spezifische Attributierung[6] gezählt werden, die in erster Linie einen konkreten Sachgutbezug herstellt. Die generische Abbildung von Dienstleistungen kann sich folglich nicht nur auf den immateriellen Teil beschränken, sondern muss auch Vorgaben beinhalten, die eine eindeutige Klassifizierung des Sachgutes zulassen. Hierfür kann eine Orientierung an bestehenden e- Commerce Standards erfolgen (vgl. ecl@ss 2002).

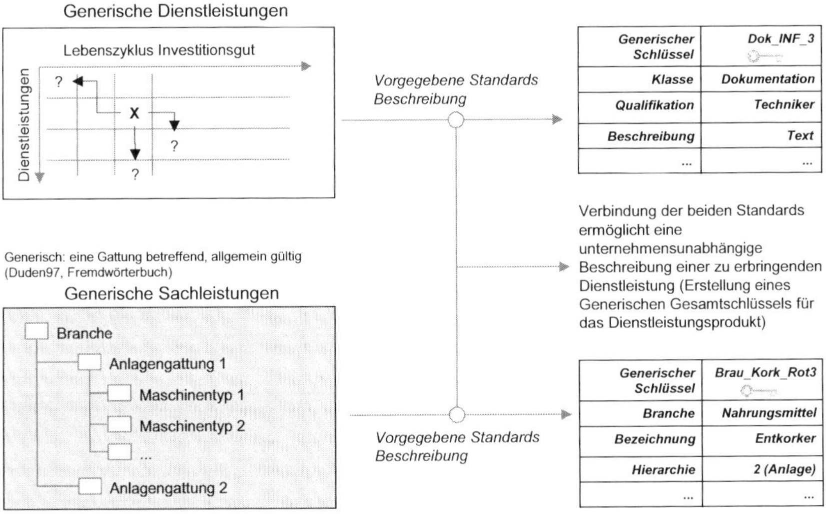

Abb. 3. Erzeugung von Dienstleistungsprodukten auf Basis generischer Vorgaben

Für das Vorgehen bei der Datenpflege als auch der Produktauswahl bedeutet dies, dass die Behandlung von Dienstleistung und Sachleistung getrennt erfolgt. Dies widerspricht zunächst der allgemeinen Auffassung, dass es sich auch bei Dienstleistungen grundsätzlich um Leistungsbündel handelt, die sich aus einem materiellen und einem immateriellen Teil zusammensetzen (vgl. Engelhard et al.

[6] Angaben zur Attributierung von Dienstleistungsmodulen im Beitrag Schramm u. Pallentien „Aufbau und Nutzung modularer Dienstleistungsbaukästen“ in diesem Band

1993). Die datentechnische Handhabung wäre in diesem Fall nicht praktikabel, da durch die starke Individualisierung kaum Möglichkeiten zur Standardisierung und damit einfachen Datenhaltung und Identifizierung der jeweiligen Dienstleistungsprodukte beständen. Die Verknüpfung und damit die Erzeugung des eigentlichen Dienstleistungsproduktes, das auf ein spezielles Sachgut zugeschnitten ist, erfolgt daher erst zum Zeitpunkt der Angebotserstellung oder besser, Erzeugung des Produktnachweises. Dieses Vorgehen eignet sich speziell für den Bereich der Investitionsgüterindustrie, da hier grundsätzlich ein Sachgutbezug existiert.

Teilnehmer des im Folgenden beschriebenen Portals erhalten Gelegenheit, Ihre Sachleistungen und Dienstleistungen gemäß den generischen Standardisierungsvorgaben einzupflegen und in einem darauf folgenden Schritt Verknüpfungen zwischen diesen herzustellen. Verknüpft ergibt sich das entsprechende Dienstleistungsprodukt. Der Vorteil der sich sofort aus diesem Vorgehen aufzeigen lässt, ist bestechend. Der Pflegeaufwand reduziert sich immens und die Verknüpfung von Dienstleistungen zu fremden Sachleistungen wird erleichtert. Der Grundstein für den kooperativen Austausch und die Kombination von Leistungen innerhalb des Investitionsgütersektors ohne langwierige Abstimmungen wäre damit gelegt. Da zunehmend neue Anforderungen an die generische Struktur mit dem Wachstum des Portals einhergehen werden, muss die Standardisierung dynamisch ausgelegt sein und Änderungen zulassen.

2.3 Die Nutzergruppen eines Dienstleistungsportals

Für den erfolgreichen Aufbau eines Dienstleistungsportals müssen einige Vorüberlegungen bezüglich der Interessenslagen der einzelnen Nutzer angestellt werden, die sich als Prämissen in der Datenstrukturierung und Gestaltung der notwendigen Funktionalitäten niederschlagen. Für den erfolgreichen Betrieb eines Dienstleistungsportals wird davon ausgegangen, dass es sowohl für Kunden als auch für Dienstleistungsgeber zugänglich sein muss und von einem Intermediär, einem Portalbetreiber verwaltet wird.

Kunden sind zunächst an der Verdichtung ihres Anbieterstamms interessiert, um den Aufwand, der bei Inanspruchnahme komplexer Services entsteht, zu minimieren. Auf der anderen Seite besteht grundsätzlich Bedarf an alternativen Angeboten, so dass eine Abhängigkeit zu einem speziellen Lieferanten vermieden wird. Auch profitieren sie von einem ausgeprägten Wettbewerb und einem reichhaltigen Angebot, wenn die Inanspruchnahme nicht mit zu vielen Unsicherheiten verbunden ist. Eine Qualitätsskala, die von einer unabhängigen Autorität geführt wird und eine Bewertung des Preis- Leistungs-Verhältnisses zulässt, würde helfen, Leistungsvereinbarungen durchzusetzen und Sucheigenschaften der Dienstleistungsprodukte hervorzuheben.

Das Qualitätsmerkmal ist auch für den *Lieferanten* ein ausschlaggebendes Argument, um an einem Portal zu partizipieren. Auf der einen Seite bestände die Möglichkeit, den eigenen Leistungsstand nachweisbar dem Kunden gegenüber zu dokumentieren und als Verkaufsargument zu nutzen. Zum anderen fiele es leichter adäquate Partner zu identifizieren, die bei einer kooperativen Dienstleistungserbringung nicht den Qualitätsstandard des eigenen Unternehmens schädigen. Auch bestände die Option, das eigene Angebot durch Zukauf höherwertiger Dienstleistungsmodule aufzuwerten. Operativ ließe sich durch die vereinfachte Kooperation eine Ressourcenglättung sowie die einfache Weiterleitung von Aufträgen an ausgewählte Unterlieferanten bewältigen. Diese würden an großen Serviceaufträgen teilhaben ohne das Gebiet ihrer Kernkompetenzen verlassen zu müssen. Service-Anbieter, die kein eigenes Sachgut produzieren, legen Wert auf eine weite Streuung ihrer Angebote. Für sie stellt die Partnerschaft mit Investitionsgüterherstellern eine Multiplikatorfunktion für ihren Kundenstamm dar.

Der *Portalbetreiber* muss nicht zwangläufig eine unabhängige Instanz sein, sondern kann einer der bisher genannten Parteien entstammen. Für ihn ist es wichtig, möglichst viele Teilnehmer auf der Plattform zu vereinigen und somit eine große Marktbeeinflussung für die verwendeten Standards und generischen Modelle zu erreichen. Hierbei ist eine vehemente Vertretung von Eigeninteressen nicht zielführend. Vielmehr muss er kompensatorisch auftreten und stetig die Wünsche der Teilnehmer beobachten.

Wie die Implementierung des Geschäftsmodells aussehen wird, ist im hohen Maße von der betreffenden Branche abhängig, in welcher durch Geschäftgepflogenheiten das eine oder andere Szenario protegiert wird. Als Portalanbieter und damit Repräsentant nach außen kommen folgende Parteien in Frage:

- Produzent von Investitionsgütern mit und ohne eigenen Service
- Zusammenschluss von Herstellern und Service- Anbietern zu einem Branchenportal. Kommt es in diesem Fall zu einer Führungsrolle eines bestimmten Unternehmens, kann hier auch von der Bildung fokaler Netzwerke gesprochen werden. Diese zeichnen sich dadurch aus, dass eine dominante Organisation in eine enge, wohl koordinierte Beziehung Lieferanten und Kunden an sich bindet (vgl. Klein 1996, S.129)
- Ein Endkunde
- Zusammenschluss von Endkunden zu einer Kunden - Community

Der technische Betrieb kann outgesourct werden, indem er einem unabhängigen IT- Dienstleister übertragen wird oder innerhalb einer von den Mitgliedern gegründeten Betreibergesellschaft abgewickelt wird. Prinzipiell ist die Arbeitsweise und damit das Geschäftsmodell des Dienstleistungsportals auf keine Branche beschränkt und auf alle Bereiche der Investitionsgüterindustrie anwendbar.

3 Datenmodellierung

3.1 Anforderungen

Die in den vorangegangenen Kapiteln definierten Anforderungen an ein Dienstleistungsportal verursachen einen hohen Grad an Software-Komplexität. Grafische Oberflächen mit konsistenten und funktionellen Benutzerschnittstellen, sowie verteilte Strukturen von Daten und Systemen sind mit traditionellem Design nicht mehr zu beherrschen und zu pflegen. Der objektorientierte Ansatz hilft bei der Datenmodellierung, wenn konventionelle Vorgehensmuster nicht mehr ausreichen. Im Folgenden werden die Ansprüche auf ihre informationstechnischen Konsequenzen hin untersucht. Nachfolgende Punkte mussten demzufolge bei der Modellierung berücksichtigt werden:

3.1.1 Rollen und User

Benutzer und Besucher haben unterschiedliche Bedürfnisse an das Portal. Die einen wollen eine Anfrage stellen, andere wollen Angebote erstellen, wieder andere Daten eingeben oder pflegen. Und schließlich muss es jemanden geben, der die Eingaben überprüft, Mitglieder aufnimmt und verwaltet, Informationen weiterleitet und online stellt, also Administrator-Aufgaben übernimmt. Wie bereits kurz erläutert, ist es dabei nicht ausgeschlossen, dass auch dieselben Personen mit unterschiedlichen Anforderungen an das Portal herantreten, weil sie sich in einer anderen Rolle (z.B. nicht als Angebotsersteller, sonder als Datenpfleger) befinden. Darauf muss das Portal Rücksicht nehmen. Die verschiedenen Bedienerabläufe, die durch die Charakteristik der Nutzerprofile erforderlich werden, müssen den Rollen angepasst sein und gleichzeitig eine Bedienerführung vom System anbieten. Grundlagen der Software-Ergonomie sollten ebenfalls berücksichtigt werden, d.h. das System muss selbsterklärend sein, einfach zu bedienen und sollte der jeweiligen Rolle des Users entgegen kommen.

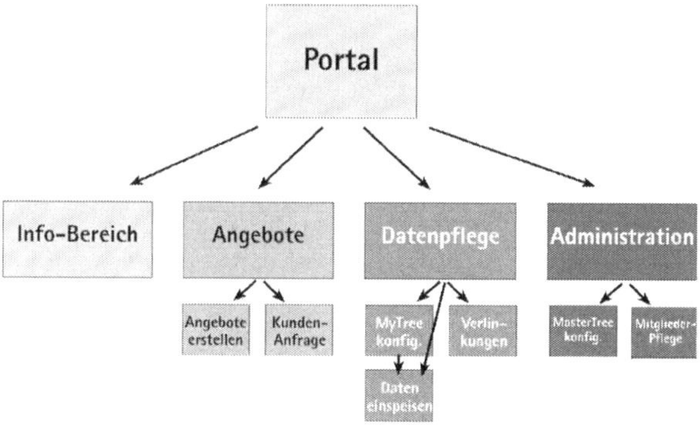

Abb. 4. Arbeitsbereiche auf einem Dienstleistungsportal

Aufgrund der rollenbasierten Konzeption der Architektur kann den Teilnehmern ihr passendes Zugangsprofil und daran geknüpft die notwendigen Funktionalitäten zugewiesen werden, sobald sie sich für ihren persönlichen Bereich anmelden. Während Kunden mehr am Informationsabruf interessiert sind, muss Dienstleistungsgebern die Möglichkeit gegeben werden, ihre Leistungen in die vorgegebenen Muster einzupflegen und damit anzubieten. Des Weiteren ist die Verwaltung bisheriger Angebote zu unterstützen, um die Erzeugung neuer Angebote zu unterstützen und zu beschleunigen.

3.1.2 Durchgängige Prozesskette

Im Dienstleistungsbereich fehlt bis heute ein System, das die gesamte Prozesskette durchgängig unterstützt. Der Anwender muss in der Lage sein, das gesamte Dienstleistungs-Portfolio strategisch zu planen und zu organisieren. Denn nur so kann er seine einzelnen Angebote klassifizieren und einteilen sowie die Zusammenarbeit mit Partnern organisieren. Dies bedeutet, Ergebnisse aus der strategischen Planung direkt für den operativen Bereich darzustellen.

Konkret bedeutet dies, dass bei der Erstellung eines dedizierten Angebotes die gesetzten Regeln der Klassifizierung bei der automatisierten Generierung des Angebotes Berücksichtigung finden. Somit hilft dieses System sowohl bei der strategischen Planung des Dienstleistungsportfolios als auch bei operativen Aufgaben.

3.1.3 Dynamische Standardisierung

Die Erzeugung einer begrifflichen Umgebung, in der sich jeder Lieferant und auch der Kunde zurechtfindet, kann nur in einem fortwährenden Prozess geschehen, der Änderungen und Modifikationen zulässt und nicht die dogmatische Begriffsverordnung zur Beschreibung einzelner Servicemodule einsetzt. Der Stamm an generischen Dienstleistungen wird daher fortwährend neuen Anforderungen anzupassen sein, um die momentane Dynamik des tertiären Sektors nicht zu bremsen. Das Ziel der gemeinsamen Standardisierung darf also nicht in der Reglementierung, sondern sollte in der gemeinschaftlichen branchenbezogenen Verbreitung und schnellen Etablierung von Leistungsdefinitionen liegen. Innovative Dienstleistungsprodukte können so in eine Gesamtstruktur schneller eingeordnet, wiedergefunden, vom Kunden schnell verstanden und letztlich in Anspruch genommen werden. Die Verwaltung dieser generischen Datenstämme wird entweder von einer dritten unabhängigen Instanz übernommen oder einem Dienstleistungsgeber der eigenen Branche anvertraut und wird als dynamische Standardisierung bezeichnet.

Das Wissen über die Möglichkeiten zur Dienstleistungsstrukturierung und Merkmalsbeschreibung einzelner Partner kann so allen anderen vermittelt werden. Wenn ein Partner für eine bestimmte Produktgruppe Beschreibungsmerkmale benennt, die das Portal bisher noch nicht vorgehalten hat, so ist der Intermediär in der Lage, diese in die allgemeine Struktur zu integrieren und dadurch allen Portalmitgliedern zur Verfügung zu stellen. Insofern ist die Struktur nicht statisch, sondern kann sich dynamisch den Anforderungen anpassen und mitwachsen. Da dieser Prozess durch den Portalbetreiber/Administrator gesteuert und kontrolliert wird, ist sichergestellt, dass eindeutige Begrifflichkeiten benutzt und standardisiert werden, wodurch Redundanzen und unstrukturierte Eingaben vermieden werden.

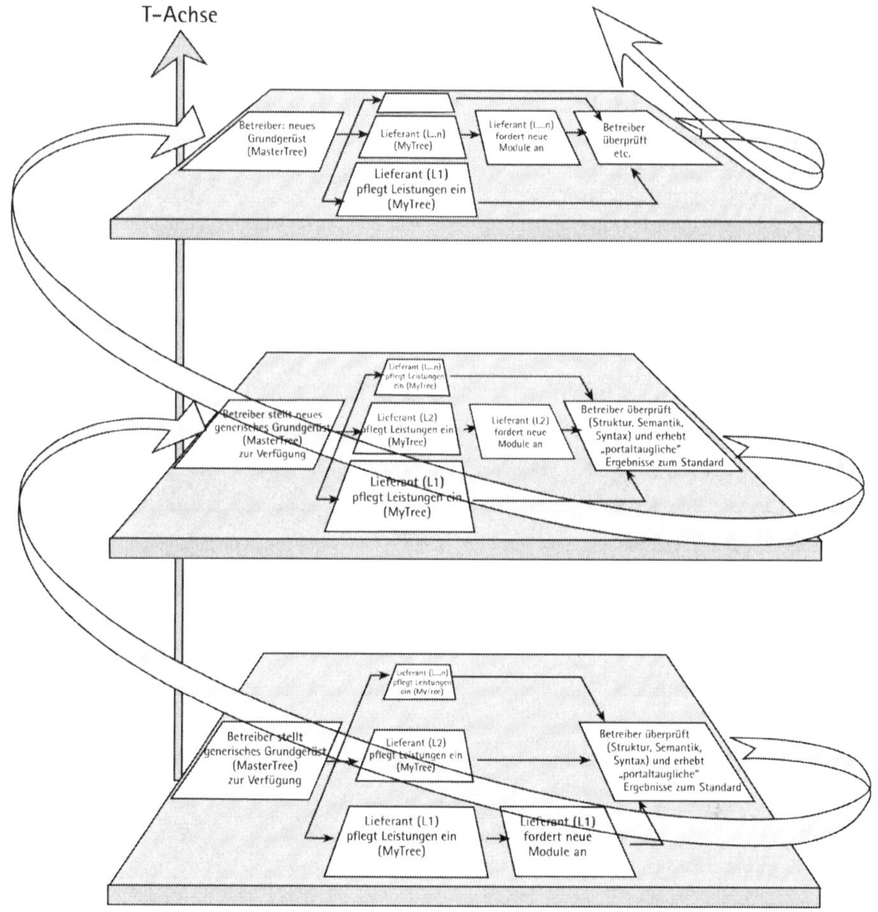

Abb. 5. Der Prozess der dynamischen Standardisierung

Er entscheidet, ob eine Information oder Anforderung sozusagen „portaltauglich" ist und stellt sie nur dann der Allgemeinheit zur Verfügung. So wird die ursprünglich vorgegebene Struktur dynamisch den neuen Bedürfnissen angepasst und ein neuer Standard geschaffen.

3.1.4 Implementierung

Die Tatsache, dass Unternehmen, die an einer Teilnahme interessiert sind, dies ohne Investitionen in neue IT- Infrastruktur können, bedingt durch Ausbleiben der finanziellen Belastungen ein Absenken der Eintrittsschwelle. Durch die Webfähigkeit und die Schlankheit des Systems wird auch kleinen und mittleren Unternehmen die Möglichkeit gegeben, sich ohne größere Investitionen in Hard- und

Software an der Community zu beteiligen und dieses System zu nutzen; im Grunde reicht ein einfacher PC mit Internet-Zugang. Überlegungen über Hard- und Software, Pflichtenhefte, umständliche Software-Implementierung, ggf. Störung des Gesamtablaufs, umständliche Wartung, Wartungsverträge – all dies entfällt.

3.1.5 Branchenunabhängigkeit

Das Geschäftsmodell ist grundsätzlich auf viele Branchen der Investitionsgüterindustrie übertragbar. Aufgrund der speziellen Anforderungen an die Standardisierung und damit die Gestaltung der generischen Datenstämme, kann davon ausgegangen werden, dass mehrere Portale parallel am Markt existieren werden. Der Transfer der generischen Datenstämme in die vorhandene Struktur muss daher schon in der Modellierung berücksichtigt werden. Das Schlüsselwort hierfür heißt „Software- Re- Use". Hiermit ist keineswegs die Wiederverwendung von Software im Sinne einer Wiederaufbereitung, sondern die geplante Übertragung des Konzeptes auf mehrere antizipierte Anwendungsfälle gemeint. Absichten des Re-Use müssen sich daher konsequent, adäquat und konstruktiv in die Systemarchitektur widerspiegeln. Die objektorientierte Modellierung des Portals wird von Anfang an auf diese Anwendung vorbereitet sein.

3.2 Modellierung

Unified Modeling Language (UML) ist eine Sprache zur Beschreibung von Softwaresystemen. Im Unterschied zu Methoden fehlen der UML eine Notation und Beschreibung für Prozesse. Prozesse für die Software sind ihrem Wesen nach vergleichbar mit solchen, die in der Industrie benutzt werden.

Der Grundgedanke bei der UML besteht darin, eine einheitliche Notation für viele Einsatzgebiete zu haben, so dass sie zur Modellierung von Datenbankanwendungen, Echtzeitsystemen, Grafikprogrammen, Workflow- Anwendungen usw. genutzt werden kann.

Die Darstellung zeigt einen Ausschnitt aus dem UML- Modell des Dienstleistungsportals, aus dem der Dienst- Sachleistungszusammenhang deutlich wird. Im Grunde bestand die Anforderung, das Dienstleistungsprodukt in der Dienstleistungs- Sachleistungszuordnung abzubilden. Wie bereits angekündigt, wurden Sach- und Dienstleistungen zu Gunsten einer vereinfachten Datenpflege und zur Erhöhung der Zahl möglicher Produktkombinationen getrennt. Sie definieren sich für den jeweiligen Anbieter über die Datenblattwerte, indem in die vorgegebenen generischen Strukturen konkrete Werte eingepflegt werden und einen festen Unternehmensbezug aufweisen. Hier wird nochmals deutlich, dass die generischen Strukturen getrennt von den realen Produkten verwaltet und gepflegt werden müssen. Im weiteren Verlauf werden diese Datenstrukturen als generische Bäume bezeichnet.

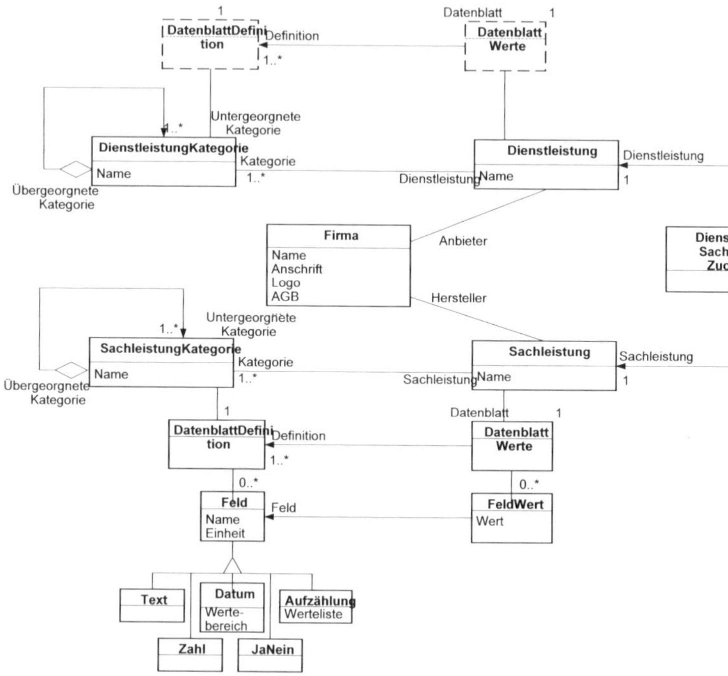

Abb. 6. Ausschnitt des UML- Modells für das Dienstleistungsportal

3.3 Die Software - Module des Dienstleistungsportals

Das Dienstleistungsportal unterstützt den gesamten Prozess von der Eingabe über die Verwaltung, Erstellung und Ausgabe von Angeboten. Auf Grund der verschiedenen Anforderungen an das Portal ist die Software modular aufgebaut. Folgende Software - Module sind vorhanden:

- Basismodul
- Applikationsmodule
- User-Interface

Zur individuellen Anpassung an die vorhandene Systemlandschaft kann noch eine kundenindividuelle Abstimmung vorgenommen werden. Über die Basismodule richtet man die individuelle Client-Server-Umgebung ein, organisiert die Datenbank mit einem Zugriffsberechtigungssystem und bestückt sie mit den für den Produktivbetrieb notwendigen Ressourcen. Die Module werden im Einzelnen im Kapitel 5 beschrieben.

3.4 Datenverwaltung in Dienstleistungsbäumen (Master-, My-, PublicTree)

Das Strukturieren in Datenbanken, also das Verzweigen von Dateien in Ordner und Unterordnern wird häufig als „Struktur-Baum“ oder „Tree“ bezeichnet. Diese Terminologie wurde für den Aufbau des Portals übernommen.
Wir unterscheiden hier drei Bäume oder Trees:

1. „MasterTree“ (ungefüllte Datenbankstruktur, die den Dienstleistern vom Portalbetreiber zur Verfügung gestellt wird)
2. „MyTree“ (vom angeschlossenenen Dienstleister nach seinen Bedürfnissen konfigurierte Datenbank)
3. „PublicTree“ (gefüllte Datenbank, Summe der von den Dienstleistern konfigurierten „MyTrees“)

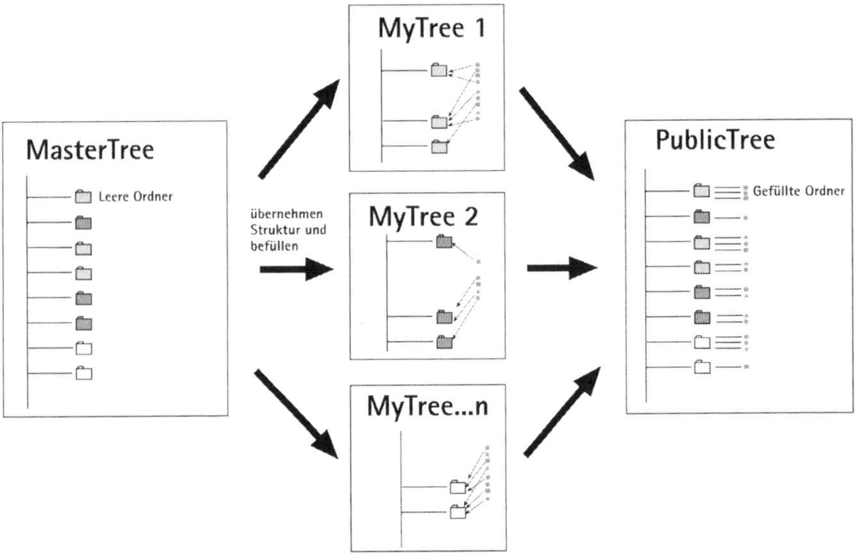

Abb. 7. Zusammenspiel der Datenbäumen

Wie schon in Kapitel 2.2 festgehalten wurde, muss dieser Aufbau parallel für Dienst- wie auch für Sachleistungen auf dem Portal implementiert werden. Nachfolgend werden die einzelnen Baumtypen und ihre Eigenschaften eingehender erläutert.

Der *MasterTree* stellt dabei nur die eigentliche (ungefüllte) Struktur der Datenbank dar. D.h.: Der Betreiber des Portals verwaltet die Grundstruktur der Datenbank: Welche Produktgruppen, welche Ober- bzw. Unterkategorien von Produkten und Dienstleistungen, schließlich: Welche Produkte und Dienstleistungen können auf dem Portal überhaupt angeboten werden. Wenn später auf dem Portal in der

Obergruppe „Technik/Installation“ nach Antrieben und darin nach Motoren, Getriebe und Wellen usw. gesucht werden kann, so nur, weil der MasterTree diese Produktgruppen und Untergruppen bereit und zur Verfügung hält. Gleichzeitig wird vorgegeben, nach welchen Standards die Attributierung, also die spezifische Beschreibung der Sach- oder Dienstleistungen vorzunehmen ist. Die Eingabe der erforderlichen spezifizierenden Daten ist genau durch die Struktur der generischen Platzhalter vorgegeben, vergleichbar mit Templates, so dass die Datenablage nach einem einheitlichem Schema geschehen kann.

Hier – im MasterTree – findet also der angeschlossene Dienstleister als Datenbefüller bzw. Einspeiser die Kategorien und Bereiche für die von ihm online zu stellenden Dienstleitungen und Produkte. Der MasterTree ist nur vom Administrator auf der entsprechenden Oberfläche aufzubauen und zu verändern.

Der *MyTree* ist nun die vom angeschlossenen Dienstleister jeweils für sich als sinnvoll erachtete und mit seinen Produkten oder Dienstleistungen zu füllende Struktur. Der MyTree kann (wie es der Name sagt) vom Mitglied gemäß seinen Bedürfnissen und Angeboten konfiguriert werden. Dazu sucht sich der Dienstleister aus dem MasterTree die ihn interessierenden Bereiche heraus und konfiguiriert sie seinen Anforderungen entsprechend: Beispielsweise findet er im MasterTree die Obergruppen „Technik/Installation“, „Brauereianlagen“, „Reinigungsmaschinen“, „Mixer“, „Wärmer“ usw. als zu befüllende Struktur, als leere Ordner. Er entscheidet aber, dass er nur für einige bestimmte Gruppen Produkte bzw. Dienstleistungen anzubieten hat und wählt daher für seinen „MyTree“ z.B. lediglich die Gruppen „Technik/Installation“ und „Reinigungsmaschinen“ (mit den entsprechenden Untergruppen). Nachdem er so seinen „MyTree“ konfiguriert hat, kann er anschließend daran gehen, diesen mit seinen konkreten Produkten und Angeboten zu füllen. Die verschiedenen von den einzelnen Mitgliedern gefüllten MyTrees bilden dann – sofern die einzelnen Datensätze vom Dienstleister ganz oder teilweise freigegeben werden – den PublicTree.

Der *PublicTree* schließlich ist die gefüllte Datenbank und repräsentiert das Spektrum an angebotenen Produkten. Er korreliert mit dem MasterTree, beinhaltet aber nur die von den angeschlossenen Dienstleistern (Invest-S-Mitgliedern) eingepflegten Daten. Es ist also möglich, dass der MasterTree auch noch über den PublicTree hinausgehenden „ungefüllte“ Bereiche enthält. Andersherum ist es denkbar, dass neu hinzukommende Mitglieder noch bisher unkategorisierte Dienstleistungen und/Produkte einpflegen möchten und somit die vorgegebenen Strukturen vom Administrator ergänzt und erweitert werden müssen. Dieser Prozess stellt das dar, was bereits als „dynamische Standardisierung“ bezeichnet wurde: Eine Struktur wird vorgegeben, wird aber durch den Prozess des Befüllens kontrolliert und kontinuierlich verändert und erweitert. Der PublicTree beinhaltet sozusagen die Gesamtzahl der von den Dienstleistern konfigurierten und mit Daten befüllten MyTrees (allerdings nur insoweit die einzelnen Datensätze tatsächlich ganz oder teilweise vom Dienstleister für die Öffentlichkeit freigegeben wurden).

Diese drei Termini werden uns immer wieder begegnen. Immer wieder werden Anwender aus dem MasterTree ihren „MyTree“ konfigurieren und diesen dann online stellen und so den PublicTree füllen.

4 Funktionalitäten und deren Bedienung im Frontend-Bereich

Benutzer und Besucher des Portals haben unterschiedliche Bedürfnisse und unterschiedliche Ansprüche. Grundsätzlich unterscheiden wir zwischen angeschlossenen Dienstleistern (aktiven Mitgliedern) und „Fremden" (Kunden und Besuchern, also passiven Mitgliedern). Letztere können Besucher sein, die nur kurz mal „reinriechen" wollen; als solche haben sie vielleicht nur ein einfaches Informationsbedürfnis. Vielleicht wollen sie aber auch – anonym und ohne Einloggen – ein erstes unverbindliches Angebot. Oder aber sie sind schon Kunden, wollen Kunden werden und möchten daher ein ausgearbeitetes und verbindliches Angebot.

Dienstleister, die dem Portal angehören, wollen z.B. ihre Daten pflegen oder neue Dienstleitungen oder Produkte online stellen. Sie wollen aber auch die Möglichkeiten des Angebotskonfigurators nutzen und einfach automatisiert und online Angebote für einen bestimmten Kunden erstellen. Der Betreiber schließlich – auch wenn er aus der Mitte der zusammengschlossenen Dienstleiter stammt – muss Daten pflegen, sie einsehen, vergleichen, überprüfen und korrigieren. Er muss darüber hinaus die Möglichkeit haben, die Struktur des Portals bzw. der Datenbank zu bestimmen und zu ändern.

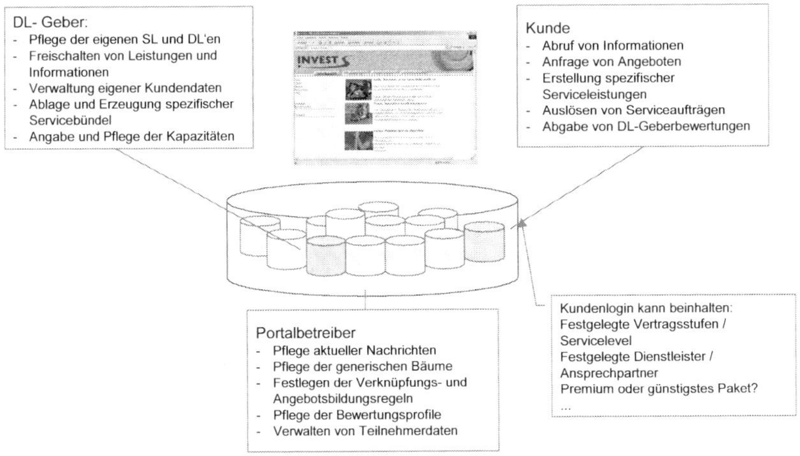

Abb. 8. Interessen und Aufgaben der Portal - Nutzergruppen

Soll nun ein Angebot erstellt werden, erhält der Dienstleister vom System Hilfestellung: Dienstleistungsmodule werden erkannt und dahingehend überprüft, ob sie zueinander passen oder auch nicht. Der User wird intelligent durch den Prozess geführt und darüber hinaus durch Überprüfung von Plausibilitäten und Regeln, Erkennen von bestimmten Konsequenzen unterstützt. Damit das aber überhaupt möglich ist, müssen die entsprechenden Module und Prozesse auf unterster Konfigurationsebene standardisiert sein. Dies hat darüber hinaus den Vorteil, dass man verschiedene Branchen vorkonfektionierte und standardisierte Portale anbieten kann.

4.1 Rollenspezifisches Nutzerverhalten

Die oben angesprochenen verschiedenen Bedürfnisse und Ansprüche sind oftmals zwar in den selben Personen, aber verschiedenen Rollen manifestiert: Ein Dienstleister (aktives Mitglied) mag zum einen Daten einpflegen, zum anderen aber auch Angebote erstellen wollen; der Betreiber des Portals mag gleichzeitig auch Dienstleister sein usf. Wir haben daher verschiedene Rollen definiert, in denen sich jemand auf das Portals begibt.

Entsprechend ist auch die Internet-Oberfläche strukturiert, vier verschiedene Rollen stehen zur Auswahl (wobei bestimmte Rollen/ Ebenen entsprechend der Hierarchie und der Benutzerrechte verborgen bleiben oder zugänglich sind):

Benutzerrolle	Arbeitsbereich
„normaler" Besucher/ Kunde (eingeloggt oder nicht)	Info- Bereich
Angebotsersteller/ Abfrager (Kunde und auch Dienstleister)	Bereich zur Angebotserstellung
Datenpfleger/ Einspeiser (im Regelfall Dienstleister auf dem Portal)	Interner Datenpflegebereich
Administrator/ Betreiber	Portaladministration, Pflege der generischen Bäume

Abb. 9. Benutzerrollen und vorgesehene Arbeitsbereiche

4.2 Info-Bereich

Die erste Ebene des Portals ist die „Informations-Ebene". Auf dieser Ebene findet man neben allgemeinen Informationen, Nachrichten und Wissenswertem aus der Branche auch aktuelle Nachrichten über neue Mitglieder, Branchenneuigkeiten, Änderungen, Erweiterungen des Angebots usf. Hier wird sich der passive Besucher aufhalten, der nicht an einer konkreten Angebotserstellung interessiert ist.

Er hat nun die Möglichkeit, entweder nur eine allgemeine Anfrage zu stellen und so in den nicht gesperrten Bereich des „Angebote"-Teils geleitet zu werden oder aber sich einzuloggen bzw. zu registrieren, um dann im internen Teil des Angebots-Bereichs als Kunde sich Angebote erstellen zu lassen oder aber als eingeloggter Dienstleister Angebote zu erstellen. Der Adminstrator hat hier (nach Angabe von Username und Passwort) Zugang zur Admin-Ebene.

4.3 Angebotserstellung

Eine weitere Ebene („Angebote“) ist für den Angebotsersteller/ Abfrager konzipiert. Das kann ein anonymer (also nicht eingeloggter) Kunde sein, der sich einmal kurz vorab über Angebote informieren will; das kann aber auch ein eingeloggter Kunde sein oder ein angeschlossener Dienstleister (registriertes Mitglied), der die automatisierte Angebotserstellung nutzen möchte. Diese Ebene ist nur teilöffentlich; kurze, allgemeine Angebote lassen sich generieren, zur ausführlichen Angebotserstellung (sei es als Kunde oder als Dienstleister) muss man sich einloggen.

4.3.1 Nicht eingeloggter Besucher

Betritt ein nicht eingeloggter Kunde diesen Bereich, so sind ihm weite Teile nicht zugänglich, er kann aber einige allgemeine Anfragen stellen und erhält entsprechend allgemeine Angaben bzw. einen allgemeinen Überblick über Möglichkeiten und Dienstleistungen zu dem von ihm angefragten Produkt.

4.3.2 Eingeloggter Besucher/Kunde

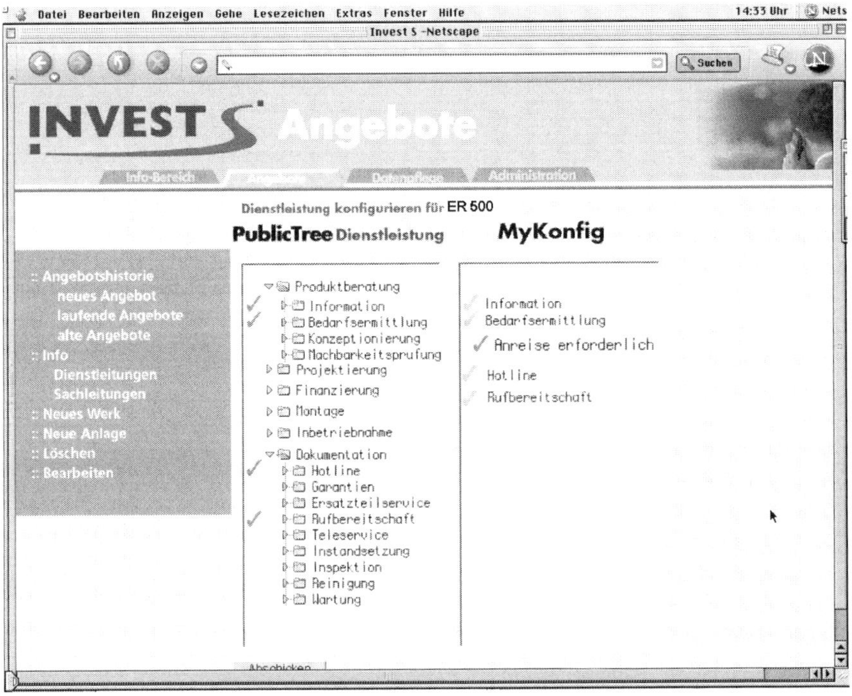

Abb. 10. Produktauswahl im Angebotsbereich

Der eingeloggte Kunde kann schon – wie der angeschlossene Dienstleister auch – sehr genau ein Angebot konfigurieren. Er erhält zunächst – soweit vorhanden – einen Überblick über seine bisherigen Standorte und Anfragen. Mit der Suchfunktion kann er nach bestimmten Kategorien (z.B. „Abfüllanlagen") die auf dem Portal vorhandenen Maschinen suchen. Ist „seine" Maschine dabei, kann er anschließend daran gehen, die gewünschte Dienstleistung zu konfigurieren. Er markiert die betreffende Maschine (per Klick) und erhält aus dem PublikTree die dazu eingespeisten möglichen Dienstleistungen. Nun markiert er die von ihm benötigten Dienstleistungen, klickt auf „übernehmen" und erhält einen Schieberegler, auf dem er die Wichtigkeit der Kriterien „Termintreue", „Qualität" und „Kostengünstigkeit" für ihn bestimmen kann. Nachdem er auch diese Kriterien bestimmt und abgeschickt hat, wird seine Anfrage automatisch an die geeigneten Dienstleister übermittelt, die ihm dann ein Angebot erstellen.

4.3.3 Eingeloggter/ angeschlossener Dienstleister

Der Dienstleister – nun in der Rolle des Angebotserstellers – geht wie folgt vor: Auch er sucht zunächst nach der Maschine auf dem PublicTree, integriert sie aber anschließend in seine Client-Struktur. Sodann kann er ein Dienstleistungsangebot für diese Maschine erstellen. Nach „Anhaken" dieser Maschine in seinem Clientbaum und „Abschicken" erhält er aus dem PublikTree (wie der Kunde im obigen Beispiel) die dazu eingespeisten möglichen Dienstleistungen (in der Regel seine eigenen). Nun hakt er die von ihm benötigten Dienstleistungen an, klickt auf „Abschicken" und erhält seine gesamte Konfiguration im Überblick. Das System ist nebenbei auch in der Lage, die Möglichkeit von Zusatzaufgaben zu erkennen und ggf. abzufragen. Klickt der Angebotsersteller beispielsweise die Dienstleistung „Bedarfsermittlung" an, so erkennt das System, dass hier möglicherweise eine Anreise erforderlich ist und fragt nach. Bei positiver Rückmeldung wird dann auch der Punkt „Anreise" in die Konfiguration übernommen.

Diese kann Konfiguration kann nun noch einmal überprüft oder in anderer Weise weiterbearbeitet werden (z.B. können die gewonnen Daten als Anfrage an Kooperations-Partner per eMail verschickt werden). Ist die Auswahl zur Zufriedenheit, kann das Angebot ausgelöst werden und das System generiert aus den konfigurierten Dienstleistungen automatisch ein schriftliches Angebot, dass nun gedruckt und verschickt werden kann.

4.4 Datenpflege

Ein weiterer Bedienbereich („Datenpflege") ist den aktiven Mitgliedern vorbehalten. Hier sind sie in der Rolle des Datenpflegers oder -einspeisers, der Dienstleistungen und Produkte konfiguriert und dem Portal zur Verfügung stellt. Es ist ein gesperrter Bereich, Zugriff haben nur eingeloggte Mitglieder.

Es ist das Herzstück der Datenbank. Hier hat der angeschlossene Dienstleister die Möglichkeit, seinen „MyTree" zu konfigurieren und seine Dienstleistungen und Produkte einzupflegen.

4.4.1 Konfigurieren

Die folgenden Erläuterungen geschehen aus Sicht des Datenpflegers/Dateneinspeisers, der in dem für „Außenstehende" gesperrten Bereich „Datenpflege", seinen „MyTree" konfiguriert. Zunächst erhält der User den MasterTree mit den Produktgruppen. Er kann in die einzelnen Ordner hineinschauen und den Inhalt kontrollieren. Die so gefundenen Bereiche werden markiert und dann übernommen.

So finden sie ihren Platz im von User definierten „MyTree": Nachdem der User seinen „MyTree" also gemäß seinen Bedürfnissen und Vorstellungen konfiguriert hat, kann er nun daran gehen, ihn mit seinen Produkten zu füllen. Hierzu füllte er für jedes seiner Produkte oder jede seiner Dienstleistungen, die auf dem Portal anbieten will, ein ausführliches Datenblatt aus, das alle wesentlichen Attribute abfragt.

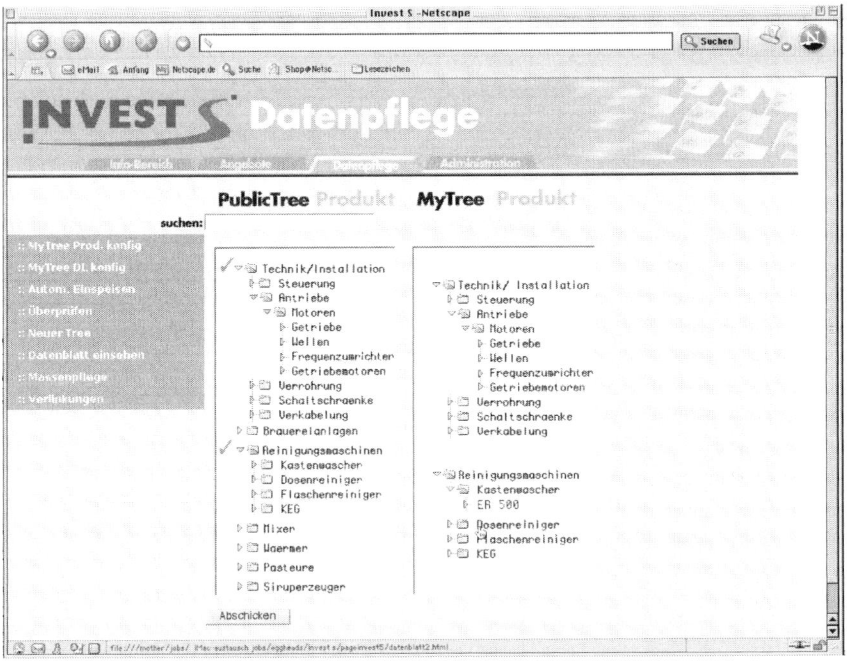

Abb. 11. Datenpflege – Übertragung von Daten aus MyTree in den Public – Bereich

Da eine Reihe von Dienstleistungen auch eine Reihe von Attributen gemeinsam haben, ist auch die Möglichkeit einer Massenpflege vorgesehen: Hier füllt man die für alle gleichen Attribute im Datenblatt aus und das System hält anschließend in den entsprechenden Datenblättern diese Attribute bereits ausgefüllt vor.

4.4.2 Verlinkungen

Die angeschlossenen Dienstleister haben die Möglichkeit, zwischen PublicTrees und MyTrees Verlinkungen herzustellen, um so dem Portal bekannt zu geben, für welche Produkte sie welche Dienstleistungen oder auch andersherum welche Dienstleistungen sie für welche Produkte anbieten können.

Der User wählt hierzu den Menupunkt „Verlinkungen“ aus und kann anschließend nach einer bestimmte Maschine suchen lassen. Nachdem dieses Produkt gefunden ist, markiert er zunächst das gefundene Produkt und verlinkt nun die Dienstleistungen, die er zu diesem Produkt anbieten kann.

4.5 Administration

Im Administrationsbereich, der für alle anderen User gesperrt ist, können die notwendigen Vorarbeiten und Grundlagen geschaffen werden. Hier ist der Anwender in der Lage, die Struktur des Portals bzw. der Datenbank zu bestimmen und zu ändern. Das sind zum einen Portal-übliche Funktionen wie „Redaktion“, Aufnahme und Überprüfung der Unternehmensdaten von neuen Mitgliedern, Überprüfung von Eingaben und Partner-Support. Zum anderen aber – und dies ist das Besondere – können hier online auch die MasterTrees und Datenblätter konfiguriert werden, die die Dienstleister benötigen, um ihre MyTrees einzurichten, aus denen sich dann wiederum der PublicTree generiert.

So kann der Administrator beispielsweise den MasterTree Produkt konfigurieren: Ein Beispiel hierfür wäre die Erweiterung um eine Kategorie. Nach Auswahl eines entsprechenden Menupunktes erscheint die aktuelle Struktur. Und nun kann – wie auch auf der gewohnten Windows-Oberfläche – ein neuer Ordner eingefügt werden, der entsprechend wird und nun als weitere Kategorie bzw. Produktgruppe im MasterTree für die Dienstleister zur Verfügung steht. Analog dazu können auch der MasterTree für Dienstleitungen und dazu gehörige Datenblätter erstellt und gepflegt werden.

5 Systemanforderungen

Daraus ergeben sich folgende Anforderungen an ein Dienstleistungsportal:

- Abbildung komplexer Strukturen (große Anzahl an Produkten, Variantenvielfalt, Mehrsprachigkeit, großer Kundenkreis, unterschiedliche Unternehmensbereiche bzw. mehrere Unternehmen innerhalb eines Konzerns).
- Import und Integration von Daten aus heterogenen Datenquellen (Schnittstellen).
- Medienneutrale Speicherung der so vorliegenden Daten aus den verschiedenen Quellen.
- Möglichkeit der Verknüpfung dieser Daten zu einem neuen Kontext.

- Möglichkeit diesen neuen Kontext schnell und einfach für die verschiedenen Ausgabemedien zur Verfügung zu stellen.
- Einfache Datenpflege um einen ständig aktuellen Datenbestand zu gewährleisten.
- Hohe Performanz auch bei einer hohen Komplexität der Daten und bei großen Datenvolumen.
- Die Datenstruktur muß dynamisch handhabbar sein.
- Plattformunabhängigkeit

Das Dienstleistungsportal verbindet alle Stufen des Erstellungsprozesses von Angeboten – einlesen, verwalten, layouten und ausgeben von Daten – über ein Programm: Kern ist eine medienneutrale Datenbank, deren Hauptaufgabe darin besteht, Daten unabhängig von deren Quelle zusammenzutragen, zu speichern und zu verwalten. Es können Daten unterschiedlichster Art (z.B. strukturierte Anlagendaten mit technischen Attributen, Dienstleistungsprozesse mit kalkulatorischen Einheiten, Bilder, Texte, Layout-Parameter) aus verschiedenen Formaten, anderen Datenbanksystemen und sogar aus ERP-Systemen wie SAP R/3 eingelesen werden. Über eine grafische Benutzeroberfläche können autorisierte Nutzer diese Daten online verwalten und unterschiedlich kombinieren, ohne dass eine Änderung der Daten notwendig wäre. Ziel ist die Reduzierung der Arbeitsschritte für den Anwender, indem alle Daten nur einmal automatisiert zur Verfügung gestellt werden, um ohne Zeitverzögerung verschiedenen Benutzern zugänglich zu sein. Die Erstellung oder Aktualisierung eines Angebotes in unterschiedliche Medien, ob nun Print oder Internet, sollte jederzeit möglich sein.

5.1 Technologischer Hintergrund

Für das Dienstleistungsportal wird eine Client-Server-Architektur eingesetzt, die sich problemlos in Unternehmensnetzwerke (LAN/ WAN mit TCP/IP-Verbindung) integrieren lässt. Auf einem oder mehreren Servern befindet sich immer der aktuelle Datenbestand. Die einzelnen Clients greifen online auf die Server zu. Die Pflegeoberfläche wurde in JAVA entwickelt.

5.2 Systemvoraussetzungen

5.3 Client Rechner

Für den JAVA-Client wird ein JAVA2-kompatibler Rechner benötigt, der dem jeweils gängigen Hardware-Standard entspricht. Die HTML-Clients sind auf handelsüblichen Browser-Versionen lauffähig.

5.4 Server

Die Ausstattung und Konfiguration des Servers ist abhängig von der Art und Weise, wie das Dienstleistungsportal im Unternehmen eingesetzt wird. Der Server ist auf gängigen Betriebssystemen (Windows, Unix und Linux) lauffähig.

6 Beschreibung der Software-Module

Um den Anforderungen aus Kapitel 3 auch bei der Softwareimplementierung gerecht zu werden, müssen komplexe Softwaresysteme modular implementiert werden. Den Anforderungen des Geschäftsmodelltransfers (Kap. 3.1.5) kann nicht durch ein monolithisches System entsprochen werden. Die einzelnen Softwaremodule des Gesamtkonzeptes werden im Folgenden beschrieben.

6.1 Basismodule

6.1.1 Datenbank

Die Datenbank des Dienstleistungsportals bietet folgende Vorteile:

- eine frei definierbare Datenbankarchitektur
- die Möglichkeit, beliebig komplexe Strukturen abzubilden
- eine hohe Performance, speziell bei hoher Komplexität der Daten und bei großem Datenvolumen
- die dynamische Handhabung der Datenstrukturen
- freie Auswahl der Betriebssystemplattform für die Entwicklung und den Einsatz der Applikation mit uneingeschränkter Interoperabilität zwischen allen Plattformen und Sprachen.
- uneingeschränkte Verfügbarkeit des Systems, das heißt, Änderungen in der Struktur der Datenbank können während des laufenden Betriebes durchführt werden.

6.1.2 Mandantenverwaltung

Dieses Modul ist besonders interessant, wenn der User von mehreren Lieferanten oder Partnern Daten verwaltet und diesen für sie relevante Daten zugänglich machen möchte. Im Dienstleistungsportal können mehrere Mandanten angelegt und verwaltet werden. Es bietet dabei ein hohes Maß an Skalierungsfähigkeit. Die Anzahl der Mandanten und deren Benutzer, die das System verwalten kann, ist unbegrenzt.

Alle Daten und Datenbankstrukturen, die unter einem Mandanten angelegt sind, sind völlig unabhängig von den Daten der anderen Mandanten und klar von ihnen abgegrenzt. Dies ist z.B. für internationale Betreiberkonzepte von besonderer Bedeutung. Es besteht allerdings auch die Möglichkeit, gemeinsam genutzte Ressourcen – das können z.B. standardisierte Dienstleistungsprodukte (bzw. Prozessschritte) – allen Mandanten zur Verfügung zu stellen. Eine Mischform aus mandantenübergreifender und mandantenspezifischer Ressourcenverwaltung ist ebenfalls möglich.

6.1.3 Rechteverwaltung

Das Dienstleistungsportal verfügt über ein Zugriffsberechtigungssystem, über das Benutzerprofile und -gruppen definiert und entsprechend Rechte vergeben werden können. Über individuell zugeschnittene Rechtegruppen können die Zuständigkeitsbereiche der registrierten Benutzer abgebildet werden.

6.1.4 Attributsverwaltung

Die Aufgabe der Attributverwaltung besteht in der Einrichtung und Pflege der grundlegenden Datenbankstruktur, denn das Grundgerüst der Datenbank setzt sich letztendlich aus Dienstleistungsprodukten, deren Attributen sowie der Verlinkung zu den Sachgütern zusammen.

Attribute können selbstverständlich in beliebig vielen Sprachen hinterlegt und gepflegt werden. Dies hat den großen Vorteil, dass die technischen Tabellen für Angebote nur einmal erstellt werden müssen und gleichzeitig in mehreren Sprachen zur Verfügung stehen.

6.1.5 Verwaltung von Dienstleistungsprodukten

Im Laufe der Zeit werden insbesondere Dienstleistungsanbieter einen Stamm an erfolgreich abgewickelten Angeboten haben, den sie auch über das Portal verwalten möchten. Über eine Suchfunktion können diese Angebote nach beliebig vielen vorgegebenen Kriterien zusammengestellt werden. Von dort aus können Daten verknüpft, Preise gepflegt und Attributwerte geändert werden. Die Angebote unterscheiden sich nach ihrem Individualisierungsgrad sowie nach ihrem Kundenbezug, der anhand von Kundenhistorien hergestellt werden kann.

6.1.6 Verwaltung von Texten, Bildern und Tabellen

Medienunabhängige Objekte wie Texte Bilder und Tabellen können mit jedem beliebigen Angebot verknüpft werden. Bei Änderung eines Objektes, z.B. eines Textes, werden automatisch alle bestehenden Verknüpfungen zu diesem Text aktualisiert. Bilder und Texte, die direkt einem Dienstleistungsprodukt zuzuordnen sind, können auch direkt mit dem betreffenden Produkt verknüpft werden. Dies gilt insbesondere für technische Produktbeschreibungen, technische Zeichnungen und Fotos etc.

6.1.7 *Ausgabe-Generator*

Der Ausgabe-Generator ermöglicht die automatische Erstellung von umfangreichen Angeboten. Da die benötigten Inhalte, also Produkte, Texte, Bilder und Tabellen, bereits in der Datenbank hinterlegt sind, wird bei der Erstellung neuer Angebote stets auf einen aktuellen Datenbestand zugegriffen. Die eigentliche Aufgabe des Ausgabe-Generators liegt darin, die ausgewählten Inhalte nach vorgegebenen Layoutregeln auf den Seiten zu positionieren. Die Festlegung der Layoutvorgaben erfolgt über flexibel definierbare Templates, die auf der Grundlage des jeweils geltenden Corporate Designs gestaltet werden können.

Sind Inhalte und Layoutvorgaben für die Angebote einmal definiert, kann jede Änderung an dem Datenbestand jederzeit auf Knopfdruck in das Angebot übernommen werden. Ebenso können die Auswahl der Inhalte und die Layoutvorgaben jederzeit verändert werden.

6.2 Applikationsmodule

Die Applikationsmodule sind in der Regel branchenabhängig und können auf Basis des flexiblen Datenmodells angepasst werden. Es können folgende Applikationsmodule genutzt werden:

- Verwaltung von Sachgütern nebst Zuordnung zu Dienstleistungen
- Verwaltung von Dienstleistungs-Produkten, um verschiedene Dienstleistungen zu beschreiben und zu katalogisieren
- Struktureditor für die Portaladministratoren zur Pflege des gesamten Portals
- Schnittstelleninterface, um vorhandene Daten automatisiert in das Portal zu übernehmen
- Angebotskonfigurator zur Erstellung von Angeboten

6.3 User-Interface

Es sind zwei Typen von Clients für die Benutzung des Dienstleistungsportals vorhanden:

- JAVA-Client, JAVA wurde für die Programmierung des Clients gewählt, da diese Sprache objektorientiert und relativ einfach in der Handhabung ist und JAVA-Programme zwischen den verschiedenen Rechnerplattformen binärkompatibel sind. Hinzu kommt, dass es sich bei JAVA um eine netzwerkfähige, multitaskingfähige und dynamisch erweiterbare Programmiersprache mit strenger Typisierung handelt.
- HTML-Client, hier werden alle zur Zeit gängigen Browser unterstützt.

7 Zusammenfassung

Service ist ein schnelllebiges Geschäft, das auf die Identifizierung und Etablierung von Standards angewiesen sein wird, um sich voll entwickeln zu können und mit seinen Produkten die volle Akzeptanz am Markt zu finden. Allerdings wird es noch einige Zeit beanspruchen, bis unverrückbare Standards ihren Platz in dem Bewusstsein der Handelspartner gefunden haben. Das vorgestellte Geschäftsmodell, das informationstechnisch durch die Internettechnologie unterstützt wird, bietet hierfür Möglichkeiten, da es sich um eine dynamische Standardisierung handelt, also in einem fortlaufenden Prozess den Bedürfnissen angepasst werden kann. Hiermit ist der Schulterschluss zwischen strategischen Entscheidungen und der operativen Abwicklung gelungen, indem vorgegebene Strukturen auf einem kurzen Weg direkt an die Produktgestaltung in Form der Generierung von Dienstleistungsangeboten weitergeleitet werden. Abhängigkeit besteht lediglich zum Intermediär, dessen verantwortungsvolle Position strategischen Regelmechanismen des Netzwerkes unterworden werden muss.

Dienstleistungsanbieter werden ihre passive Position verlassen, um nicht nur auf Kundenerwartungen zu reagieren. In dem beschriebenen Ansatz ist die Initiierung von Serviceangeboten sowohl von Seiten der Kunden wie auch Lieferanten möglich. Wichtig ist in diesem Zusammenhang, dass unabhängig vom Aktivisten das Dienstleistungsprodukt eine gleiche Struktur erhält. So kann eine kooperationskonforme Angebotsrepräsentation immer eingehalten werden, die den aufgezeigten Produktmerkmalen entspricht.

Der schnelle Zugriff auf die vielfältigen Informationen aus dem technischen und kaufmännischen Dienstleistungsbereich bildet nicht nur die Basis des vorgestellten Geschäftsmodells, sondern wird zunehmend der entscheidende Erfolgsfaktor für die Implementierung einer kompetenten und kundenorientierten Serviceorganisation. Die chronische IT- Schwäche kleiner Unternehmen führt oftmals zu einer Verweigerungshaltung gegenüber neuen Systemen. In diesem Fall wurde daher auf einen Ansatz gesetzt, der den Zugang auf niedrigstem technischen Niveau ermöglicht und trotzdem eine gute Performance bieten kann.

All diese Vorteile täuschen nicht darüber hinweg, dass sich das Dienstleistungsportal noch im Aufbau befindet. So muss die Akzeptanz, dieses Medium zu nutzen erst noch nachgewiesen werden. Auch gilt es, Auswahlmechanismen für die automatische Wahl der passenden Dienstleistungsmodule nach den Kriterien von Qualitäts-, Kosten- und Ressourcenansprüchen zu implementieren. Um die Werthaltigkeit von Dienstleistungsprodukten zu sichern und zu steigern, stellt das Portal schon jetzt, insbesondere durch seine Branchenunabhängigkeit, einen vielversprechenden Ansatz für die Zukunft dar, den es weiterzuverfolgen gilt.

Literatur

Bruhn M (2000) Qualitätssicherung im Dienstleistungsmarketing- eine Einführung in die theoretischen und praktischen Probleme. In: Bruhn M, Stauss B (Hrsg.) Dienstleistungsqualität. Gabler, Wiesbaden S.21-49

Bruhn M, Meffert H (2003) Dienstleistungsmarketing. Gabler, Wiesbaden

Bullinger, H-J (2000) Service- Engineering: Wie lassen sich neue Dienstleistungen entwickeln? In: Spath, D, Bullinger H-J, Demuß L (Hrsg.) Service- Engineering 2000, Entwicklung und Gestaltung innovativer Dienstleistungen, Karlsruhe, S 23-30

Bundesministerium für Wirtschaft und Arbeit (2003) Übereinkommen über den Handel mit Dienstleistungen – GATS. www.bmwi.de, Abruf: 02.08.2003

Deutsches Institut für Normung e.V. (2002) Din Fachbericht 116: Standardisierung in der deutschen Dienstleistungswirtschaft - Potenziale und Handlungsbedarf. Beuth-Verlag, Berlin

Duden (1997) Rechtschreibung der deutschen Sprache. Dudenverlag, Mannheim

e-cl@ss (2002) Standard für Materialklassifikation und Warengruppen. www.eclass.de, Abruf am 02.08.2003

Engelhardt W H, Kleinaltenkamp M, Reckenfelderbäumer M (1993) Leistungsbündel als Absatzobjekte- Ein Ansatz zur Überwindung der Dichotomie von Sach- und Dienstleistungen. Zeitung für betriebswirtschaftliche Forschung 45 : 395-426

Garvin D A (1984) What does Product Quality really mean? Sloan Management Review 25: 25-43

Harms, V (1999) Kundendienstmanagement. Verlag Neue Wirtschaftsbriefe GmbH & Co., Herne/Berlin

Hüllenkremer M (2002) Frontoffice meets Backoffice- Produktkonfiguratoren als Bindeglied. IT 1-2 : 22-24

IT (2002) Externe Hilfe durch den Profi- Backend- Integration. IT 8-9 : 24-25

Klein S (1996) Interorganisationssysteme und Unternehmensnetzwerke. Deutscher Universitätsverlag, Wiesbaden

Krause F-L, Müller C, Kind C (2002) Kostenvergleich alternativer Lösungsprinzipien am Beispiel der Angebotserstellung komplexer Einzel- und Kleinserienprodukte. Zeitschrift für wirtschaftlichen Fabrikbetrieb 4

Maleri R (1997) Grundlagen der Dienstleistungsproduktion. Springer, Berlin

Meier H, Massberg W, Schramm J (2003) Kundenindividuelle Services auf Basis modularisierter Dienstleistungen. In: Zäh H, Schuh G (Hrsg) Marktchance Individualisierung. Springer-Verlag, Berlin, S 65-72

Meier H, Schramm J (2002) Development of a Stage Model based Configurator to generate more customer- specific Services and to support cooperative Service – Networks, Cirp Conference of Intelligent Computation in Manufactoring Engineering, Ficiano Italy

Spur G (2002) Technologiesprünge durch Prozessvernetzung. In: Milberg J, Schuh G (Hrsg.) Erfolg in Netzwerken. Springer, Berlin, S. 127-143

Wildemann H (2000) Kernkompetenzen und e-Technologien managen. In: Wildemann H (Hrsg.): Kernkompetenzen und e-Technologien managen. TCW Transfer Centrum GmbH, München S.13-15

Zeithaml V A, Berry L L, Parasuraman A (1988) Communication and Control Processes in the Delivery of Service Quality. Journal of Marketing 4 :35-48

Entwicklung und kooperative Nutzung eines modernen Teleservice-Systems

Bernd Kirsch

Inhalt

6 Vermarktungskonzept
- 6.1 Definition des Serviceprodukts
- 6.2 Vermarktungsbasis
  - 6.2.1 Ausgangslage:
  - 6.2.2 Servicekosten:
  - 6.2.3 Ausfallkosten:
- 6.3 Vermarktungsstrategie
  - 6.3.1 Interne Vermarktung
  - 6.3.2 Externe Vermarktung

7 Ausblick auf eine kooperative Nutzung

1 Einleitung

Hersteller von Investitionsgütern konnten für ihre Produkte innerhalb der letzten Jahre eine Zunahme an Produktivität und Funktionalität realisieren, die oftmals schon über den Anforderungen der Kunden lag. Dieser technologische Vorteil ist jedoch oft mit einer hohen Komplexität der Anlagen und einem erhöhten Preisdruck verbunden. Ein attraktiver Service bietet daher das Potenzial zur Wettbewerbsdifferenzierung, das den Unternehmen im reinen Anlagenverkauf immer mehr verloren geht. Heute reicht es nicht mehr aus, auf Kundenanforderungen zu reagieren, sondern es ist bei den meisten Unternehmen ein strategischer Schwerpunkt, dem aktiven Service einen immer höheren Stellenwert einzuräumen. Aktives Handeln im Service setzt jedoch voraus, dass Grundlagen und auch technologische Rahmenbedingungen dafür geschaffen werden. Dies bedingt eine systematische Entwicklung innovativer Dienstleistungen nach Aspekten der offensiven Vermarktung und die Einbindung moderner Informations- und Kommunikationstechnologie. Erfahrungen im Bereich des Teleservice haben gezeigt, dass die reine Technologie nicht den gewünschten Erfolg der Kundenbindung mit sich bringt, sondern dass solche Systeme in schlüssige Dienstleistungsproduktkonzepte eingebunden werden müssen, die den Kunden einen Nutzen eindeutig vermitteln können.

Im Nachfolgenden werden praktische Erfahrungen, die auf dem Weg von der Geschäftsidee, der Zielvereinbarung, der Entwicklung und der Vermarktung eines modernen Teleservice-Konzepts gesammelt wurden, aus der Sicht eines Investitionsgüterherstellers geschildert. Das Beispiel entstammt der Branche der Getränke- und Verpackungsindustrie, und hat durchaus repräsentativen Charakter für den Maschinen- und Anlagenbau.

2 Die KHS Maschinen- und Anlagenbau AG

Die KHS Maschinen- und Anlagenbau AG, Dortmund, ist ein international tätiger Hersteller von Abfüll- und Verpackungsanlagen für die Getränkeindustrie. Der Umsatz des KHS-Konzerns betrug im Geschäftsjahr 2001/2002 557 Millionen Euro (Vorjahr 538 Millionen Euro). Zum Ende des Geschäftsjahres am 30. September 2002 beschäftigte der KHS-Konzern 2.643 Mitarbeiter (Vorjahr 2.712 Mitarbeiter) weltweit.

Der zentral von Dortmund aus geführte KHS-Konzern verfügt über weitere deutsche Werke in Bad Kreuznach, Worms, Hamburg und Kriftel. Ausländische Werke befinden sich in Brasilien, USA, Mexiko und Indien. Durch die Integration der Kisters Maschinenbau GmbH in den KHS-Konzern, die zum 01.01.2003 stattfand, sind Kleve und Bad Arolsen an deutschen Produktionsstandorten hinzu gekommen.

2.1 Der KHS-Service – Struktur und Aufgaben

Die Gesamtstruktur der KHS AG basiert auf jeweils nach Aufgaben- und Verantwortungsbereichen gegliederten Profitcentern. Mit dieser Aufstellung ist gewährleistet, dass jeder Geschäftsbereich, so auch der Geschäftsbereich „Außenmontage/After Sales Service", innerhalb der KHS AG eigenverantwortlich seine Pflichten wahrnimmt und dafür Sorge trägt, dass ein positives Ergebnis für den Geschäftsbereich und schlussendlich in der Summe für die gesamte AG erwirtschaftet wird. Um Positives zu verstärken, Schwächen zu erkennen und zu beseitigen und Prozessabläufe kontinuierlich zu verbessern, bietet die Profitcenterstruktur durch die damit verbundene Transparenz und den konsequenten Einsatz eines permanenten, geschäftsbereichsinternen und übergeordneten Controllings ideale Voraussetzungen.

Der Service ist gekennzeichnet durch die kontinuierliche und enge Zusammenarbeit des Geschäftsbereichs „Außenmontage/After Sales Service" und des Geschäftsbereichs „Ersatzteilservice". Dabei liegt die Verantwortung des Geschäftsbereichs „Außenmontage/After Sales Service" auf folgenden Schwerpunktaufgaben im Neuanlagen-/Neumaschinengeschäft:

- Personaleinsatzplanung und Personalbereitstellung
- Baustellenmanagement
- Mechanische und elektrische Montagen
- Inbetriebnahmen
- Abnahmen

Die Schwerpunktaufgaben des Geschäftsbereichs für den After Sales Service definieren sich wie folgt:

- Personalbereitstellung für den reaktiven Service
- Planung und Durchführung von Instandsetzungen und Umbauten
- Erarbeitung von After Sales-Angeboten und Auftragsmanagement
- 24 Stunden-Hotline
- Entwicklung und Vermarktung moderner Serviceprodukte

Speziell die Entwicklung von neuen, modernen Serviceprodukten und deren aktive Vermarktung nimmt einen zunehmenden Raum bei der Angebotserweiterung des After Sales Service und der Erschließung von Servicepotenzialen ein. Nicht zu vergessen ist, dass die Qualität und das Potenzial des Service als Differenzierungsmöglichkeit vom jeweiligen Wettbewerber eine immer größere Rolle spielen. Besonders in der jüngeren Vergangenheit ist ein Trend zu beobachten, dass potenzielle Kunden nicht nur den jeweiligen Angebotspreis, sondern auch im gleichen Maße Servicekonzepte zur Minimierung der „life cycle costs" in die Kalkulation mit einbeziehen. Deren Qualität stellt mittlerweile ein gleichrangiges Entscheidungskriterium für den Kauf einer Anlage oder Maschine dar.

2.2 Der Einsatz von Teleservice

Teleservice als klassische Form des Fernzugriffs mittels Modem auf eine Maschinensteuerung ist seit geraumer Zeit ein verbreitetes, die Dienstleistungserbringung unterstützendes Werkzeug. In vielen Fällen ist diese auf die Maschinensteuerung bezogene Lösung heute noch praktikabel und aufgrund des geringen Aufwands für das Equipment und die Installation für kleinere und mittlere Unternehmen als Servicenehmer anwendbar.

Problematisch ist aus heutiger Sicht mit Blick auf die vorhandenen technischen Möglichkeiten jedoch, dass viele andere elektronische Elemente vom Fernzugriff ausgeschlossen sind, obwohl diese im Gesamtkonzept einer Maschinensteuerung eine gleich große Rolle für die Funktion spielen wie die SPS.

Ein weiterer entscheidender Nachteil ist aus der Sicht eines weltweit agierenden Unternehmens mit vielen Standorten in verschiedenen Kontinenten und einer entsprechend verteilten Kundschaft die Eingeschränktheit des „klassischen“ Teleservice bei der Einbeziehung von zusätzlichen Fachspezialisten in die jeweilige Online-Kommunikation. Die gleichzeitige Übertragung von qualitativ hochwertigen Live-Bildern und die Kommunikation zwischen Kunde und Servicespezialist während des Online-Zugriffs auf die SPS oder eine andere elektronische Komponente der Maschine über eine Telefonleitung ist mit der „klassischen“ Teleservice-Lösung nicht realisierbar.

3 Zielsetzungen bei der Entwicklung eines innovativen Teleservice-Systems

3.1 Bedarfsanalyse

Aufgrund der immer komplexeren Bedienung der Maschinen und Anlagen und der damit eingeschränkten oder auch fehlenden Kompetenz, wird der Endkunde immer mehr in die Rolle des „Hilfesuchenden“ gedrängt. Das ist soweit nicht verwunderlich, da ja die Kernkompetenz der Kunden der KHS AG im Herstellen, Abfüllen und Verpacken von Getränken liegt.

In den letzten Jahren ist tendenziell festzustellen, dass Steuerungselemente in den Maschinen, die herkömmlich mechanisch konfiguriert waren, immer mehr durch elektronische Lösungen ersetzt werden. Fachlich ist die Instandhaltung des Kunden vermehrt auf die Kernkompetenz des Lieferanten bei der Lösung von elektronischen Problemen angewiesen. Der Kunde wird den Kontakt zum Experten beim Lieferanten fordern.

Eine weitere branchenspezifische Entwicklung ist bezüglich der Quantität und Qualität der eigenen Instandhaltung der Kunden, von einigen Ausnahmen abgesehen, zu beobachten. Aufgrund des zum Teil enormen Preisdrucks auf die jeweiligen Produkte und dem damit verbundenen Zwang, Kosten einzusparen, leisten sich immer weniger Kunden eine zahlenmäßig ausreichende und gleichzeitig fachkompetente Instandhaltungsabteilung.

Unabhängig von der Anzahl der Instandhalter ist sowohl eine gute Ausbildung des Personals notwendig als auch eine den komplexen Anforderungen der Maschinen und Anlagen angepasste Ausrüstung, die in der Regel hohe Investitionen vom Kunden erfordern. Bei der Betrachtung der laufenden Kosten sind die zusätzlichen Investitionen in z.B. Softwareupdates der unterschiedlichen Softwaretools als nicht unerheblich einzuschätzen. Natürlich ist es eine logische Konsequenz, dass bei einem derartigen Kostendruck das Interesse an kostenschonenden Servicelösungen immer mehr zunimmt.

Des Weiteren korreliert die Höhe der Reisekosten zur Entfernung, die für einen Serviceeinsatz zurückgelegt werden muss. Ausgehend davon, dass die KHS AG ihre Kunden weltweit gleichberechtigt betreuen will und muss, wurde ein weitverzweigtes Netz von Inspektoren installiert, über welches regional zugeordnete Gebietsmonteure eingesetzt werden können. Aufgrund der individuellen Anforderungen an die Qualifikation ist es allerdings nicht auszuschließen, dass auch das Servicepersonal vor Ort keine Möglichkeit hat, die Probleme zu beseitigen. In diesen Fällen muss ein Spezialist, möglicherweise sogar ein Konstrukteur in die Problemlösung eingebunden werden. Je nach Entfernung zum Kundenstandort können dann die Reisekosten die tatsächlichen Einsatzkosten weit übersteigen.

Nicht zu vergessen sind die aus der jeweilig notwendigen Reisezeit resultierenden Stillstandszeiten und damit verbundenen Produktionsausfälle. Bei Getränkeabfüllanlagen mittlerer Leistung können die Kosten für eine Stunde Produktionsausfall bei einem durchschnittlichen Gewinn pro Einheit von 1 bis 4 Eurocent ca. € 1.100,-- betragen. Zusätzlich fallen für den Kunden die jeweils unternehmensspezifischen Fixkosten an, die sich zum Produktionsverlust addieren.

Aufgrund der individuellen Konfigurationen der Abfüll- und Verpackungsanlagen werden zusätzlich zum eingesetzten Produktprogramm der KHS AG auch Produkte von Unterlieferanten installiert. Diese Unterlieferanten bieten zum Teil eigene, produktspezifische, in der Regel auf verschiedenen IT-Plattformen basierende Teleservice-Systeme unterschiedlicher Qualität an. Unter diesen Voraussetzungen gibt es keine Möglichkeit, Unterlieferanten in den vom Hauptlieferanten zentral geführten Online-Dialog einzubinden. Bei der Bedarfsuntersuchung ist aber gerade die mittelfristige Verfügbarkeit dieser Option ein Wunsch der Kunden, um einen möglichst umfassenden Teleservice in Anspruch nehmen zu können.

Innerhalb der Bedarfsuntersuchung wurden Kundenbefragungen unter Nutzung des weltweiten Inspektoren- und Vertriebsnetzes der KHS AG durchgeführt, in denen sich die vorstehend aufgeführten Erkenntnisse im Wesentlichen bestätigten. Im Mittelpunkt des Interesses stehen eindeutig folgende Schwerpunkte:

- Vermeidung von Kosten durch Produktionsstillstände
- Minimierung der Servicekosten

Fazit: Es muss ein Teleservice-System entwickelt werden, dessen technische Anforderungen sich am ermittelten Kundenbedarf orientieren und das mittel- bis langfristig den Aufbau eines komplexen Kunden-Lieferanten-Netzwerks bis zur

Einbindung von Unterlieferanten auf einer einheitlichen IT-Plattform gewährleistet.

3.2 Technische Ziele

Die Möglichkeiten der modernen Informations- und Kommunikationstechnik bewirken einen zunehmenden Strukturwandel im Kundenservice des Maschinen- und Anlagenbaus. Für die KHS AG lässt sich mittels eines modernen Teleservice-Systems ein völlig neues, wettbewerbsstrategisches Element bei der Kundenbetreuung einfügen, welches auch kundenseitig durch die gesteigerte Verfügbarkeit der Abfüllanlagen entscheidende Wettbewerbsvorteile bringen kann.

Aus dieser Erkenntnis heraus und unter Berücksichtigung der Nachteile des „klassischen" Teleservice ergaben sich folgende Eckdaten für die technische Entwicklung eines neuen Teleservice-Konzepts:

- Einheitliche IT-Plattform als Basis für das System
- Fernzugriff auf alle elektronischen Komponenten einer Maschine
- Gleichzeitige Ausführung mehrerer Systemfunktionen
- Weiterschaltungsmöglichkeit an andere Lieferanten-Standorte und zu Unterlieferanten
- Möglichkeit einer Video-/Audio-Kommunikation
- Mobile Anwendung bei stationärer Installation
- Servicefreundlichkeit und Datensicherheit

3.3 Kommerzielle Ziele

Selbstverständlich ist, dass eine technische Entwicklung eine offensive Investitionsstrategie des Unternehmens voraussetzt. Bei jeder Investition in neue Geschäftsfelder ist es jedoch erforderlich, die Kosten für die Entwicklung mit dem zu erwartenden Nutzen während des gesamten Entwicklungsprozesses kontinuierlich abzugleichen. Um die gewonnenen Daten zu verifizieren und entsprechende Aktivitäten ableiten zu können, ist eine möglichst umfassende Prozesskostenrechnung eine gute Entscheidungshilfe für die verantwortlichen Führungskräfte.

Die Entwicklung des Teleservice-Systems wurde mit folgenden kommerziellen Zielsetzungen verbunden:

- Generierung von zusätzlichen After Sales-Umsätzen
- Weitestgehende Refinanzierung der Entwicklungskosten innerhalb von 2 Jahren durch zusätzliche Einnahmen/Kosteneinsparungen
- Kosteneinsparung bei Inbetriebnahmen
- Kosteneinsparung im Gewährleistungszeitraum
- Synergien durch stärkere Kundenbindung

Um den zu erwartenden kommerziellen Erfolg vor Beginn des Entwicklungsprozesses möglichst genau abschätzen zu können, wurden Marktanalysen zur Bedarfsuntersuchung durchgeführt und die Anforderungen an das Vermarktungskonzept definiert.

4 Technische Entwicklung und Systembeschreibung

4.1 Basiskonzept

Das neu entwickelte Remote Diagnostic Service-System, kurz ReDiS®, der KHS AG ist technisch gesehen eine weiterentwickelte Form des „klassischen" Teleservices, der sich im Wesentlichen auf den Zugriff auf einzelne Steuerungssysteme über ein Modem beschränkt. Viele elektronische Komponenten der Maschinen und Anlagen waren vom Fernzugriff ausgeschlossen. Die Neuentwicklung unterstützt hingegen die Kommunikation mit allen über die entsprechende Schnittstelle verfügenden elektronischen Komponenten der KHS-Maschinen in der Anlage, die über ein Netzwerk zwischen Maschine und Telefonanschluss mit dem ReDiS®-Center verbunden werden.

Aufgrund dieser Konfiguration ist es möglich, mit verschiedenen Komponenten, z.B. SPS, PC-gestützten Bedienkonsolen und Frequenzumformern, eine Online-Verbindung herzustellen. Entsprechende Diagnosen oder programmtechnische Eingriffe können somit vorgenommen werden. Zusätzlich können über eine in das System integrierte Handkamera Videobilder übertragen werden. Außerdem ist es möglich, über ein Headset die Kommunikation zwischen dem Mitarbeiter des ReDiS®-Centers und dem Kunden vor Ort zu realisieren.

Vom Center aus können weitere Arbeitsplätze an anderen Standorten der KHS AG und mittelfristig auch ausgewählte Unterlieferanten online eingebunden und zusätzlich Spezialisten in den Dialog eingeschaltet werden.

4.2 Kommunikation

Das „ReDiS®mobile" ermöglicht die Kommunikation zwischen Steuerungen (Siemens, Allen Bradley), Frequenzumformern und PC-gestützten Bildschirmen (Kuka, Soft-SPS, Lauer, Siemens usw.) und dem ReDiS®-Center. Hierbei werden die elektronischen Komponenten einzeln durch das Fachpersonal des Kunden vor Ort über entsprechende Adapterkabel mit dem Servicekoffer verbunden.

Die datentechnische Kommunikation vor Ort erfolgt über ein in der Anlage installiertes „wireless LAN"-Netzwerk zwischen dem mobilen Servicekoffer und dem Telefonanschluss (ISDN oder Satellit). Eine Handkamera zur Übertragung von Video-Live-Bildern und ein Headset zur Audiokommunikation sind im Servicekoffer integriert.

4.3 Langzeitdiagnosen

Eine weitere, wichtige Anwendungsmöglichkeit ist die Langzeitaufzeichnung von Daten zur Analyse von sporadisch auftretenden Fehlern. Im Bild ist beispielhaft die Fehleranalyse eines Frequenzumformers durch den Vergleich der aufgezeichneten Daten mit den im Normalzustand gesicherten Referenzdaten dargestellt. Hier im Beispiel ist der Unterschied zwischen der Temperatur im Normalzustand und der über eine Langzeitdiagnose ermittelten aktuellen Temperatur zu erkennen.

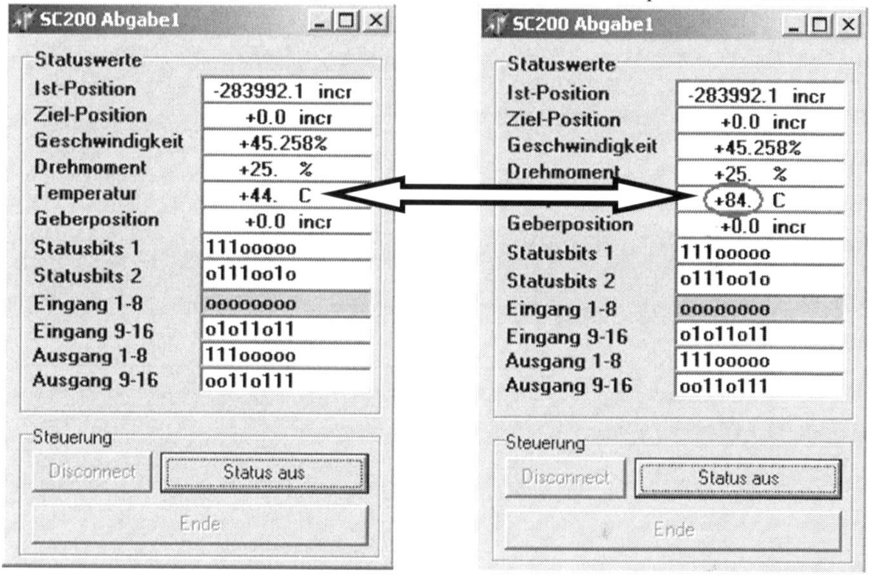

Abb. 1. Überwachung von Temperaturwerten

4.4 „ReDiS® mobile"-Equipment

Der robuste Servicekoffer beinhaltet einen PC mit Systemsoftware, eine Handkamera, ein Headset, alle notwendigen Adapterkabel und eine Antenne. Für den Aufbau eines „wireless LAN"-Netzwerks wird außerdem ein Access Point mitgeliefert, der mit dem ISDN-Telefonanschluss verbunden wird. Die Position des Access Points in der Anlage muss so gewählt werden, dass eine freie Funkstrecke zu den einzelnen Anschlusspunkten der Maschinen bzw. Schaltschränke gewährleistet ist. Ausgehend davon, dass mit einem Access Point ein Umkreis von ca. 60 Meter abgedeckt wird, kann es bei größeren Anlagen notwendig werden, zusätzliche Access Points zu installieren. Unabhängig von der Anzahl muss an jedem Access Point ein 220 V-Anschluss für die Spannungsversorgung installiert werden.

Im Folgenden sind die Hauptteile des „ReDiS®mobile“-Equipment dargestellt:

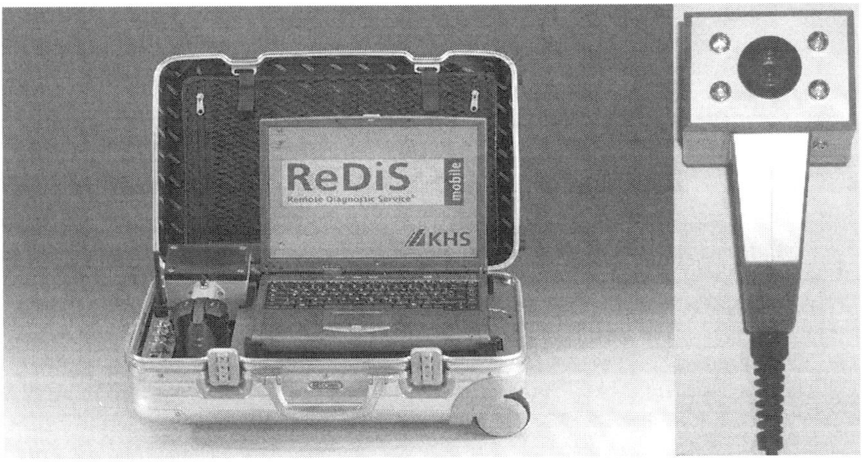

Abb. 2. Mobiles System und Kamerateil

Abb. 3. Headset mit Antenne und Access-Point

4.5 „ReDiS® net“ als Funktionserweiterung

Das „ReDiS® net“ ist ein add-on zum „ReDiS®mobile“ und verbindet die elektronischen Komponenten über ein in der Anlage installiertes Ethernet-Netzwerk fest mit einem vor Ort installierten Kommunikationsrechner (Server). Über diesen Rechner können die angeschlossenen Komponenten einzeln oder parallel vom ReDiS®-Center aus mittels Telefonverbindung (ISDN oder Satellit) angesprochen werden. Eine Adaption der einzelnen Komponenten durch Fachpersonal des Kunden vor Ort ist nicht mehr notwendig. Damit wird das System in der Anwendung wesentlich vereinfacht und die Funktionssicherheit weiter erhöht.

Bei der Anwendung übernimmt der mobile Servicekoffer die Funktionen der Audiokommunikation und der Übertragung von Video-Live-Bildern. Diese Funktionen sind während des Online-Zugriffs auf die elektronischen Komponenten über das Netzwerk verfügbar. So wird eine ständige Kommunikation zwischen dem Kundenmitarbeiter vor Ort und dem ReDiS®-Center ermöglicht.

Die nachfolgende Gegenüberstellung der schematischen Systemdiagramme beider Versionen macht den erweiterten Funktionsumfang deutlich:

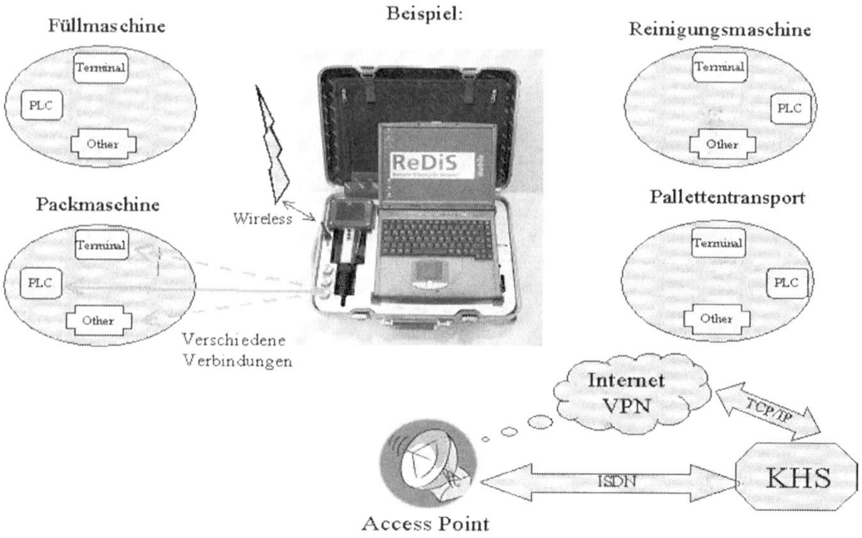

Abb. 4. Systemdiagramm des Redis-Mobile

4.6 ReDiS®-Center

Das ReDiS®-Center stellt die zentrale Kommunikationsschnittstelle zwischen Kunde und Maschine und intern zu den einzelnen Arbeitsplätzen der verschiedenen Bereiche an den Standorten dar. Die im Center beschäftigten Servicespezialisten haben ein breites Fachwissen über die Produktpalette und lösen einen Großteil der anstehenden Probleme durch Online-Dialog mit den betreffenden elektronischen Komponenten. Mittels Weiterschaltung können Spezialisten verschiedener Bereiche in den Dialog eingeschaltet werden. So wird eine effektive Analyse und eine zielgerichtete Lösung der meisten auftretenden Probleme realisiert.

Weitere Aufgaben des Centers sind die Administration des Systems selbst, die Erfassung der Online-Zeiten zum Zwecke der späteren Abrechnung mit den Kunden und die Dokumentation der jeweiligen Aktivitäten.

4.7 Zusatzfunktion

Auf dem PC des mobilen Servicekoffers können außer der für den Betrieb des ReDiS®-Systems notwendigen Systemsoftware auch Daten wie Schaltpläne, Bedienungsanleitungen oder Informationen zu Ersatzteilen abgelegt werden. Diese Informationen stehen dann dem Kundenmitarbeiter vor Ort jeder Zeit zur Verfügung.

Abb. 5. Anwendungsmöglichkeiten

4.8 Datensicherheit

Bei der Entwicklung des Systems wurde der Datensicherheit ein hoher Stellenwert eingeräumt. Das Netzwerk wurde so konzipiert, dass eine größtmögliche Sicherheit gegenüber dem Zugriff Unbefugter für den Kunden aber auch für das anbietende Unternehmen besteht. Dies wird durch die Nutzung einer Telefonverbindung für den Datentransport und ein vom Intranet getrenntes Netzwerk, welches ebenfalls über interne Telefonverbindungen konfiguriert ist, realisiert. Zusätzlich hat der Kunde immer die Möglichkeit, durch Trennen der Verbindung zum Telefonanschluss einen Zugriff auf die Komponenten seiner Maschinen zu unterbinden.

4.9 Pilotprojekt

Um die technische Entwicklung zu intensivieren und die Funktionen des Systems testen zu können, wurde ein Kunde partnerschaftlich in das Projekt einbezogen. Dies eröffnete die Möglichkeit, ein Pilotsystem in einer bestehenden Abfüllanlage zu installieren. Mit diesem Pilotprojekt wurden und werden alle Entwicklungsschritte praxisnah überprüft und getestet. Im Gegenzug ist der Kunde in der Lage, bei Störungen der Maschinen in seiner Anlage das Systems kostenlos zu nutzen.

Drei Hauptgründe sprechen für die Installation eines Pilotprojekts:

1. Vermeidung von Fehlentwicklungen durch permanente Überprüfung der Entwicklung im Praxistest
2. Kontinuierliches Feedback vom Kunden zu den Praxiserfahrungen bei der Nutzung des Systems
3. Vorteile für die Vermarktung des Systems durch die positive Kundenreferenz am Markt

Insgesamt war und ist das Pilotprojekt einer der Schlüssel für eine marktorientierte Entwicklung und wird in Zukunft weiter für die kontinuierliche Überprüfung der nächsten Entwicklungsschritte genutzt.

5 Interne Infrastruktur und organisatorischer Ablauf

5.1 Interne Infrastruktur

Um ein funktionierendes System an den Markt zu bringen, war es parallel zur technischen Entwicklung notwendig, eine interne Netzwerkstruktur umzusetzen, die der Aufgabenstellung einer hohen Datensicherheit und einer gleichzeitig hohen Funktionalität gerecht wird. So wurde separat zum bestehenden Intranet komplett ein neues Netzwerk konzipiert. Neben den rein technischen Aspekten mussten Maßnahmen zur progressiven Vermarktung und Realisierung neuer Arbeitsplätze ergriffen werden. Es war daher notwendig, vor die organisatorische und technische Umsetzung zunächst eine positive strategische Entscheidung der Geschäftsführung zu setzen.

Der Standort der ReDiS®-Arbeitsplätze an den Standorten der KHS AG musste so gewählt werden, dass eine Nutzung durch Spezialisten, in der Regel Konstrukteure der einzelnen Fachabteilungen, ohne zusätzlichen materiellen und zeitlichen Aufwand gewährleistet werden konnte. In der obigen Grafik ist das Konzept für die interne Infrastruktur dargestellt. Dieses Konzept wurde unter Beachtung der strengen Trennung zwischen ReDiS®-Netzwerk und KHS-Intranet umgesetzt.

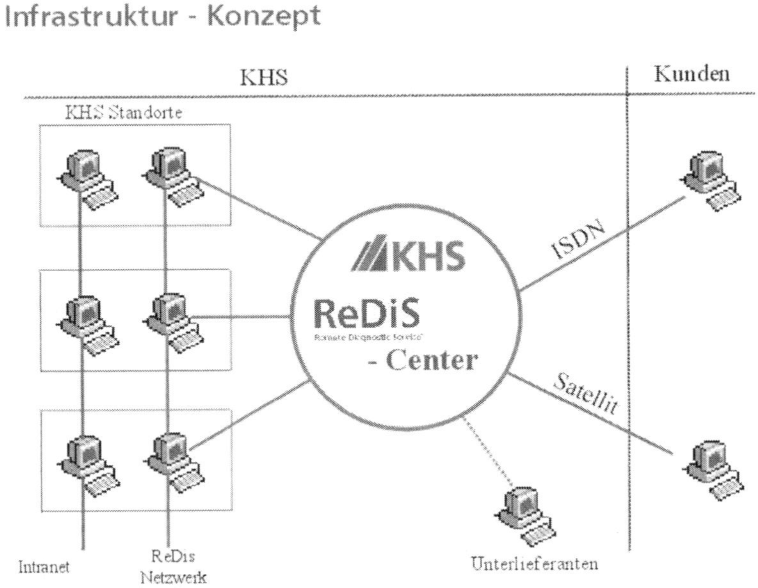

Abb. 6. Infrastruktur-Konzept

Jeder Arbeitsplatz ist mit einem Intranet-Arbeitsplatz kombiniert, sodass der jeweilige Spezialist parallel zum Online-Dialog auf seine fachspezifischen Daten wie SPS-Programme, elektronische Schaltpläne, Konstruktionspläne, Bedienungsanleitungen usw. zurückgreifen kann.

5.2 Organisatorischer Ablauf

Der interne organisatorische Ablauf bei der Meldung einer Störung ist in der nachfolgenden Grafik schematisch dargestellt:

Die Nutzung des ReDiS® ist derzeit nur tagsüber von 07:30 Uhr bis 17:00 Uhr MEZ möglich. Aufgrund des erheblich größeren organisatorischen und personellen Aufwands wird eine 24-Stunden-Verfügbarkeit vom realen Markterfolg abhängig gemacht.

Die Meldung einer Störung wird von der zentralen Servicedisposition angenommen. Im Gespräch mit dem Kunden wird sondiert, ob sofort ein Monteureinsatz erforderlich ist oder ob eine Diagnose der Störung via Teleservice der Entscheidung über einen Monteureinsatz vorangestellt wird. Im letzteren Fall wird der Vorgang an das ReDiS®-Center übergeben, vor dort aus wird dann die Kommunikation mit dem Kunden geführt.

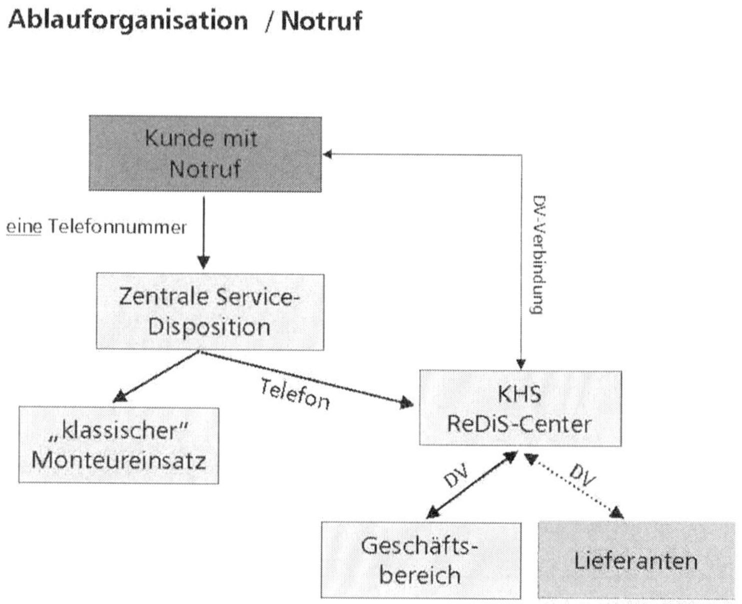

Abb. 7. Ablaufdiagramm Redis

Der Mitarbeiter wählt sich in das betreffende Kundennetzwerk ein, diagnostiziert das Problem und stellt den Fehler nach Möglichkeit über den Fernzugriff ab. Handelt es sich um Probleme, die nicht zu beseitigen sind, werden die entsprechend zuständigen Spezialisten der maschinenbauenden Geschäftsbereiche an den einzelnen Standorten über die ReDiS®-Arbeitsplätze online geschaltet. Nach erfolgreicher Problemlösung wird über das Service-Management-System auf der Basis der automatisch erfassten realen Online-Zeit unmittelbar eine Rechnung für den betreffenden Kunden erzeugt.

5.3 Rollierendes System

Um eine möglichst große Effizienz bei der Bearbeitung der Kundenanfragen zu erreichen, war es notwendig, das Personal so auszuwählen, dass ein möglichst hoher Wissensstand bezüglich der gesamten Produktpalette vorhanden ist, die Quantität aber am derzeitigen Kosten-Nutzenfaktor ausgerichtet wird. Ausgehend davon, dass in der Phase der Markteinführung der Nutzen entsprechend klein ist, aber die Qualität des Service von Beginn der Nutzung an hoch sein muss, wurde zunächst der Nutzungszeitraum auf die KHS-üblichen Geschäftszeiten eingegrenzt.

Die Besetzung wird anfangs mit Spezialisten realisiert, die gleichzeitig technische Entwickler des Systems sind. Da es sich bei den Entwicklern um ehemalige Außendiensttechniker handelt, ist das Wissen um die KHS-Maschinen und -Anlagen vorhanden. Auf der anderen Seite können die laufenden technischen Entwicklungen für das Teleservice-System an den Anforderungen der Praxis ausgerichtet werden.

Mittel- bis langfristig wird es zur Entscheidung kommen müssen, die Zugriffszeiten bis hin zu einer 24 h-Besetzung zu erweitern. Um dann dem deutlich erhöhten Personalbedarf gerecht zu werden und gleichzeitig den Wissenstand über die Produkte möglichst hoch zu halten, wird neben der Stammbesetzung ein rollierendes System für die Personalplanung eingeführt. Der Hintergrund dieses Systems ist, dass zu der Stammbesetzung für einen abgegrenzten Zeitraum von ca. 2-3 Monaten Spezialisten des Außendienstes in den Innendienst versetzt werden und den Online-Service übernehmen. Nach Ablauf dieser Zeit wird mit anderen Außendiensttechnikern gewechselt und die Mitarbeiter werden wieder in der Montage eingesetzt. Durch die rollierende Besetzung wird kontinuierlich der aktuelle Kenntnisstand bezüglich der Produkte in das Center transferiert und die Servicequalität dadurch gesichert. Dies ist ein wichtiges Argument zur Rechtfertigung der Investition in den Online-Service für die Kunden und letztendlich die Voraussetzung für eine Stabilisierung und die Erweiterung der Marktposition.

6 Vermarktungskonzept

Neben der, der technischen Entwicklung vorangestellten, Bedarfsanalyse und der nachfolgenden Realisierung einer technischen Lösung, ist die Entwicklung eines Vermarktungskonzepts eine gleichbedeutende Aufgabe. In einer Auswertung der Bedarfsanalyse konnte grundsätzlich festgestellt werden, dass am Markt ein starkes Interesse und konkrete Anfragen nach dem Einsatz von Ferndiagnoseservice vorhanden sind. Als zentrales Ergebnis bestätigte sich, dass die Ferndiagnose sich mittel- bis langfristig zu einem festen Bestandteil innerhalb des produktbegleitenden Services entwickeln wird. Aus den bisherigen Erfahrungen und der Resonanz des Marktes resultiert folgendes Produkt- und Vermarktungskonzept:

6.1 Definition des Serviceprodukts

ReDiS® ist ein Paket aus Hard- und Softwarekomponenten, das der Kunde bei KHS beziehen muss. Die Online-Unterstützung wird erst möglich, wenn der betreffende Kunde einen entsprechenden Online-Nutzungsvertrag abschließt. Dabei stellt die „mobile"- Komponente das Basissystem dar und kann durch die „net"- Komponente ergänzt werden.

Neben dem Erwerb des Equipments ist ein Nutzungsvertrag mit dem Anbieter abzuschließen, in dem die jährliche Bereitstellungsgebühr bezogen auf die Anzahl der anschlussfähigen Maschinen in der jeweiligen Anlage definiert ist. Inhalt dieses Vertrags sind Vereinbarungen über die Installation und Regelungen bezüglich der Zugriffszeiten auf das ReDiS®-Center sowie die Höhe der Online-Kosten für die Nutzung des Systems im Servicefall.

6.2 Vermarktungsbasis

Vor der Entwicklung eines Konzepts musste zunächst definiert werden, auf welcher Basis und letztendlich mit welchen Argumenten sich dieses vermarkten lässt. An erster Stelle sind hier die Vorteile der Kunden herauszustellen. Die Meinung der Kunden und die damit im Zusammenhang stehenden Marktchancen stehen bei der Ermittlung der Kundenvorteile an vorderster Stelle. Die notwendigen Informationen hierfür wurden bei direkten Kundenbefragungen oder auch bei Diskussionen mit Kunden bei Großveranstaltungen wie z.B. Messen oder Seminaren gesammelt. Folgende Kundenvorteile wurden schwerpunktmäßig ermittelt:

- schnellere Diagnose und Störungsbeseitigung
- kürzere Reaktionszeiten bei Störungen
- Online-Hilfe bei der Maschinenbedienung
- Analyse sporadisch auftretender Fehler mittels Langzeitaufzeichnung
- visuelle Diagnose von Fehlern durch Video-Live-Übertragung
- Parametrierung und Software-Updates via Online-Zugriff
- Online-Zugriff auf KHS-Dokumentationen (Bedienungsanleitungen, Schaltpläne u.a.)
- Online-Schulung des Bedienpersonals (e-learning)
- gezielter Monteur- und Ersatzteileinsatz durch vorherige Online-Diagnose
- Senkung der Reisekosten und Reisezeiten
- Senkung der Kosten durch Verkürzung der Stillstandszeiten bei Störungen
- Erhöhung der Anlagenverfügbarkeit

Alle genannten Positionen sind wichtige Faktoren bei der Bewertung der Marktchancen. Es hat sich jedoch herausgestellt, dass bestimmte Punkte eine besondere Wertigkeit und Priorität haben. Die Erwartung konzentriert sich aus Kundensicht auf:

1. Senkung der Reisekosten und der Reisezeiten
2. Senkung der Kosten durch Verkürzung der Stillstandszeiten bei Störungen

Warum das so ist, kann folgende Beispielrechnung verdeutlichen:

6.2.1 Ausgangslage:

Ein Getränkebetrieb betreibt eine KHS-Abfüllanlage und hat einen „ReDiS® mobile"-Nutzungsvertrag abgeschlossen. Im Laufe eines Jahres gibt es in dieser Anlage z.B. 2 Störfälle, die zum Anlagenstillstand führen und mittels Einsatz des Systems innerhalb von jeweils 3,5 Stunden beseitigt werden.

6.2.2 *Servicekosten:*

Für die Nutzung des Teleservice-Systems, ausgehend davon, dass 5 Maschinen der Anlage an das System angeschlossen sind, würden folgende Kosten für den Kunden entstehen:

Jährliche Pauschale:	€ 4.000,--
Online-Kosten gemäß Beispiel:	€ 860,--
Gesamtkosten	€ 4.860,--

Geht man davon aus, dass im Inland eine Anreisezeit von 6 Stunden und innerhalb von Europa von 14 Stunden anfällt, betragen die Kosten für die Beseitigung der beiden Störungen durch einen Einsatz vor Ort ca. € 4.200,-- bzw. ca. € 9.100,-- pro Jahr.

Addiert man zu diesen Beträgen nur die im Folgenden erläuterten Ausfallkosten hinzu, erhält man Gesamtkosten von € 13.800,-- bzw. € 18.700,--. Mit der Beseitigung der Störungen mittels Teleservice können bei diesem Beispiel Kosteneinsparungen von ca. 65 % und 75 % erzielt werden. Die Einsparungen bei Kunden in Übersee können aufgrund der größeren Entfernungen noch höher ausfallen.

6.2.3 *Ausfallkosten:*

Bei klassischem Serviceeinsatz steht die Anlage länger still, oft allein wegen der Anfahrzeiten. Kommt es z.B. bei einer Anlagenleistung von 60.000 Flaschen/h zu zwei achtstündigen Ausfällen pro Jahr, und der zu erzielende Gewinn pro Einheit würde € 0,01 betragen, ergibt sich allein für dieses Beispiel ein Verlust von € 9.600,--. Dazu addieren sich in der Regel die auflaufenden Fixkosten für die Zeit des Stillstands.

6.3 Vermarktungsstrategie

Bei den Überlegungen zur Definition der Vermarktungsstrategie wurde sehr schnell deutlich, dass es nicht nur um die Vermarktung des Produkts zum Kunden geht, sondern parallel zu allen Aktivitäten nach außen die Vermarktung innerhalb des Unternehmens einen wesentlichen Stellenwert einnehmen wird. Um den Markterfolg des Produkts zu sichern, musste dieser Situation Rechnung getragen werden. Im Zusammenhang mit der Vorteilssituation für die Kunden kann man grundsätzlich zusammenfassen: *Kundenvorteile = Marktchancen !*

6.3.1 *Interne Vermarktung*

Bei der Konfiguration einer Vermarktungsstrategie für Serviceprodukte ist der Aspekt der internen Vermarktung, also das Bekanntmachen eines Produkts des Services bei den eigenen Mitarbeitern von größerer Bedeutung als z.B. bei den „klassischen" Produkten des maschinen- und anlagenbauenden Unternehmens.

Diese Bedeutung wächst mit der Komplexität des Serviceprodukts in Bezug auf die beteiligten Bereiche und Abteilungen des Unternehmens bei der Umsetzung in die Praxis. Speziell das „ReDiS®" stellt diese hohen Anforderungen an die Realisierung, da praktisch alle Bereiche in den Prozess der Vermarktung und Realisierung einbezogen werden. So ist das Wissen über das Produkt und über die damit im Zusammenhang stehenden internen Prozesse bei den eigenen Mitarbeitern von grundlegender Bedeutung für den angestrebten Markterfolg. Nur wenn sich die in die Prozesse eingebundenen Mitarbeiter mit dem Produkt identifizieren, ist eine erfolgreiche Plazierung am Markt möglich!

Eine zusätzliche Problematik bei der Vermarktung von Serviceprodukten ist der allgemeine Stellenwert des Service innerhalb eines Unternehmens. Obwohl die Bedeutung des Service in der Wertschöpfungskette eines Unternehmens unbestritten ist, kann heute noch nicht davon ausgegangen werden, dass der Service die entsprechende Akzeptanz erlangt hat. In diesem Zusammenhang muss jedoch auch erwähnt werden, dass hier ein starker Aufwärtstrend festzustellen ist, und in naher Zukunft eine Gleichwertigkeit zur Kernkompetenz der jeweiligen Unternehmen erreicht werden wird und muss.

Um das Serviceprodukt „ReDiS®" bei der KHS AG intern zu vermarkten, wurden nach den Grundsatzentscheidungen des Vorstands zum Produkt selbst alle Bereiche des Unternehmens in die Informationskette einbezogen. Es wurden und werden interne Schulungsveranstaltungen und Seminare durchgeführt, um den Mitarbeitern besonders aus dem Service, dem Verkauf und der Konstruktion das System vorzustellen und zu erläutern. Durch eine offensive Kommunikation über die genannten Maßnahmen hinaus ist es gelungen, dass praktisch jeder Mitarbeiter im Unternehmen das Produkt zumindest vom Namen her kennt und die in die Realisierung einbezogenen Mitarbeiter mit den Details des Produktes vertraut sind. Der interne Informationsprozess wird weitergeführt, um den Wissensstand entsprechend der technischen Weiterentwicklung kontinuierlich zu aktualisieren.

6.3.2 Externe Vermarktung

Für eine erfolgreiche externe Vermarktung ist es notwendig, eine Strategie zu entwickeln, die schon bestehende Prozesse und Instrumente der Vermarktung nutzt. Zusätzlich kann es notwendig werden, dass speziell für das betreffende Produkt neue Vermarktungsinstrumente entwickelt und eingesetzt werden müssen. Auch die Struktur eines Unternehmens hat wesentlichen Einfluss auf die Möglichkeit einer effektiven Vermarktung von Serviceprodukten. Besonders die Positionierung des Services innerhalb des Unternehmens und die Verknüpfung des Services mit dem Verkauf ist von entscheidender Bedeutung bei der Vermarktung eines Serviceprodukts, sollen hierfür vorhandene Vertriebswege genutzt werden. Unter Berücksichtigung der Profitcenterstruktur der KHS AG und der intensiven Zusammenarbeit zwischen Montage/Service und Vertrieb sind die Voraussetzungen gegeben, auch Produkte des Service effektiv zu vermarkten. Zu diesen positiven, die Zusammenarbeit der genannten Bereiche betreffenden Voraussetzungen kommt ein weltweit verzweigtes Netz von Service- und Vertriebsorganisationen in Form von Vertriebsniederlassungen und regional agierenden Serviceinspektoren.

Warum ist der Vertrieb eine wichtige Größe in der Vermarktungsstrategie eines Serviceproduktes? Wenn man die allgemeine Meinung der Servicefachleute zugrunde legt, kann ein Vertriebsmitarbeiter eigentlich keine Serviceleistungen verkaufen. Den Gründen für diese Auffassung sollte daher eingehender nachgegangen werden.

Beim „ReDiS®" handelt es sich nicht um eine „klassische" Serviceleistung, sondern um ein Produkt, welches im Zusammenhang mit dem Verkauf von Maschinen und Anlagen ein Differenzierungsmerkmal zum Wettbewerb darstellt und die Produktvermarktung unterstützen kann und soll. Aus diesem Grund wurde es in die Unterstützungssoftware für die Erstellung von Angeboten für Neumaschinen- und Neuanlagen mit Preisen und Funktionsbeschreibung eingefügt. So kann gewährleistet werden, dass ein Verkauf des Teleservice- Systems im Neumaschinen/Neuanlagenvertrieb ohne Rückfragen beim Service möglich ist.

Ein weiteres Instrument ist die Inspektorenorganisation, die weltweit vernetzt agiert und mit regionalen Partnern der Vertriebsvertretung im jeweiligen Land zusammenarbeitet. Die Serviceinspektoren haben die Aufgabe, die Kunden in ihrem regionalen Bereich direkt zu betreuen und zu unterstützen. Das Resultat dieser Tätigkeit sind After Sales-Aufträge, deren Umsätze in den Service einfließen. Da „ReDiS®" optional auch zur Nutzung für bestehende Maschinen und Anlagen verfügbar ist, wird das System den Kunden durch die Inspektoren angeboten.

Zusätzlich zu den vorstehend angeführten Instrumenten werden branchenspezifische Messen seit einigen Jahren zur Darstellung des Service genutzt. Im Rahmen dieser Messen besteht die Möglichkeit, den Kunden die Serviceprodukte vorzustellen. Ein weiteres Mittel der Öffentlichkeitsarbeit ist die Nutzung von Fachzeitschriften und des KHS-eigenen Journals für die Publikation von Informationen zum Service und dessen Produkte. Die Nutzung der Öffentlichkeitsarbeit zur Darstellung der Serviceaktivitäten und die gemeinsame Präsentation von Verkauf und Service auf Messen ist aus heutiger Sicht nur in wenigen Unternehmen Alltag.

Um alle Vermarktungsaktivitäten zu kanalisieren und zu organisieren, wurde im Geschäftsbereich „Außenmontage/After Sales Service" eine Abteilung „After Sales Marketing" in die Struktur des Bereichs neu integriert. Die Aufgaben dieser Abteilung sind in der aktiven Vermarktung des Service definiert. Ein Schwerpunkt ist die Entwicklung und Vermarktung von Serviceprodukten. Zusammenfassend kann festgestellt werden, dass für die Vermarktung von Serviceprodukten einerseits die vorhandenen Strukturen genutzt werden sollten, aber auch ggf. Strukturen geändert oder auch geschaffen werden müssen, um Dienstleistungen in den Produktstatus zu heben.

7 Ausblick auf eine kooperative Nutzung

Und Teleservice lässt sich doch verkaufen! Natürlich soll die Kundenbindung verbessert werden, aber im Vordergrund muss die Erschließung zusätzlicher Umsätze und Gewinne mit einem überzeugenden Produkt, das der Kunde auch ein zweites Mal in Anspruch nehmen würde, stehen. Die Ausführungen haben gezeigt, dass bisherige negative Erfahrungen, die bei der Veräußerung des Produktes „Teleservice“ eher in Richtung des nicht in Rechnung zu stellenden add-on gemacht wurden, darin begründet werden können, dass den Kunden der eigentliche Nutzen nicht vehement genug dargestellt wurde. Ein schlüssiges Konzept kann eben nicht nur aus einer technischen Lösung bestehen, mit der der Kunde im Ernstfall allein gelassen wird. Im Vordergrund muss das Geschäftsmodell stehen, das ihm kompetente Hilfe und vor allem Gewinne für sein eigenes Geschäft verspricht. Dies kann nur gewährleistet werden, wenn auch der Lieferant für seine eigene Organisation die notwendigen Konsequenzen zieht und sie an den Aufgaben ausrichtet. Ist dieser Schritt einmal getan, können weitere, die den Ausbau solcher Service-Produkte betreffen, geplant werden.

Einer der Grundgedanken bei der Entwicklung des „ReDiS®“ war die kooperative Nutzung des Systems durch die Generierung von Servicenetzwerken, in denen Lieferant und Kunden eingebunden sind. Technisch besteht die Möglichkeit, weitere Unterlieferanten durch den Ausbau des Bestehenden in diese Netzwerke zu integrieren. Hierbei ist zunächst mit einer zunehmenden organisatorischen Komplexität zu rechnen. Die Erfahrungen des Verbundprojektes „Invest-s“ haben gezeigt, dass insbesondere kleinere Unternehmen, deren Komponenten in KHS-Anlagen eingebunden sind, an einer Mitnutzung des Teleservice interessiert sind. Dies wäre auch für den Kunden von großem Vorteil, da hierdurch die Service-Chain vom Kunden bis zum Komponentenlieferanten unterstützt werden könnte.[1]

[1] Vgl hierzu auch den Betrag „Kooperative Angebote einer Service-Chain“ von Kaiser u. Schramm in diesem Band

Praxiserfahrungen

Praxisbericht eines Betreibermodellprototypen

Jürgen Leins

Inhalt

1 Die Startphase des Prototypen

1.1 Motivation und Zielsetzung

Die Themenfelder, die im Rahmen des Projektes INVEST-S behandelt wurden, sind nicht nur theoretisch-wissenschaftlicher Natur, sondern wurden auch in der Praxis umgesetzt. Dies beweist der im Laufe des Projektes zwischen Gleason-PFAUTER und GETRAG abgeschlossene Betreibervertrag, der - genauer ausgedrückt - einen *„Maschinenmiet- und Servicevertrag"* darstellt.

Die Grundidee für das Geschäftsmodell, das aus Sicht der beiden Unternehmen eine „mittlere Komplexität" aufweist, war naheliegend: Gleason-PFAUTER und GETRAG stehen seit Jahrzehnten in einer partnerschaftlichen Geschäftsbeziehung und stellen daher die idealen Partner für ein Pilotprojekt dar. Dieses über die Jahre aufgebaute *Vertrauen* zwischen den Unternehmen ist eine der entscheidenden Voraussetzungen, Betreibermodelle oder betreiberähnliche Konzepte umzusetzen und zu realisieren. Beide Unternehmen hatten und haben das gemeinsame Ziel, entsprechende Erfahrungen zu sammeln und erste Kompetenzen im Bereich der Betreiberkonzepte aufzubauen.

Die beteiligten Firmen betrachten den Piloten in erster Linie als *„Erfahrungsobjekt"*, mit der Möglichkeit, während der Laufzeit Korrekturen in die eine oder andere Richtung vornehmen zu können. Bei Gleason-PFAUTER, als Dienstleistungsgeber, stand die Generierung von Wachstum durch ein vollständiges Dienstleistungspaket, das in dieser Form beim klassischen Verkauf unverkäuflich war, im Mittelpunkt des Interesses. GETRAG, als Dienstleistungsnehmer, erhoffte sich durch die Optimierung der Betriebskosten eine bessere Wirtschaftlichkeit, da durch die festgelegten Abrechnungsmodalitäten eine Transparenz der zukünftig entstehenden Kosten hergestellt werden konnte. Vor dem Hintergrund dieser Rahmenbedingungen wurde ein Betreibermodellszenario prototypisch vorangetrieben.

Zu Beginn der äußerst wichtigen und häufig unterschätzten *Projektierungsphase* hat GETRAG die zu bewältigende Aufgabenstellung genau definiert und einen Forderungskatalog aufgestellt. Zudem gab es auf beiden Seiten bestimmte *Erwartungen*, die ebenfalls als Voraussetzungen für die Umsetzung von Betreiberkonzepten anzusehen sind: Die Interessenslagen beider Parteien müssen sich in hohem Maße ergänzen und dadurch ein gemeinsames Handeln ermöglichen. Gegenseitige Fairness, Kreativität und Eigeninitiative spielen ebenfalls eine wichtige Rolle bei der Umsetzung. Des Weiteren gehören Offenheit (es müssen sensible interne Daten ausgetauscht werden), Kostenbewusstsein und eine langfristig angelegte Kooperation ebenso dazu wie der Wille, mit einem solchen Schritt die Zukunft gemeinsam zu gestalten.

1.2 Kundenseitige Aufgabenstellung

Nach den ersten Treffen zur Umsetzung des Prototypen ergab sich die wie folgt definierte *Aufgabenstellung*:

- Bearbeitungsaufgabe:
  - Fertigstoßen der Laufverzahnung Schaltrad 3. Gang 815.1.1016.35 für das AUDI C90 Getriebe (siehe Abb. 1)
  - Prozesssichere Qualität 7 nach DIN 3962
  - Bearbeitungszeit 2,12 min
  - Nebenzeit 0,10 min
  - Hauptzeit 2,22 min
- Kapazitätsgrundlage:
  - Fertigungsstückzahl 850 / Tag
  - Maschinenstunden 120 / Woche = 15 Schichten je 7,5 Stunden
  - Arbeitstage 230 / Jahr
  - Nutzungsgrad 80 % = 1.152 min / Tag
- Zugesicherte Eigenschaften:
  - Verfügbarkeit 97 %
  - Reaktionszeit/Störfall 2 Stunden
- Laufzeit der Anlage:
  - Maschinenlaufzeit 36 Monate
- Aufstellungsort:
  - Standort GETRAG, Werk Neuenstein
- GETRAG stellt:
  - Bedienpersonal
  - Werkzeuge
  - Hilfs- und Betriebsstoffe
  - Rohstoffe

Hierbei zeigt sich, dass es sich bei dem Prototypen nicht um ein Betreibermodell im herkömmlichen Sinn handelt, sondern dass sich die beiden Unternehmen auf eine *betreibermodellnahe Vorstufe* verständigt haben. Vor dem Hintergrund der gänzlich fehlenden Erfahrungen in diesem Bereich und dem Lerncharakter des Projektes war ein stufenweises Vorgehen und somit die Wahl eines betreibermodellähnlichen Konzeptes die bessere Alternative.

Die klare und eindeutige Definition der zugrunde gelegten Aufgabenstellung seitens GETRAG war für Gleason-PFAUTER die Basis, um in die Projektierungsphase einzutreten. Die einzelnen Schritte werden nachfolgend dargestellt und erläutert.

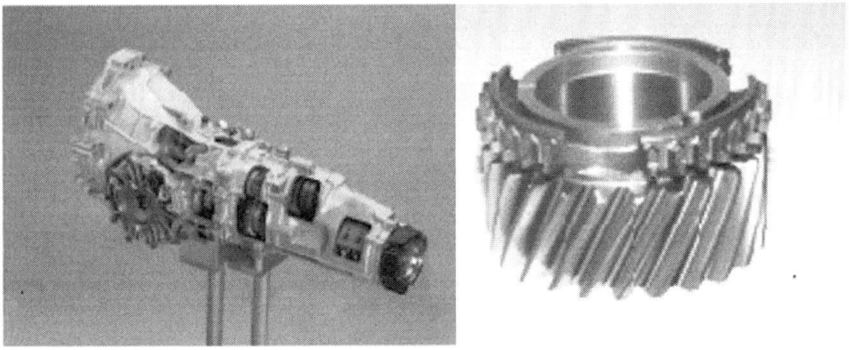

Abb. 1. Audi C90 Getriebe (links); Schaltrad 3. Gang (rechts)

2 Auswahl und Konfiguration der geeigneten Bearbeitungsmaschine

2.1 Auswahl der Maschine

Zur Bewältigung der kundenseitig gestellten Anforderungen wird eine Wälzstoßmaschine benötigt. Die technische Auslegung der Maschine ist identisch mit derjenigen, die auch für Investitionsobjekte gewählt wird, die traditionell vom Kunden erworben werden. CNC-gesteuerte[1] Wälzstoßmaschinen hatten bisher einen schwerwiegenden Nachteil bezüglich ihrer Flexibilität: Die nach wie vor mechanischen Drallkurven für Schrägverzahnungen. Abgesehen von generellen Einschränkungen bei den Bearbeitungsmöglichkeiten von Verzahnungen führte dieses kritische, überwiegend werkstückabhängige Bauelement regelmäßig zu Zeitverzögerungen und hohen Kosten (Lieferzeiten, Umrüstzeiten, Investitionskosten etc).

Dieses Problem wurde intensiv untersucht und eine praxisgerechte Lösung gefunden: Die elektronische Schrägführung. Durch eine entsprechende Software können der reinen Stoßspindeldrehung daher auf elektronischem Wege auch die bei Schrägverzahnungen erforderliche Zusatzdrehung überlagert werden. Es werden daher alle Verzahnungs-, Werkzeug- und Technologiedaten nur noch über das Dialogprogramm eingegeben und die CNC-Steuerung errechnet alle erforderlichen Maschinendaten und -einstellungen selbstständig. Der technische Fortschritt, den Gleason-PFAUTER in einem neuen Maschinentyp innovativ umsetzen musste, beinhaltet ein erhebliches Nutzenpotenzial für den Kunden.

Des Weiteren war anbieterseitig zu prüfen, ob eine *Serienmaschine* aus dem Angebotsprogramm zum Einsatz kommen kann oder ob eine kundenindividuell zugeschnittene *Sondermaschine* entwickelt werden musste. Im Fall des Prototypen lag ersteres vor, was vorteilhafte Auswirkungen auf die Wiederverwertbarkeit der

[1] CNC (Computerized Numerical Control) steht für die numerischen Steuerung von Werkzeugmaschinen per Computer.

Maschine nach Vertragsablauf hat. Als Nachteil stellte sich jedoch im Projektverlauf heraus, dass es sich bei der verwendeten Maschine zwar um einen Serientyp handelt, dieser jedoch an sich ebenfalls einen „Prototypencharakter“ aufwies, was wiederum - durch nicht vermeidbare „Kinderkrankheiten“ (Beseitigung unvorhersehbarer Störungen, Qualitätsprobleme, Probleme in Verbindung mit der neuen Technologie) - zu höheren Aufwendungen in der Anlaufphase führte.

Unter Abwägung der Vorteile und Risiken hat sich Gleason-PFAUTER letztendlich für die neu entwickelte *Gleason-PFAUTER-CNC-Wälzstoßmaschine GP 200 ES* mit elektronischer Schrägführung entschieden (siehe Abb. 2).

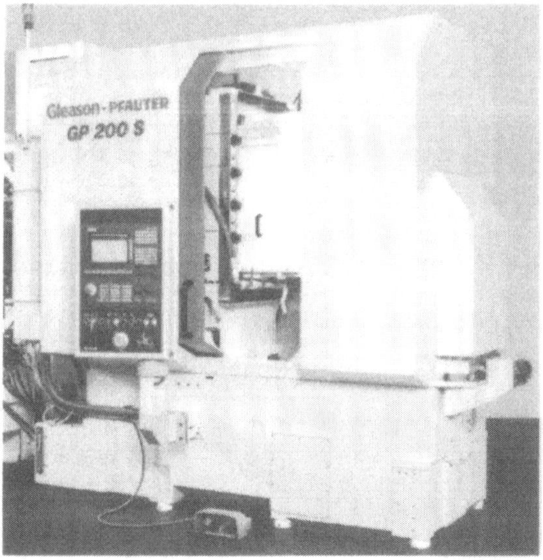

Abb. 2. Gleason-PFAUTER CNC-Wälzstoßmaschine GP 200 ES

Nachdem die Grundsatzentscheidung über die Maschinenwahl getroffen war, beschäftigen sich die Ingenieure von Gleason-PFAUTER mit der optimalen Ausrüstung der Wälzstoßmaschine für die gestellte Bearbeitungsaufgabe. Zu der serienmäßigen Normalausrüstung wurde ein umfangreiches Paket an (werkstückabhängiger) Sonderausrüstung implementiert (bspw.: elektronisches Handrad zum leichteren Einrichtebetrieb; Erweiterte Software für Fehlerdiagnose; Telefon-Diagnosesystem für Teleservice; Kraftspann-Einrichtung; Ölnebel-Abscheideanlage). Diese Sondereinrichtungen sind aus technischen Gründen zwingend erforderlich. Sie machen die serienmäßige Wälzstoßmaschine höherwertig, was später bei der Restwertbetrachtung eine wichtige Rolle spielen wird. Des Weiteren wurde von Gleason-PFAUTER für den Bereich des werkstückabhängigen Sonderzubehörs ein *Ersatzteilpaket* geschnürt (Spezialnocke; Schneidradhalter; Werkstückauflage; Spreizbuchse mit Zugdorn; Entgratstahl). Dieses

Sonderzubehör ist speziell auf die Bearbeitungsaufgabe zugeschnitten und der Vorrat an Ersatzteilen stellt eine präventive Maßnahme für eine etwaige Maschinenkollision dar. Die werkstückbezogenen Fertigungsteile hält der Maschinenbauer normalerweise nicht vor.

Für die Maschine wurde ein umfangreiches Ersatzteilpaket zusammengestellt, das einen nicht unerheblichen Wert darstellt, und die Bereiche Mechanik, Elektrik und Hydraulik abdeckt. Diese Ersatz- und Verschleißteile verbleiben im Eigentum von Gleason-PFAUTER. Sie werden auf Kommissionsbasis an GETRAG geliefert und werden dort in einem speziellen Raum eingelagert. Zugriff auf diesen Bestand haben die Fachmonteure sowie das Instandhaltungspersonal von GETRAG. Im Rahmen der Kostenrechnung wird nur der kalkulatorische Zins für dieses Ersatzteilpaket berücksichtigt.

2.2 Prüfungen

Ist eine bestimmte Verzahnungsqualität und Hauptzeit für das ausgesuchte Bauteil gefordert, dann handelt es sich dabei um *zugesicherte Eigenschaften* mit allen rechtlichen und vertraglichen Konsequenzen. Aus diesem Grund hat Gleason-PFAUTER ein besonderes Augenmerk auf die Machbarkeit gelegt. GETRAG forderte eine DIN-Qualität, die besser ist, als die der herkömmlichen Fertigungsmethode, um den normalerweise folgenden Arbeitsgang „Schaben der Laufverzahnung“ einzusparen. Es wurden mehrere Wälzstoßversuche unternommen, um die erzielbare Qualität und die Taktzeit nachzuweisen. Trotz einiger Bedenken, insbesondere wegen den für die Vorabnahme nochmals eingeschränkten Toleranzen, hat Gleason-PFAUTER zugestimmt.

3 Inhalte des produktbegleitenden Dienstleistungspakets

3.1 Terminierung und Vorabnahme

Um den fixierten Termin zur Produktionsaufnahme einzuhalten, wurde gemeinsam ein detaillierter Terminablaufplan erstellt. Neu war die Einführung von *pönalisierten Meilensteinen* zur Terminabsicherung für den Kunden, die sich auf die Zeitpunkte der Vorabnahme, der Anlieferung im Werk Neuenstein und die betriebsbereite Übergabe bezogen.

Die Abnahmeprüfung der Wälzstoßmaschine erfolgte beim Hersteller gemäß den technischen Bedingungen der ISO 6545 (1992) sowie nach den internen Abnahmebedingungen. Die Funktionsprüfung erfolgte im Leerlauf. Zusätzlich wurde vom Nutzer eine statistische Abnahme (MFU) verlangt. Die anzuliefernden Werkstücke müssen MFU-fähig vorbearbeitet sein bzw. der Vorbearbeitungszeichnung entsprechen. Vereinbart wurde das Fertigstoßen von 50 Werkstücken mit Auswertung und Dokumentation. Die zu überprüfenden Merkmale und einzuhaltenden Toleranzen wurden nach vorheriger Absprache festgelegt. Sie wurden in das Pflichtenheft zum Vertrag aufgenommen.

3.2 Qualifizierung / Schulung des Personals

Der Umgang mit Verzahnmaschinen erfordert seit jeher einen besonderen Wissensstand. Der Kunde muss mit der Anwendung der fortschrittlichen Technologien vertraut gemacht werden. Unter diesem Aspekt bestand Übereinstimmung, dass über ein Schulungsprogramm Wissen aufgebaut und vermittelt werden musste. Schließlich sollte die Maschine optimal genutzt und die hohe Verfügbarkeit der Fertigungsanlage für die komplette Laufzeit sichergestellt werden.

- Kurs 1: Bedienung und Programmierung
  - Einweisung in die Bedienung des Dialogprogramms
  - Dateneingabe mit Dialogprogramm
  - Externe Dateneingabe über Schnittstelle
  - Vorbeugende Maßnahmen zur Fehlervermeidung
  - Ergebnisanalyse bearbeiteter Werkräder
  - Maßnahmen zur Qualitätsverbesserung durch gezielte Programmänderungen
- Kurs 2: Schulung für Instandhaltung
  - Mechanischer Aufbau der Maschine und ihrer Handhabungs- und Hilfsvorrichtungen
  - Funktionszusammenhänge mit der Steuerung
  - Fehler-Ursachenerkennung, Fehlerabhilfe an Mechanik und Hilfseinrichtungen
  - Vorbeugende Instandhaltung

Der Kurs 2 wäre nicht erforderlich gewesen, wenn z.B. Gleason-PFAUTER alleinig für die präventive Wartung und Beseitigung aller Störfälle verantwortlich wäre. Da die Instandhaltung von GETRAG - auch unter psychologischen Gesichtspunkten - mit in diese Prozesse eingebunden werden wollte, war dieses maschinenspezifische Wissen zu vermitteln.

3.3 Lieferung, Aufstellung und Inbetriebnahme

Gleason-PFAUTER hat die Maschine an den vom Nutzer bestimmten Ort im GETRAG-Werk Neuenstein geliefert und dort aufgestellt. Hierbei ist die Verantwortlichkeit bis zum Gefahrenübergang klar definiert. Gemäß INCOTERM lautet die Preisstellung für diese Vereinbarung: Frei-Haus-Lieferung bis Standort, versichert (Kurzbezeichnung CIP).

Die Vereinbarungen sahen vor, dass Gleason-PFAUTER die Maschine bis zu einem bestimmten Termin zur Serienfertigung in betriebsbereitem Zustand zu übergeben hat. Grundsätzlich wiederholen sich hierbei noch einmal die Abnahmeprozeduren wie sie bei Vorabnahme im Herstellerwerk stattgefunden haben. Die Maschine muss den technischen Daten, den Spezifikationen, den Leistungsmerkmalen, dem Qualitätsstandard und der Ausführungsart entsprechen, die sich aus den Vertragsgrundlagen ergeben.

3.4 Dienstleistungspaket

Kundenorientierte Dienstleistungen rücken zunehmend in den Fokus strategischer Zielsetzungen. Der Maschinenlieferant nimmt die Funktion eines komplementären Partners ein, der alle Aufgaben übernimmt, die der Kunde nicht selbst erfüllen kann oder will. Der Aufstellungsort befindet sich auf dem Gelände von GETRAG, jegliche Verantwortung bezüglich der geforderten Maschinenverfügbarkeit von 97% liegt jedoch bei Gleason-PFAUTER. Dies hatte zur Folge, dass Maßnahmen der Instandhaltung und Instandsetzung zunächst klar definiert und dann vertraglich beim Dienstleistungsgeber verankert werden mussten. Das entstandene Dienstleistungspaket beinhaltet wesentliche Leistungen, die während eines Maschinenlebenszyklus normalerweise durch den Kunden erbracht oder eingeleitet werden. Dies sind neben Planung, Installation und produktbegleitenden Dienstleistungen auch die Demontage und Rücknahme des Investitionsgutes, falls der Kunde an einer Kaufübernahme am Ende der Vertragslaufzeit nicht interessiert ist.

Bei der Zuordnung der Verantwortlichkeiten war es von zentraler Bedeutung, dass die *Instandsetzungsabteilung des Kunden* in das Geschäftsmodell integriert wurde, da sonst Widerstände des Personals innerhalb der GETRAG in Kauf genommen worden wären. Präventive Wartungsarbeiten, wie grundlegende Reinigungen oder kleinere Störungsbeseitigungen werden folglich nach wie vor von den Mitarbeitern des Kunden erbracht, aber dem Lieferanten zum Kostenersatz der hausinternen Instandsetzung in Rechnung gestellt. Erst bei nicht selbst zu bewältigenden Störfällen kommt der Service von Gleason-PFAUTER zum Einsatz. Für die Unterstützung des 3-Schicht-Betriebes war eine 24-stündige Rufbereitschaft einzurichten. Damit soll die bestmögliche Reaktionszeit sichergestellt werden.

Um den Erfolg des Betreibermodellprototypen nach Abschluss der Laufzeit sowohl von der wirtschaftlichen als auch von der technischen Seite beurteilen zu können, wurden Vereinbarungen zur *einheitlichen Dokumentation* der an der Maschine durchgeführten Leistungen getroffen. Hierdurch wurde sichergestellt, dass der Lieferant über jede Störung informiert ist und u. U. frühzeitig das Maß an planbaren präventiven Maßnahmen anpassen kann. Daneben dient die Dokumentation zur Abrechnung der Leistungen, die von der kundenseitigen Instandhaltung erbracht werden. Die Auswertung der Daten erfolgt gemäß der vertraglichen Vereinbarungen in festgelegten Perioden.

4 Wirtschaftlichkeitsanalyse

4.1 Projektkosten

Nachdem die Rahmenbedingungen abgesteckt waren, konnte Gleason-PFAUTER eine Projektkostenrechnung erstellen. Die *endgültigen Projektkosten* gliederten sich folgendermaßen auf:

- Wälzstoßmaschine GP 200 ES mit Sondereinrichtungen (restwertfähig)
- Werkstückabhängiges Zubehör
- Schulungen
- 2x statistische Abnahmen (MFU)
- Lieferung CIP
- Montage, Aufstellung, Inbetriebnahme
- Full-Service für 3 Jahre
- Zinsen für Ersatzteilpaket (Kapitalbindungskosten)

Die einzige wirkliche Unbekannte in der Kostenermittlung war für Gleason-PFAUTER die Einschätzung des *Full-Service*. Theoretische Erfahrungswerte liegen bei ca. 5% vom restwertfähigen Maschinenpreis pro Jahr. Leider existieren keine gesicherten, in der Praxis nachgewiesenen Zahlen für das spezielle Dienstleistungspaket. Gleason-PFAUTER orientierte sich daher an den jährlich anfallenden Instandhaltungskosten von GETRAG für eine vergleichbare Wälzstoßmaschine. Dabei war zu berücksichtigen, dass GETRAG einen um 1% gesteigerten Werkstück-Output gegenüber der herkömmlichen Praxis erwartete. Es wurde daher vereinbart, dass die angenommenen Kosten über feste Abrechnungsperioden gegenüber den tatsächlich anfallenden Aufwendungen abgeglichen werden. Sollte sich ein zu geringer Ansatz im längeren Trend zeigen, wurde eine Nachbesserung als Ausgleich eingeräumt.

4.2 Finanzierung

Um möglichst umfassende Erkenntnisse beim Umgang mit Betreibermodellen zu erlangen, kam nur eine Finanzierungsform in Frage, die auch über den prototypischen Horizont bestehen kann. Es war daher erforderlich, einen Finanzpartner vertraglich mit einzubinden. Nachdem die Entscheidung für die gewählte Finanzierungsform „Sale-Lease-Back" gefallen war, übernahm Gleason-PFAUTER sämtliche nachfolgenden Schritte zur Realisierung der Finanzierung.

Hierbei konnte die Deutsche Leasing AG, ebenfalls ein Partner im INVEST-S-Verbund, erfolgreich in den Betreibermodellpiloten eingebunden werden. Die gewählte Finanzierungsform erwies sich insofern als die geeignete Lösung, da es keine besondere Einbindung des Kunden erforderte und die Bilanz des Lieferanten nicht belastet wurde. Die Idee ist relativ einfach: „Gleason-PFAUTER verkauft das Gesamtpaket an die Leasinggesellschaft und leistet ab Inbetriebnahme (Zeitpunkt des Geldflusses) monatliche Leasingraten an den Leasinggeber (Deutsche Leasing AG als Eigentümer)". Zwischen Kunde und Lieferant existiert der eigentliche „Maschinenmiet- und Servicevertrag", der eine monatliche Mietzahlung für den vereinbarten Liefer- und Leistungsumfang vom Endkunden an den Werkzeugmaschinenhersteller vorsieht.

Eine ideale Konstellation läge vor, wenn die monatliche Leasingrate mit der Monatszahlung seitens des Nutzers der Höhe nach übereinstimmen würde. Für GETRAG würde dies eine voll absetzbare monatliche Betriebsausgabe ohne weitere Kapitalbindung oder Belastung der Liquidität darstellen. Für Gleason-PFAUTER bedeutet es im Gegenzug eine sofortige Kapitalverfügbarkeit ohne Nachlass. Somit lag eine beidseitige win-win-Situation vor, wodurch sich eine gemeinsame Zielsetzung ergab: Leasingrate und Betriebsausgaben müssen im Verhältnis nahe 1:1 stehen, was durch die später durchzuführende Wirtschaftlichkeitsberechnung nachzuweisen war.

Die monatliche Leasingrate ist in hohem Maße von der Restwerteinschätzung der Wälzstoßmaschine nach Ablauf der Vertragslaufzeit abhängig. Restwertfähig ist die Maschine mit den Sondereinrichtungen (Teilamortisation), während alle anderen Projektposten nicht restwertfähig sind (Vollamortisation). Anders ausgedrückt: je höher der Restwert, umso niedriger die Monatsrate.

Bei der *Restwertbetrachtung* geht es um die richtige Einschätzung über den Marktwert des Objektes nach 36 Monaten Einsatzzeit. Gleason-PFAUTER konnte hierzu auf reichhaltige Erfahrungswerte zurückgreifen. Immerhin beschäftigt sich der Maschinenhersteller seit Jahrzehnten mit der Vermarktung von Gebrauchtmaschinen. Durch die eventuelle Rücknahme der Maschine nach Vertragsende verspricht sich der Hersteller ein profitables Zusatzgeschäft, sofern der Nutzer die Option der käuflichen Übernahme zum Restwert ausschlägt.

Mit der Deutschen Leasing AG wurde ein Restwert von 50% auf die Wälzstoßmaschine mit Sondereinrichtungen vereinbart. Daraufhin unterbreitete der Leasinggeber ein Leasingangebot. Die sich ergebende Leasingrate pro Monat war dann Gegenstand einer umfangreichen Wirtschaftlichkeitsbetrachtung.

4.3 Ermittlung der Wirtschaftlichkeit eines Betreibermodells

Durch die bekannte Kapazitätsgrundlage lässt sich mit Hilfe einer einfachen Rechnung die monatliche Leasingrate auf einen Maschinenstundensatz herunterbrechen. Die spannendste Frage innerhalb der noch nicht abgeschlossenen Projektierungsphase war, ob der durch das Leasingangebot ermittelte Maschinenstundensatz deckungsgleich oder günstiger - und damit konkurrenzfähig – gegenüber einer Vergleichsrechnung hinsichtlich klassischem Kauf ist.

Die Vergleichsrechnung beschäftigte die Beteiligten der Partner mehrere Tage. Sie ist sehr komplex und deshalb nicht einfach durchzuführen, weil hier „Äpfel mit Äpfel" verglichen werden müssen. Um überhaupt vergleichen zu können, muss der Nutzer seine betriebsinternen Zahlen offen legen. Dabei geht es in erster Linie um den kalkulatorischen Zins, die AFA, die Kapitalbindungskosten sowie die Instandhaltungs- und Reparaturkosten. Besonders der letzte Punkt musste inhaltlich identisch sein mit den im Rahmen des Full-Service durch Gleason-PFAUTER vorgesehenen Leistungen. Nur dann konnten die Werte der beiden Modelle wirklich exakt verglichen werden.

Das Ergebnis war letztlich für alle Beteiligten von positiver Natur. Unter Zugrundelegung von 50% Restwert war die Leasingvariante um 1% teurer als der von GETRAG ermittelte Vergleichsstundensatz. Das neue Geschäftsmodell war somit in jeder Beziehung konkurrenzfähig. Wie konnte jedoch für den Nutzer eine Win-Situation geschaffen werden?

Die Leasinggesellschaft bezahlt den Dienstleistungsgeber sofort in einer Summe (Projektkosten), obwohl verschiedene Dienstleistungen erst zu einem späteren Zeitpunkt erbracht werden. Dieser Zinsvorteil lässt sich zur Senkung der Monatsrate verwenden. Wenn dieser Zinseffekt nicht ausreichend ist, bietet sich als letzte Möglichkeit eine geringfügige Erhöhung des Restwertes an, um eine Win-Situation für den Kunden zu kreieren. Diese Restwerterhöhung muss allerdings am Ende der Vertragslaufzeit realisierbar sein.

Jegliche wirtschaftliche Betrachtungsweise muss innerhalb einer angemessenen Frist zu einer Entscheidung führen bzw. in einem für die Vertragspartner annehmbaren Kompromiss münden. Dazu hat Gleason-PFAUTER durch die Reduzierung des herkömmlich ermittelten Maschinenstundensatzes durch GETRAG um 0,83% ein positives Signal gesetzt. Damit war die Basis geschaffen für den abzuschließenden Leasingvertrag zwischen Gleason-PFAUTER und der Deutschen Leasing AG sowie den Maschinenmiet- und Servicevertrag zwischen GETRAG und Gleason-PFAUTER.

5 Vertragsgestaltung

5.1 Leasingvertrag

Es liegt in der Natur der Sache, dass zwischen dem ersten Leasingangebot über einen Teilautomatisierungsvertrag mit Schlusszahlung bis zur endgültigen Version verschiedenste Korrekturen vorgenommen werden müssen. Diese beziehen sich auf den Kapitalmarktzins, die Bonitätsbewertung, die Restwertannahme und den sich im Laufe der Verhandlungen ständig verändernden Projektkosten.

In letzter Fassung ist ein *Vertragsmodell mit Andienungsrecht* des Leasinggebers entstanden. Die Vertragspartner waren sich einig, dass durch die Zahlung der Leasingrate die Aufwendungen des Leasing-Gebers für die Beschaffung des Leasing-Gegenstandes nicht voll gedeckt werden (Teilamortisierung). Für den Fall, dass ein Anschluss-Leasing-Vertrag nicht zustande kommt, bietet der Leasing-Nehmer (Gleason-PFAUTER) verbindlich an, den Leasing-Gegenstand zum Zeitpunkt des Ablaufes der Leasing-Laufzeit – unter Ausschluss von Gewährleistungsansprüchen – in dem dann befindlichen Zustand zu kaufen (Kaufangebot).

Ergänzend zum Leasing-Vertrag wurde eine Vereinbarung getroffen, die dem Leasing-Nehmer das Recht einräumt, den Leasing-Gegenstand unterzuvermieten. Von Seiten des Nutzers wurde eine Deckungsbestätigung zur Maschinenversicherung an die Deutsche Leasing AG gesandt. Abschließend wurde eine Mieteintritts-Vereinbarung („Opt-in“) unterzeichnet. Diese besagt, dass im Falle einer Insolvenz des Leasing-Nehmers der Eintrittsverpflichtete (GETRAG) unwiderruflich unter Übernahme sämtlicher Rechte und Pflichten in den Leasing-Vertrag eintritt. Der Kunde stellt somit für die Leasing-Gesellschaft einen zweiten Garanten dar.

5.2 Maschinenmiet- und Servicevertrag

Unter Einbeziehung der Ergebnisse aus der Projektierungsphase beschäftigten sich die Arbeitskreise mit der Ausgestaltung eines modular aufgebauten Vertragswerkes. Die Vorstellung erster Entwürfe offenbarte recht schnell die hohe Komplexität der Aufgabe. Es galt, alle Rechte und Pflichten im Vertragstext zu verankern. Verabschiedet wurde schließlich ein speziell auf die Vertragspartner zugeschnittener „Maschinenmiet- und Servicevertrag“, der in dieser Fassung als Unikat bezeichnet werden kann.

Da der Vertragsgestaltung in diesem Buch ein eigenes Kapitel gewidmet ist[2], wird an dieser Stelle nur kurz auf die Gliederung eingegangen: Es empfiehlt sich, den Hauptvertrag möglichst prägnant und übersichtlich zu gestalten. Die Allgemeinen Geschäftsbedingungen der Vertragsparteien sind auszuschließen. Der Hauptvertrag ist in vorliegendem Fall in folgende Paragraphen gegliedert:

§ 1 Vertragsgrundlagen
§ 2 Vertragsgegenstand
§ 3 Art des Gebrauchs durch den Mieter
§ 4 Aufstellung, Inbetriebnahme, Schulung
§ 5 Übergabe und Abnahme des Mietgegenstandes
§ 6 Termine, Überwachung, Vertragsstrafe bei Unterschreitung der vereinbarten Verfügbarkeit
§ 7 Gewährleistung, Garantie, zugesicherte Eigenschaften
§ 8 Haftungsbeschränkung
§ 9 Mietzeit
§ 10 Miete
§ 11 Versicherungen
§ 12 Änderungen des Mietgegenstandes
§ 13 Schutzrechte Dritter/Nebenpflichten
§ 14 Besichtigungsrecht
§ 15 Schlussbestimmungen

Alle Ausführungsbestimmungen werden in den Anlagen zum Maschinenmiet- und Servicevertrag geregelt.

Anlage 1 Genaue Maschinenbeschreibung mit Angabe der technischen Daten und aller Sondereinrichtungen.

[2] Siehe hierzu den Beitrag von Seifert in diesem Band.

Anlage 2 Diese Anlage ist das Pflichtenheft für die Maschine und beinhaltet alle im Zusammenhang mit der Bearbeitungsaufgabe stehenden Regelungen.

So zum Beispiel:

1. Kapazitätsgrundlage
2. zu bearbeitende Werkstücke
3. Anlieferzustand der Bauteile
4. Annahmebedingungen
5. Bearbeitungsaufgabe
6. Aufnahme, Spannung, Analyse für Bearbeitung
7. Werkzeugausrüstung
8. Technische Dokumentation
9. Qualifizierung / Schulung des Personals
10. Ab- und Inbetriebnahme
11. Taktzeiten
12. Ausschluss von Betriebsmittelvorschriften

Anlage 3 Diese befasst sich detailliert und umfassend mit der Maschinenverfügbarkeit.

Anlage 4 Ein genauer Terminplan für die Maschine wird allgemein als wichtig angesehen. Es hängt vom Objekt ab, ob Zwischentermine zur Baufortschrittskontrolle gesetzt werden oder die betriebsbereite Übergabe als einziger Meilenstein anzusehen ist.

Interessenten können unter der e-mail-Adresse: jleins@gleason.com den Wortlaut des Maschinenmiet- und Servicevertrages abrufen.

6 Dienstleistungsmodule

Nach der Ratifizierung der verschiedenen Vertragswerke beschäftigte sich Gleason-PFAUTER mit dem vorhandenen und dem neu zu generierenden Dienstleistungsangebot. Für das Pilotprojekt konnte bis zu einem gewissen Maß auf Services aus dem bestehenden Leistungsprogramm des Unternehmens zurückgegriffen werden. Es ist jedoch ein Trugschluss zu glauben, dass ein Hersteller wegen einer Einzelmaschine sofort tiefergreifende strukturelle oder organisatorische Veränderungen vornimmt. Das geschieht in der Regel erst dann, wenn es das Aufgabenspektrum erfordert oder z.B. mehrere Objekte zu betreuen sind.

Die zielgerichteten Dienstleistungen bestimmen sich nach der vereinbarten Servicetiefe. Für den Hersteller ist das eine besondere Herausforderung, zumal die Einhaltung aller Vorgaben mit *Vertragsstrafen* belegt ist und ein um 1% gesteigerter Werkstück-Output gegenüber der bisherigen Praxis gefordert ist. Vor diesem Hintergrund stellt sich die Frage, welche Maßnahmen und Vorkehrungen zu treffen sind, um den reibungslosen Betrieb der Anlage im Werk des Kunden unter folgenden Prämissen zu gewährleisten:

- Maschinenbereitstellung über die Dauer der Vertragslaufzeit
- hohe Maschinenverfügbarkeit von 97%
- Beginn einer Störungs-/Fehlerbeseitigung innerhalb von zwei Stunden (Ausnahme Feiertage und Samstag 12 Uhr bis Sonntag 22 Uhr)

Auch Maschinen müssen etwas für „Fitness" tun. Der Traum von der "ewig laufenden Maschine" kann kein Maschinenbauer erfüllen. Eine High-Tech-Maschine, die möglichst non-stop verfügbar sein sollte, braucht Wartung und Pflege.

6.1 Dienstleistungsmodul I: Vorbeugende Instandhaltung

Unter *vorbeugender Instandhaltung* versteht man alle Wartungs-, Inspektions- und Instandsetzungsmaßnahmen, die dazu dienen, einen unvorhergesehenen Maschinenausfall zu vermeiden (präventive Maßnahmen). Ferner fördern sie die Sicherstellung der fortdauernden Qualitätsfähigkeit der Prozesse und Produkte. Basis hierfür sind zum einen die exakt auf die Maschine abgestimmten Wartungspläne (Checklisten) und zum anderen die vorgehaltenen Ersatzteilpakete. Ziel des Prozesses ist eine Sicherung der Maschinenverfügbarkeit auf dem geforderten Niveau durch eine laufzeit- und zustandsabhängige Instandhaltung.

Der regelmäßige *Maschinencheck* wird im betriebsstundenabhängigen Turnus durchgeführt und stellt die standardisierte Anweisung für Wartung und Inspektion gemäß nachstehender Beschreibung der einzelnen Prozessschritte dar (siehe Tab.1).

Tabelle 1. Prozessschritte beim Maschinencheck

Input	Nr.	Prozess	Output
Dokument, Hilfsmittel		Prozessschritte	Ausgabe, Aufzeichnung
Hersteller-informationen	1	Fertigungseinrichtung / technische Einrichtung auswählen	Bestellung, ggf. Wartungsvertrag
Technische Information	2	Fertigungseinrichtung / technische Einrichtung installieren	Technische Dokumentation
	3	Fertigungseinrichtung? Ja = 4 Nein = 5	
Wartungsvertrag	4	Wartungsvertrag? Ja = 6b, 7b Nein = 6a, 7a	

Wartungsvertrag	5	Wartungsvertrag? Ja = 6b, 7b Nein = 9	
Technische Dokumentation, Maschinenlaufzeiten	6a	Wartungsvorgabeblätter erstellen	Wartungsplan
Technische Dokumentation, Maschinenlaufzeiten	6b	Wartungsumfang abklären	Wartungs-inhalte
Wartungsplan	7a	Zeitplan der Wartung erstellen	Jahresübersicht der Maschinen-wartung
Wartungskriterien, Wartungsinhalte	7b	Zeitpunkt der Wartung abklären	Jahresübersicht Technische Einrichtungen
Jahresübersicht der Maschinenwartung, Wartungsplan, Wartungsinhalte, Jahresübersicht Technische Einrichtungen	8	Wartung durchführen	Wartungsplan, Wartungsprotokoll, Jahresübersicht der Maschinenwartung, Wartungsübersicht, Jahresübersicht Technische Einrichtungen
	9	Reparatur notwendig? Ja = 10 Nein = 14	
Hinweise für Reparaturen, Wartungsprotokoll	10	Reparaturen planen	Bedarfsmeldung, Bestellung, Ersatzteile
Ersatzteile	11	Reparaturen durchführen	Maschinenakte, Akten der Technischen Einrichtungen
	12	Fertigungseinrichtung? Ja = 13 Nein = 14	
Maschinenakte	13	Instandhaltung bewerten	Maschinenbeurteilungsblatt
	14	Ende	

6.2 Dienstleistungsmodul II: Störmeldungen / Maschinenschaden

In der weiteren Phase des Produktlebenszyklus gewinnen die fakultativen Serviceleistungen zur gesteigerten Prozessbeherrschung an Bedeutung, denn ungeplante Ausfälle verursachen Störungen im Produktionsablauf. Dies bedeutet wiederum Produktionsverlust, was zu hohen Aufwendungen für Ausweichfertigung bzw. Sonderschichten und letztendlich sogar zur Kundenunzufriedenheit führen kann. Um sich hiergegen abzusichern, stellte sich GETRAG eine Art von "Vollkaskoversicherung ohne Selbstbeteiligung" vor. Die Maschinenausfallzeiten dürfen innerhalb einer bestimmten Periode nur einen exakt bestimmten Prozentsatz erreichen. Im Fall der Überschreitung bezahlt der Lieferant die entstehenden Eigenkosten des Nutzers.

Im Rahmen der Zertifizierung zu DIN ISO 9001 wurde bei Gleason-PFAUTER ein Qualitäts-Management-System implementiert, in dem die Bearbeitung und Auswertung von Kundenreklamationen klar geregelt worden ist. Zielsetzung ist eine rasche Abwicklung der Beschwerden durch die zuständigen Stellen, wobei der Service nur dann funktionieren kann, wenn eine organisatorische Unabhängigkeit gewährleistet ist. Die Prozessschritte gliedern sich wie folgt (siehe Tab. 2):

Tabelle 2. Prozessschritte des Reklamationsmanagements

Input	Nr.	Prozess	Output
Dokument, Hilfsmittel		Prozessschritte	Ausgabe, Aufzeichnung
Fehlermeldung	1	Fehlermeldung entgegennehmen	Gesprächsnotiz, Fax, Brief, Email, Fotos, Übersicht Kundenkontakte
Gesprächsnotiz, Fax, Brief, Email, Skizze, Zeichnung, Fotos, Übersicht Kundenkontakte	2	Fehlerursache klären	Gesprächsnotiz, Fax, Brief, Email, Skizze, Zeichnung, Fotos, Ersatzteil-Anforderung
Gesprächsnotiz, Fax, E-mail, Skizze, Zeichnung, Fotos, Übersicht Kundenkontakte	3	Gewährleistungs-Reparatur? Ja = 4, 5a, 6a	Gesprächsnotiz, Fax, Brief, Email, Skizze, Zeichnung, Fotos, Ersatzteil-Anforderung, Bedarfsmeldung, Auftragsnummer, Übersicht Kundenkontakte
Gesprächsnotiz, Fax, Brief, Email, Ersatzteil-Anforderung, Bedarfsmeldung, Übersicht Kundenkontakte	4	Ersatzteil beschaffen	Gesprächsnotiz, Fax, Brief, Email, Ersatzteil-Anforderung, Bedarfsmeldung, Skizze, Zeichnung, Übersicht Kundenkontakte
Gesprächsnotiz, Fax, Brief, Email, Ersatzteil-Anforderung, Übersicht Kundenkontakte	5a	Software beschaffen (Eigenprodukt)	Ersatzteil-Anforderung, Zeichnung, Skizze, Übersicht Kundenkontakte
	5b	Software beschaffen (Eigenprodukt)	
Gesprächsnotiz, Fax, Brief, Email, Ersatzteil-Anforderung, Bedarfsmeldung, Übersicht Kundenkontakte	6a	Software beschaffen (Fremdprodukt)	Bedarfsmeldung, Übersicht Kundenkontakte
	6b	Software beschaffen (Fremdprodukt)	
Gesprächsnotiz, Fax, Brief, Email, Ersatzteil-Anforderung, Übersicht Kundenkontakte	7	Ersatzteile versenden	Ersatzteil-Anforderung (roter Durchschlag), Lieferpapiere, Übersicht Kundenkontakte

Gesprächsnotiz, Fax, Brief, Email, Ersatzteil-Anforderung, Lieferschein, Übersicht Kundenkontakte	8	Servicetechniker und Ersatzteillieferung mit dem Kunden koordinieren	Telefongespräch, Fax, Brief, Email, Lieferpapiere, Zeichnung, Übersicht Kundenkontakte
Telefongespräch, Fax, Brief, Email, Übersicht Kundenkontakte	9	Montage beim Kunden durchführen	Telefongespräch, Fax, Brief, Email, Abnahmeprotokoll, Übersicht Kundenkontakte
Gesprächsnotiz, Arbeits-Nachweis, Montagebericht, Abnahmeprotokoll	10	Außen-Montage dokumentieren	Arbeits-Nachweis, Montagebericht, Abnahmeprotokoll, Prüfbericht
Arbeits-Nachweis, Montagebericht, Abnahmeprotokoll, Prüfbericht, Übersicht Kundenkontakte	11	Informationsanalyse durchführen	Auswertung
Arbeits-Nachweis, Montagebericht, Abnahmeprotokoll, Prüfbericht, Auswertung	12	Daten rückführen	Ggf. Korrekturmaßnahme
	13	Ende	

Dieser allgemein gültige Ablauf musste für das Pilotprojekt wesentlich verfeinert werden, insbesondere vor dem Hintergrund der extrem kurzen Reaktionszeit. Im Hauptvertrag wurde die Verantwortlichkeit im Störungsfall bewusst beim Dienstleistungsgeber angesiedelt. Für eine praxisgerechte Handhabung sollte jedoch unbedingt die Instandhaltung vom Nutzer als Partner mit einbezogen werden. Der Ablauf innerhalb des Pilotprojektes gestaltete sich folgendermaßen:

1. GETRAG verpflichtet sich zur unverzüglichen Hilfe bei Eintritt von Störungen mit dem Ziel, die Instandsetzungszeit so kurz wie möglich zu halten.
2. Bei Maschinenausfall hat GETRAG in der 1. Eskalationsstufe ab Reparaturbeginn 30 Minuten Zeit, um einen Störfall selbstständig zu beseitigen.
   Den Aufwand vergütet der Dienstleistungsverantwortliche mit einem ausgehandelten Stundensatz. Die Abrechnung erfolgt periodisch alle 5 Monate.
3. Die 2. Eskalationsstufe sieht vor, dass die Instandhaltung von GETRAG den möglichst genau beschriebenen Fehler meldet. Zunächst per Telefon und dann (zwingend) schriftlich an die bekannten Anlaufstellen. Hierzu wurde ein entsprechendes Störungsformular erarbeitet (siehe Abb. 3).

An Gleason Pfauter Maschinenfabrik GmbH
Abteilung Kundendienst z. Hd. ...
Daimlerstraße 14
D- 71636 Ludwigsburg **Fax Nr.: 07141 / ...**

Störungsmeldung

Lfd. Nr.: .... **Datum:.............**

Für Gleason-Pfauter Maschine: Type ...., Fert.-Nr. ...., Inv.-Nr. ....

Von Firma: .... Ort: ....

Abteilung: .... Name: ....

Störung Mechanisch ☐ Elektrisch ☐ Bearbeitung ☐ Qualität ☐

Fehlerbeschreibung (Art, Fehlermeldung, Uhrzeit, Maschinenstatus?):

Produktions- bzw. Anlagenstillstand: Ja ☐ Nein ☐ Uhrzeit ....

Eingeschränkte Produktion möglich: Ja ☐ Nein ☐

Rückfragen unter: ☎ .... Name: ....

Modem-Nr. der Maschine: ....

Erledigungsvermerk (Durchgeführte Arbeiten):

Fehlerbehebung herbeigeführt: Ja ☐ Nein ☐

Fehlerbehebung durch: Telefon-Support ☐ .... Modem ☐ ....

Servicetechniker ☐ .... Kunde ☐ ....

Ersatzteile: Ja ☐ Nein ☐

Stillstandszeit vom: .... Uhrzeit ....bis: .... Uhrzeit ....

Fehlerbehebung vom: ....Uhrzeit.........bis: ....Uhrzeit.......... durch.....................

Freigabe zur Produktion: Uneingeschränkt ☐ Mit Einschränkungen ☐ durch ....

Ausfall auf Verfügbarkeit angerechnet: Ja ☐ Nein ☐

Anzahl der Zusatzseiten .... (z.B. Diagramme, Messprotokolle, Fehlerlisten usw.)

Abb. 3. Formular Störungsmeldung

4. Jeder gemeldete Fehler wird zuerst per Teleservice analysiert und nach Möglichkeit gemeinsam direkt behoben. Sollte dies nicht möglich sein, erfolgt die Entsendung eines Monteurs entsprechend zugestandener Reaktionszeit oder es werden in der 3. Eskalationsstufe andere Abhilfemaßnahmen eingeleitet.

5. Treten außerhalb der regelmäßigen Arbeitszeit Störfälle auf, dann tritt eine neu installierte Eskalationsstufe in Kraft (3. Eskalationsstufe).
   Die Meldung kann rund um die Uhr erfolgen. Als einzige Anlaufstelle ist eine Handy-Rufnummer vereinbart worden, die Gleason-PFAUTER innerhalb der neu eingerichteten Rufbereitschaft bereithält (siehe hierzu Kapitel 6.4). In der Rufbereitschaft wechseln sich vier ausgesuchte Systemtechniker ab, die von zu Hause aus mittels Laptop die Möglichkeit haben durch Einsatz des Teleservice einen Störfall zu beseitigen.
6. Wenn diese Methode erfolglos bleibt, ist der Fachmann in Bereitschaft verpflichtet, spätestens 2 Stunden nach Störungsmeldung die Beanstandung vor Ort zu bearbeiten.
7. GETRAG schickt monatlich den aktuellen, fortgeschriebenen Instandhaltungsbericht in Form einer Exceltabelle an Gleason-PFAUTER. Es folgt ein Abgleich anhand der monatlich eingegangenen Störungsmeldungen. Bei Übereinstimmung ist das Ergebnis dann die Basis für die Kostenvergütung des Aufwandes der Instandhaltungsabteilung von GETRAG sowie etwaiger Vertragsstrafen.

6.3 Dienstleistungsmodul III: Technische Verfügbarkeit (97%)

Es gelten die Bestimmungen in Anlehnung an die VDI-Richtlinie Nr. 3423 in der Fassung vom Juli 1994. Die Erfassung der Maschinenverfügbarkeit beginnt zwei Monate nach Endabnahme des Mietgegenstandes im Werk Neuenstein bis zum Ablauf des Vertrages. Die vereinbarte Maschinenverfügbarkeit ist erfüllt, wenn sie als Durchschnittswert während der Erfassungszeiträume

1. Periode	3. bis 8. Monat
2. Periode	9. bis 14. Monat
3. Periode	15. bis 20. Monat
4. Periode	21. bis 26. Monat
5. Periode	27. bis 32. Monat
6. Periode	33. bis 36. Monat

erreicht wird.

Die Auswertung der Messergebnisse erfolgt in monatlichen Zwischenschritten. Der Duchschnitt dieser monatlichen Auswertungen über die jeweilige Betrachtungsperiode ergibt dann die Maschinenverfügbarkeit. Die technische Ausfallzeit (TT) ist die Summe aller Ausfallzeiten, die ihre Ursache in einem Fehler des Mietgegen-standes haben. Störungen, die GETRAG zu vertreten hat, fallen nicht unter diese Regelung und bleiben bei der Ermittlung der Maschinenverfügbarkeit unberücksichtigt.

Zum Zwecke der Nachprüfbarkeit der Zeiterfassung wird der Mietgegenstand mit einem Zeiterfassungsgerät ausgestattet, das in der Maschinensteuerung integriert ist. Das Führen der Ausfallstatistik obliegt Gleason-PFAUTER. GETRAG ist verpflichtet, die Aufzeichnungen pro Kalendermonat zu übersenden. Voraussetzung für Ansprüche seitens GETRAG ist die Nutzung des Mietgegenstandes im

Rahmen der Vorgaben laut Pflichtenheft und der technischen Beschreibung der Maschine.

6.4 Dienstleistungsmodul IV: Rufbereitschaft

Ein wichtiger Aspekt eines guten Full-Service ist eine 24-stündige Bereitschaft des Serviceanbieters, so dass für Kunden, die die Maschine rund um die Uhr auslasten wollen, auch außerhalb der normalen Arbeitszeit eine Serviceunterstützung gewährleistet ist.

Die Einführung und Aufrechterhaltung eines Schichtbetriebes ist kostenintensiv und erst ab einem entsprechenden Servicevolumen rentabel. Die Realisierung einer 24-stündigen Rufbereitschaft ist deutlich kostengünstiger, bietet jedoch eine geringere Servicequalität, da die Bereitschaftsmitglieder außerhalb der Geschäftszeiten nicht auf die gesamte Informationsbasis zugreifen können. Aus diesem Grund kommen für die Rufbereitschaft nur Mitarbeiter mit höchster Qualifikation (Systemtechniker) in Betracht. Eine Teleservice-Unterstützung der Rufbereitschaft ermöglicht eine verbesserte Servicequalität (bedingt durch den zeitlichen Vorteil) bei gleichzeitiger Kosteneffizienz. Einige grobe Schätzungen ergaben, dass durch Teleservice 20 bis 30% der After-Sales-Kosten eingespart werden können.

Die Rufbereitschaft stellt jedoch zugleich eine hohe Belastung für die entsprechenden Mitarbeiter dar. Gleason-PFAUTER musste daher zunächst hausinterne Schwierigkeiten bei der Umsetzung und Einführung ausräumen. Die Vorbehalte des Betriebsrates bezogen sich in erster Linie auf die verlängerte Arbeitszeit, die über der Norm laut Tarifvertrag liegt. Letztendlich wurde die nachstehende Betriebsvereinbarung Nr. 15/2002 abgeschlossen, die alle wichtigen Regelungen für die Rufbereitschaft beinhaltet (siehe Abb. 4).

Durch die Einrichtung der Rufbereitschaft hat der Kunde immer eine einheitliche Rufnummer, unter der ihm zu jeder Zeit ein entsprechender Ansprechpartner zur Verfügung steht. Die Planung der Rufbereitschaft erfolgt im 14-tägigen Rhythmus im voraus gemäß des bestehenden Rufbereitschaftsplans.

Damit waren die theoretischen Planungen abgeschlossen. Die umfassenden Vorbereitungen sollten dazu beitragen das Pilotprojekt möglichst nahtlos in die Praxis umzusetzen und zu erproben.

Zwischen der Geschäftsführung und dem Betriebsrat der Firma GLEASON-PFAUTER Maschinenfabrik GmbH, Ludwigsburg wird folgende Betriebsvereinbarung abgeschlossen:

Grundsatz:
Diese Betriebsvereinbarung gilt ausschließlich für die Maschine GP 200 ES GETRAG, Neuenstein.

Tätigkeiten und Einsatz innerhalb und zur Rufbereitschaft darf nur zur unmittelbaren Schadensabwendung erfolgen. Wartungsarbeiten und turnusgemäße Reparaturen / Instandsetzungsarbeiten dürfen nicht während der Rufbereitschaft erledigt werden.

1. **Rufbereitschaftsplan**
Zur Sicherstellung der Rufbereitschaft wird für die betroffenen Arbeitnehmer ein Rufbereitschaftsplan erstellt.

2. **Einteilung zum Rufbereitschaftsdienst**
Die Rufbereitschaft geschieht auf freiwilliger Basis. Arbeitnehmern, die sich nicht zur Rufbereitschaft bereit erklären, darf hieraus kein Nachteil entstehen.
Die maximale Dauer einer ununterbrochenen Rufbereitschaft beträgt 2 Wochen.

3. **Dauer der Rufbereitschaft**
von Sonntag 22:00 Uhr bis Montag 04:00 Uhr
von Montag bis Donnerstag 18:00 Uhr bis 04:00 Uhr des Folgetages
von Freitag 18:00 Uhr bis Samstag 12:00 Uhr
Feiertage sind von der Rufbereitschaft ausgenommen.

4. **Einsatz zur Rufbereitschaft**
Die sich im Rufbereitschaftsdienst befindlichen Arbeitnehmer erhalten kostenlos ein Funktelefon für die Dauer der Rufbereitschaft gestellt.
Für die Dauer der Rufbereitschaft ist der jeweilige Aufenthalt so zu wählen, dass ein Einsatz vor Ort ohne größere Verzögerungen erfolgen kann.
Die Störfallmeldung erfolgt durch telefonische Mitteilung des Kunden GETRAG.
Der Rufbereitschaftsdienstleistende entscheidet selbst, ob der Störfall durch telefonische Beratung oder durch den Einsatz vor Ort behoben werden kann.

5. **Einsatzhilfen**
Die für den Störfall erforderlichen Werkzeuge (z. B. Laptop, Messgeräte) müssen vor Antritt der Rufbereitschaft abgeholt werden. Sind während des Einsatzes Ersatzteile erforderlich, sind diese aus dem Kommissionslager (beim Kunden) zu entnehmen und der Ersatzteildienst zu verständigen.

6. **Rufbereitschaftsvergütung**
Pro Stunde Rufbereitschaft werden € .... vergütet.
Die während der Rufbereitschaft erforderlichen Einsatzzeiten vor Ort oder die telefonische Beratung und Fehlerbehebung werden nach den haustariflichen Bestimmungen vergütet. Unter Einsatzzeit ist auch die erforderliche Fahrtzeit zu verstehen. Während dieser Zeit entfällt die Vergütung der Rufbereitschaft.
Bei Vororteinsatz werden mindestens 3 Stunden vergütet.
Der Einsatz erfolgt mit dem eigenen Pkw. In Ausnahmefällen kann für den Einsatz auch ein Taxi in Anspruch genommen werden. Die Erforderlichkeit der Taxibenutzung ist schriftlich zu begründen.

7. **Sonstiges**
Die Rufbereitschaftsdienstleistenden dokumentieren die angefallenen Anrufe, Einsatz- und Beratungsaktivitäten sowie die jeweils aufgetretenen Störungen um eine Einsatzstatistik zu erstellen. Der Betriebsrat kann in diese Statistik Einsicht nehmen.
In den Fällen, in denen nachweislich Arbeitnehmer gemäß Punkt 1 auf Anforderungen außerhalb ihrer zugeordneten Rufbereitschaftszeit Auskünfte erteilen, die in den Aufgabenbereich der Rufbereitschaft fallen, gelten die Bestimmungen dieser Vereinbarung.

8. **Gültigkeit**
Die Betriebsvereinbarung gilt ab 01.10.2002 auf unbestimmte Zeit mit einer Kündigungsfrist von 3 Monaten zum Quartalsende.

Ludwigsburg, 15. Oktober 2002
GF/bhm

Geschäftsleitung Betriebsrat

Abb. 4. Betriebsvereinbarung Nr. 15/2002

7 Auswertung und erste Ergebnisse

In der Reihenfolge:

- Maschine vorabnehmen,
- Maschine liefern,
- Maschine aufstellen und
- Maschine in Betrieb nehmen

begann die reale Umsetzung des Pilotvorhabens. Nach den vertraglichen Vorgaben sind diese Prozesse ohne besondere Vorkommnisse abgelaufen.

Es empfiehlt sich den Produktionsanlauf nach der betriebsbereiten Übergabe einige Tage durch einen versierten System-Techniker begleiten zu lassen. Das Bedienpersonal wird durch „learning by doing" noch besser und schneller mit der optimalen Handhabung der Fertigungseinrichtung vertraut gemacht. Aus Herstellersicht trug die verlängerte Vor-Ort-Präsenz dazu bei, sich ein besseres Bild über das Verhaltensmuster des Maschinenprototypen machen zu können.

Die Anlaufphase war auf 2 Monate begrenzt. Diesen Zeitraum galt es zu nutzen um die Anlage insgesamt prozesssicher zu machen, die Fertigung im Schichtbetrieb zu optimieren und etwaige Beanstandungen aus der Endabnahme zu beseitigen. Überraschenderweise kam es nur vereinzelt zu echten Störfällen, die einen Maschinenstillstand zu Folge hatten und für die Serviceaufwand notwendig war.

Der Stichtag für die Einhaltung der technischen Verfügbarkeit von 97% war der 1. Juni 2002. Ab diesem Zeitpunkt wurden die Daten erfasst, verglichen und ausgewertet. Es ergab folgendes Bild:

► **1. Periode Juni bis Oktober 2002**

• Maschinenausfalldauer		94,20 Stunden
• Instandhaltung	GETRAG	42,20 Stunden
• Belegungszeit		2.348,20 Stunden
• Technische Ausfallzeit		3,934 %
• Verfügbarkeit		96,060%

► **2. Periode November 2002 bis März 2003**

• Maschinenausfalldauer		38,19 Stunden
• Instandhaltung	GETRAG	29,00 Stunden
• Belegungszeit		2.292,20 Stunden
• Technische Ausfallzeit		1,666 %
• Verfügbarkeit		98,334%

Diese ersten Auswertungen zeigen für die 2. Abrechnungsperiode eine deutliche Stabilisierung des Prozesses. Dieser erfreuliche Ansatz ist leider noch nicht als gesichert einzustufen, weil in diesem Zeitraum die Automatisierung der Maschine mit einer Beladeeinrichtung stattfand. Dieser Ergänzung war vertraglich berücksichtigt und erfolgte in Eigenverantwortung von GETRAG. Die dadurch bedingte

Produktionsunterbrechung über die Dauer von ca. 5 Wochen relativiert das an sich sehr gute Ergebnis.

8 Fazit und Ausblick

Die hohe Marktdynamik motiviert viele Kunden des Maschinenbaus über neuartige Geschäftsmodelle nachzudenken. Die Suche nach flexibleren Lösungen für die Beschaffung von Produktionsmitteln ist verständlich, will doch der Kunde die Chance zum Wachstum nutzen, sich jedoch nicht Risiken der übermäßigen Kapitalbindung aussetzen, was nach „Basel II" insbesondere für mittelständische Unternehmen ein Problem darstellen kann. Ebenfalls sollen zukünftig entstehende Kosten besser prognostizierbar sein, was bedeutet, durch neue Geschäftsmodelle ehemals fixe in variable Kosten umzuwandeln.

Werkzeugmaschinenhersteller sind wiederum vermehrt an aktuellen Betriebsdaten ihrer immer komplexer werdenden Produkte interessiert, um hieraus Erkenntnisse für die eigene Forschung und Entwicklung zu gewinnen. Dass ein guter Service Kosten verursacht ist hinlänglich bekannt. Allerdings sollte zukünftig auch vermehrt berücksichtigt werden, dass eben diese Erbringung industrieller Dienstleistungen auf der anderen Seite auch dazu geeignet ist, in erheblichem Umfang Kosten einzusparen bzw. zu vermeiden sowie entsprechende Erlöse zu generieren. Es sind folglich Strategien gefragt, die eine maximale Rendite für die Investition bieten.

Als Halbzeitresümee des Pilotprojekts ist richtungsweisend festzustellen, dass die Umsetzung der im Vorfeld erkannten Aufgaben und Leistungen ohne besondere Probleme funktioniert hat. Der dafür angefallene Aufwand war insbesondere für Gleason-PFAUTER und GETRAG beträchtlich, darf aber keineswegs isoliert betrachtet werden. Der Wissensvorsprung für die Implementierung ähnlicher Projekte ist enorm und wird sich für die Zukunft auszahlen. Der Schritt von der Theorie zur Praxis konnte aber nur deshalb erfolgreich sein, weil das bei den Projektpartnern vorhandene Wissen gebündelt wurde und die Hochschulinstitute das Vorhaben mit Rat und Tat begleitet und unterstützt haben. Die beteiligten Unternehmen hatten stets ein wirtschaftliches Ziel vor Augen, das zielstrebig angegangen und immer noch verfolgt wird.

Zudem wurden auch weitere Potenziale für Verbesserungen ausgemacht. Hierzu gehören vornehmlich die Informations- und Kommunikationstechnologien, die als Übertragungsmedium in kooperativen Zusammenschlüssen ein Zurückgreifen auf eine gemeinsame Wissensbasis ermöglichen sollen. Es hat sich gezeigt, dass alle Firmen aus praktischen Erwägungen heraus am bestehenden System für den Datenaustausch festhalten möchten. Änderungsabsichten mit dem Ziel der Implementierung erzeugen zunächst Widerstand und bedürfen einer erhöhten Überzeugungskraft. Darunter leidet häufig die exakte Kostenanalyse. Innerhalb des vorgestellten Pilotprojekts musste daher die Erfassung und Auswertung der Daten stetig erweitert und verbessert werden.

Gleason-PFAUTER sieht sich aufgrund der gesammelten Erfahrungen und entwickelten Konzepte vorbereitet und gerüstet, um ähnlich gelagerte Fertigungsaufgaben in kürzester Zeit angebotsreif zur Diskussion zu stellen. Durch Erarbeitung einer unternehmensspezifisch gestalteten Checkliste ist für zukünftige Projekte eine Voraussetzung geschaffen worden, Aufträge - unter Einbeziehung aller relevanten Faktoren - kundengerecht kalkulieren zu können. Die gewonnenen Erfahrungen tragen dazu bei, dass Betreiberkompetenz vorhanden ist, das künftig bei Auftragsvergaben durchaus eine wichtige Rolle spielen wird. Insgesamt sind die Partner auf einem guten Weg bis zur erfolgreichen Durchführung des Betreibermodells.

Service erfolgreich ausbauen – Eine Fallstudie

Wolfgang D. Riedel, Frank Seinschedt

Inhalt

1 Einleitung

Segmentierung und Globalisierung der Märkte nehmen weiter zu, und der mit Hilfe neuer Technologien besser informierte Kunde ist immer schwieriger zufrieden zu stellen. In dieser Situation hängen der geschäftliche Erfolg und das langfristige Überleben vieler Unternehmen von komparativen Konkurrenzvorteilen ab, die von den Nachfragern tatsächlich wahrgenommen werden, dauerhaft sind und von den Firmen effizient erbracht werden können.

Bisher haben die Unternehmen des Maschinen- und Anlagenbaus ihre Wettbewerbsvorteile vorwiegend im Bereich der eigentlichen Produktleistung gesucht. Hochwertige Produkte lassen sich jedoch heute aufgrund der schnellen Verbreitung technischen Know-hows fast überall auf der Welt herstellen. Dauerhafte komparative Konkurrenzvorteile bei den Produkten können - auch durch die zunehmende Standardisierung – so nur noch in Ausnahmefällen erzeugt werden und müssen auf anderen Feldern gesucht werden. Ziel ist es dabei, für den Kunden mehr Wert zu schaffen und ihn so in seiner Kaufentscheidung positiv zu beeinflussen. Hier bietet sich insbesondere der Service an. In Investitionsgütermärkten haben gerade Serviceleistungen einen wichtigen Stellenwert, da diese die Produktion des Kunden bei Maschinenausfällen sicherstellen und Auftragsspitzen – z.B. durch Lohnfertigung – ausgleichen.

2 Das Servicegeschäft im Hause Thielenhaus Technologies: Darstellung der Ausgangssituation

Vor dem Hintergrund einer schwachen In- und Auslandsnachfrage im Maschinenbau hat der Wuppertaler Hersteller von Präzisionswerkzeugmaschinen Thielenhaus Technologies GmbH im Rahmen von Markterhebungen erkannt, dass das Service-Angebot im Maschinen- und Anlagenbau völlig unzureichend ist und hier noch große Potenziale liegen, die für das Unternehmen aufgrund der bereits guten Aufstellung im Service-Bereich kurzfristig nutzbar gemacht werden können. Damit soll neben dem Neumaschinengeschäft auch in konjunkturell schlechten Zeiten ein krisenfestes Zusatzgeschäft gesichert werden. Diese Überlegungen haben zu der strategischen Entscheidung geführt, den Service-Bereich als zweites Unternehmensstandbein neben dem Neumaschinengeschäft auszubauen.

Den ersten Anstoß zur Ausweitung des Service-Angebots haben Forderungen der Automobilindustrie gegeben, eine 96-prozentige Verfügbarkeit der Maschinen und Produktionsanlagen sicherzustellen. So wurde bei Thielenhaus ein 24-Stunden-Service aufgebaut, der später um einen Online-Direct-Service ergänzt wurde. Mit diesem Service ist eine weltweite Fehlerbehebung vom zentralen Service-Computer aus ohne den zeit- und kostenintensiven Einsatz von Service-Technikern in den Werken der Kunden möglich. Es begann zunächst mit einem

Mobiltelefon, über das der jeweilige diensthabende Service-Techniker rund um die Uhr erreichbar war. Gleichzeitig wurde der Assistent des Service-Leiters für zwei Jahre abgestellt, um das Ersatzteilgeschäft aus- und ein umfangreiches Serviceangebot aufzubauen. Dabei wurde ein Konzept, das beispielsweise Ersatzteilhandbücher mit Angaben von Verschleißzeiten, Schulungen, Umbauten und Inspektionen enthielt, entwickelt. Da der Assistent des Service-Leiters danach für drei Jahre fast ausschließlich bei Kunden im Einsatz war und Großmontagen, Inspektionen und Umbauten geleitet hat, konnte das dort auf das Serviceangebot erhaltene Feedback gleich für eine stetige Verbesserung der Leistungspalette herangezogen werden. Trotz einiger hausinterner Schwierigkeiten – Thielenhaus sah sich vor allem als Neumaschinen-Hersteller – wurde das unternehmerische Risiko eingegangen, mehr Personal für den Servicebereich einzustellen. Der Erfolg ließ nicht lange auf sich warten: Schon nach kurzer Zeit lagen so viele Aufträge vor, dass zusätzliche Monteure eingesetzt werden mussten, die sonst nur Neumaschinen aufstellen. Das beim Kunden auftretende Problem, dass die dort beschäftigten Instandsetzer Angst um ihre Arbeitsplätze bekamen, war schnell gelöst, da unbegründet.

In der Folgezeit wurde der Service strategisch ausgerichtet und eine Person für Vertriebsaufgaben eingesetzt. 1999 kamen Beratungsleistungen und Lohnfertigung hinzu. Gleichzeitig wurde die Angebotspalette durch Kommunikationsmaßnahmen über den direkten Kundenkreis hinaus bekannt gemacht. Im Jahr 2002 lotete das Unternehmen im Rahmen eines Business-Plans weitere Marktchancen im Service-Geschäft aus. Die dabei vorgenommenen Stärken/Schwächen- und Chancen/Risiken-Analysen zeigten, dass dieser Bereich durchaus neben dem Neumaschinengeschäft zu einem echten zweiten Standbein des Herstellers werden kann. Inzwischen bietet der Thielenhaus-Service zusätzlich Consulting-Leistungen zum Aufbau und zur Verbesserung der Effizienz des Service-Bereichs, Life-Cycle-Costing-Analysen sowie die Übernahme von kompletten Service-Leistungen für andere Anlagen- und Maschinenbauer an und bereitet Betreibermodelle vor.

Für die Consulting-Leistungen musste Thielenhaus auf Mitarbeiter einer im Bereich Unternehmensberatung tätigen Schwestergesellschaft zurückgreifen, da das eigene Personal stärker technisch ausgerichtet ist. Im Consulting-Bereich werden Ingenieure, Techniker und Wirtschaftswissenschaftler eingesetzt. Das Beratungs-Know-how stammt dabei zum großen Teil aus der eigenen Praxis eines gut funktionierenden und sehr erfahrenen Service-Geschäftes. Darüber hinaus fließen aktuelle Erkenntnisse von Forschungsinstituten in die Beratungsarbeit mit ein. Beratungsinhalte sind Hinweise und Guidelines zum Aufbau eines effektiven Services, Life-Cycle-Costing und Vermarktung der Service-Leistungen. Letztere erfolgt in erster Linie durch die eigenen Service-Techniker, durch Handelsvertreter, Direkt-Marketing-Maßnahmen sowie Pressearbeit in Fachmedien.

Die Beratung selbst umfasst die Analyse der Ist-Situation, die Erarbeitung einer Konzeption, deren Präsentation und die Begleitung bei der Umsetzung. Mit der augenblicklichen personellen Kapazität kann Thielenhaus Technologies zur Zeit drei Unternehmen gleichzeitig beraten. Zur Zielgruppe gehören kleine und mittelständische Unternehmen, die ihre Serviceaktivitäten global ausgerichtet haben.

Mit dem Ausbau der Serviceleistungen sichert sich der Hersteller ein einträgliches und konjunkturunabhängiges Zusatzgeschäft ohne großes Risiko, erhöht das Leistungsspektrum beim Neumaschinengeschäft, sorgt für weitere Service-Aufträge und macht das Unternehmen zu einem Full-Service-Partner. Darüber hinaus differenziert es sich deutlich vom Wettbewerb und gewinnt aus Kundensicht an Kompetenz und Image. Sowohl in Bezug auf das Neumaschinengeschäft als auch zum Bereich der Lohnfertigung bestehen Cross-Selling-Effekte.

Vom Hersteller angebotene Consulting-Leistungen sind im Bereich des Maschinen- und Anlagenbaus derzeit noch Neuland, da Beratungen fast ausschließlich von speziellen Dienstleistern erbracht werden. Hier muss noch einiges an Öffentlichkeitsarbeit geleistet werden.

2.1 Servicemanagement in der Praxis

Der Ausbau des Servicegeschäftes basierte vor allem auf der Erkenntnis, dass in Investitionsgütermärkten die Vergleichbarkeit von weit fortgeschrittenen Produkten zu einem immer härteren Preiswettbewerb führt. Erschwerend kommt hinzu, dass der Kunde bestrebt ist, die Kosten im eigenen Hause zu reduzieren. Mit seinen so begrenzten Investitionsmitteln möchte er nicht ein Produkt, sondern eine Problemlösung erwerben. Diese Problemlösung ist jedoch in der Regel nicht nur durch qualitativ hochwertige Sachleistungen sicher zu stellen, sondern oft erst durch begleitende Dienstleistungen.

Aus Kundensicht gewinnt daher der Service gerade in Investitionsgütermärkten eine immer größere Bedeutung als Kaufentscheidungskriterium für Anlagen und Maschinen. Dabei sollten durch Leistungsausweitung nicht nur Mindeststandards (z.B. Gewährleistung und Garantie) eingehalten, sondern durch Schaffung von Zusatznutzen (z.B. Consulting und Betreuung) auch ein Wettbewerbsvorsprung erreicht werden. Ferner sollte das Servicegeschäft darauf ausgerichtet sein, die Qualität des Kundendienstes - insbesondere die technische Qualifikation des Personals und die persönliche Kundenansprache - ständig zu verbessern. Wer heute einen Kunden begeistern will, muss ein professionelles Servicemanagement betreiben.

„Warum gehen Kunden zur Konkurrenz? 45 Prozent waren mit der Serviceleistung unzufrieden und wechselten aus diesen Gründen den Lieferanten.“
(Herbert Müller, Geschäftsführer Rationalisierungs- und Innovationszentrum der Deutschen Wirtschaft e.V.)

Als Service oder Dienstleistung sind in diesem Zusammenhang alle immateriellen Leistungen zu verstehen, die dem Kunden einen Nutzen verschaffen. Es ist daher von strategischer Bedeutung, zu erkennen, welche Serviceleistung für den jeweiligen Kunden wichtig ist bzw. welche Leistung für ihn wichtig werden kann. Für Service-Anbieter resultiert daraus die Aufgabe, die Prozesse des Kunden zu identifizieren und zu verstehen. Nur so ist es möglich, eine auf das Kundenpotenzial zentrierte Servicestrategie zu entwickeln und laufend neue Serviceideen zu generieren.

2.2 Kundenvorteile durch den Service kommunizieren und realisieren

Für den Erfolg einer jeden Servicestrategie spielt die Kommunikation im Dienstleistungsgeschäft eine überragende Rolle. Sie ist ein unerlässliches Mittel, um mehr Kunden zu gewinnen, um Mitarbeiter zu motivieren und ihnen eine genaue Vorstellung von den angestrebten Qualitätsnormen zu vermitteln. Wichtig ist, dass die Kommunikation gezielt eingesetzt wird, da sie erheblich an Wirkung einbüßt, wenn zu viele Anspruchsgruppen einbezogen werden. Außerdem beschränkt sich die Kommunikation nicht auf die Botschaft oder die technische Dokumentation allein, sondern sie umfasst alle direkten und indirekten Situationen und Bedingungen, die eine Beziehung zwischen Kunden und Unternehmen herste Kommunikation ist das einzige Mittel, um von vornherein die eigene Andersartigkeit bzw. den Wettbewerbsvorteil gegenüber der Konkurrenz hervorzuheben. Sie ermöglicht ferner, eine genaue Kenntnis über den Kunden und seine Bedürfnisse sowie Zusammenhänge zwischen Produkten und den jeweils erforderlichen Dienstleistungen zu erlangen. Die Kommunikation kann auch darauf abzielen, Probleme möglichst weitgehend zu antizipieren.

Nach Studien des VDMA[1] ist die bisherige Kommunikations- und Informationspolitik im Bereich von produktbegleitenden Dienstleistungen bei weitem nicht ausreichend. Etwa 95% aller befragten Kunden gaben an, nur unzureichend über die angebotenen produktbegleitenden Dienstleistungen informiert zu sein. Diese Kommunikationslücke bietet die Chance, die Kunden mit einem eigenen Kommunikationskonzept zu informieren und die Absatzchancen für Dienstleistungen zu erhöhen.

Des weiteren besteht ein enormer Kommunikationsbedarf, um dem Kunden den Zusatznutzen von nicht standardisierten und neuen Dienstleistungen zu verdeutlichen. Während Teilbereiche des Servicegeschäftes aus Sicht des Kunden heute nahezu selbstverständlich sind (z.B. Montage, Telefon-Hotline, Gewährleistung), liegt der Mehrwert neuartiger Dienstleistungen häufig nicht direkt auf der Hand. Zu solchen Dienstleistungen zählen z.B. Consulting, Produktionsoptimierung, Betreibermodelle, Miet- und Leihmaschinen sowie Marketingunterstützung.

Erst wenn der Kunde auch in solchen Services einen Zusatznutzen bzw. einen Nutzen für seine Kunden erkennt, ist er bereit, diese Leistungen nachzufragen. Die Einschätzung der Bedeutung einer produktbegleitenden Dienstleistung hängt vom Wissen über diese Dienstleistung ab. Gerade das Angebot innovativer produktbegleitender Dienstleistungen bedarf einer intensiven kommunikativen Unterstützung. Im Rahmen der Marktkommunikation sollte ebenfalls der eigentliche Nut-

[1] Verband Deutscher Maschinen- und Anlagenbau e.V. (VDMA), Reihe Entscheidungshilfen, Heft 5: Die Zahlungsbereitschaft des Kunden für produktbegleitende Dienstleistungen, Frankfurt am Main 1999.

zen der jeweiligen Dienstleistung herausgestellt werden, um so beim Kunden eine entsprechende Preisbereitschaft zu schaffen.

Darüber hinaus müssen auch Kontakte zu den Fachmedien sowie den Meinungsführern beim VDMA und den Forschungsinstituten gepflegt werden. Eine Begleitung der Dienstleistungsentwicklung durch Presseinformationen und Teilnahme an einschlägigen Arbeitskreisen stellt dies sicher.

2.3 Marktvolumen und -potenzial

Nach den Angaben des Statistischen Bundesamtes weist beispielsweise der Markt im Bereich der Werkzeugmaschinenhersteller für Metallverarbeitung bzw. die Bearbeitung sonstiger harter Stoffe sowie Zubehör ein Marktvolumen von ca. 8 Milliarden Euro im Inlandsgeschäft und ca. 15 Milliarden Euro inklusive Export auf. Dieser Umsatz für das Jahr 2001 wurde von 732 Unternehmen realisiert.[2] Die Untersuchungen des VDW zeigen, dass 10-15 Prozent dieses Umsatzes, sowohl im Inland, als auch im Ausland durch die Geschäftstätigkeit im Servicebereich erzielt wurden.[3]

Nach den Studien des VDMA besitzt der Service im Bereich des Maschinenbaus ein enormes Wachstumspotenzial. Gemäß einer Tendenzbefragung innerhalb der Branche erwarten die Unternehmen bereits im Jahre 2006 einen Umsatzanteil des Servicegeschäftes (ohne Ersatzteile) von über 20 Prozent.[4] Bei der Nennung der Umsatzanteile überwiegen hier bislang die „klassischen" Serviceangebote, allerdings werden vor allem die innovativen und modernen Serviceleistungen den zukünftigen Markt bestimmen.

Bei diese neuartigen Serviceangeboten sind überdurchschnittliche Wachstumsraten festzustellen, welche die Zukunftschancen dieser Betätigungsfelder deutlich machen. Für Dienstleistungen wie z.B. Teleservices sind derzeit Wachstumsraten von über 60 Prozent zu verzeichnen. Mit Zuwächsen von über 40 Prozent liegen auch Serviceleistungen wie z.B. Software, Schulungen, Projektierung oder Beratung weit über dem Durchschnitt.[5]

In vielen Bereichen können die Serviceleistungen unabhängig von der eigentlichen Sachleistung gesehen werden. Damit besteht keine direkte konjunkturelle Abhängigkeit vom Neumaschinengeschäft. Des Weiteren können interessante Märkte im Bereich des allgemeinen Werkzeugmaschinenbaus erschlossen werden. Bei entsprechenden Schulungsmaßnahmen der Servicemitarbeiter ist ebenfalls eine Erweiterung der Servicetätigkeiten auf die Bereiche des Anlagenbaus sowie auf Lade- und Verkettungssysteme vorstellbar.

---

[2] Statistisches Bundesamt, Werkzeugmaschinenproduktion 2001, Wiesbaden 2001.

[3] Verein Deutscher Werkzeugmaschinenfabriken e.V. (VDW), Stellungnahme zum Serviceanteil am Umsatz der Werkzeugmaschinen-Hersteller, Frankfurt am Main 2002.

[4] Verband Deutscher Maschinen- und Anlagenbau e.V. (VDMA), Produktbezogene Dienstleistungen im Maschinen- und Anlagenbau, Frankfurt am Main 2001.

[5] Verband Deutscher Maschinen- und Anlagenbau e.V. (VDMA), Vortrag: Trends im Service, Kennzahlen, Tendenzen, Frankfurt am Main o.J.

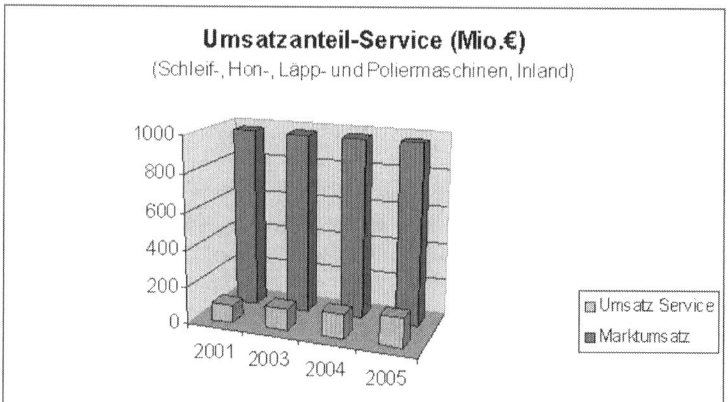

	2001	2003	2004	2005
Umsatz Service	97	116,4	135,8	155,2
Marktumsatz	970	970	970	970

Abb. 1. Anteil der Service-Leistungen am Gesamtumsatz (bezogen auf verschiedene Maschinenarten)

Das oben gezeigte Diagramm (Abb. 1) beschreibt die geschätzte Entwicklung des Serviceanteils am Gesamtumsatz im Bereich der Schleif-, Hon-, Läpp- und Poliermaschinen im Inland. Dabei wurde von einem stagnierenden Umsatz in dieser Sparte ausgegangen.

2.4 Realisierung von hohen Deckungsbeiträgen

Nach den Erkenntnissen des VDMA hat sich gezeigt, dass die produktbegleitenden Dienstleistungen hohe und weiter ansteigende Deckungsbeiträge erzielen. Im Jahr 1999 betrug der durchschnittliche Deckungsbeitrag für den Servicebereich bereits 40 Prozent mit weiter steigender Tendenz.[6]

So ist der Service nicht mehr ein bloßes Instrument der Marketingpolitik, sondern leistet in zunehmendem Maße seinen eigenen Beitrag zum Unternehmenserfolg. Ziel ist es dabei, ständig für die Kunden mehr Wert zu schaffen, denn ohne Wert gibt es für die Kunden keinen ersichtlichen Grund, das Unternehmen als Lieferanten zu wählen.

[6] ebenda

Strategisch ist der Service ein mächtiges Instrument der Kundenpflege. Zum einen kann der Kunde durch herausragenden Service gebunden werden, zum anderen wird das Servicegeschäft zu einer lukrativen Unternehmensfunktion.

3 Umstrukturierung der Service-Organisation

Diese Unternehmensfunktion der speziellen Kundendienstleistungen muss vom Servicebereich unter Nutzung der Synergien mit dem Vertrieb zunehmend selbstständig verantwortet und vermarktet werden. Dazu ist es erforderlich, den Service nicht mehr wie bisher vielfach als Cost-Center, sondern evtl. zusammen mit dem Vertrieb gewinnverantwortlich als Profit-Center zu organisieren. Des weiteren ermöglicht diese Organisationsform eine zunehmende Verschmelzung mit dem Vertrieb und eine aktive Marktbearbeitung für Services im Umfeld der Produkte. Das Profit-Center Vertrieb/Service nutzt dabei vorhandene Unternehmensleistungen. Durch die Ergebnisverantwortung (in Verbindung mit tatsächlich realisierten Gewinnen) ist ein Profit-Center in der Lage, seinen Stellenwert im Unternehmen zu legitimieren und die Bedeutung der produktbegleitenden Dienstleistungen weiter zu stärken.

3.1 Zielgruppe

Zur Zielgruppe des Servicegeschäftes gehören sowohl die Anwender der Neumaschinen, als auch die Betreiber prozessähnlicher Maschinen. Da aus einer Hand, kann das technische und marketingspezifische Know-how optimal platziert und für den Kunden nutzbar gemacht werden.

Durch professionelle Marktbearbeitung im Servicebereich war beispielsweise Thielenhaus Technologies in der Lage, sich als Vorreiter der produktbegleitenden Dienstleistungen des Maschinenbaus zu profilieren, bestehende Kunden zu binden und potentielle Nachfrager für Neumaschinen zu akquirieren.

3.2 Absatzwege

Der Vertrieb der Dienstleistungen wird vom Verkaufspersonal des Servicebereichs und von den Vertriebsmitarbeitern des Neumaschinenbereichs übernommen. Darüber hinaus verkaufen auch die Handelsvertreter die Dienstleistungen. Sie erhalten für ihre Leistungen eine Provision.

Als zusätzlicher Vertriebskanal wird ein E-Commerce-System aufgebaut, über das die Kunden zunächst Angebote für Aufsatzgeräte und Verbrauchsmaterial, später auch für Baueinheiten und Ersatzteile sowie sämtliche Dienstleistungen anfordern können.

3.3 Chancen und Risiken

Nach den bisherigen Studien des VDMA ist zu beobachten, dass markante Bekanntheitsdefizite hinsichtlich des Dienstleistungsangebots einzelner Unternehmen des Maschinenbaus bestehen.[7] Diese Tatsache lässt auf erhebliche Versäumnisse und Reserven in der Kommunikationspolitik und Dokumentation schließen.

Des weiteren zeigen erste Versuche einer Institutionalisierung des Servicebereichs in einigen Unternehmen ein nahezu willkürliches und unstrukturiertes Leistungsangebot. Die zunehmende Komplexität von Produkten, Anlagen und Verfahren haben eine ständig wachsende Vielfalt im Dienstleistungsangebot zur Folge. Unter Beachtung der Kostenkonsequenzen und des Kundennutzens gilt es daher, ein Leistungsspektrum für den jeweiligen Kunden zu entwickeln, welches maßgeschneidert und funktionsgerecht ist.

Das Marktpotenzial für das Geschäft mit produktbegleitenden Dienstleistungen ist nach Studien des VDMA und der Fraunhofer-Institute als sehr groß einzustufen und wird in Zukunft noch steigen.[8] Bei einer aktiven Marktbearbeitung ist es daher denkbar, dass die akquirierten Aufträge nicht zeitgerecht realisiert werden können. Um diese Gefahr grundlegend auszuschließen, bedarf es einer begleitenden Überprüfung der infrastrukturellen und personellen Potenziale sowie deren bedarfsgerechten Anpassung.

3.4 Controlling

Eine ständige, an Meilensteinen orientierte Evaluierung sämtlicher Maßnahmen sichert die Effektivität und Ergebnisorientierung. Ziel ist der Aufbau eines zukunftsträchtigen Umsatzträgers mit deutlich höheren Gewinnmargen, der die einseitige Abhängigkeit vom Neumaschinengeschäft reduziert. Beispiele des Aachener Fraunhofer-Instituts Produktionstechnologie zeigen, dass ein gut organisierter und vermarkteter Servicebereich mit einer kundenorientierten Fullfillment-Philosophie den Produktionsbereich in der Profitabilität sogar überholen kann.[9] Die Meilensteine müssen nach festgelegten Kriterien überprüft werden. Dabei sind Grenzwerte und Kriterien zu definieren, die zur zielstrebigen Umsetzung der Strategie führen.

Zur Bewertung der Ergebnisse sollten die Kundenreaktion und die Erfahrungen der Service-Techniker untersucht werden. Beide Bereiche müssen getrennt voneinander beobachtet und die Erkenntnisse laufend protokolliert werden. Auf der Basis objektiver Kennwerte (z.B. Umsatz, Marktanteil, etc.) und durch subjektive Verfahren (z.B. Mitarbeiter-, und Kundenbefragung) kann das Erreichen der

[7] Verband Deutscher Maschinen- und Anlagenbau e.V. (VDMA), Reihe Entscheidungshilfen, Heft 5, Die Zahlungsbereitschaft des Kunden für produktbegleitende Dienstleistungen, Frankfurt am Main 1999.

[8] ebenda.

[9] MSR Consulting Group, Studie Professionelle Vermarktung von Dienstleistungen in der Investitionsgüterindustrie, Düsseldorf 1999.

gesteckten Ziele durch Unterstützung gut laufender und Umsteuerung schlecht laufender Prozesse gesichert werden.

Bei der Überprüfung der Strategie ist eine dynamische Realisierung von großer Bedeutung. Aktuelle und auch zukünftige Schlüsselprobleme innerhalb des Marktes können durch eine dynamische Vorgehensweise kompensiert bzw. antizipiert werden. Dabei werden keine feststehenden Parameter zugrunde gelegt. Vielmehr muss die Strategie permanent auf ihre Aktualität und Wirkung im Markt hin kontrolliert und Umsteuerungsprozesse bei Bedarf unverzüglich eingeleitet werden.

Zur dauerhaften Etablierung des Servicebereichs sollte vor allem großer Wert auf die Kundenzufriedenheit gelegt werden. Dabei stellen sich folgende Kernfragen:

- Wie zufrieden sind die Kunden mit der Leistung der Unternehmung insgesamt und mit einzelnen Leistungskomponenten?
- Wovon hängt die Kundenzufriedenheit ab?
- Wo liegen die Reserven zur Steigerung der Kundenzufriedenheit?

4 Life-Cycle-Costing

Ein wichtiges Controlling-Instrument wird immer mehr die Life Cycle Cost-Analyse. Sie versetzt die Betreiber von Maschinen und Anlagen in die Lage, die Gesamtkosten über die Lebensdauer des Produktes abzuschätzen. Beim Life Cycle Costing werden auf der Basis eines objektbezogenen Schemas - in dem sich Ablauf der Entstehung, Nutzung und Stilllegung einer Maschine oder Anlage widerspiegeln - die während der Lebenszyklusphasen anfallenden Kosten geplant, periodenübergreifend zusammengefasst, kontrolliert und gesteuert sowie einer gesamtheitlichen Gestaltung zugänglich gemacht.[10] Da 70 bis 80 Prozent der Kosten bereits in der Entwicklungsphase einer Maschine festgelegt werden, ist die Lebenszyklusanalyse auch für den Hersteller wichtig, zumal im Maschinen- und Anlagenbau immer mehr Betreibermodelle ins Blickfeld rücken.

Schon seit langem erwarten insbesondere Automobilhersteller ein hohes Maß an Reliability (Zuverlässigkeit) und Maintainability (Wartungsfreundlichkeit) der an sie gelieferten Maschinen und Anlagen. Das R&M-Programm von Ford beispielsweise basiert auf dem Life Cycle Costing Gedanken. Neben dem Kaufpreis der Maschine bzw. Anlage werden auch Nutzungskosten wie Energie, Instandhaltung, Ersatzteile, Werkzeuge, ungeplante Anlagenausfälle und Entsorgung bei der Entscheidung für ein bestimmtes Produkt berücksichtigt (einen Überblick über verschiedene Kostenarten und deren Einflussgrößen, die in die Life-Cycle-Cost-Analyse eingehen, gibt Abbildung 2).

[10] Vgl. Schoeppner, Dieter W., Life Cycle Costing, Mittweida 2001.

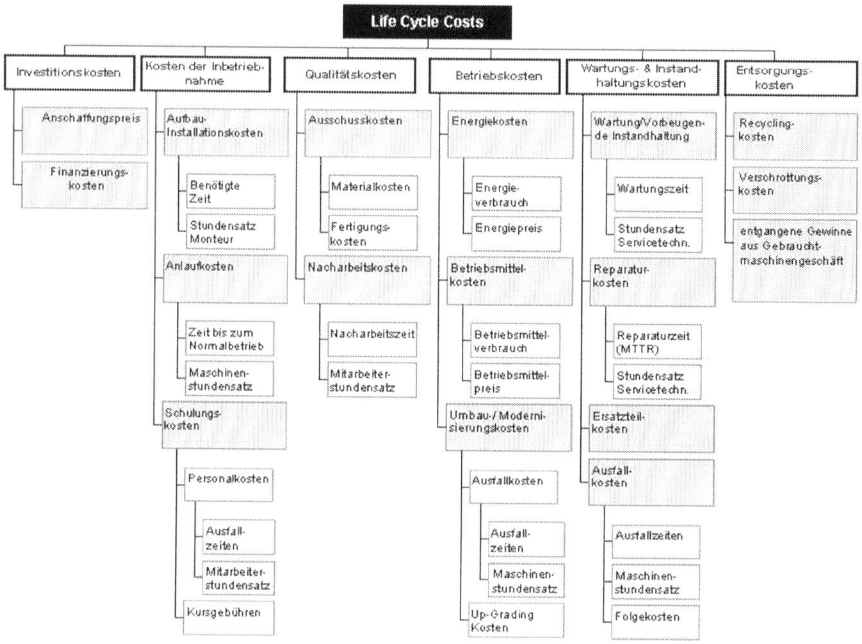

Abb. 2. Life Cycle Costing

4.1 Berechnungsbeispiel

Die Preisfindung für produktbegleitende Dienstleistungen ist ein geradezu traditionelles Problem im Maschinen- und Anlagenbau. Viele Dienstleistungen werden im Produktpreis verrechnet oder ohne eine angemessene Entgeltforderung erbracht. Will ein Hersteller dieser Kostenfalle entkommen, so muss er zunächst selbst ein Gefühl dafür bekommen, was er für die einzelnen Dienstleistungen verlangen kann und welche Leistungen er für bestimmte Preise erbringen muss. Dazu kann neben der Marktforschung auch das Instrument des Life Cycle Costing genutzt werden.

So lässt sich errechnen, welche Kosten im Laufe des „Lebens" einer Maschine oder Anlage durch ungeplante Ausfälle entstehen. Diese Ausfallkosten bieten einen Anhaltspunkt, welche Verfügbarkeitssteigerungen welche Servicekosten (z.B. Schulung, vorbeugende Instandhaltung) rechtfertigen. An einem fiktiven Beispiel sei dies dargestellt:

Das Maschinenbauunternehmen Thielenhaus Technologies verkauft eine Maschine zum Preis von 450.000 Euro (inkl. Inbetriebnahme). Zuzüglich der Anlaufkosten, des Flächenbedarfs, der kalkulatorischen Zinsen und Abschreibungen kostet die Maschine den Kunden 500.000 Euro.

Geht man von einer wirtschaftlichen Nutzungsdauer der Maschine von zehn Jahren aus, so hat die Maschine im Zwei-Schicht-Betrieb eine Laufzeit von insgesamt 32.000 Stunden. Damit beträgt der Maschinenstundensatz 15, 63 Euro.

$$\textit{Maschinenstundensatz} = \frac{\textit{Anschaffungskosten}}{\textit{Lebenslaufzeit}} = \frac{500.000\ \textit{Euro}}{32.000\ h} = 15{,}63\ \textit{Euro}$$

Auch bei Maschinen-Störfällen fallen diese Kosten an. Hinzu kommen die Lohnkosten für die Mitarbeiter, die in der Reparaturzeit nicht produzieren können. Hier werden in der Regel 50 Euro pro Mannstunde veranschlagt. Geht man von einem Maschinenführer aus, so kostet jede Stunde, die die Maschine ausfällt, 65,63 Euro. Bei diesem Betrag ist eine eventuell zu zahlende Pönale nicht berücksichtigt.

Maschinenstundensatz	*15,63 Euro*
+ Lohnkosten	*50,00 Euro*
+ Pönalen	*? Euro*
= Ausfallstundensatz	*? Euro*

Auf Basis dieses Ausfallstundensatzes können die Kosten berechnet werden, die bei bestimmten Ausfallhäufigkeiten und Reparaturzeiten der gekauften Maschine entstehen. Geht man beispielsweise von einer MTBF (Meantime between Failures, d.h. mittlere Zeitspanne, bevor ein Fehler eintritt) von ca. 30 Stunden aus, so würde dies bedeuten, dass in zehn Jahren insgesamt 1.066 Fehler an der Maschine auftreten würden.

$$\textit{MTBF} = \frac{\textit{Produktionszeit}}{\textit{Anzahl der Ausfälle}} = 30\ h$$

$$\textit{Anzahl der Ausfälle} = \frac{\textit{Produktionszeit}}{\textit{MTBF}} = \frac{32.000\ h}{30\ h} = 1.066\ \textit{Ausfälle}$$

Bei einer durchschnittlichen Reparaturzeit (MTTR, d.h. Meantime to Repair) von ca. zwei Stunden würde die Maschine über eine Laufzeit von zehn Jahren insgesamt 2.133 Stunden ausfallen.

$$\textit{MTTR} = \frac{\textit{Ungeplante Instandsetzung}}{\textit{Anzahl der Ausfälle}} = 2\ h$$

$$\textit{Ungeplante Instandhaltungszeiten} = \textit{MTTR} \times \textit{Anzahl der Ausfälle} = 2\ h \times 1.066 = 2133\ h$$

Multipliziert mit dem Ausfallstundensatz ergeben sich damit zunächst 139.989 Euro Ausfallkosten.

Ausfallkosten
$= \text{Ungeplante Instandhaltungszeiten} \times \text{Ausfallstundensatz}$
$= 2.133\ h \times 65{,}63\ \text{Euro}$
$= 139.989\ \text{Euro}$

Hinzu kommen Reparaturkosten von ca. 494.700 Euro (wobei die mittlere Anreisezeit je nach Standort der Maschine stark variieren kann) sowie Ausschusskosten von 106.600 Euro.

Reparaturkosten
$= (\text{MTTR} + \text{Mittlere Anreisezeit}) \times \text{Anzahl der Ausfälle} \times \text{Stundensatz Service-Techniker}$
$+ \text{Ersatzteilkosten}$
$= (2\ h + 3\ h) \times 1.066 \times 90\ \text{Euro} + 15.000\ \text{Euro}$
$= 494.700\ \text{Euro}$

Ausschusskosten
$= \text{Ausfallanzahl} \times \text{Ausschussanzahl pro Ausfall} \times \text{Stückkosten}$
$= 1.066 \times 10 \times 10\ \text{Euro}$
$= 106.600\ \text{Euro}$

Die Lebensausfallkosten würden bei den angenommenen Werten damit 741.289 Euro betragen.

Lebensausfallkosten der Maschine
$= \text{Ausfallkosten} + \text{Reparaturkosten} + \text{Ausschusskosten}$
$= 139.989\ \text{Euro} + 494.700\ \text{Euro} + 106.600\ \text{Euro}$
$= 741.289\ \text{Euro}$

Ist die Maschine darüber hinaus noch in einem Produktionssystem mehrerer verketteter Maschinen integriert, so fallen weitere Kosten an, die die Ausfallkosten der betrachteten Maschine übertreffen. So würden beispielsweise die Lebensausfallkosten bei vier verketteten Maschinen mit einem Gesamtanschaffungswert von vier Millionen Euro, die von zwei Maschinenbedienern bestückt werden, 479.925 Euro betragen. Zusammen mit den Lebensausfallkosten der betrachteten Maschine ergibt sich über zehn Jahre ein Gesamtbetrag von 1.221.214 Euro.

$$(\text{Maschinenstundensatz Nachfolgesystem} = \frac{4\ \text{Mio. Euro}}{32.000\ h} = 125\ \text{Euro}$$

$$\text{Ausfallstundensatz} = 125\ \text{Euro} + 100\ \text{Euro Lohnkosten} = 225\ \text{Euro}$$

$$\text{Ausfallkosten} = 2.133 \times 225 = 479.925\ \text{Euro}$$

$$\text{Lebensausfallkosten des gesamten Produktionssystems} = 1.221.214\ \text{Euro})$$

Mit einem Serviceangebot (z.B. Schulung der Maschinenführer, Full-Service-Vertrag), das die Lebensausfallkosten stark einschränken bzw. sogar vollständig eliminieren würde, könnte man sich bei diesem Beispiel innerhalb einer Preisspanne bis zu 1,2 Millionen Euro bewegen. Da davon auszugehen ist, dass Störfälle nicht völlig zu vermeiden sind, kann auf Basis dieser grundsätzlichen Überlegungen auch berechnet werden, um welchen Zeitraum die MTBF- und/oder MTTR-Werte reduziert werden müssten, damit ein bestimmter Servicepreis für den Kunden attraktiv erscheint:

Gelänge es beispielsweise, eine MTBF von 35 Stunden zu gewährleisten und die MTTR auf 1,8 Stunden zu senken, so würden bei gleichen Annahmen die ungeplanten Instandhaltungszeiten auf 1.645 Stunden gesenkt. Dies wiederum würde zu einer Senkung der Lebensausfallkosten um 241.822 Euro führen und ergäbe eine Basis, von der Preisverhandlungen ausgehen können.

MTBF = 35 h *MTTR = 1,8 h*

$$\textit{Anzahl der Ausfälle} = \frac{32.000\ h}{35\ h} = 914$$

Ungeplante Instandhaltungszeiten = 1,8 h x 914 = 1.645,2 h

Ausfallkosten = 1.645 x 65,63 Euro = 107.974 Euro

Reparaturkosten = (1,8 h + 3 h) x 914 x 90 Euro + 15.000 Euro = 409.848 Euro

Ausschusskosten = 914 x 10 x 10 Euro = 91.400 Euro

Lebensausfallkosten der Maschine = 609.222 Euro

Lebensausfallkosten der nachfolgenden Maschinen = 370.170 Euro

Lebensausfallkosten des Gesamtsystems = 979.392 Euro)

4.2 Der Nutzen des Life Cycle Costing

Die Anforderungen an die Qualität und Effizienz moderner Produktionssysteme sind deutlich gestiegen. Heute wird eine permanente Optimierung und Überwachung der Maschinen und Anlagen in Bezug auf Kosten und Ertrag gefordert. Life Cycle Costing ist nicht nur ein Instrument der Kostenkontrolle, das Aufwendungen und Erträge in allen Phasen des Produktlebenslaufes einander gegenüberstellt, sondern kann auch zur Preisermittlung für Dienstleistungen dienen (siehe hierzu auch den Beitrag von Martens in diesem Band). Darüber hinaus eignet es sich dazu, die gesamten Kosten einer Anlage oder Maschine über deren Lebenszyklus zu optimieren, um im Rahmen eines erfolgreichen Technologiemanagements konkrete lebenszyklusbezogene Entscheidungen vorzubereiten. Nicht zuletzt kann es auch die Basis für Kostenermittlungen bei sämtlichen Betreibermodellen bieten.

5 Zusammenfassung

Produktbegleitende Dienstleistungen sind heute gerade in Investitionsgütermärkten wichtige Komparative Konkurrenzvorteile, auf die kein Hersteller verzichten sollte. Darüber hinaus weist das Marktsegment Service beispielsweise im Maschinenbau ein enormes Wachstumspotenzial auf. Dennoch werden die sich hieraus ergebenden Möglichkeiten noch zu wenig genutzt. Das Beispiel des Wuppertaler Maschinenbau-Unternehmens Thielenhaus Technologies zeigt, wie der Service-Bereich als zweites Unternehmensstandbein neben dem Neumaschinengeschäft ausgebaut, eine auf den Kundennutzen gerichtete Service-Strategie entwickelt und laufend neue Service-Ideen generiert werden können. Dabei sollte eine flankierende Informationspolitik dafür sorgen, dass die produktbegleitenden Dienstleistungen auch vom Kunden als entscheidender Zusatznutzen rezipiert werden. Insbesondere im Hinblick auf die in letzter Zeit interessanter werdenden Betreibermodelle gewinnt das ebenfalls vom Service angebotene Controlling-Instrument Life-Cycle-Costing immer mehr an Bedeutung. Es ist nicht nur ein Mittel der Kostenkontrolle und kann zur Preisermittlung von Dienstleistungen eingesetzt werden, sondern eignet sich auch dazu, die gesamten Kosten einer Anlage über deren Lebenszyklus zu optimieren, rechtzeitig Verschleißteile zu wechseln und vorbeugende Instandsetzungsmaßnahmen vorzunehmen.

Literatur:

MSR Consulting Group (1999), Studie Professionelle Vermarktung von Dienstleistungen in der Investitionsgüterindustrie, Düsseldorf.

Schoeppner, D. W. (2001), Life Cycle Costing, Mittweida.

Statistisches Bundesamt (2001), Werkzeugmaschinenproduktion 2001, Wiesbaden.

Verband Deutscher Maschinen- und Anlagenbau e.V. (VDMA) (2001), Produktbezogene Dienstleistungen im Maschinen- und Anlagenbau, Frankfurt am Main.

Verband Deutscher Maschinen- und Anlagenbau e.V. (VDMA) (1999), Reihe Entscheidungshilfen, Heft 5: Die Zahlungsbereitschaft des Kunden für produktbegleitende Dienstleistungen, Frankfurt am Main.

Verband Deutscher Maschinen- und Anlagenbau e.V. (VDMA) (o.J.), Vortrag: Trends im Service, Kennzahlen, Tendenzen, Frankfurt am Main.

Verein Deutscher Werkzeugmaschinenfabriken e.V. (VDW) (2002), Stellungnahme zum Serviceanteil am Umsatz der Werkzeugmaschinen-Hersteller, Frankfurt am Main.

Anhang

Die Autoren

Dr. Dipl.-Ing. Michael Bäcker, Jahrgang 1970, studierte Maschinenbau an der Ruhr-Universität Bochum und schloss 1997 sein Studium im Fachbereich Produktionstechnik ab. Bis 2002 arbeitete er als wissenschaftlicher Mitarbeiter am Lehrstuhl für Produktionssysteme mit dem Arbeitsschwerpunkt „Produktionsmanagement". Seither ist er Assistent der Geschäftsführung im elterlichen Unternehmen, das Sondermaschinen für die Getränkeindustrie herstellt.

Dipl.-Ing. Norbert Brost ist bei der Getriebe- und Zahnradfabrik Hermann Hagemeyer GmbH & Cie. (Getrag) als Fachreferent beschäftigt und betreut den Bereich der integrierten Managementsysteme-Methodenentwicklung

Dipl.-Ök. Daniel Busse ist wissenschaftlicher Mitarbeiter an der Ruhr-Universität Bochum, Institut für Unternehmungsführung und Unternehmensforschung. Seine Arbeits- und Forschungsschwerpunkte liegen insbesondere im Bereich des Innovationsmanagements industrieller Dienstleistungen.

Dipl. Kfm. Jürgen Fiege ist neben seinem Bruder geschäftsführender Gesellschafter der Privatbrauerei Moritz Fiege GmbH & Co. KG in Bochum.

Hans-Dieter Flick ist seit 1984, nach dem Abschluß zum staatlich geprüften Maschinenbautechniker, bei SEW-EURODRIVE im After-Sales-Service tätig. Nach verschiedenen Aufgabengebieten in diesem Bereich ist Herr Flick in den Funktionen des stellvertretenden Service Leiters und Leiter Service Marketing / Benchmark. Parallel erfolgte die Weiterbildung mit Abschluß zum Technischen Betriebswirt (IHK).

Univ.-Prof. Dr. Jörg Freiling ist Inhaber des Lehrstuhls für Mittelstand, Existenzgründung und Entrepreneurship, Universität Bremen. Gast- und Vertragsprofessuren hatte Professor Freiling an der Freien Universität Bozen (2000-2002), an der Staatsuniversität St. Petersburg (2002) sowie an der Universität Innsbruck (2001) inne, Lehraufträge und Gastdozenturen nahm er an der Universität Kaiserslautern, an der FH Bochum sowie an der FH Kufstein wahr. Er ist Vorsitzender des Masterprogramms „Business Studies" der Universität Bremen. Themenschwerpunkte: Kernkompetenz-Management, Dienstleistungs-Management, Change Management, KMU-Management, Entrepreneurship, Investitionsgüter-Marketing, Wirtschaftlichkeitsrechnung.

Dipl.-Ing. Laurenz Herzog, Jahrgang 1957, studierte Nachrichtentechnik an der Universität-Gesamthochschule Duisburg. 1986 Abschluss des Studiums. Anschließend war er in einem Unternehmen zur Herstellung von Drahtbearbeitungsmaschinen zunächst für die Entwickung von Steuerungen, später als Technischer Leiter tätig. Seit 1997 ist er technischer Leiter eines Unternehmens, das Sondermaschinen für die Getränkeindustrie herstellt.

Dipl.-Ing. Klaus Höfer hat an der TH Hannover Elektrotechnik studiert. Nach dem Studium mit Abschluß Dipl.-Ing. hat sich Herr Höfer von 1965 bis 1983 bei BBC in Mannheim und bei Contraves Antriebstechnik in Hattersheim mit Projektierung und Verkauf von Antriebssystemen befasst. Von 1983 bis 2002 arbeitete Herr Höfer bei SEW-EURODRIVE im Bereich Verkauf und war schließlich bis zu seiner Pensionierung als Leiter Marketing –Dokumentation tätig.

Dipl.-Ing. Axel Kaiser arbeitet seit Dezember 2002 nach dem Studium des Maschinenbaus an der Ruhr-Universitat Bochum mit der Vertiefungsrichtung Konstruktionstechnik bei der ThyssenKrupp Stahl AG. Er ist als Projektingenieur im Bereich der "Energie und Anlagenwirtschaft" tätig.

Bernd Kirsch ist seit September 1997 bei der KHS Maschinen- und Anlagenbau AG im Geschäftsbereich "Außenmontage/After Sales Service" angestellt und war bis Juni 2002 als Montageeinsatzleiter tätig. Ab Juli 2002 übernahm Herr Kirsch die Funktion des Leiters After Sales-Marketing und ist seitdem für die Entwicklung und Vermarktung von Serviceprodukten/Serviceleistungen verantwortlich.

Jürgen Leins wurde am 16.04.1947 in Stuttgart geboren. Nach Ausbildung zum Industriekaufmann hat er den Service bei Pfauter aufgebaut und das Nachliefergeschäft betrieben. Heute leitet er ein Profitcenter mit einem Umsatzvolumen von EUR 20 Mio.

Dipl.-Inf. Dirk Martens, geboren am 1.1.1965 in Kiel, wechselte nach seinem Studium der Informatik und einiger Zeit in der IT-Industrie 1992 zur intra-Unternehmensberatung in Düsseldorf. Als Berater und Projektleiter betreute er Projekte zu den Themen Prozessoptimierung, SAP-Implementierung und Managementinformationssysteme. 1996 wechselte er zur Heidelberger Druckmaschinen AG in die Unternehmensorganisation. Von 1998 bis 2002 war er in der Geschäftsleitung des Service der Heidelberger Druckmaschinen AG verantwortlich für die Service-Produkte, das Service-Marketing und die Steuerung des weltweiten Service-Geschäftes. Im August 2003 gründete er gemeinsam mit einem Partner die HMC Heidelberg Management Consulting GmbH, die als Schwerpunkt Projekte im Service der Investitionsgüterindustrie betreut.

Dipl.-Ing. Wolfgang F. Mast studierte Fertigungstechnik und Jura und ist seit 1985 bei der Ford AG, Köln beschäftigt. Sein Wissensgebiet hat den Schwerpunkt in der Entwicklung und Einführung alternativer Investitions- und Produktionsmethoden.

Professor Dr.-Ing. Horst Meier, geb. 1951, studierte Fertigungstechnik an der TU Berlin. Nach einer Tätigkeit als Wissenschaftlicher Mitarbeiter und Abteilungsleiter am Fraunhofer-IPK Berlin war er langjährig als Geschäftsführer der Schleicher GmbH & Co. Relaiswerke KG Berlin tätig. Von 1995 bis 1999 war er Inhaber des Lehrstuhls Automatisierungstechnik an der Brandenburgischen Technischen Universität (BTU) Cottbus. Seit Juli 1999 leitet er den Lehrstuhl für Produktionssysteme an der Ruhr-Universität Bochum.

Dipl. Wirtsch.-Ing. Volker Mühleisen, Jahrgang 1961 ist nach seiner Tätigkeit beim Electrolux-Konzern und der York International GmbH für die Leitung des Kundendienstes der Felsomat GmbH & Co. KG verantwortlich. Im unterstand auch der Aufbau eines Kundencenters in diesem Unternehmen 2002.

Dipl.-Ing.(FH) Klaus Pallentien studierte nach seiner Ausbildung als Elektro-Mechaniker bei der Deutschen Bahn Elektro- und Anlagentechnik an der Fachhochschule Gießen. Nach verschiedenen Tätigkeiten als Projektleiter im Service der ehemaligen AEG AG, heute Alstom Anlagen- und Automatisierungstechnik GmbH arbeitet er seit März 2002 bei der Alstom T&D als Abteilungsleiter und Instandhaltungs-Manager im Bereich Gleichstromanlagen und RKW.

Prof. Dr. Martin Reckenfelderbäumer ist Inhaber des Lehrstuhls für Allgemeine Betriebswirtschaftslehre mit Schwerpunkt Marketing an der AKAD Wissenschaftliche Hochschule Lahr (WHL). Seine Interessen- und Arbeitsschwerpunkte liegen im Investitionsgüter- und Dienstleistungsmarketing sowie im Marketing-Controlling.

Wolfgang D. Riedel, Jahrgang 1953, Ausbildung und Einsatz als Marineoffizier, Studium der Publizistik und Wirtschaftswissenschaften (M.A.), Journalist bei Tageszeitung und Hörfunk, Pressereferent beim Europäischen Parlament, Leiter Presse- und Öffentlichkeitsarbeit bei einem Technologiekonzern und einem Energieversorgungsunternehmen seit 1994 Marketingberater bei Thielenhaus & Partner GmbH

Dipl.-Ing. Jürgen J. Schramm, geb. 1972, studierte Maschinenbau an der Ruhr-Universität Bochum mit dem Schwerpunkt Automatisierungstechnik. Er ist seit Februar 2000 als wissenschaftlicher Mitarbeiter am Lehrstuhl für Produktionssysteme an der Fakultät für Maschinenbau der Ruhr-Universität Bochum tätig und leitet das Verbundprojekt Invest-s. Seit 2002 koordiniert er die Forschungsgruppe „Produktionsdienstleistungen“.

Dr. Peter Seifert war bis Mai 2001 Leiter der Rechtsabteilung der VR-Leasing AG in Eschborn und Vorsitzender des Rechtsausschusses des Deutschen Leasingverbandes. Seitdem ist er als Rechtsanwalt und Fachanwalt für Steuerrecht freiberuflich speziell auf dem Gebiet des gewerblichen Miet- und Leasingrechts tätig. Hierzu gehörte seine Beauftragung seitens der DEUTSCHE LEASING AG, Bad Homburg speziell für die Mitarbeit im Projekt Invest-s

Frank Seinschedt, Jahrgang 1966, Ausbildung zum Maschinenbautechniker, Leitung von Großmontagen für ein Ingenieurbüro, Assistent der Service-Leitung Maschinenfabrik Ernst Thielenhaus GmbH, Leiter Service bei Thielenhaus Technologies GmbH seit 1998

Michael Steinmann, Designer und Inhaber von Steinmann, Feldhaus & Partner GmbH einer Agentur für Design & Werbung, verfügt über weitreichende Erfahrungen im Bereich Oberflächendesign und Layoutgestaltungen. Die von ihm geführte Werbeagentur verfügt über umfassende Referenzen im IT-Bereich.

Dipl.-Ök. Sven Weißenfels ist wissenschaftlicher Mitarbeiter an der Ruhr-Universität Bochum, Institut für Unternehmungsführung und Unternehmensforschung. Seine Arbeits- und Forschungsschwerpunkte liegen insbesondere im Bereich des Innovationsmanagements industrieller Dienstleistungen.

Dipl.-Math. Wolfgang Wichert, Geschäftsführer der Firma eggheads, verfügt über langjährige Erfahrung im Bereich Prozessautomatisation. Nachdem Herr Wichert einige Jahre in Führungspositionen bei großen IT-Dienstleistern tätig war, gründete er vor 10 Jahren ein eigenes Unternehmen. Heute beschäftigt sich eggheads schwerpunktmäßig mit Cross-Media-Publishing und bietet dort eigene Produkte an.

Dipl.-Ing. für Brauwesen Marc Zinkler ist Leiter der Abteilung Energie und Instandhaltung der Privatbrauerei Moritz Fiege GmbH & Co. KG in Bochum.

Dr.-Ing. Magnus Zuther
1971 geboren. Studium des Maschinenbaus an der Ruhr-Universität Bochum (1991-1997). Wissenschaftlicher Mitarbeiter am Lehrstuhl für Produktionssysteme (1997-2002) und Leiter des Industrieverbundprojektes INVEST-S (bis 2001). Seit 2002 als Consultant in einer internationalen Unternehmer-Beratung tätig.

8820191R00220

Printed in Germany
by Amazon Distribution
GmbH, Leipzig